历史上环境与社会经济的互动

中国环境科学学会环境史专业委员会首届年会论文选集

钞晓鸿　主编

厦门大学出版社
XIAMEN UNIVERSITY PRESS
国家一级出版社
全国百佳图书出版单位

图书在版编目(CIP)数据

历史上环境与社会经济的互动:中国环境科学学会环境史专业委员会首届年会论文选集/钞晓鸿主编.—厦门:厦门大学出版社,2019.12
ISBN 978-7-5615-7662-5

Ⅰ.①历… Ⅱ.①钞… Ⅲ.①环境社会学—文集 Ⅳ.①X24-53

中国版本图书馆 CIP 数据核字(2019)第 283938 号

出 版 人 郑文礼
责任编辑 林 灿 薛鹏志

出版发行 厦门大学出版社
社 址 厦门市软件园二期望海路 39 号
邮政编码 361008
总 机 0592-2181111 0592-2181406(传真)
营销中心 0592-2184458 0592-2181365
网 址 http://www.xmupress.com
邮 箱 xmup@xmupress.com
印 刷 厦门市金凯龙印刷有限公司

开本 720 mm×1 000 mm 1/16
印张 26.5
插页 1
字数 408 千字
版次 2019 年 12 月第 1 版
印次 2019 年 12 月第 1 次印刷
定价 98.00 元

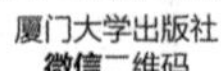
厦门大学出版社
微信二维码

厦门大学出版社
微博二维码

写在前面的话

钞晓鸿

环境史与经济史密切相关。当环境史家沃斯特(Donald Worster)教授从三个层面解释环境史的研究主题时,就说"这门历史的第二个层面则介入了社会经济学领域"。中国经济史与环境史有着不解之缘。这不仅因为中国自然资源多样、农业长期占据主导地位,故对传统社会经济的探讨常常涉及自然资源、自然环境;而且从研究实践来看亦有迹可寻,冀朝鼎先生1936年出版的《中国历史上的基本经济区与水利事业的发展》(*Key Economic Areas in Chinese History*)一书,即被环境史家伊懋可(Mark Elvin)教授称为"最早的中国环境史"著作。该书实际上是作者在美国哥伦比亚大学的博士学位论文,堪称经济史名著,但是否为环境史著作则见仁见智,这不仅取决于该书的内容与方法,亦与人们的环境史概念及其理解密切相关。不管怎样,该书结合自然环境来谈中国历史上的水资源开发,注意灌溉、防洪、水运的社会功效,还专门辟出一章,揭示"中国水利事业与经济区域的地理基础",这在二十世纪上半叶的中国经济史研究上是比较独特的,也在中国经济史与环境的结合方面留下了浓墨重彩的一笔。

从学科来说,在前期积累的基础上,经济史研究已经取得了很大发展,尤其是新方法、新视角、新议题的出现以及史料的拓展,提出了一系列新观点与新认识。除了循着原有的历史学框架之外,经济史又与经济学、社会学、人类学等借鉴整合,出现了各具特色和研究侧重的分支与流派。但在总体上这些研究内容基本上仍围绕历史上的经济制度、社会经济发展变化以及人们的经济思想与观念。一些经济史研究涉及自然环境、自然资源,不过主要是作为经济发展的背景与资源条件来处理的,社会经济与自然的互动并非其核心内容。经济史研究也关注互动,但这种互动主要是以经济为纽带的社会与经济之间的互动，区域(国别)之间的互动——即使放眼于全球史也是如此，以及社会现实与人们经济思想观念的互动，而很少关注社会经济与自然的互动。

在对历史上经济的解释之中，计量与数理统计表现突出，不仅明晰了数量或比例，而且显示出某些要素的相关性、区域之间的紧密联系。此外，随着新制度经济学的传入与推广，其产权、企业、交易费用、制度理论受到重视，尤其对于制度的广义理解，与社会经济史的重视习俗不谋而合。诸此均大大丰富并推进了社会经济史的研究深度与解释力度。不过回头来看，这些解释还是遵循了社会学家涂尔干(Émile Durkheim)教授的信条：社会事实必须根据社会事实来解释。可喜的是，有的学者已经注意到资源条件与开发方式对历史上经济发展变化的潜在影响。

还有，对于历史上经济发展的评价，经济史学界主流观点仍然看重经济指标，除了耕地面积、作物品种等之外，又加强了产量、贸易量、劳动生产率、企业效益等方面的考察，甚至还推出了国民生产总值等，经济发展的成果往往是人口增加、生活水平提高等等，而不关注环境代价与生态影响。好在后者近年已经引起了有识之士的注意。

总之，一些史学论著已经注意到结合自然环境来研究、解释、评价不同时期的社会经济及其发展变化，诸此对于拓展研究论题、深化学术研究、寻求新的学科增长点不无裨益。这一倾向在年轻学人中表现得更加突出，一些研究生学位论文或据以出版的论著，其中的第一部分往往追加了所谓的生态、环境内容。不过，从环境史理路研究分析，以下三个层面的问题可能有待澄清或深化。

第一，当代地理与历史环境。史学论著中所指的自然环境，是指历史上的自然环境。虽然自然环境的演变是一个长期过程，有些演变相对于人类的历史来说还相当缓慢，例如地质、地势、土壤，使用当代地理描述对历史环境进行勾勒无可厚非。然而，有些自然环境因素看似无甚变化，其实则与所研究时期存在出入，例如地表径流、气候。历史上的河流湖泊，有些已经断流堙废，大江大河尽管涛声依旧，但其支流存在较多变化，干流本身的水量、水质等水文特征亦发生变化。历史气候变化中年均气温看似变化较小、甚至时人亦不易觉察，但这一变化却对动植物分布、农牧业生产、瘟疫疾病等产生直接影响。有些自然环境因素则变化较大，如年际的季风强弱，尤其在人类直接干预的地区，如动植物种类、植被覆盖率，当代所看到的情况与历史时期往往存在不少变化甚至显著变化。因此，研究考察历史上的自然环境，当代地理并非无用武之地，但要明白具体面相与考察对象，我们所考察的是历史上的自然环境，而非当代地理。在可能的情况下，还是要落实所研究时期的历史环境。

第二，地理基础与能动因素。人们生产生活于不同地区，存在不同的地理基础，欲对某地的人类活动、人类与自然的互动进行研究，先搞清楚其地理基础是不言而喻的，这对于那些较少关注的地区，或是同行还不甚清楚的地区，就显得更为必要。不过，对于人们相对熟知的地区，这一地理基础的介绍则不必多费笔墨，否则就会喧宾夺主、画蛇添足。那些人们未曾注意，尤其是触发连锁反应的区域与环境因素，才是我们的关注对象。例如某地存在不同的地貌形态，地势高低错落，历史上与当代没有什么显著的变化；然而，人们在开发的过程中，同样的人力、开垦面积，在山头陡坡还是河谷平原，就会出现不同的结果。同一地区同一土壤，尤其是生态脆弱、农牧交错地区，生长不同的植物就会产生不同的生态效果。因此，研究考察历史上的自然环境，并非一定面面俱到，那些核心、能动的环境因素更值得关注。

第三，环境背景与双向互动。以前人们就注意到人文历史的社会环境，后又注意到单是社会环境难以说明问题，于是加上了自然环境，二者共同构成人文历史活动的基本背景。不过环境史的研究，仅仅罗列、描述环境背景往往无济于事，并不能推进问题的研究，亦不符合环境史研究人与自然的互动这一宗旨。环境史关注人们利用、触发了哪些自然环境因素，对于生态系统产生了哪些影响，而生态系统、自然环境的变化，又对人类社会产生了哪些显著影响。这些影响不仅是当时的，从更长的历史加以观察则更加清楚；不仅是本地的，对于其他相关地区人们的生产与生活也会产生影响。人们面对这些新的问题包括自然环境变化，会采取哪些行动与措施，有些还对人们的某些思想观念、制度规则产生影响，后者又对人们的资源开发、环境保护产生影响。因此，尽管研究时段不同，关注具体内容不同，并不见得每一课题都要穷尽连锁反应，然而应该明白，环境史中的环境，不仅是提供背景，而是作为互动的一方；影响反馈也不是单向的，而是双向互动的。

虽然环境史在中国已经引起越来越多的关注，但在学术园林之中还是一棵幼苗，研究还不充分，机制尚不健全。为了推动环境史学在中国的建设与发展，进一步深化学术研究，拓展跨界交流，加强组织建设，谋划未来发展，中国环境科学学会环境史专业委员会筹划举办学术研讨会暨首届年会，会议的主题就是——历史上环境与社会经济的互动。主要议题包括：环境史学的理论建构与未来展望；环境史研究方法与跨学科实践；环境演变与社会变迁；自然环境与经济发展；环境认知及生态保护。2018 年 11 月 20—22 日，“历史上环境与社会经济的互动”学术研讨会暨中国环境科学学会环境史专业委员会首届年会在厦门大学召开，得到了专家学者的积极响应与大力支持，共有 80 余位环境史同仁出席会议，就相关主题与议题展开热烈讨论，在推进学术研究、加深彼此了解的同时，还在学术组织规划方面迈出了重要一步。

大会共收到论文 70 余篇。有的学者因故未能莅临会议，也发来论文以示支持。会后经过协商与争取，我们计划出版此次会议的论文选集，得到了厦门大学的资助。专门史(经济史)是厦门大学的传统优势学科，1981 年获得博士学位授予权，7 年后入选首批国家重点学科，经过几代学人的不懈努力，研究领域与史料方法得到了进一步拓展。本次大会围绕历史上环境与社会经济的互动，不仅突出了环境史这一主题，而且也体现了厦门大学经济史学科的学术传统和发展走向。在出版付梓之前，每篇论文均经作者本人核对修改，有的学者不满意当时紧张撰就的参会论文或摘要，改为发来更为成熟的作品。这些都体现了大家对于这一学术研究、学术组织的关心期待与鼎力支持。

古人云：“始生之物，其形必丑。”不管是会议的组织与论文集编辑，抑或中国的环境史研究与学术组织，还有不少有待完善的地方，其谋划、发展也经受、面临一些困难甚至非议。除了环境史同志加倍努力、共克时艰之外，还需要各界朋友给予理解与支持——这一学科的跨学科属性决定了其更具开放性，共同为中国的环境史研究、生态文明建设夯实根基、添砖加瓦。

目 录

论题与视角

观念与见解

资源与开发

气候与灾害

理论与实践

附　录

论题与视角

从关注"一条鱼"谈环境史的创新*

梅雪芹

这里提及的"一条鱼",特指英国泰晤士河里的"最后一条"鲑鱼(Atlantic salmon)。为何要关注、研究和讲述泰晤士河里"最后一条"鲑鱼?简单来说,这与环境史的兴起、发展以及创新密切相关。

一

迄今,关于环境史的兴起和发展问题已有诸多论述,而对环境史有何创新的认识,依然见仁见智。本文在历史研究的范畴内将它概括为五句话,即择自然为题,拜自然为师,量自然之力,以自然为镜,为自然代言。

"择自然为题",即以自然为切入点和聚焦点,深入展开人与自然关系变迁研究,这或许是环境史在历史研究题材选择上的特点和门道。[①] 阅读环境史领域的著作,无论通史性、断代性,区域性、国别性,还是地方性、专题性的作品,都能领会这一点。譬如《绿色世界史:环境与伟大文明的衰落》[②]、《自然与

* 本文系2016年度国家社会科学基金重大项目阶段性研究成果,项目名称为"环境史及其对史学的创新研究"(16ZDA122)。原载《史学月刊》2018年第3期,此为修改稿。

① 关于这一点,可参见拙著:《环境史研究叙论》,北京:中国环境科学出版社,2011年,"总序"第3～9页。

② [英]克莱夫·庞廷著:《绿色世界史:环境与伟大文明的衰落》,王毅译,北京:中国政法大学出版社,2015年。

权力:世界环境史》[①]、《无尽的边疆:近代早期世界环境史》[②]、《阳光下的新事物:20世纪世界环境史》[③]、《地中海地区:一部环境史》[④]、《大象的退却:一部中国环境史》[⑤]、《亲抚大地:自然与美国历史》[⑥]、《尘暴:1930年代美国南部大平原》(以下简称《尘暴》)[⑦]、《莱茵河:一部生态传记(1815—2000)》(以下简称《莱茵河》)[⑧]、《鲑鱼的前世今生》[⑨],皆可作为理解和把握不同类型和规模的从自然切入展开环境史研究和著述的典范。这么做的根本意义在于将自然史和人类史有机联结,使历史叙事变得比较完整。

"拜自然为师",通俗地说,就是向大自然学习,这是确定某类自然主题,试图着手开展其与人类互动历史研究的必要步骤,甚至是环境史跨学科研究的第一步或起点。自然不啻是一部神奇的无字天书,其册页包罗万象,天上飞的,地下藏的,水中游的,土里长的,等等。不仅要直接观察和研习,而且要借助各类相关科学研究成果认识和理解。其中,生态学提供的专门知识,包括生态系统、食物链、生态分析等有关自然万物和人与自然关系的基本概念、一般观念以及理论、方法等尤其重要。此外,还需要结合具体的研究对象,进一步熟悉相关门类生态学的基本内容。对于历史时期地理环境,特别是气候、地貌、植被、动物、水文、土壤等自然地理要素变迁的了解,历史地理学则至关重

---

① [德]约阿希姆·拉德卡著:《自然与权力:世界环境史》,王国豫、付天海译,保定:河北大学出版社,2004年。

② John F. Richards, *The Unending Frontier: An Environmental History of the Early Modern World*, Berkeley: University of California Press, 2003.

③ [美]J.R.麦克尼尔著:《阳光下的新事物:20世纪世界环境史》,韩莉、韩晓雯译,北京:商务印书馆,2013年。

④ J. Donald Hughes, *The Mediterranean: An Environmental History*, Santa Barbara: ABC-CLIO, 2005.

⑤ [英]伊懋可著:《大象的退却:一部中国环境史》,梅雪芹、毛利霞、王玉山译,南京:江苏人民出版社,2014年。

⑥ Ted Steinberg, *Down to Earth: Nature's Role in American History*, New York and Oxford: Oxford University Press, 2002.

⑦ [美]唐纳德·沃斯特著:《尘暴:1930年代美国南部大平原》,侯文蕙译,梅雪芹校,北京:生活·读书·新知三联书店,2003年。

⑧ [美]马克·乔可著:《莱茵河:一部生态传记(1815—2000)》,于君译,北京:中国环境科学出版社,2011年。

⑨ Peter Coates, *Salmon*, London: Reaktion Books Ltd., 2006.

要。这些学科对环境史研究的意义，除提供认识自然的基本理论与方法外，还有一个很重要的方面在于，帮助找寻和厘定有关自然历史及其变化的基本事实。

“量自然之力”，简言之，即重视和考量自然的力量及其在历史中的地位和作用。只有理解自然本身的力量所在，才能把握和分析它对人类社会历史的具体、实在的影响，包括它激发的人类想要驯服和改造自然的欲望和行为，这可谓环境史关于历史动力观念的一大特色和创新。为此，需要熟悉“自然力”(natural forces；natural agency)概念及其基本内涵。所谓自然力，主要指自然界中客观存在的风力、水力、生物力等；扩而言之，即阳光、空气、水分、湿度、土壤、风等对其他事物客观而具体的作用和影响。从人类角度而言，自然力又有自然破坏力和自然生产力(natural productivity)之分，它们直接或间接地影响着人类的生产生活，同时又因应人类的作用而发生变化，其中有些变化，尤其是自然生产力的衰竭甚至不可逆。为数众多的环境史著述揭示出这一点，它们是环境史学者关注自然力并结合具体历史情景揭示自然与人类相互作用关系的具体反映。

“以自然为镜”，实际上指环境史学者评价历史的做法，即以自然的变化，包括自然力量的增减，检视人类文化创造的得失利弊，臧否历史上人类生产、生活方式及其蕴含的思想观念，乃至具体历史人物所作所为的结果和影响。在这方面，《尘暴》、《莱茵河》、《乡村里的推土机——郊区住宅开发和美国环保主义的兴起》[①]、《毒岛：日本工业病史》[②]等著作皆有精湛的分析。当然，由于历史上人类活动效果与动机的背离或事与愿违的现象频频出现，利用自然生产力的结果往往又破坏自然生产力，应对自然破坏力的结果却是加剧自然破坏力，这就给准确把握和分析人类活动的得失利弊及其成因带来困难，从而使历史评价问题变得十分复杂。但无论如何，环境史学者从自然变化的角度重新看待和理解人类历史进程，则为挖掘和揭示更加多元的历史面相做出重要贡献。因此，他们转换视角进行历史评价的做法及其形成的新的历史认识，值

---

① [美]亚当·罗姆著：《乡村里的推土机——郊区住宅开发与美国环保主义的兴起》，高国荣、孙群郎、耿晓明译，北京：中国环境科学出版社，2010年。

② [美]布雷特·雷·沃克著：《毒岛：日本工业病史》，徐军译，北京：中国环境科学出版社，2012年。

得关注和重视。

"为自然代言",具体指环境史学者通过人与自然相互作用及其结果和影响研究,尤其是对所谓"生态危机"(ecologic crisis)之历史的研究和再现,让人类切实地了解"沉默的自然"如何不沉默,①由此揭示和诠释自然的内在价值或曰"大自然的权利"②。这里提及的"生态危机"一词最早可能出自美国学者、中世纪史和古代科技史专家怀特(Lynn Townsend White,Jr.)的一篇文章,该文题为《我们所致的生态危机的历史根源》(The Historical Roots of Our Ecologic Crisis),1967年在《科学》杂志上发表,其中所说的"生态危机"指的是"人类对自然的恶行及由此带来的悲惨结局",怀特有时又用"生态反弹"(ecologic backlash)加以表示,③这与恩格斯晚年多次使用的比喻——"自然的报复"相雷同。一定意义上可以说,正是"生态危机"催生出环境史。环境史学者对"生态危机"或"自然的报复"之研究已蔚为大观,由此使得"大自然的权利"主张日益为世人知悉,这体现历史学的社会作用与人文关怀的扩大和延伸。

综合上述五个方面,想表达一个意思,即以人与自然互动关系史为对象的环境史研究,归根结底,就是要做好如何对待自然这篇大文章。这里,自然指的是实实在在、广袤无边的自然世界。自然无限,我生有涯。面对广袤的大自然,学者其实只能聚焦于某一方面加以非常有限的了解。每一位研究者基于自己的学业背景、基础与兴趣,选择切入并聚焦的自然可能有如自然物本身,多姿多彩、各各不同。就我自己而言,由于长期学习近现代英国历史,多年来一直致力于泰晤士河污染及其治理研究,因此另辟蹊径,选择泰晤士河里的鲑鱼切入,是非常必要而又合理的。④ 泰晤士河里"最后一条"鲑鱼,即是引领我

---

① 参见[美]罗伯特·考克斯著:《假如自然不沉默:环境传播与公共领域》(第三版),纪莉译,北京:北京大学出版社,2016年。

② 此语出自美国学者纳什(Roderick Fraser Nash)的同名著作,即[美]R.F.纳什著:《大自然的权利:环境伦理学史》,杨通进译,青岛:青岛出版社,1999年。

③ 参见[美]林恩·怀特著:《生态危机的历史根源》,汤艳梅译,刊于《都市文化研究(第6辑)——网络社会与城市环境》,上海:上海三联书店,2010年,第82~91页。

④ 对已有的泰晤士河污染问题研究成果及其特征的总结,参见拙文:《英国环境史上沉重的一页——泰晤士河三文鱼的消失及其教训》,《南京大学学报(哲学·人文科学·社会科学版)》2013年第6期,第16~17页。

深入大自然的某一方面，具体地开展环境史实证研究的门径。由此进门之后，我似乎才对环境史的特色所在以及如何开展环境史研究有几分领悟。

二

具体来说，泰晤士河里的"最后一条"鲑鱼将我引入一片可供探索的自然世界及其历史之中，使我饶有兴味地阅读相关的自然和文化之书，十分急切地想要了解它到底是谁，原本来自哪里，有着怎样的生命轨迹和生存习性，从而有可能深入依其生命轨迹展开的广袤而实在的自然，把握自然的变化，追寻并领悟自然的奇妙之处和力量所在。

有趣的是，早在 1867 年，一位热爱自然的英国渔夫基于长期捕鱼经验和细致观察的结果，以个人自叙方式和拟人口吻编撰出一部已故鲑鱼先生自传，叙述一条来自苏格兰特威德河(Tweed)的鲑鱼的生与死和个体冒险，对如何用假苍蝇捕鲑鱼的方式提出建议，同时传播有关鲑鱼的自然史及生存习性的知识；其开篇即自问"你是谁？""你是如何到达这里的？"①

这鱼儿，拉丁学名 *Salmo salar*，1758 年由瑞典动物学家和分类学家林奈(Carl von Linné)命名，后来被确定为鲑科鱼类，②更细致的划分即鲑科鱼中鳍刺鱼的一个种(a species of ray-finned fish in the family Salmonidae)，在英文中通称 Atlantic salmon(大西洋鲑)。如今，这一物种有两种生活状态，一是野生状态下的生活，二是水产养殖状态下的生活。尽管野生大西洋鲑进入商业养殖的历史不过半个多世纪，但养殖鲑的数量已大大超过原本分布区内野生鲑的数量，从而引起专业人士关切和担忧鲑鱼进化命运以及养殖鲑对野生鲑

---

① *The Autobiography of the Late Salmo Salar, Esq: Comprising a Narrative of the Life, Personal Adventures, and Death of a Tweed Salmon*, edited by a fisherman, London: Day and Son Ltd., 1867.

② Hugh R. MacCrimmon, and Barra L. Gots, "World Distribution of Atlantic Salmon, *Salmo Salar*," *Journal of the Fisheries Research Board of Canada*, Vol.36, No.4 (April 1979), p.422.

的生态与基因之影响。[①]

野生大西洋鲑的分布区相对固定，欧洲的大西洋沿海地区，从北冰洋边缘海巴伦支海（Barents Sea）、挪威北部和波罗的海以南，到葡萄牙北部，还有冰岛周围和格陵兰南部均有分布；其他地方，包括加拿大沿海以及美国北部也有分布。[②] 这片地理区域也即大西洋鲑原本所在的天然生态龛（wild niche），包括北纬 40 度到 70 度之间的那些河流和大西洋北部，由西欧、斯堪的纳维亚半岛和北美连接构成。在人类捕食和生境改变之前，这一生态龛或许供养了 1000 万～2400 万尾成鲑（50000～100000 mt）；二战后 50 年间所剩总数不超过 500 万～800 万尾（25000～35000 mt）。[③]

大西洋鲑系溯河产卵类鱼种，遵循洄游鱼类的迁徙模式。在繁殖季节，成鲑于 4—8 月做产卵洄游，为此要长途跋涉，常常横穿大西洋，往河流上游奋力行进，直到 10—12 月才会真正产卵。鱼卵在淡水溪流里孵化，鱼苗经由几个明显的阶段发育成长。幼鲑在淡水中逗留 2～3 年，主要以水生幼虫为食，然后游到海洋，在那里生活 1～2 年，靠甲壳纲动物以及鲱鱼、西鲱、玉筋鱼、细鳞胡瓜鱼、小鳕鱼等众多小鱼为生，成熟后再回到淡水产卵。在淡水中，成鲑不进食，产卵之后不会死去，而是回到海洋之中恢复自己，待来年重新溯游入河，再产卵。[④]

大西洋鲑是多次繁殖的，且对生存环境的要求十分苛严。据观察，“鲑鱼会将卵产在浅水溪流的砾石河床上……雌鱼会仔细地选择产卵的场所。她倒

---

① Mart R. Gross, “One Species with Two Biologies: Atlantic Salmon (*Salmo Salar*) in the Wild and in Aquaculture,” *Canadian Journal of Fisheries and Aquatic Sciences*, Vol.55, No.S1 (January 1998), pp.131-144.

② “Geographical Distribution,” in FAO Fisheries & Aquaculture-Species Fact Sheets-*Salmo Salar* (Linnaeus, 1758), http://www.fao.org/fishery/species/2929/en，访问日期：2017 年 7 月 13 日。

③ Mart R. Gross, “One Species with Two Biologies: Atlantic Salmon (*Salmo Salar*) in the Wild and in Aquaculture,” *Canadian Journal of Fisheries and Aquatic Sciences*, Vol.55, No.S1 (January 1998), p.132.

④ “Habitat and Biology,” in FAO Fisheries & Aquaculture-Species Fact Sheets-*Salmo Salar* (Linnaeus, 1758), http://www.fao.org/fishery/species/2929/en，访问日期：2017 年 7 月 13 日。关于鲑鱼的生活史，还可参见弗莱尔的《鲑鱼渔业》的第二章：Charles E. Fryer, *The Salmon Fisheries*, London: William Clowes and Son Limited, 1883, pp.11-23.

竖着，垂立于河水之中，用力地摆动尾巴，检查砾石河床，由此测试其质量。一定要那种恰好疏而不密的砾石河床，足以腾出空间让水畅流，便于将氧气带给鱼卵……”[①]另外，这鱼儿对河水水质的要求也十分严格，它们只洄游到曾经出生的没被污染的河流之中。因此，大西洋鲑成为可靠的衡量河流水质的指示种(indicator species)，数量之多寡从整体上反映出作为其栖息地或生境的河流系统的健康状况之好坏。[②]

这种有着“河里生、海里长”之自然习性的大西洋鲑，还被视为乡恋之鱼，成千上万年在大西洋故乡周而复始、生生不息，其生命循环(life cycle)和归乡本能(homing instinct)甚至成为著名的自然奇观和生态现象。然而现如今，从全球看，北大西洋分布区内南半部的大部分流域，野生大西洋鲑都已灭绝。从欧洲看，主要河流流域，除少数地方外，野生大西洋鲑都处于或灭绝或数量减少的岌岌可危的状态。从不列颠群岛看，除苏格兰以及爱尔兰部分地区河流流域的野生大西洋鲑鱼数量稳定外，英格兰中部和南部河流流域的大西洋鲑已灭绝，英格兰北部和威尔士河流流域的大西洋鲑数量在减少，泰晤士河里的大西洋鲑处于灭绝后再恢复状态。[③]

野生大西洋鲑在不同地区所呈现的不同状态，是 20 世纪 90 年代末国际鱼类科学家依据成鲑洄游之数量判定的。其中，所谓大西洋鲑数量稳定(stable;S)，指的是之前 10 年间成鲑洄游数量没有持续减少；所谓大西洋鲑灭绝(extirpated;E)，指的是之前至少 10 年内没有成鲑洄游；所谓大西洋鲑数量减少(declining;D)，指的是在之前 10 年以上的长时段中成鲑洄游数量在下降；所谓大西洋鲑灭绝后再恢复(extirpated with restoration;E/R)，指的是之前

---

① Daniel B. Botkin, *Our Natural History: The Lessons of Lewis and Clark*, New York: Oxford University Press, 2004, p.199.还可参见 Peter Coates, *Salmon*, London: Reaktion Books Ltd., 2006, pp.32-33.

② Peter Coates, *Salmon*, London: Reaktion Books Ltd., 2006, p.106.

③ Donna L. Parrish, et al., "Why Aren't There More Atlantic Salmon (*Salmo Salar*)?" *Canadian Journal of Fisheries and Aquatic Sciences*, Vol.55, No.S1 (January 1998), p.283, Fig.1 & p.284, Table 1.

成鲑很多年不洄游，因此人们开启再引进项目。[1] 在很多地方长期存在的大西洋鲑为什么会灭绝或数量减少？对于这个问题，鱼类科学家也给出一般解释，使人们得以大致了解相关情形。总的来说，野生大西洋鲑的灭绝或数量减少，主要是工业化造成的河流污染以及水坝、围堰或河道改变等阻碍其迁徙所致。此外，全球气候变化所引起的淡水水温上升以及海洋食物链变化，也影响大西洋鲑的正常生长和生命循环。在不同地区，对其命运变迁起主要作用的原因又不完全相同。[2] 譬如，在威尔士，19 世纪早期铅矿业中采用的研磨机械，到 19 世纪 60 年代前后即给当地许多河流的洄游鲑鱼带来厄运。[3]

无论如何，这鱼儿的繁殖、生长之生命循环，何尝不是大自然神奇力量的体现？上文提及，在人类捕食和生境改变之前，大西洋鲑原本所在的天然生态龛或许供养了 1000 万～2400 万尾成鲑，这可谓鲑鱼繁殖力或自然生产力的例证。不仅如此，这鱼儿还因不畏艰险，搏击水流，翻岩攀瀑，宁愿忍饥挨饿，也要回乡产卵的恪尽“天职”(a natural duty)之行为，成为坚韧、多产、奉献、忠诚和不屈的象征。[4] 因此，长期以来，世人对大西洋鲑洄游之自然奇观的赞叹和感佩不绝于书，英文中甚至有比较详细的表现其生命循环各阶段特征的语词，具体包括 breeding pair(繁殖中的一对鱼)、egg(卵)、alevin(刚孵出带有卵黄囊的幼鲑)、fry(鱼苗)、parr(入海前的幼鲑)、smolt(初离淡水入海的幼鲑)、salmon at sea(大海中的鲑鱼)以及 returning adult(洄游中的成鲑)等。这些语词有可能是因为人们在很长时间内对大西洋鲑的生命循环不甚了解，以致将成鲑和幼鲑误认为不同物种的结果。然而，在某种意义上，是否也可以将这些语词看成大西洋鲑以其生生不息的力量作用于人类，从而丰富人类语言文

---

① Donna L. Parrish, et al., “Why Aren't There More Atlantic Salmon (*Salmo Salar*)?” *Canadian Journal of Fisheries and Aquatic Sciences*, Vol. 55, No. S1 (January 1998), p.282.

② Donna L. Parrish, et al., “Why Aren't There More Atlantic Salmon (*Salmo Salar*)?” *Canadian Journal of Fisheries and Aquatic Sciences*, Vol. 55, No. S1 (January 1998), pp.282-284.

③ Hugh R. MacCrimmon, and Barra L. Gots, “World Distribution of Atlantic Salmon, *Salmo Salar*,” *Journal of the Fisheries Research Board of Canada*, Vol.36, No.4 (April 1979), p.439.

④ Peter Coates, *Salmon*, London: Reaktion Books Ltd., 2006, pp.6-8.

化的见证?[①]

三

上节所述,即是关于如何拜自然为师,向自然物和研究自然的学科学习,并从中掂量自然之力的一孔之见。从历史研究的角度看,向大自然学习的过程,其实也是扩大相关史料的搜集、甄别和利用,以整理自然史知识的过程。虽然整理的知识未必十分准确,但尽可能借此广泛、系统地了解研究中所指涉的像大西洋鲑这样的自然物,是环境史研究的前提和基础,也是作为历史学新领域的环境史不同于以往历史学门类的一项特殊新意所在,这往往会在环境史著述中占据突出的位置。不过,历史学者肯定不满足于此,还会深入了解和探索自然与人类相关联并互动的更多历史细节,尤其要探讨“为什么”、“怎么样”(whys and hows)这类问题。就鲑鱼而言,英国学者科茨的《鲑鱼的前世今生》提供了可供讨论的范例。

科茨的这本书除导言和结语外共六章,从“生物鲑”(Biological Salmon)、“食用鲑”(Edible Salmon)、“不幸鲑”(Unfortunate Salmon),到“争议鲑”(Disputed Salmon)、“娱乐鲑”(Sporting Salmon)和“文化鲑”,内容十分丰富。全书不仅仔细考察鲑鱼(包括大西洋鲑和太平洋鲑)的自然史,而且从这鱼儿与多类人互动的视角分析,包括研究者、食客、捕猎者和搏击者等,由此思考它对于人类的多重价值,并将其纳入有关的文化和艺术之中理解,从庆典到诗歌,不一而足,于是为这个物种书写出一部新颖的传记,有机地连接其进化故事、生态故事和人世间故事,空间范围从新斯科舍半岛(Nova Scotia)到挪威,从朝鲜半岛到加利福尼亚,时间维度从史前延伸到未来。

不仅如此,科茨在书中特别述及有关这一物种的一个悖论。很多个世纪里,这鱼儿一直被喜爱它的垂钓者赞誉为“至尊贵鱼”(the noblest of fish)或

---

① 关于鲑鱼所产生的文化价值,还可参见英国学者科茨的《鲑鱼的前世今生》第六章《文化鲑》:Peter Coates,“Cultural Salmon,” in *Salmon*, London: Reaktion Books Ltd., 2006, pp.144-174.

“淡水鱼王”(the king of freshwater fish),如今却有可能令人遗憾地沦为水产养殖的低贱品;当一些地方的野生鲑岌岌可危的时候,超市的鱼柜里却充斥着廉价的养殖鲑,以致最新的科学研究报告出于健康和生态考虑奉劝人们限量消费。[①] 野生鲑的锐减以及这一物种从高贵到低贱的变化,反映出与之关联的人类社会的诸多变化。今天,大部分欧洲人与鲑鱼的关系,无非是与从超市鱼柜买来的鱼块和鱼肉的关联。[②]

尽管科茨的这部著作内容十分驳杂,常常还因为将大西洋鲑和太平洋鲑混合叙述、议论,难免让人不知所云,但是其问题意识和研究方法,特别是注重将鲑鱼的自然进化史和人类文化史相结合,颇具启发意义。就我的课题研究而言,它启发我特别关注“不幸鲑”这一提法,聚焦于野生大西洋鲑这一自然物种的命运,考察它在英格兰一些河流流域的生命历程,尤其是泰晤士河鲑鱼灭绝的来龙去脉,并探讨由此反映的更大范围、更深层次的问题。

长期以来,不列颠群岛一直是大西洋鲑的故乡,苏格兰和爱尔兰如此,英格兰和威尔士也不例外。英格兰有很多河流曾以大西洋鲑洄游著称,以至于获得“鲑河”(salmon river)之称谓。泰晤士河下游 65 英里的河段拥有鲑鱼洄游,泰晤士河的鲑鱼还因其味道之鲜美,被认为是英格兰的上上品,17 世纪中叶,英国作家沃尔顿(Izaak Walton)即表达过这样的看法,[③]这条河也因此成为人们心目中高贵的鲑河。但是在今天,不列颠群岛的很多地方,尤其是英格兰和威尔士的各个河流流域,大西洋鲑或灭绝,或数量锐减。

其实,这一情况并非今天才出现,早在 19 世纪中叶就很严重。从英格兰和威尔士看,18 世纪末工业革命开启的时候,这一地区的河流流域中野生大西洋鲑非常多,但是到 19 世纪 60 年代其鲑鱼业几近枯竭。泰晤士河的鲑鱼业在 1794 年以后开始衰落。尽管晚至 1864 年还有少量鲑鱼进入被污染的泰晤士河河口,但是早在 1824 年泰晤士河鲑鱼业就已几乎不复存在。这样,19

---

① Peter Coates, *Salmon*, London: Reaktion Books Ltd., 2006, pp.10-11.

② Peter Coates, *Salmon*, London: Reaktion Books Ltd., 2006, p.52.

③ Izaak Walton, *The Compleat Angler, or The Contemplative Man's Recreation*, with Introduction by Andrew Lang, Mineola: Dover Publications, Inc., 2003, p.89. 还可参见 R. B. Marston, “The Thames as a Salmon River,” *The Nineteenth Century: A Monthly Review*, Vol.45, No.266 (April 1899), p.579.

世纪的英国人开始纷纷记述泰晤士河里"最后一条鲑鱼"。1861 年,大文豪狄更斯也撰文揭示泰晤士河鲑鱼日益减少并逐渐灭绝的现象,甚至不无夸张地指出,"鲑鱼告急"(Salmon in danger)的呼号正在英伦大地回荡。[①]

至于造成这种状况的原因,人们一直在研究、分析,不仅科学家关注且致力于给出解释,科学界以外的许多人士同样早就在关注并尽可能予以解释。狄更斯在 1861 年的那篇文章中就从五个方面概括鲑鱼濒临灭绝的原因,它们分别是:机械和其他捕鱼方法对渔业利益的损害;对河流的任意污染与毒害;对反季节鱼儿的捕杀、销售和出口;对特定休渔期严格而恰当规定的违反;河中水坝和围堰对鱼儿洄游产卵的阻碍等。他还认为这五方面的原因反映出人类的自私、残忍与邪恶。[②] 这些因素归结起来,可简称为"人为的影响"。狄更斯甚至揭示了"一场人鱼搏斗"(a battle between man and fish)[③]的历史现象。

考虑到野生大西洋鲑在英格兰和威尔士很多河流数量锐减乃至灭绝的时间,综合考察这一情况出现的原因,可以看到,18 世纪末到 19 世纪 60 年代英格兰和威尔士从农业—乡村社会向工业—城市社会的转型,与当地野生大西洋鲑命运的变迁具有高度一致性。这并非巧合,而是有其内在的关联。更重要的是,这种关联并非简单的一一对应或线性联系,而是涉及河流环境变化、生物和非生物资源利用方式转变以及与之相关的权利分享扩大等复杂的作用关联。揭示并解释这种复杂的关联性,是近代英国环境史研究的重要内容,也即我致力于泰晤士河污染问题研究并关注河里"最后一条"鲑鱼的基本寓意所在。

从根本上说,野生大西洋鲑在原生地数量减少甚至灭绝,反映出其洄游产卵的不列颠河流流域生境发生变化,对此则需要从沿途工厂开设、商贸发展等

---

① Charles Dickens, "Salmon," *All The Year Round: A Weekly Journal*, 20 July 1861, Volume V, p.405, http://www.djo.org.uk/all-the-year-round/volume-v/page-405.html,访问日期:2017 年 7 月 16 日。

② Charles Dickens, "Salmon," *All The Year Round: A Weekly Journal*, 20 July 1861, Volume V, p.406, http://www.djo.org.uk/all-the-year-round/volume-v/page-405.html,访问日期:2017 年 7 月 16 日。

③ Charles Dickens, "Salmon," *All The Year Round: A Weekly Journal*, 20 July 1861, Volume V, p.408, http://www.djo.org.uk/all-the-year-round/volume-v/page-405.html,访问日期:2017 年 7 月 16 日。

方面的影响去理解和探讨，这一点早有议论和记载。1824 年，英国调查鲑鱼业状况的议会委员会已认识到鲑鱼与贸易和工业之间的绝望搏斗。该委员会在一份调查报告中指出："对于流经大型商业城市以及工厂主赖以谋利的河流，就不要指望鲑鱼业会在此繁荣；当鲑鱼业可能因此而近乎消亡的时候，期待它重现生机也许是异想天开。"[①]英国人还坦承："城市和工厂产生的垃圾毒害，导致我们的河流被毁，鱼类生命受到极度威胁，对于其他所有生命也毫无价值甚至充满危险，这是多么荒唐的事。"[②]在某种意义上，这些看法和说法反映出历史上人们对于利用河流发展生产、创造财富的同时又干扰和破坏河流生产力(riverine productivity)的认知，也是今天以自然为镜观照人类历史活动之结果和影响的一大根据所在。

野生大西洋鲑在原生地的灭绝或数量减少，当然只是人类作用于自然环境进而影响环境中生物的一个比较早的例子。之后，这样的例子更多，甚至更惨烈。对鱼类而言，由于工业废物尤其是化工废料的毒害，成百万条死鱼肚腹朝上漂浮水面，堵塞水源通道，威胁人类饮用水源的例子在世界各地不胜枚举。[③] 当曾经数不胜数的鲑鱼在泰晤士河绝灭之后，像狄更斯那样因"鲑鱼告急"而呼喊并由此反思和批判人性，正是为自然代言的历史写照。到 20 世纪 60—70 年代，随着相关问题的加剧，人类社会被"生态危机"氛围笼罩时，这种代言的力度也大大增强，从而使得古老的历史学与时俱进，切实关注起自然的命运。

综上，关注泰晤士河里"最后一条"鲑鱼，是笔者从事环境史，尤其是英国环境史学习和研究的需要，也是历史实证研究必须遵循的从个别到一般的基本逻辑方法的体现。泰晤士河里"最后一条"鲑鱼的出现，不仅反映出自然物种在特定时空灭绝或数量减少的基本情形，而且勾连起自然环境与人类社会互动的大历史框架，对这一历史的认识和研究驱使我们突破现代史学人类中

---

① S. C. on the Salmon Fisheries of the UK，1824，p.145.转引自 B. W. Clapp，*An Environmental History of Britain since the Industrial Revolution*，New York：Longman，1994，p.72.

② R. B. Marston，"The Thames as a Salmon River，" *The Nineteenth Century：A Monthly Review*，Vol.45，No.266(April 1899)，p.589.

③ 关于美国的有关情形，参见[美]林达·利尔著：《自然的见证人——蕾切尔·卡逊传》，贺天同译，北京：光明日报出版社，1999 年，第 399 页。

心主义的藩篱，以整体、有机联系的观念，努力揭示多维、复杂的历史联系。像野生大西洋鲑这样的自然物，除是人类捕食的天然物产外，还是河流生态系统变化的指示种，其命运变迁反映出在河流生态系统中物种与环境相互联系、相互依赖的情形。河流作为水生生态系统，有其生命轨迹；赖之为生的，不仅有人类，还有其他生物。[①] 野生大西洋鲑因人为的影响在曾经生生不息的河流故乡灭绝的现象，也教导我们真正学会理解“鱼儿离不开水”的自然秉性。这样，研究泰晤士河污染与治理问题时，从长期溯河而生的鲑鱼的历史变迁切入，再现与各色人等相关联的鱼类的命运，不仅丰富泰晤士河历史叙事元素，而且更全面地揭示泰晤士河污染的前因后果，更充分地讨论与之相关的人类生产生活状态如何变化，其生态足迹如何延伸等问题，从而得以将其变化作为一面镜子，反观和掂量这些关联性变化隐含的问题，丰富史鉴的形式和内涵。[②] 因此，关注这样一条鱼，也正是环境史的创新所在。

梅雪芹：清华大学历史学系教授。

① 就泰晤士河而言，要了解这方面的内容，可参见以下著作：(1)英国博物学家巴克兰的《自然史猎奇》(Francis T. Buckland, *Curiosities of Natural History*, London: Richard Bentley, New Burlington Street, 1862.)；(2)英国画家莱斯利的《我们的泰晤士河》(George Dunlop Leslie, *Our River*, London: Bradbury, Agnew, & Co., Bouverie Street, 1881.)；(3)英国博物学家、伦敦动物学会会员科尼什的《泰晤士河畔的博物学家》(C. J. Cornish, *The Naturalist on the Thames*, London: Seeley and Co., Limited, 1902.)。

② 关于传统史鉴思想内涵，参见王志刚：《为什么是镜子——中国史鉴传统随想》，《“历史·史学·社会”学术研讨会论文集》，北京：北京师范大学、北京市历史学会，2013年，第11～26页。

生态现代化:环境主义时代关于发展的新话语[*]

付成双

“生态现代化”(ecological modernization)一词大约在20世纪80年代中期由德国学者耶内克(Martin Jänicke)和胡伯(Joseph Huber)提出,在过去30年里不断被完善和修正,以其技术乐观主义和经济发展与环境保护并赢的正和理论而日益成为政治学家和社会学家分析发展与环境问题的主流话语,与此同时也受到了生态马克思主义者与生态中心主义者的激烈批评。目前政治学界和社会学界关于生态现代化的讨论已经很多,但史学界对于这一话语似乎还缺乏应有的兴趣,不管是环境史学家还是现代化史学家都没有对此问题做出有力的回应。本文试图从历史学的角度对生态现代化进行解读,以图对这一现象能有初步的认识。

一、对“极限论”悲观话语的挑战

自然界是人类社会生存的物质基础。数千年来,人类与自然界之间的关系却越来越走向对立。我们已经习惯于站在发展和进步的角度评价上述两者之间的关系,想当然地认为:“人类如果要走向文明,就必须改变周围的环境。”[①]而随着人类科技的进步,人与自然之间的对抗越来越激烈。自新大陆发现以来,西方国家的现代化发展是以征服自然能力的空前提升为主要特征

* 本文原载《史学月刊》2018年第3期,此为增订稿。

① Jerrome O. Steffen, *The American West: New Perspectives, New Dimensions*, Norman: University of Oklahoma Press, 1979, p.16.

的。著名现代化理论家布莱克(Cyril E. Black)认为现代化“反映着人控制环境的知识亘古未有的增长”[①]。另一位研究现代化的学者艾恺(Guy Salvatore Alitto)则认为现代化可定义为“一个范围及于社会、经济、政治的过程,其组织与制度的全体朝向以役使自然为目标的系统化的理智运用过程”[②]。现代化发展过程中必不可少的科技进步则被认为是为人类征服自然服务的工具,根据美国学者罗森堡的定义,“科技应该是这样一种信息,它能改善人类控制和驾驭自然以达到自身目标的能力,从而使环境可以更加符合人类的需要”[③]。从某种意义上说,近500年以来西方国家的现代化历程也是一部人类肆意征服和疯狂破坏自然界的历史。

自19世纪末开始,随着美国现代化发展中环境问题的日益突出,在民间保护力量和联邦政府的联合作用下,北美出现轰轰烈烈的资源保护运动。它是进步主义运动的重要组成部分,标志着美国政府抛弃建国以来所推行的以促进经济发展为单一目的的放任自流的资源和环境政策,开始对自然资源的利用进行合理的规划和保护,并逐步确立美国环境保护的基本框架。

美国进步主义时期的资源保护运动可以看作是世界现代化发展中的一个转折点,标志着人类社会开始放弃不计环境代价追求经济增长的社会发展模式,转而寻求环境保护与经济发展之间的平衡。但受当时功利主义保护理念的影响,直到20世纪60年代,在经济发展与环境保护的这场博弈中,前者一直居于主导地位。因而,虽然欧美各国陆续建立起环境保护体系,但整体上环境恶化的趋势仍然未能遏制。直到1962年,现代环境运动的先驱卡逊(Rachel Carson)女士出版《寂静的春天》(*Silent Spring*),该书以不可辩驳的事实向人们证明:“人类正因对其他生物种类的傲慢轻率处置的态度而使自身生存面临威胁。”[④]卡逊的著作引发席卷全球的环境主义运动,人类社会从此

---

① [美]西里尔·布莱克著:《现代化的动力》,段小光译,成都:四川人民出版社,1988年,第11页。

② [美]艾恺:《世界范围内的反现代化思潮——论文化守成主义》,贵阳:贵州人民出版社,1991年,第5页。

③ Nathan Rosenberg, *Technology and American Economic Growth*, Armonk: M.E. Sharpe, Inc., 1972, p.18.

④ [美]蕾切尔·卡逊著:《寂静的春天》,吕瑞兰、李长生译,长春:吉林人民出版社,1999年,第243页。

进入环境主义的新时代。面对环境主义的挑战，各种社会利益集团和学科都先后做出反应，它们分别从各自的角度和立场重新审视人类与自然之间的关系。一时间，生态神学、环境经济学、生态社会学、生态马克思主义、生态女权主义、环境史学等诸多学科如雨后春笋般冒了出来。

在全球环境主义的大背景下，较为悲观的生存主义的"发展极限"理念在20世纪70年代风靡一时。1972年，罗马俱乐部发表名为《增长的极限》(*The Limits to Growth*)的研究报告，标志着生存主义学派"极限"理论的诞生。除此之外，随着联合国环发大会的召开，环境问题作为全球问题被提出。与《增长的极限》共鸣的还有《生存蓝皮书》(*A Blueprint for Survival*)、《小的就是好的》(*Small is Beautiful*)、《人口炸弹》(*The Population Bomb*)等著作，它们共同造就了70年代环境危机的社会心理。其核心观点就是强调地球有限的承载能力与人口和经济不断增长之间的矛盾，呼吁人类社会改变生产生活方式，在地球的承载极限内活动，否则按照现行的发展模式和人口增长速度，必将导致整个生态系统的崩溃。在发展与保护之间，"极限论"将保护置于增长之前，甚至倡导"零增长"。"极限论"在发动群众，提升世人的环境观念方面做出巨大的贡献，但它却不受政府和经济学家待见。德州农工大学教授库克(Earl Cook)指出："'增长的极限'这一概念威胁到既得利益和权力结构……他们拒绝接受热力学第二定律与经济过程的相关性；他们如果这样做，在市场经济中高高在上的'神父'地位就会不复存在。"①

面对"极限论"的挑战，生态现代化理论诞生了，它试图弥合发展与保护之间的差距，超越传统上经济发展与环境保护只能二选一的困境，乐观地认为两者之间可以实现双赢。

二、生态现代化的理论要点

生态现代化理论主要由一批来自欧洲的学者解读和倡导并逐渐风靡全

① Herman E. Daly, *Beyond Growth: The Economics of Sustainable Development*, Boston: Beacon Press, 1996, p.35.

球。德国学者耶内克于 1982 年率先提出,[①]之后,胡伯和其他“柏林学派”的环境政策研究者也使用“生态现代化”这个词。对于上述二人的贡献,有学者指出:耶内克“影响了当时德国的政策辩论”,胡伯则“促进了学术界的研究兴趣”。[②] 此后,生态现代化话语逐渐在欧美工业国家流行。当前著名的生态现代化理论家如荷兰的斯帕加伦(Gert Spaargaren)、莫尔(Arthur Mol)和哈耶尔(Maarten Hajer),英国的威尔(Albert Weale)和墨菲(Joseph Murphy),美国的巴特尔(Frederick H. Buttel)和索南菲尔德(David Sonnenfeld),澳大利亚的克里斯托夫(Peter Christoff),都对这一理论的发展做出重要的贡献。

从诞生至今,生态现代化理论大约经历三个发展阶段。20 世纪 80 年代为理论初创阶段,以胡伯为代表的学者认为工业国家依靠不断的科技创新,就可以成功解决其环境问题,但胡伯的理论很快遭到其他环境主义学派的尖锐批判。生态现代化理论家随即调整最初的观点。从 80 年代末到 90 年代中期是生态现代化理论发展的第二阶段,学者们对原来坚持的科技创新在生态现代化中的核心作用有所弱化,进一步完善和论证生态转型过程中国家机构、市场、非政府组织、文化制度等要素在其中的作用。20 世纪 90 年代后期至今是生态现代化理论发展的第三个阶段,其理论除分析生态化生产及其要素外,也开始倡导生态化消费,并涉猎全球问题、欧美工业化国家之外的环境问题。

生态现代化理论最初乐观地断言依靠科技创新解决工业化过程中的环境问题,在这一理论发展演变的过程中,不同学者从不同侧面对其进行阐述,到今天几乎成为可以容纳一切环境话题的万花筒。如索南菲尔德认为:“生态现代化可以被视为带有绿色转向的工业结构调整。”[③]哈耶尔则把它看成是“一种话语,它既认识到环境问题的结构性特征……但又认为现有的政治、经济和社会机制可以把环境问题纳入其中予以解决”[④]。耶内克则视之为:“一种前

---

① 郇庆治、[德]马丁·耶内克:《生态现代化理论:回顾与展望》,《马克思主义与现实》2010 年第 1 期,第 175 页。

② 金书秦等:《生态现代化理论:回顾和展望》,《理论学刊》2011 年第 7 期,第 59 页。

③ [美]戴维·索南菲尔德:《生态现代化的矛盾:东南亚地区的纸浆与制造业》,[荷]阿瑟·莫尔、[美]戴维·索南菲尔德编:《世界范围内的生态现代化——观点和关键争论》,张鲲译,北京:商务印书馆,2011 年,第 329 页。

④ Maarten A. Hajer, *The Politics of Environmental Discourse: Ecological Modernization and the Policy Process*, Oxford: Clarendon Press, 1995, p.25.

瞻性的环境友好政策可以通过市场机制和技术创新促进工业生产率的提高和经济结构的升级,并取得经济发展和环境改善的双赢结果。因此,技术革新、市场机制、环境政策和预防性原则是生态现代化的四个核心要素。而环境政策的制定与执行能力是其中的关键。"①

根据其侧重点的不同,笔者认为,生态现代化可以从如下四个方面进行理解:第一,作为技术策略的生态现代化。不管是胡伯所主张的技术路线,还是耶内克的预防性环境策略,这些学者所说的生态现代化大致都是指代一种具体的节能减排技术或实践活动。第二,作为社会变革理论和分析模式的生态现代化,环境社会学和政治学用它分析各种环境变革与社会经济发展之间的关系。第三,作为环境友好型政策或项目的生态现代化,各国政府机构所推行的旨在实现经济与环境协调发展的各项政策和结构性调整都属于此类。第四,作为环境话语的生态现代化。面对全球环境主义的各种压力,如同其他学科进行相应的积极应对一样,现代化理论也做出应对,试图将环境话语纳入现代化研究之中,抢占话语权,即所谓的生态现代化。德赖泽克(John S. Dryzek)指出:"生态现代化更多的是一种话语,而不是狭隘的工程和技术性关切。"②克里斯托夫则直接把生态现代化分为狭义和广义两种:前者主要指一种技术性路线,即政府和企业采用清洁技术和预防性环保措施;后者则指为实现生态与经济的共赢而采取的各种结构性变革。③

不过,无论如何分类,生态现代化理论一般都坚持如下原则:第一,技术乐观主义。大多数生态现代化的赞同者都相信通过科技进步可以解决人类所面临的环境问题。胡伯的观点较具代表性:"生态转型的经济主题是通过新技术和更具智慧的技术实现生产和消费周期的生态现代化。"④第二,环境保护与经济发展不是非此即彼的零和关系,而是可以实现共赢的正和关系。根据威

---

① 郇庆治、[德]马丁·耶内克:《生态现代化理论:回顾与展望》,《马克思主义与现实》2010年第1期,第176页。

② [澳]约翰·德赖泽克著:《地球政治学:环境话语》,蔺雪春、郭晨星译,济南:山东大学出版社,2008年,第194页。

③ Stephen C. Young, ed., *The Emergence of Ecological Modernisation: Integrating the Environment and the Economy?*, London and New York: Routledge, 2000, p.222.

④ 转引自李彦文:《生态现代化理论视角下的荷兰环境治理》,济南:山东大学,博士学位论文,2009年,第40页。

尔的说法:“相比于把环境保护看作是经济的负担,生态现代化主义者将其看作是未来增长的潜在资源。”[①]第三,不需要对现存的政治经济秩序进行根本性的变革,就可以达到经济发展与环境保护和谐并进。卢茨(Christopher Rootes)指出:“生态现代化可以被定义为承认环境难题的结构特征但仍然假设现存的政治、经济和社会制度能够内化环境关切的话语。”[②]扬也认为:“生态现代化是20世纪后期资本主义适应环境挑战的一个策略。”[③]

虽然生态现代化的倡导者们对未来充满信心,如其奠基者胡伯高兴地宣称“肮脏而丑陋的工业化毛毛虫已经蜕变为美丽的生态蝴蝶”[④],但生态现代化也仅仅是全球环境主义时代应对环境难题的诸多思路中的一种,并非其倡导者所信奉的那样是包治当前环境难题的万能良药。

三、生态现代化理论的局限性

自从生态现代化理论产生以来,对其质疑就没有断绝过,虽然理论家们也根据外界的反应而不断修正自己的理论体系,但生态现代化有其自身难以避免的理论局限性。

其一,生态现代化理论家们对于当前环境问题的根源认识不足。不论是依靠污染预防策略,还是市场与政府的配合,他们虽然自诩找到解决发展与保护之间矛盾的法宝,即所谓的正和理论,但正如生态马克思主义者和生态中心主义者所批判的那样,生态现代化仍然没有认识到当前环境问题的根源不是个别企业或政府的污染和不作为,而是整个关于发展与环境的价值观出了问题,高兹指出:“不限制资本主义积累的冲动和通过约束自我减少消费,就不可

---

① Albert Weale, *The New Politics of Pollution*, Manchester: Manchester University Press, 1992, p.76.

② [英]克里斯托弗·卢茨主编:《西方环境运动:地方、国家和全球向度》,徐凯译,济南:山东大学出版社,2005年,第229页。

③ Stephen C. Young, ed., *The Emergence of Ecological Modernisation: Integrating the Environment and the Economy*?, London and New York: Routledge, 2000, p.24.

④ 转引自[荷]阿瑟·莫尔、[美]戴维·索南菲尔德编:《世界范围内的生态现代化——观点和关键争论》,张鲲译,北京:商务印书馆,2011年,第329页。

能有生态现代化。”[①]甚至生态现代化的理论家莫尔和斯帕加伦也不得不承认:“环境危机的根源,是西方工业社会两个多世纪以来形成的文化与结构。”[②]经济学给出无限发展的虚幻前景,而环境经济学热衷的也不过是给有限的地球资源定价而已。[③] 根据经济学的教条,当今社会把发展看作是永恒的、价值上正确的事情,并进一步把发展等同于GDP的增长,忘记发展的目的,也忘记发展的自然极限。在“深绿”的生态中心主义者眼里,“生态和经济利益可以和谐的假设不过是一个经济繁荣年代的天真幻想”[④]。发展伦理学家古莱(Denis Goulet)指出:“唯一在道德上合理的发展目的是使人们更幸福。”[⑤]生态经济学家戴利(Herman E. Daly)则倡导稳态经济学,呼吁世人正视经济系统也是生态的子系统这一现实。

因而,需要改变的不仅仅是个别污染防治技术,而是不顾地球的承载极限而追求无限增长的价值观。即便是可持续发展,也“需要心灵的转变,思想的更新和有益的忏悔”[⑥]。很显然,无论生态现代化如何完善,其理论仍然是充满人类中心主义色彩的“浅绿”理论,从现代主义和人类中心主义这一角度出发所做出的任何选择都不能真正解决发展与保护的矛盾,也无法真正化解人类对自然日益施压的根本难题。根据巴雷特对日本生态现代化的研究,其工业生产中的碳排放标准虽然远远高于国际要求,但其排放总量仍然很大,这还

---

① André Gorz, *Capitalism, Socialism, Ecology*, trans. Chris Turner, London and New York: Verso, 1994, p.34.

② [荷]阿瑟·P.J.莫尔、[荷]格特·斯帕加伦:《生态现代化理论争鸣——回顾》,[荷]阿瑟·莫尔、[美]戴维·索南菲尔德编:《世界范围内的生态现代化——观点和关键争论》,张鲲译,北京:商务印书馆,2011年,第46页。

③ Herman E. Daly, *Beyond Growth: The Economics of Sustainable Development*, Boston: Beacon Press, 1996, pp.145-157.

④ [英]克里斯托弗·卢茨主编:《西方环境运动:地方、国家和全球向度》,徐凯译,济南:山东大学出版社,2005年,第60页。

⑤ [美]德尼·古莱著:《残酷的选择:发展理念与伦理价值》,高铦、高戈译,北京:社会科学文献出版社,2008年,第207页。

⑥ Herman E. Daly, *Beyond Growth: The Economics of Sustainable Development*, Boston: Beacon Press, 1996, p.201.

没有考虑西方工业国家把一些污染重的企业向不发达国家转移这一事实。[①]

其二,生态现代化对当前环境问题的解决思路肤浅。虽然根据外界的批评,生态现代化理论家们将其外延从生产领域扩展到消费领域,但其核心理念仍然是寄希望于通过科技进步解决环境问题,他们在批判生存主义悲观的"极限论"和后现代派反工业化的观点的同时,本身也犯了技术乐观主义的错误,而且对科学技术的负面作用认识不足。关于技术万能的迷信早已为学界所批判,戴利指出:"抛弃技术无所不能的假设应当是深谋远虑之举。"[②]利普舒茨(Ronnie D. Lipschutz)也认为:"通过科技进步实现的东西总是有限,所以,生态现代化要想真正取得成功,还必须包括更多内容,而不仅仅是技术……需要改变的不仅是全球资本主义经济体制,还包括这种经济的特有目的,即财富的无限集中。"[③]这种经济的目的及其实现手段,也正是现代化理论的核心。从这一意义上讲,生态现代化也无法摆脱现代化理论本身的缺陷。

其三,生态现代化的应用范围非常有限。生态现代化理论缘起于德国、荷兰等西欧工业化国家,其分析框架和模型所依据的也主要是欧美工业化国家。虽然其话题从最初倡导节能减排技术的预防性原则到后来扩展至政府、市场和机构,从生产到消费,并尝试将其研究视野从西欧工业化国家扩展到全球的不发达国家,但从实际的研究效果看,并不理想。对于不发达国家来说,首当其冲的仍然是追赶工业化国家经济发展的步伐而走向富裕,环境问题并未被真正置于与经济发展等同的地位,更别说优先于后者。莫尔和索南菲尔德也不得不承认:"就非西欧国家背景下的生态改革而言,生态现代化理论的分析价值是有限的。"[④]另外,如同现代化理论,生态现代化分析的落脚点主要是国家及各级组织和商业机构,虽然它也分析全球环境问题,但面对不同地区和国

---

① Brendan F. D. Barrett, ed., *Ecological Modernization and Japan*, London and New York: Routledge, 2005, p.29.

② [美]丹尼尔·A.科尔曼著:《生态政治:建设一个绿色社会》,梅俊杰译,上海:上海世纪出版集团,2006 年,第 67 页。

③ [美]罗尼·利普舒茨著:《全球环境政治:权力、观点和实践》,郭志俊、蔺雪春译,济南:山东大学出版社,2012 年,第 134 页。

④ [荷]阿瑟·P.J.莫尔、[荷]格特·斯帕加伦:《生态现代化理论争鸣——回顾》,[荷]阿瑟·莫尔、[美]戴维·索南菲尔德编:《世界范围内的生态现代化——观点和关键争论》,张鲲译,北京:商务印书馆,2011 年,第 57 页。

家的利益，生态现代化提供的思路不免乏力。

其四，生态现代化理论虽然包含部分可持续发展的内容，但缺乏后者的深厚内涵。自1987年《布伦特兰报告》(*Our Common Future*)发表以来，可持续发展的理念迅速在全球传播，成为当前诠释发展与环境之间关系的权威话语。可持续发展理论由于在现实政治中的可操作性较差和对现实世界的评估较为悲观而不易为当权者所接受；而生态现代化则因其技术乐观主义、发展与保护的双赢以及在资本主义的现有框架内倡导企业、市场和政府之间的合作而受到各派力量的青睐，大有取代可持续发展之势。甚至一些生态现代化理论家也认为其是可持续发展的升华和具体体现。

可持续发展要求人类社会既能满足当前的需要，又不危及后代满足其发展需要的能力。虽然可持续发展概念有一定的模糊性，但一般包括如下四个理念：(1)经济增长的规模维持在生态系统健康运行的范围内，这就要求克服对无限增长的沉溺，考虑地球的资源供应量，放弃奢靡的消费主义观念，实现生态的可持续性。(2)追求经济可持续发展的同时，谋求社会的可持续性，这就要求注意分配的社会公平性。(3)代际公正的原则。人类社会不仅要考虑自身这一代经济发展和环境运行的可持续性，还要考虑子孙后代经济发展和生存环境的可持续性。(4)生物圈的稳定性和生物多样性。人类追求可持续发展，不应该仅仅局限于本种族的利益，还要兼顾其他物种的生境和生物圈的健康。人类属于地球，但地球并不仅仅属于人类。

虽然生态现代化理论家们乐观地认为在现存体制下经济增长和环境保护是正和游戏，但这一理论仍然是以现代西方经济增长理论和人类中心主义为基本宗旨的学说，即便加入生态元素的调料，却依然没有认真考虑全球生态系统的可承载力，没有将全球公正和代际公正纳入其研究视野，本质上仍然把自然看作是人类的附属，更无法从生态中心主义的角度承认自然的内在价值。生态现代化充其量仅仅算作较弱的可持续发展。“对于可持续发展而言，生态现代化是必须的，但也是不够的”[①]。从人类的长远利益看，稳态经济下的可持续发展更符合人类的长远利益，而非生态现代化。

---

① 何传启：《东方复兴：现代化的三条道路》，北京：商务印书馆，2003年，第219页。

结　论

生态现代化理论作为对生存主义“极限论”和生态马克思主义理论的挑战,试图在不改变现有政治经济基本框架的前提下,将生态元素融入现代化理论之中,解决发展与保护之间的两难困境。虽然其理论并不完善,无法取代可持续发展,但毕竟比以前不计环境代价的现代化发展理论前进了一大步。它的出现本身就表明环境问题已经引起全社会的足够重视,或许人文社会科学在以后分析问题的时候除政治、经济、思想文化外,还应该加入生态环境作为第四个维度。

目前生态现代化理论基本是对策性研究,还很不完善。期望生态现代化理论类似于当年的现代化理论,从单纯的对策性研究升华为分析近代以来世界各国现代化发展与环境变迁问题的宏观研究模式。这一研究范式无疑将成为连接环境史和现代化两大理论的桥梁,不仅能够汲取现代化视角和环境史视角的优点,又能避免这两种视角的缺陷,从发展和保护两个维度考察世界各地区发生的社会变化;探究发展和保护关系的同时,还关注包括环境正义在内的社会问题,实现效率与公正的协调,以融合生态思考的新型发展观衡量社会的进步。

付成双:南开大学历史学院、世界近现代史研究中心教授。

全球史视野下的草地生态史研究

高国荣

《沙乡年鉴》一书中，利奥波德多次提到草地[①]，表达对草地的热爱，并建议设立国家草地保护区。利奥波德把草地野花绽放的时节称为“草地的生日”，他哀悼指南花的消失，将“刈割杂草”的行为怒斥为“焚烧历史书”。[②] 在利奥波德的眼里，草地是色彩斑斓的缤纷世界，是精彩纷呈的历史教科书，是影响历史进程的重要角色。但在当时的美国资源保护体系中，草地却没有一席之地，草地生态系统在人们的进逼下步步退缩。实际上，利奥波德购买的那个荒弃的沙乡农场，在 19 世纪 50—60 年代以前，由于野火时常出现，曾经是一片繁茂草地。农场尽管不大，却成为利奥波德感知自然和生命的场所。

利奥波德倡导从“生态的角度解释历史”。他认为，很多历史事件，“迄今还只是从人类角度去认识，但实际上是人类和土地之间相互作用的结果”。他结合植被演替，对比美国东部密西西比河流域和美国西南部地区迥异的拓殖经历：在密西西比河流域，野藤和灌木丛在焚烧后，地面冒出的草适宜放牧，移民得以从肯塔基大量向西迁移，而在干旱的美国西南部，放牧则导致植被衰败和水土流失，移民难以在此立足。利奥波德指出，“植物演替改变历史进程”，他倡导以土地共同体的观念讲授历史。

---

① 草原与草地常常作为同义词通用，均指以草本植物为主、或兼有灌丛和稀疏乔木的大面积土地，草地的含义更广，是草原、草甸、沼泽、草山、草坡等的总称。参见胡自治：《什么是草原》，《国外畜牧学(草原与牧草)》1994 年第 3 期。本文除关于国内外著名草原、草原牧区、草原地区的固定称谓外，一律采用草地这一提法。

② Aldo Leopold，*A Sand County Almanac*：*With Other Essays on Conservation from Round River*，New York：Oxford University Press，1975，p.50；［美］奥尔多·利奥波德著：《沙乡年鉴》，侯文蕙译，长春：吉林人民出版社，1997 年，第 42 页。中文译文参考该书，略有调整。

利奥波德的倡导在战后被应用于美国的历史研究，这类实践开辟了环境史这一新领域。环境史探讨“自然在人类历史进程中的地位和作用”，研究“历史上人与自然之间的互动关系”。[①] 环境史深受生态学的影响，其研究对象是特定时空尺度下的各种生态系统，包括森林、草地、农田、水系、城市等各类生态系统。草地生态史无疑是环境史研究的重要方面，就笔者所见，国外环境史学界对这一领域进行学理性探讨的著述并不多，国内学界对此关注就更少。[②] 本文拟从草地生态史研究的重要性、三个层面及全球视野对之加以初步探讨。

一、草地生态史研究的重要性

历史研究往往侧重于人类事务，而对影响人类历史的自然因素重视不够。

---

① Donald Worster,“Appendix:Doing Environmental History,” in Donald Worster, ed.,*The Ends of the Earth:Perspectives on Modern Environmental History*,Cambridge and New York:Cambridge University Press,1989,pp.292-293.环境史是对历史的生态学解释，往往与生态史通用。

② 在西方学术界，人类学家对游牧社会的研究较为深入。参见王建革:《农牧生态与传统蒙古社会》，济南:山东人民出版社,2006年，第1～7页；彭兆荣、李春霞:《游牧文化的人类学研究述评》，齐木德道尔吉、徐杰舜主编:《游牧文化与农耕文化》，哈尔滨:黑龙江人民出版社,2010年，第3～34页；阿拉坦宝力格:《浅析牧区人类学研究中的理论表述》，陈祥军主编:《草原生态与人文价值:中国牧区人类学研究三十年》，北京:社会科学文献出版社,2015年，第3～16页。在英美环境史学界，沃斯特(Donald Worster)就该领域写过一些理论文章，主要包括:Donald Worster,“Cowboy Ecology,” in Donald Worster,*Under Western Skies:Nature and History in the American West*,New York:Oxford University Press,1992;Donald Worster,“The Living Earth:History,Darwinian Evolution,and the Grasslands,”in Douglas Cazaux Sackman,ed.,*A Companion to American Environmental History*,Oxford:Wiley-Blackwell,2010.国内中国科学院学者高瑞平曾提过这方面的倡议，但较为简略，未引起重视。参见高瑞平:《应开展对历史草原生态学的研究》，《中国草地》1989年第4期。目前，国内有一些成果可纳入草原生态史领域，诸如邓辉:《从自然景观到文化景观:燕山以北农牧交错地带人地关系演变的历史地理学透视》，北京:商务印书馆,2005年；韩茂莉:《草原与田园:辽金时期西辽河流域农牧业与环境》，北京:生活·读书·新知三联书店,2006年；王建革:《农牧生态与传统蒙古社会》，济南:山东人民出版社,2006年；邢莉等:《内蒙古区域游牧文化的变迁》，北京:中国社会科学出版社,2013年；周钢:《牧畜王国的兴衰:美国西部开放牧区发展研究》，北京:人民出版社,2006年。

环境史将生态维度纳入历史学领域，重视生态因素对人类历史进程的影响，拓宽历史学的范畴，冲击人类中心主义的取向。近三十年，环境史在全球范围内蓬勃发展，优秀成果不断面世。相比于对大气、水系、森林、荒野、乡村、城市的研究而言，环境史学界对草地的研究较为滞后。这种滞后局面的形成，并不是因为草地无足轻重，而是与人们根深蒂固的轻视草地的传统相关。

对草地的轻视，在古今中外常常是一种普遍现象。西方学者的社会进化论模式里，不同人群的生活方式被划分为从“蒙昧”、“野蛮”到“文明”的等级序列，这个序列中，工商业高于农业，农业高于牧业，游牧不如定居。法国启蒙运动的杰出代表孔多塞将人类历史分为十个时代，将游牧文化视为人类从野蛮状态到农业文明的过渡状态。[①] 黑格尔对游牧文化极其轻视，甚至将游牧民排除在文明和历史之外，认为游牧民如此落后，仅可由其“回溯到历史的开端”[②]。摩尔根把人类社会的发展看作线性的进步过程，他将人类历史分为蒙昧、野蛮和文明三种状态，认为这三种状态“以必然而又自然的前进顺序彼此衔接起来”[③]，蒙昧、野蛮时代又都可以分为低级、中级和高级状态，文明状态则可分为“古代及近期”[④]。恩格斯《家庭、私有制和国家的起源》一书对摩尔根的《古代社会》予以高度肯定，认可他对人类历史三个时代的划分，[⑤]将游牧部落同野蛮人的分离、农业和手工业的分离、商人的出现作为人类历史上的三次社会大分工。[⑥] 摩尔根和恩格斯都将人类社会的发展视为线性的进步过程，尽管两人并未比较游牧和农业的高下，但都认同农业晚于畜牧业出现。他们的论述在东西方都产生广泛影响，导致后人很轻率地得出游牧落后于农业这种似是而非的结论。

---

① [法]孔多塞著:《人类精神进步史表纲要》，何兆武等译，北京:生活·读书·新知三联书店，1998 年，第 17 页。

② [德]黑格尔著:《历史哲学》，王造时译，北京:生活·读书·新知三联书店，1956 年，第 145～146 页。

③ [美]摩尔根著:《古代社会》，杨东莼、马雍、马巨译，北京:商务印书馆，2009 年，第 3 页。

④ [美]摩尔根著:《古代社会》，杨东莼、马雍、马巨译，北京:商务印书馆，2009 年，第 9～12 页。

⑤ 《马克思恩格斯选集》第 4 卷，北京:人民出版社，2012 年，第 29 页。

⑥ 《马克思恩格斯选集》第 4 卷，北京:人民出版社，2012 年，第 176～182 页。

美国毫无例外地轻视草地。美国在开发西部的过程中，长期将中西部草地标注为“美洲大荒漠”，移民往往绕过大平原向远西部迁移，大平原成为美国开发最晚的地区。美国环保史上，草地同样不受重视。从19世纪后期开始，美国相继设立诸多国家公园，保护险峻雄奇的自然奇观和悠久灿烂的历史遗址。直到20世纪30年代后，美国才设立国家草地保护区，旨在遏制干旱地区严重的水土流失。草地作为独特的生态系统应该得到保护，是在战后生态学时代才出现的新观念。美国目前已有20个国家草地保护区，[①]占美国自然保护区面积的比例微不足道。对草地的忽视也可从美国历史教科书窥见一斑。沃斯特曾经对比过20世纪80年代中后期在美国流行的14种美国历史教科书，畜牧业、牛仔和牧场在这些教材中所占的篇幅微乎其微，平均每一千页中不到两页。[②] 就欧美环境史已有研究成果而言，有关草地生态史的著述也不多见。[③]

对游牧的轻视乃至忽视在我国也同样存在。司马迁在《史记》中用寥寥数笔，就勾画出匈奴的“他者”形象：在军事上，老少皆兵，“人习战攻以侵伐，其天性也……利则进，不利则退，不羞遁走”；在伦理教化方面，“贵壮健，贱老弱。父死，妻其后母；兄弟死，皆取其妻妻之”。游牧民族“劫掠成性”、“不知礼仪”的形象从此代代相传。[④] 汉语里有很多关于草的词汇，诸如草包、草寇、草莽、

---

① Charles I. Zinser, *Outdoor Recreation: United States National Parks, Forests, and Public Lands*, New York: John Wiley & Sons, Inc., 1995, p.255.

② Donald Worster, *Under Western Skies: Nature and History in the American West*, New York: Oxford University Press, 1992, p.34.

③ 实证研究的重要成果有：D. W. Meinig, *On the Margins of the Good Earth: The South Australian Wheat Frontier*, 1869—1884, Chicago: Rand McNally & Company, 1962; Donald Worster, *Dust Bowl: The Southern Plains in the 1930s*, New York: Oxford University Press, 1979; Elinor G. K. Melville, *A Plague of Sheep: Environmental Consequences of the Conquest of Mexico*, New York: Cambridge University Press, 1994; Andrew Isenberg, *The Destruction of the Bison: An Environmental History*, 1750—1920, New York: Cambridge University Press, 1994; Geoff Cunfer, *The Great Plains: Agriculture and Environment*, College Station: Texas A & M University Press, 2005; Marsha Weisiger, *Dreaming of Sheep in Navajo Country*, Seattle: University of Washington Press, 2009; David Moon, *The Plough That Broke the Steppes: Agriculture and Environment on Russia's Grasslands*, 1700—1914, Oxford: Oxford University Press, 2013。

④ （西汉）司马迁：《史记》，北京：中华书局，1959年，第2879页。

草民、草芥、草率、潦草、草草了事、草菅人命、斩草除根，这些词都属于贬义词，是对草的污名化。“荒”在汉语中往往指野草丛生、没有开垦的土地，荒芜、荒凉、荒废等涉及荒的词汇表达的也是负面含义。对农民而言，草地只有在开垦或耕种后才有价值。流传至今的有关游牧民的史料往往出自农耕世界，对游牧部落的社会认知和历史记忆受文化的影响，表现出重农轻牧的倾向。我国高等教育中，草学长期隶属于畜牧学，1997 年教育部调整高校本科专业目录的第一、第二征求意见稿中，草学在拟撤销专业之列。[①] 这种方案虽然没有成为现实，但也可折射出对草地的忽视。尽管钱学森、任继周等人在 20 世纪 80—90 年代作为全国政协委员多次提议设立国家草业局，但并未被政府采纳。草地由农业部管理、建立全国草产业试验示范基地的落空等事实，[②]依然可以反映出对草地的轻视。

对草地的忽视，主要源于外界对草地的文化建构。游牧社会往往被外界视为边缘和他者。农耕社会常以经济产出作为衡量土地好坏的标准，认为单位面积的牧场产出太少，游牧因而被视为低下的生产方式。游牧民的尚武、劫掠让农耕社会害怕，觉得游牧民野蛮。中国历史上，中原王朝往往在北部边疆地区修筑长城，力图将这些野蛮人挡在门外。对农耕社会而言，一望无际的草地平坦单调，也没有实用价值。农耕文明在人类历史上的长期主导优势，使草地的价值一再被低估。游牧文化因为其流动性导致文字和实物遗存相对不足，在一定程度上也限制了对游牧文化的广泛研究。

然而，从多方面看，草地生态系统非常重要，应该受到历史学者的大力关注。

首先，草地生态系统是陆地主要生态系统之一，生物和文化多样性明显。全球以草本植物为主的天然草地约为 5250 万平方公里，占除格陵兰岛和南极洲以外陆地总面积的 41%，草地占国土面积 50%以上的国家，全球达 40 个之

---

① 胡自治：《中国高等草业教育的历史、现状与发展》，《草原与草坪》2002 年第 4 期，第 58 页。

② 任继周：《草业琐谈》，北京：中国农业出版社，2009 年，第 6～7 页。

多,其中20个国家(大多在非洲)达到70%以上。[①] 澳大利亚、俄罗斯、中国、美国、加拿大、巴西、阿根廷、蒙古等国的草地面积都超过1亿公顷。我国的天然草地约为4亿公顷,是耕地面积的4倍,占陆地国土面积的40%以上。[②] 2000年,全球在草地上生活的人口达9.38亿,占世界人口的17%,其中约一半生活在干旱、半干旱草原地区。[③] 全球很多重要河流,包括中国的黄河,非洲的尼罗河、赞比西河、尼日尔河,北美洲的科罗拉多河,其所在流域一半以上属于草地。草地是全球动植物的重要栖息地,19%的植物多样性保护中心、11%的特种鸟类保护区、29%的特色生态区位于草原地区。草地占一半以上面积的保护区在全球约有667个。[④] 草地作为重要的基因库,对于人类未来发展具有重要意义。草地的固碳能力可观,全球草地的碳储存占全球陆地碳储存的34%,对调节全球碳循环和气候具有重要作用。[⑤]

草地具有丰富的生物和文化多样性。热带、温带、寒带都有分布,温带主要有欧亚大草原、北美大草原、南美潘帕斯草原、南非草原,热带主要有非洲稀树干草原,寒带有极地冻原,我国的青藏高原和欧洲的阿尔卑斯山地区则有高山草地。不同草地类型的植物和动物各不相同,形成多种多样的生产生活方式和文化风俗。

其次,草地是农业文明的重要发祥地之一。人类进入农业社会,始于驯化

---

① United Nations Development Programme, et al., *A Guide to World Resources: 2000—2001, People and Ecosystems: The Fraying Web of Life*, Washington, D.C.: World Resources Institute, 2000, p.122.

② Robin P. White, et al., *Pilot Analysis of Global Ecosystems: Grassland Ecosystems*, Washington, D.C.: World Resources Institute, 2000, p.16.

③ United Nations Development Programme, et al., *A Guide to World Resources: 2000—2001, People and Ecosystems: The Fraying Web of Life*, Washington, D.C.: World Resources Institute, 2000, p.119.

④ United Nations Development Programme, et al., *A Guide to World Resources: 2000—2001, People and Ecosystems: The Fraying Web of Life*, Washington, D.C.: World Resources Institute, 2000, p.120.

⑤ Robin P. White, et al., *Pilot Analysis of Global Ecosystems: Grassland Ecosystems*, Washington, D.C.: World Resources Institute, 2000, pp.50-51.

动植物。绵羊、山羊、牛、马、狗、骆驼等,[①]“小麦、水稻、燕麦、大麦、高粱、小米等几乎所有重要粮食作物”[②],都是从草原地区驯化的。[③] 我国的神话传说中,先有伏羲女娲,再有黄帝嫘祖。女娲“炼石补天”,“开天辟地”,她的丈夫伏羲则“养牺牲于庖厨”,教民畜牧;黄帝教人稼禾,他的妻子嫘祖教民蚕桑。这些传说可从侧面说明畜牧业的发展可能早于农业。摩尔根认为,在东半球,“谷物的栽培似乎极有可能首先是由饲养家畜的需要而发生的”[④]。恩格斯提到,在东大陆,“驯养供给乳和肉的动物”开始于“野蛮时代的中级阶段”,而种植直到野蛮时代的“晚期还不为人所知”。[⑤] 最先驯化出的这些家畜和农作物在河谷地带的繁育和移植,为西亚、埃及、印度、中国等古代文明中心的形成奠定基础。驯化农作物和家畜的生产和传播,推动了人类文明的整体进步。总之,草地是农业文明发展的摇篮,古今中外皆然。

再次,草地孕育的游牧文化对世界历史进程产生重要影响。农业文明时代,欧亚大陆中纬度地带的南北两侧,大致平行分布着农耕世界和游牧世界。游牧部落不断向农耕世界发起冲击,成功征服后常常被农业文明所同化,作为农业文明的捍卫者抵御来自“蛮族之地的新攻击”[⑥]。类似现象在欧亚大陆历史上反复出现。游牧社会与农业社会在冲突中不断融合,打破世界各民族间相互孤立闭塞的状况,大大加快人口流动、物种传播以及科技文化的扩散。游牧民作为世界文明的重要缔造者,其重要性除他们建立的那些庞大帝国,还“在于他们向东、向西运动时,对中国、波斯、印度和欧洲所产生的压力,这种压

---

① [美]贾雷德·戴蒙德著:《枪炮、病菌与钢铁:人类社会的命运》,谢延光译,上海:上海译文出版社,2000 年,第 166 页。

② [美]贾雷德·戴蒙德著:《枪炮、病菌与钢铁:人类社会的命运》,谢延光译,上海:上海译文出版社,2000 年,第 117 页。

③ United Nations Development Programme, et al., *A Guide to World Resources: 2000—2001, People and Ecosystems: The Fraying Web of Life*, Washington, D.C.: World Resources Institute, 2000, p.120.

④ [美]摩尔根著:《古代社会》,杨东莼、马雍、马巨译,北京:商务印书馆,2009 年,第 39 页。

⑤ 《马克思恩格斯选集》第 4 卷,北京:人民出版社,2012 年,第 33 页。

⑥ [法]勒内·格鲁塞著:《草原帝国》,蓝琪译,项英杰校,北京:商务印书馆,2009 年,“前言”第 1 页。

力不断地影响着这些地区历史的发展"[①]。

复次，草地在20世纪生态学发展过程中占有重要的一席之地。作为20世纪最有影响的生态学理论之一，顶级群落理论的提出在很大程度上是基于对美国大平原草地的研究。从19世纪80年代开始，以贝西(Charles E. Bessey)、克莱门茨(Frederic E. Clements)为首的一批内布拉斯加大学学者在大批垦荒者来到大平原之前，就致力于研究大平原植被群落的动态演替，并据此提出顶级群落理论。依据该理论，在没有人类干扰的情况下，不稳定、不平衡的植物群落总是会朝向"复杂的、相对持久地与周围条件相平衡的、能够使自己永远存在下去的顶级结构演替"[②]。该理论在20世纪30年代被用于解释尘暴重灾区的形成，受到美国政府关注并被应用于指导灾后重建。生态学思想由此得到广泛传播。同一时期，利奥波德在《沙乡年鉴》中提出"土地伦理学"(land ethics)，将道德关怀的对象从人延伸至整个自然界。在利奥波德看来，每一物种都是生命共同体的组成部分，都为生命共同体的健康运转发挥着少为人知、不可替代的作用，每一物种因而都有继续生存的权利。利奥波德提出这一学说，就是力图使资源保护超越功利主义，使维护土地的健康内化为公民的自觉行动。

最后，在建设生态文明的今天，草地的生态系统服务功能越来越受到世人的关注。草地作为地球上重要的生命支撑系统，其效能可以从"向社会经济系统输入有用的能量和物质"、"接受和转化来自经济社会系统的废弃物"、"直接向社会提供的广泛的服务"三个方面加以衡量。[③] 近年来，国内外学者尝试用货币计算草地所创造的价值。据估算，全球草地在1997年创造的价值达到9060亿美元，远远超出全球农田生态系统当年所创造的约合1280亿美元的价值；[④]我国草地所创造的综合效益也远比耕地多，2000年达到8697.68亿元

---

① [法]勒内·格鲁塞著：《草原帝国》，蓝琪译，项英杰校，北京：商务印书馆，2009年，"前言"第1页。

② [美]唐纳德·沃斯特著：《自然的经济体系：生态思想史》，侯文蕙译，北京：商务印书馆，1999年，第254页。

③ 中国科学院可持续发展战略研究组：《生态系统服务理论》，中国网，http://www.china.com.cn/chinese/zhuanti/295916.htm，访问日期：2017年4月22日。

④ Robert Constanza, et al., "The Value of the World's Ecosystem Services and Natural Capital," *Nature*, Vol.387, No.6630(May 15 1997), p.285.

人民币，占当年我国陆地生态系统服务价值的15.5%。草地资源学通常将沼泽湿地划归草地，按这一标准计算，我国草地2000年创造的价值为35461.58亿元人民币，占当年我国陆地生态系统服务价值的63.21%。[①] 随着国民生活水平的提高，肉食和奶食在居民食品结构中将占更多的比例，这将成为推动草业和畜牧业发展的强大动力。同时也应该看到，内蒙古、甘肃、青海、新疆、四川、西藏六大牧区2008年的牛羊肉产量和生鲜乳产量都只“占全国总量的1/3”，“全国268个牧区半牧区旗县生产肉类只占全国的8.5%、生鲜乳占20%”，而“全国农区提供80%～90%以上的肉蛋奶产品”。[②] 尽管我国边疆省区的国民生产总值总体较为靠后，但边疆各省区的生态系统所创造的生态效益在全国却名列前茅。[③] 美国牧区集中于西部，在畜产品生产方面的作用近一个世纪以来已显著下降，20世纪30年代，西部牧区出产的“毛料占全国的75%，羊占55%，牛占近1/3”[④]，但新世纪之交，“全国81%的畜产品来自东部的私有土地”，而占全国半壁江山的西部所提供的畜产品不足20%，其中约2%出自占国土面积约1/9的西部国有土地。[⑤] 近三十年，波普尔夫妇等美国学者及环保人士不断提议在美国西部干旱地区广泛设立禁止放牧的野生动物保护区，这些倡议在美国已引发激烈争议。[⑥] 草地的生态价值和文化价值远高于其经济价值，这一点在我国尚未引起相关方面的足够重视，需要学界进一步加强研究。

---

① 陈仲新、张新时：《中国生态系统效益的价值》，《科学通报》2000年第1期，第21页。

② 张毅：《大美草原新抉择》，《人民日报》，2011年8月10日。

③ 陈仲新、张新时：《中国生态系统效益的价值》，《科学通报》2000年第1期，第21页。

④ U. S. Department of Agriculture, *The Western Range: A Great but Neglected Natural Resource*, Senate Document No.199, 74th Congress, 2d Session, Washington, D.C.: United States Government Printing Office, 1936, p.III.

⑤ Debra L. Donahue, *The Western Range Revisited: Removing Livestock from Public Lands to Conserve Native Biodiversity*, Norman: University of Oklahoma Press, 1999, p.252.

⑥ Deborah Epstein Popper and Frank J. Popper, "The Great Plains: From Dust to Dust," *Planning*, Vol.53, Issue 12 (Dec. 1987), pp.12-18; Anne Matthews, *Where the Buffalo Roam: Restoring America's Great Plains*, New York: Grove Weidenfeld, 1992.

二、草地生态史研究的三个层面

1988年,沃斯特撰文阐述环境史研究的基本框架,提出环境史探讨“自然在人类历史上的作用和地位”,主要是从三个层面展开:其一是探讨自然生态系统本身的变迁;其二是人们对自然的经济利用及其变化;其三是自然观念的转变及其在艺术、意识形态、科学及政治上的表现。[①] 这三个层面以其包容性和可行性而得到广泛认可和大量应用,成为环境史研究的基本分析框架。在笔者看来,这一框架也可以应用于草地生态史研究。草地生态系统变迁、草地利用与管理、对草地的认知及其影响,成为草地生态史研究的三个主要层面。

(一)草地生态系统的变迁

草本植物属于被子植物门,可以分为单子叶植物纲和双子叶植物纲,植株一般较矮小,个别种属可高达数尺甚至数丈。草本植物具有如下特点:其一,种类多,分布广。草最早出现于距今约5000万年的白垩纪晚期,之后朝各个方向进化,形成目前的“5～6个亚科,分60～80个族”,共1万多种。[②] 草在全球分布广泛,跨越各种气候带,酸性、碱性土壤乃至盐渍地中均可生长,适应各种地形,适于海洋以外的各种陆地生态环境。其二,进化适应旱生和大型草食哺乳动物对它的采食。“叶泡状细胞在干旱时使禾本科植物叶内卷,减少水分的丧失;由花瓣发育来的浆片可使小花在适宜的温度条件下张开,干旱时关闭;风媒花是适应干旱地区借风力传播花粉的特征”[③]。禾草类植物“增长细胞分裂带位于茎叶的基部”,因此“耐干旱、耐践踏、耐啃食、耐火灾”,[④]丛生、

① Donald Worster, "Appendix: Doing Environmental History," in Donald Worster, ed., *The Ends of the Earth: Perspectives on Modern Environmental History*, Cambridge and New York: Cambridge University Press, 1989, pp.292-293.

② 韩建国、樊奋成、李枫:《禾本科植物的起源、进化及分布》,《植物学报》1996年第1期,第9页。

③ 韩建国、樊奋成、李枫:《禾本科植物的起源、进化及分布》,《植物学报》1996年第1期,第11页。

④ 任继周:《草地农业生态系统通论》,合肥:安徽教育出版社,2004年,第495页。

匍匐型株丛也是耐践踏的表现。其三，根系发达，生命力顽强。多年生草本植物在天然草原占绝对优势，其萌生结籽不必在一年之内完成，便于根系发育。草多为须根，具有盘根错节的发达根系，其地下部分是地上部分的数倍甚至数十倍，“根系甚至可以向下延伸 20 多公尺”，“不同草本植物从不同土层获取水分”，[①]便于充分利用地下水资源。草地生态系统中，种类繁多的各种草本植物都在为维护草地系统的健康稳定发挥作用：豆科类植物能固定大气中的氮，增强土壤肥力；除虫菊、万寿菊、野葱、野韭、野蒜等植物释放的气味，能驱除害虫。此外，草本植物因根系发达都能较好地固定水土。

草地生态系统由非生物因素、生物因素和社会因素构成。非生物因素包括大气因子、土地因子和位点因子，生物因素包括植物因子、动物因子和微生物因子，社会因素由科技水平、生产水平和生活水平等构成。[②] 生物因素是草地生态系统的主体，非生物因素和社会因素则构成草地生态系统的生存环境。这三个因素自下而上耦合，形成由低到高、从简单到复杂的三个系统：草丛和地境耦合成为草地生态系统，草地生态系统与动物生态系统耦合成为草畜生态系统，草畜生态系统与社会系统耦合组成草业生态系统。[③] 总之，草地生态系统是复杂、开放、相互影响的有机整体，组成该系统的任一因素出现变化，就会引起一系列连锁反应。

就认识草地生态变迁而言，或许可以结合现实需要从世情和国情入手。近一个多世纪，草地持续退化成为具有普遍性的全球问题，草地承载力出现程度不同的下降。1936 年，美国林业局公布关于西部牧场现状的报告，指出美国西部牧场全面退化，“轻度退化的面积占 13%，中度退化的占33.7%，重度退化的占 37.1%，极重度退化的占 16.2%”[④]，西部牧场的承载力，较牧业初兴的 19 世纪 70 年代“下降了 52%，载畜量从原来的 2250 万个家畜单位下降到

① U. S. Department of Agriculture, *The Western Range: A Great but Neglected Natural Resource*, Senate Document No. 199, 74th Congress, 2d Session, Washington, D. C.: United States Government Printing Office, 1936, p.58.

② 任继周：《草地农业生态系统通论》，合肥：安徽教育出版社，2004 年，第 9 页。

③ 任继周：《草地农业生态系统通论》，合肥：安徽教育出版社，2004 年，第 25 页。

④ U. S. Department of Agriculture, *The Western Range: A Great but Neglected Natural Resource*, Senate Document No. 199, 74th Congress, 2d Session, Washington, D. C.: United States Government Printing Office, 1936, p. VII.

1080万个家畜单位”[①]。20世纪80—90年代，美国林业局、土地管理局、水土保持局等多个部门展开对草地植被状况的调查。林业局1980年的调查显示，“植被非常差的草地占16%，植被差的占38%，植被一般的占31%”。据水土保持局1987年估计，64%的私有牧场植被不佳。土地管理局1989年的调查显示，其所属68%的草地植被不佳。[②] 从全球范围看，2000年“轻度及中度退化的草地占全球草地的49%，重度及极重度退化的草地不少于6%”[③]。草地退化最为严重的是非洲，“重度和极重度退化土地占易沙化土地的25%，这一比例在亚洲为22%；在欧洲，32%的旱地出现一定程度的退化，这一比例在北美洲、澳大利亚和南美洲分别为11%、15%和13%”[④]。

我国草地退化也较为严重。新世纪前后，我国北方地区频繁出现强沙尘暴天气，2000年春天达到13次之多。卫星云图显示，滚滚沙尘来自北方草原地带，在华北、华东、华南渐次减少，沙尘甚至漂洋过海，被大风吹落到日本和美国西海岸地区。2009年，全国90%可利用天然草地都出现不同程度的退化，而且在以“每年200万公顷的速度递增”，产草量较20世纪50—60年代“下降了30%～50%”。1992—2009年，草原“理论载畜量下降了50%”。[⑤] 草地占我国国土面积的40%，属于老少边穷地区，分布着“全国70%以上的少数民族人口、70%以上国家扶贫开发重点县”[⑥]。草地牧区状况直接影响我国的生态安全、民族团结和社会稳定。草地退化引起的沙尘暴、荒漠化及生态难民问题，已经受到政府和社会的广泛关注。

---

① U. S. Department of Agriculture, *The Western Range: A Great but Neglected Natural Resource*, Senate Document No. 199, 74th Congress, 2d Session, Washington, D. C.: United States Government Printing Office, 1936, p.110.一个家畜单位相当于1头牛或5只羊。

② Richard Manning, *Grassland: The History, Biology, and Promise of the American Prairie*, New York: Penguin Books, 1997, pp.133-134.

③ Robin P. White, et al., *Pilot Analysis of Global Ecosystems: Grassland Ecosystems*, Washington, D.C.: World Resources Institute, 2000, p.3.

④ United Nations Development Programme, et al., *A Guide to World Resources: 2000—2001, People and Ecosystems: The Fraying Web of Life*, Washington, D.C.: World Resources Institute, 2000, p.129.

⑤ 于长青、张谧、王慧娟主编：《中国草原与牧区发展——第23届国际保护生物学大会中国草原保护专题研讨会论文集》，北京：中国水利水电出版社，2009年，第9页。

⑥ 张毅：《大美草原新抉择》，《人民日报》，2011年8月10日。

草地退化可以通过土壤性状、植被、野生动物、家畜等诸多方面的系列指标加以衡量。就土地性状而言，便涉及土壤的肥力、厚度、通透性、水源涵养能力，土壤流失等。牧草的结构、高度、盖度、收割量、根系发育是判断植被状况的重要参考。[①] 草地退化是自然与人类相互作用的产物，与气候、载畜量、畜群构成、外来物种入侵等因素都有密切关系。从全球看，草地呈现“整体恶化，局部好转”的态势，这种态势如何形成是草地生态史研究的重要内容。

了解草地生态变迁，必须大量借鉴自然科学的成果。草地生态系统涉及多个层面，受多种自然和社会因素影响。气象学、地理学、地质学、考古学、物理学、化学、农学、畜牧学、林学、动物学、植物学等都成为了解草地生态变迁的得力帮手。干旱草地、稀树干草原、高山草地等草地类型和植被状况，首先由气候和地理决定，而动物种群结构因其采食习性的不同会对植物演替产生明显影响。草地生态史离不开生态学的指导。生态学将自然与社会视为整体，探讨生态系统各因素间的协同演化。植物与食草动物、人类与自然，作为共存的矛盾双方，永远都在相互磨合、相互适应，在协同演化中不断前进。植物如何适应动物的啃食，动物如何适应植物的变化，人为选择如何影响动植物群落的更替(诸如种间和种群的结构、数量和年龄)，人类又如何适应动植物的演化，环境史学者想了解上述问题，必须向自然科学取经，参考自然科学的研究成果。

草地生态史研究既然以生态学为指导，就必然受到生态学理论纷争的影响。20 世纪 70 年代以前，草地管理盛行草地平衡生态系统理论，该理论以克莱门茨的顶级演替学说为基础，将草地牧业视为自身可趋向稳定的系统，强调系统内生物因素之间的调节平衡，将草场退化归咎于超载过牧，将减畜作为维持草地健康的主要措施。但问题是，牧草的生长受到众多非生物因素，尤其是气候及相关灾害的影响。埃利斯(James E. Ellis)和斯威夫特(David M. Swift)等学者基于非洲草原地区剧烈的气候波动提出草地非平衡生态系统理论。该理论将草地视为“地—草—畜”系统，强调气候在草地生态系统中的基础作用和决定性影响，主张通过“移动放牧”和“弹性管理”应对气候波动和突

① Robin P. White, et al., *Pilot Analysis of Global Ecosystems: Grassland Ecosystems*, Washington, D.C.: World Resources Institute, 2000, p.9.

发性灾害。[①]

(二)对草地的利用、管理和保护

历史上,人类主要通过放牧来实现对草地的利用。随着羊、牛、马、骆驼等食草动物的驯化,畜牧业在西亚、中亚、南欧、撒哈拉以南非洲等地区发展起来。传统的游牧社会大多逐水草而生,通过移动适应气候干旱多变的草原环境,极端灾害发生时,甚至会出现长距离、大范围的游牧。游牧是流动的、弹性的生产生活方式,既可"中和不利的环境因素,同时最大限度地利用有利环境因素"。游牧可以使水草得到充分利用,也有助于降低酷暑和严冬的影响,减少人畜患病的风险,远离敌对部落的侵夺,甚至规避政府的苛捐杂税。[②] 游牧部落因争夺草场而起的暴力冲突在历史上频繁发生。资本主义兴起之后,英国出现羊吃人的圈地运动,美国大平原地区则用围栏建立起私人牧场。世界范围内,伴随着人口压力的增加、科学技术的进步、市场经济的发展、外来资本的渗透,越来越多的草地被开垦成农田。从全球看,过去一两个世纪里,美国和加拿大的高草地(tall grass prairie)仅有 9.4%被保存下来,71.2%被开辟成农田,18.7%成为城镇;草地变迁在南美洲的巴西、巴拉圭和玻利维亚三国的对应比例为 21%、71%和 5%;蒙古、中国和俄罗斯亚洲部分的对应比例为71.7%、19.9%和 1.5%;撒哈拉以南非洲地区的对应比例为73.3%、19.1%和0.4%。[③] 过牧、农垦、樵采、开矿、修路、城市建设等都不同程度地加剧草地退化。游牧的空间逐渐萎缩,越来越多的牧民不得不选择定居,游牧逐渐为定居舍饲所取代,畜种也由多样走向单一,灾害呈现频率加大、灾情加重的趋势。

草原地区灾害增加,除气候波动等因素外,与农牧业对气候波动的不同耐受力、农牧民对灾害的不同界定都有密切关系。低温霜冻及洪涝亢旱对牧草

---

① [美]詹姆斯·埃利斯、[美]戴维·斯威夫特:《非洲牧业生态系统的稳定性:一种可供选择的范式及其对发展的意义》,王晓毅、张倩、荀丽丽编著:《非平衡、共有和地方性——草原管理的新思考》,北京:中国社会科学出版社,2010 年,第 29 页。

② 中国社会科学院社会学研究所农村环境与社会研究中心主编:《游牧社会的转型与现代性(蒙古卷)》,北京:中国社会科学出版社,2013 年,"序一"第 2 页。

③ Robin P. White, et al., *Pilot Analysis of Global Ecosystems: Grassland Ecosystems*, Washington, D.C.: World Resources Institute, 2000, p.21.

生长不构成灾,但对农业可能就是毁灭性的打击,因此,草地被开垦成农区之后,灾害必然增加。在草原地区,灾害很大程度上反映草地有限承载力与人们对草地不断加剧的物质索取之间的矛盾。对草地的物质索取超过一定的限度,这一矛盾就会凸显,矛盾越尖锐,灾害就越多。

自20世纪30年代以来,随着严重灾害的出现,国内外政府对草原牧区的干预增多,引发诸多始料未及的后果。草原在人类历史上长期发挥缓解社会矛盾的安全阀作用。草原往往地处边陲,地广人稀,政府难以有效管控,常常是社会底层避灾和逃避剥削的去处,在政治、经济、生态方面都能发挥减压阀的作用。但近一个多世纪,随着外来人口的大量涌入,公共牧场急剧减少,草地承载力接近甚至超出极限。草地不仅难以缓冲外界矛盾,反而自身难保,对外界的依赖加深,甚至要依靠政府的资助才能摆脱困境。20世纪30年代之后,欧美等资本主义国家开始广泛干预国民经济,对处于困境中的农牧业予以补贴。这种最初临时的救灾措施,通过各种农牧业资助项目固定下来,演变成为政府职责,[①]甚至成为现代农业发展的必要条件。战后,在亚非拉广大地区,国家干预成为推进草原牧区现代化的强大动力,国家投入巨额资金,启动名目繁多的现代牧场建设和生态修复治理工程。这些项目和工程虽然使草原牧区的面貌有所改善,但由于设计和管理方面缺乏地方和社区参与,造成的问题似乎要比解决的问题更多。

近两个多世纪,草地的私有化在全球范围内似乎成为普遍趋势,但其并没有使草地的生态变得更好。历史上,草地往往为游牧部落集体所有和使用,流动性塑造了强大的游牧帝国,使游牧文化得以长期延续。蒙古各部落草场边界在清代相对固定,游动性的消失,是蒙古在近代走向衰落的重要原因。[②] 20世纪30年代以前的美国,草场的私有化不仅没能避免"公地的悲剧",而且不受限制的财产支配权在新政时期被认为是导致土地滥用的重要原因。[③] 美国

---

① [美]唐纳德·沃斯特著:《热浪袭人:全球变暖与美国大平原的未来》,高国荣译,《江苏社会科学》2010年第4期,第97页。

② [美]拉铁摩尔著:《中国的亚洲内陆边疆》,唐晓峰译,南京:江苏人民出版社,2005年,第63～65页。

③ Great Plains Committee, *The Future of the Great Plains*, House of Representatives Document No.144, 75th Congress, 1st Session, Washington, D.C.: United States Government Printing Office, 1937, p.65.

政府于 1934 年通过《泰勒放牧法》，将西部还未开发的 8000 万英亩草地收归国有，永久禁止开垦，只允许政府监管下的放牧。实际上，美国为保护资源的永续利用，从 19 世纪末期开始设立国有林地、国家自然保护区等，将生态脆弱地区的大片土地收归国有。20 世纪中期前后，"美国政府拥有的草地占全国草地的 1/3，共计 3.69 亿英亩，其中 3.04 亿英亩属于联邦政府所有"①。尽管美国是典型的资本主义国家，但目前美国的国有土地却占全国的 29.15%。②这些土地大多位于西部干旱地区，国有土地超过 50%的西部州达到 12 个，其中俄勒冈为 50%，怀俄明为 51%，犹他为 62%，艾奥瓦为 64%，阿拉斯加约为 67%，内华达更高达约 86%。另外这些州还有大量土地属于州政府。③ 据美国农业部多年来的有关统计，联邦政府监管下的公共牧场的植被明显优于私有牧场。而在多数发展中国家，草地的私有化使游牧不再可能，草地退化更为严重。草地实行怎样的产权制度，非常值得深入研究，可以从历史中获得一些启示。

近年来，由于草原退化严重，人们将目光转向传统的游牧，甚至将游牧作为恢复草地生态的根本出路。这种无视现实的想法只能是空中楼阁。游牧靠天养畜，的确有很多优点，但在"半自然经济状态下"，牲畜往往是"夏壮、秋肥、冬瘦、春死"，④游牧避灾能力差是不可否认的。频繁发生的亢旱和暴风雪一再对游牧业构成毁灭性的打击，这种残酷的事实古往今来都不罕见。自然就是以这样一种残酷的手段调节草畜平衡。19 世纪末期，美国牧畜王国在自然灾害和人为因素的打击下走向衰落，但这同时也是美国走向现代畜牧业的起点。有学者认为，加强牧区基本建设，"增加抵御自然灾害的能力"⑤，是美国

① U. S. Department of Agriculture, *The Western Range: A Great but Neglected Natural Resource*, Senate Document No. 199, 74th Congress, 2d Session, Washington, D. C.: United States Government Printing Office, 1936, p.27.

② Charles I. Zinser, *Outdoor Recreation: United States National Parks, Forests, and Public Lands*, New York: John Wiley & Sons, Inc., 1995, p.52.

③ William G. Robbins and James C. Foster, eds., *Land in the American West: Private Claims and the Common Good*, Seattle: University of Washington Press, 2000, p.12.

④ 邢莉等:《内蒙古区域游牧文化的变迁》，北京:中国社会科学出版社，2013 年，第 92 页。

⑤ 周钢:《牧畜王国的兴衰:美国西部开放牧区发展研究》，北京:人民出版社，2006 年，第 541 页。

畜牧业发展提供的重要启示。还有学者提出，“以人为本，发展现代畜牧业”[①]，是我国牧区的根本出路。从全球看，游牧的萎缩已经是不可避免的趋势，在我国发展现代化畜牧业的过程中，要努力实现传统智慧和现代科学相结合，探索适合本国牧区可持续发展的道路。

国内外草地利用依据其经营水平，可以分为三种类型：其一，草地面积大，实行合理利用天然草场和重点建设人工草场相结合，主要存在于美国、苏联、加拿大、澳大利亚等国；其二，草地面积小，以建设人工草地为主，实行集约经营，以新西兰、法国、德国、英国、瑞士、丹麦、荷兰等国为代表；其三，草地面积较大，粗放经营，以利用天然草地为主，这在广大亚非拉国家较为普遍。[②]

草地保护涉及很多方面，诸如制定和完善草地保护立法，建立草地生态补偿机制，加强草地使用监管，开展草地科学研究，建立草地保护区等。参与草地保护的主体涉及政府、企业、社区、农牧民、外来人口、非政府组织。如何创建以社区为基础的自然资源管理方式，如何发挥传统乡规民约的作用，如何将国外经验和当地实际相结合，如何实现草地保护和牧民脱贫双赢，如何兼顾自然的利益和人的利益，都是非常值得研究的问题。

(三)对草地生态系统的认识

历史和现实生活中，人们对草地与游牧业有诸多误解或成见，这表现在很多方面。

其一，游牧民是“高贵的野蛮人”。在很多人的心目中，游牧民生活自由自在，充满浪漫情调。这种想象实际上表达了城市居民的乡土情结和对田园牧歌生活的向往，中外都不罕见。殊不知，牧民逐水草而生，是人们利用边缘、不稳定自然资源的艰苦劳作，游牧生活“处处充满危机与不确定性”[③]。美国真实的牛仔并不像西部片和西部小说中那样自由神武。牛仔并非“清一色纯正的盎格鲁-萨克逊人”，还包括不少印第安人、墨西哥人和黑人，牛仔的生存环

① 贾幼陵：《关于草原荒漠化及游牧问题的讨论》，《中国草地学报》2011年第1期，第1页。

② 李毓堂：《世界草地资源概况与利用》，《世界农业》1987年第5期，第40页。

③ 王明珂：《游牧者的抉择：面对汉帝国的北亚游牧部族》，桂林：广西师范大学出版社，2008年，“前言”第1～2页。

境非常恶劣，实际工作“极为繁重和艰苦”，①生活单调甚至充满危险。美国西部传奇之存在，在于它超越现实，成为理想。

其二，牧民和牧业的类型较为单一。实际上，牧民除了游牧和定居之分，还常常从事渔猎、种植、工商贸易等经济活动。辅助农业在游牧世界一直存在。游牧只是畜牧业的一种方式，是人类对环境的一种精巧利用和适应，营地的选择要综合考虑季节、植被、水源和地势等多种因素。② 各地的畜牧业因纬度、地形和植被的差异而各具特点，在平原地带往往是水平移牧，而在高山地区则是垂直移牧。各种牲畜对生长环境有不同要求。牦牛耐寒，适合在高海拔地带生长；骆驼被誉为“沙漠之舟”，在戈壁荒漠地带都可以生存，能够采食带有辛辣气味、甚至带刺的灌木；牛适合通风、凉爽的平原和高原地区，喜欢植株高大的阔叶草类；绵羊适合细小禾草茂密的平坦地区，在灌木丛生的高山深谷可以养山羊；马在欧亚草原被广泛牧养。③ 传统的游牧社会往往依据当地自然环境和牲畜的不同采食特性，对牲畜混群牧养，畜种结构也各不相同。20世纪上半叶以前，非洲东部努尔人的主要畜产是牛，另有少量绵羊；阿拉伯半岛则以羊、马、骆驼为主；在蒙古高原，绵羊、山羊、马、牛、骆驼被称为“五畜”，从东往西，牛、绵羊和马在畜群中的比例渐次减少，而山羊和骆驼的比重呈上升趋势。④ 各国各地区往往都有自己的特色牲畜品种。荷兰奶牛、英国赫里福德肉牛、西班牙美利奴绵羊、中国新疆细毛羊都是闻名世界的优良品种。

其三，游牧民是凶残好战的蛮族。历史上，游牧民对农耕世界的劫掠和冲击，常常让农耕民族寝食难安，游牧民被贴上“野蛮愚昧、嗜血尚武”的标签。中国历史上，处于华夏边缘的游牧民，被蔑称为“蛮夷戎狄”。阿拉提、成吉思汗和帖木儿因对外征服而名扬四海，成为游牧民的英雄，但在西方、波斯和中

① 周钢：《牧畜王国的兴衰：美国西部开放牧区发展研究》，北京：人民出版社，2006年，第127页。

② 邢莉等：《内蒙古区域游牧文化的变迁》，北京：中国社会科学出版社，2013年，第33～34页。

③ 王明珂：《游牧者的抉择：面对汉帝国的北亚游牧部族》，桂林：广西师范大学出版社，2008年，第17页。

④ 王建革：《农牧生态与传统蒙古社会》，济南：山东人民出版社，2006年，第18页。

国诸多编年史家的笔下，他们却被置于文明的对立面，是十恶不赦的魔鬼。[①]各类著作中，游牧民“大致都以野蛮、杀戮等刻板印象描述，几乎已经定型”，对蒙古西征的丑化在当前西方的历史教科书中也不鲜见。不论东西方，“只要提到游牧民，一般都会不分青红皂白地直接作出负面印象的描述”。[②]

非游牧世界对游牧世界最根深蒂固、最广为流传的成见，是将游牧视为停滞不前、落后于农耕的生产方式。格鲁塞提到，在古代欧亚大陆，“毗邻各族之间产生了时代的移位”[③]，进入12世纪，游牧民的生产生活方式还停留在公元前2000年，落后于农耕世界数千载。游牧落后于农耕这一成见的产生，主要是判断标准片面偏向经济产出，而不考虑生产方式对环境的适应和可持续性。农耕社会因为人口压力大，重视粮食生产，将草地视为荒地，以农为本，非农即荒，具有比较深厚的厌草情结。19世纪以来西方世界兴起的文化进化论将游牧文化视为人类文明序列中落后于农耕文化的低级阶段，将西方工业文明宣扬为人类文明进化的归宿。西方的话语体系中，游牧社会和农耕社会均成为贫困、愚昧和落后的“他者”，成为需要广泛外来干预的扶助和改造对象。这种带有西方偏见的理念随着战后西方国家资本的大量输出在发展中国家被广泛传播和接受，而地方性的知识传统则被轻易抛弃。在发展的名义下，政府主导的去游牧化工程被认为是解决牧区落后面貌和草地退化的灵丹妙药。“游牧经营的文化和生态合理性被完全忽略”，政府主导的定居化工程严重削弱牧区的“经济自主性和文化自信心”，[④]导致牧区的问题更趋复杂和严重。

需要指出的是，上述成见广泛存在的同时，农牧之间偶尔也会出现相互欣赏。20世纪以前，非农耕世界不乏对草地的欣赏，游牧社会中也有人主张开垦草地。19世纪上半期，欧文（Washington Irving）、库珀（James Fenimore

---

① ［法］勒内·格鲁塞著：《草原帝国》，蓝琪译，项英杰校，北京：商务印书馆，2009年，“序言”第3页。

② ［日］杉山正明著：《游牧民的世界史》，黄美蓉译，北京：中华工商联合出版社，2014年，“自序”第1页。

③ ［法］勒内·格鲁塞著：《草原帝国》，蓝琪译，项英杰校，北京：商务印书馆，2009年，“序言”第5页。

④ 麻国庆、张亮：《进步与发展的当代表述：内蒙古阿拉善的草原生态与社会发展》，陈祥军主编：《草原生态与人文价值：中国牧区人类学研究三十年》，北京：社会科学文献出版社，2015年，第19页。

Cooper)等多位美国作家都讴歌草原,惠特曼(Walt Whitman)还撰写出《草叶集》(*Leaves of Grass*)这一传世名作。20世纪之前,尽管清廷对蒙地长期实行禁垦政策,但蒙古贵族私自招募内地农民垦种的现象大量存在。20世纪初期清廷同意放垦蒙地后,掌握土地所有权的蒙古贵族在经济利益的驱动下大量放垦蒙地,蒙古社会出现绵延不断的垦务纠纷,垦务纠纷并不是反对农业开垦,而是反对农垦利益在各阶层不平等的分配,从根本上讲"是阶级矛盾的集体体现"[①]。晚清和民国时期,以贡桑诺尔布为首的蒙古贵族将发展农业作为复兴蒙古的重要手段。

转换研究视角对客观认识草地和游牧无疑具有重要意义。从国内外的情况看,有关游牧社会的记载和著述绝大多数都出自游牧世界以外,采用从中心看边缘的研究视角,带有明显的文化成见,将游牧民视为他者,而很少从边缘的角度看中心。拉铁摩尔(Owen Lattimore)的《中国的亚洲内陆边疆》(*Inner Asian Frontiers of China*)之所以富有新意,其中一个原因就在于他是从边疆的角度看中原王朝。20世纪上半叶,拉铁摩尔在中国北方居留近30年,掌握英法德中俄蒙等多门语言,对中国边疆地区进行广泛的实地考察。他依据自然环境及受其影响的社会经济政治状况,将中国的边疆分为东北、蒙古、新疆和西藏四个地带,强调边疆和中原的互动。拉铁摩尔从边缘看中心的研究视角给后人不少启发,在巴菲尔德(Thomas Barfield)、狄宇宙(Nicola Di Cosmo)[②]和王明珂的有关作品中都有明显反映。多年来,王明珂致力于华夏边缘研究,"努力发掘被忽略的边缘声音及其意义,及造成其边缘地位的历史过程"[③]。他从历史记忆的角度出发,将族群认同与区分的变迁视为连续不断的"文化"建构过程,诠释这些建构背后因资源共享与竞争关系所产生的各种利益与权力关系,促使核心族群"对自身的典范观点(学术的与文化的)产生反思

① 色音:《蒙古游牧社会的变迁》,呼和浩特:内蒙古人民出版社,1998年,第80页。

② [美]巴菲尔德著:《危险的边疆:游牧帝国与中国》,袁剑译,南京:江苏人民出版社,2011年;[美]狄宇宙著:《古代中国与其强邻:东亚历史上游牧力量的兴起》,贺严、高书文译,北京:中国社会科学出版社,2010年。

③ 王明珂:《羌在汉藏之间:川西羌族的历史人类学研究》,北京:中华书局,2008年,"新版自序"第3页。

性理解”[①]。这种反思性理解无疑有助于纠正对边缘族群和游牧文化的偏见。

近一个多世纪，人们对草地的看法随着草地研究与教学的发展而逐渐改变。现代意义上的草地研究，始于19世纪末期的欧美，是由农学、畜牧学、地理学衍生出的，[②]经过一个多世纪的发展已取得长足进步。草地研究与教学的发展，可以从多方面反映人们对草地的认识在不断升华。这至少表现在以下三个方面。

其一，对草地重要性的认识在逐渐强化。草地高等教育在国内外的发展，都经历了一个从无到有，从少到多的过程。20世纪初期，美国内布拉斯加大学率先开展草地研究，20世纪20—30年代，欧美多国都兴起草地高等教育。据学者统计，20世纪60年代初，美国西部有15所高校开设草地专业。[③] 我国的草地高等教育虽然起步晚，但近20年进展较快。开设草地本科专业的农业院校从1965年的3所增加到1994年的7所，2006年已经达到30所。[④] 草地高等教育的兴盛在一定程度上得益于草学在1998年升级为一级学科，从侧面反映人们对草地的重视。2008年，第八届国际草地大会暨第二十一届国际草原大会联合会议在内蒙古呼和浩特市成功举行，标志着我国的草地国际学术交流迈上新台阶。

其二，人们对草地的理解从孤立片面走向整体系统。兴起之初，草地科学常常被狭隘地理解为关于“草”的科学，草地经营被孤立地理解为“饲料生产的一个部门”。[⑤] 20世纪40年代，英国草地学家戴维斯(William Davies)提出土—草—畜三位一体的学说，将草地视为有机整体，整合以往分散无序的草地研究，开辟草地科学研究的新时代。尽管这一学说很快被引入中国，但应者寥寥，新中国成立后受苏联教学体系的影响，植物生产与动物饲养成为互不联系的独立教学体系，这种情况于20世纪70年代才逐渐改变。20世纪80年代

---

① 王明珂:《羌在汉藏之间:川西羌族的历史人类学研究》,北京:中华书局,2008年,“前言”第3页。

② 任继周:《草业琐谈》,北京:中国农业出版社,2009年,第110页。

③ 《任继周文集》第1卷,北京:中国农业出版社,2004年,第478页。

④ 胡自治、师尚礼、孙吉雄等:《中国草业教育发展史:1.本科教育》,《草原与草坪》2010年第1期,第82页。

⑤ 胡自治:《中国高等草业教育的历史、现状与发展》,《草原与草坪》2002年第4期,第59页。

中期以来，在以任继周为首的科学家的努力下，我国的草业科学理论取得“突破性的进展”，“土—草—畜—人”成为整体，我国的草地教学指导思想得到“创造性的提升”，[①]大力发展草地产业成为社会广泛共识。

其三，草地生态系统的综合功能开始被人们逐步认识。长期以来，人们注重的只是草地的经济价值，而且局限于其饲用价值。1948 年美国农业部推出的《农业年鉴》首次以“草本植物”为主题，阐述草地在饲用、土壤改良、水土保持、绿化美化等多方面的价值，[②]从这本文集看，草坪学已经成为草地学的重要分支，草地的综合利用被提上政府议程。20 世纪 60—70 年代，联合国教科文组织发起国际生物学计划，将草地作为陆地重要生态系统，开展对草地生态系统的国际联合研究，出版相关成果。[③] 近三十年，中外科学家尝试对草地的生态系统服务功能进行量化研究，草地在气候调节、水土保持、废弃物降解、休闲娱乐、生物多样性维持、文化传承等方面的作用受到越来越多的重视。可以预见，草地的功能在未来将得到更广泛充分的发掘。

近年来，游牧文化的生态智慧日益受到关注。面对草地生态环境的恶化，人们开始转向传统知识，从宗教信仰、生活习俗、文化艺术等方面挖掘游牧民的生态智慧。《成吉思汗法典》问世于 800 年前，其中有不少保护草原的条款，对火烧草场、乱挖草地、污染水源、滥杀野生动物等破坏草原的行为予以严厉惩处，比如法典第 56 条规定，“草绿后挖坑致使草原被破坏的，失火致使草原被烧的，对全家处死刑”[④]。陈寿朋认为，草原文化的生态思想集中体现为“敬畏生命，尊重自然，和谐共存”[⑤]。深入探讨草原文化，可以为草原保护提供重要参照，对推动我国生态文明建设将发挥有益作用。

---

① 胡自治：《中国高等草业教育的历史、现状与发展》，《草原与草坪》2002 年第 4 期，第 59 页。

② United States Department of Agriculture, *Grass: The Yearbook of Agriculture*, U.S. Government Printing Office, 1948.

③ R. T. Coupland, ed., *Grassland Ecosystems of the World: Analysis of Grasslands and Their Uses*, Cambridge and New York: Cambridge University Press, 1979; A. I. Breymeyer & G. M. Van Dyne, eds., *Grasslands, Systems Analysis and Man*, Cambridge: Cambridge University Press, 1980.

④ 内蒙古典章法学与社会学研究所编：《〈成吉思汗法典〉及原论》，北京：商务印书馆，2007 年，第 9 页。

⑤ 陈寿朋：《草原文化的生态魂》，北京：人民出版社，2007 年，第 206 页。

三、在全球史视野下开展草地生态史研究

在全球史的视野下开展草地生态史研究无疑是必要的。历史上，欧亚大陆的游牧部落曾经不断尝试向南迁徙，尽管在征服农耕社会之初常常会把农田变成牧场，甚至推行“犁庭扫幕”的政策，最终却被农耕世界所融合；游牧部落间为争夺牧场而不断兼并、分化，为逐水草而大范围、长距离地不停迁徙，迁徙过程中不可避免地与其他游牧部族发生冲突，某些情况下，“往返迁徙一次需要几个世纪才能完成”[①]。陆上和海上丝绸之路的开辟，极大地推动东西方的物种文化交流，留下张骞出使西域、甘英出使大秦、马可·波罗来华、郑和下西洋等精彩历史篇章。新航路的开辟，揭开全球物种交流的新时代，北美洲、大洋洲等草原地区甚至出现天翻地覆的变化：土著被白人取代，野生动物被家畜取代，牧场主被农场主取代。[②] 近几个世纪，西方商业公司的触角不断伸向草原腹地，将毛皮、乳酪、煤炭等资源从草原地区源源不断地输往世界各地。随着全球化的发展，草原牧区与外界的联系更为紧密，生产和消费日益具有全球性，外来因素对草地生态的影响愈益明显。通过引进外来草畜对草场和畜种进行改良，根据市场需要进行单一生产，甚至在偏远牧区也成为常见现象。总的来看，资本主义的兴起和全球化带来“世界生态的跨时代重组”[③]，这种重组主要对在现有国际政治经济格局中处于主导地位的发达国家有利，而对发展中国家（尤其是这些国家处于更边缘地位的草原牧区）不利。

在全球史的视野下开展草地生态史研究具有重要意义。草地在全球广泛分布，对草地的利用和认识既有共性又有差别；游牧文化是世界文化的重要组成部分；草原牧区面临着气候变暖、可持续发展等共同问题。所有上述这些因

---

① ［法］勒内·格鲁塞著：《草原帝国》，蓝琪译，项英杰校，北京：商务印书馆，2009年，“导言”第12页。

② Richard Manning, *Grassland: The History, Biology, and Promise of the American Prairie*, New York: Penguin Books, 1997, p.110.

③ ［美］杰森·摩尔：《现代世界体系就是一部环境史？——生态与资本主义的兴起》，夏明方主编：《新史学（第六卷）：历史的生态学解释》，北京：中华书局，2012年，第10页。

素，成为推动全球草地生态史研究的现实动力。关于历史时期各国各地区草地生态史研究成果的出现，也为开展全球草地生态史研究提供可能。全球草地生态史既可以研究草地、草畜、草业等界面中的单一因素或多种因素在历史上的流传与变迁，也可研究历史长河或某一时期全球各区域草地生态系统之间日益紧密的交往历程。开展这方面的研究时，比较不同地区的草地利用史，无疑非常值得尝试。

对中国学者而言，蒙古帝国或许是开展全球草地生态史研究的重要突破口。13 世纪初，成吉思汗统一蒙古各部，通过对外征服建立横跨欧亚的庞大帝国，其统治区域东起太平洋，西至黑海和波斯湾地区。在此辽阔疆域内，蒙元政府与各蒙古汗国通过陆上和海上丝绸之路开展密切的商贸和人员往来，来自波斯、阿拉伯半岛和欧洲的商旅和教士络绎不绝，被任命为官员的西方人士也不在少数，中外交往空前活跃。有学者甚至提出“蒙古时代”、“蒙古体系”等概念，认为蒙古帝国开启“世界作为一个整体”的新时代，[①]是“世界史的分水岭”[②]，主张以游牧民的视角重新书写世界史。蒙古帝国存续的两个多世纪里，欧亚大陆的气候波动偏向冷干，[③]在此期间出现洪水、地震、饥荒、黑死病等各类灾害。蒙古帝国的兴衰或许均与气候变冷有关。蒙元政权在征服中原之初，实行犁庭扫幕政策，将农田当作牧场经营。忽必烈继位后采用“汉法”对中原进行治理，促进南方社会经济的恢复和发展。同时，蒙古帝国见证了人类从冷兵器时代到热兵器时代的重大转折。冷兵器时代，善于骑射的游牧部落因机动灵活、神出鬼没在军事上较农耕世界占有优势，但这种传统优势随着热兵器时代的到来而丧失殆尽。“隆隆的大炮声标志着一个世界历史时期的结束”[④]，人类从此进入由工业文明主导的新阶段。总之，从全球生态史的角度研究蒙古帝国史大有可为，虽然会面临语言资料、基础薄弱等一系列条件的

---

① [日]杉山正明著：《忽必烈的挑战——蒙古帝国与世界历史的大转向》，周俊宇译，北京：社会科学文献出版社，2013 年，第 249～250 页。

② [日]杉山正明著：《游牧民的世界史》，黄美蓉译，北京：中华工商联合出版社，2014 年，第 238 页。

③ 竺可桢：《中国近五千年来气候变迁的初步研究》，《中国科学》1973 年第 2 期，第 2 页。

④ [法]勒内·格鲁塞著：《草原帝国》，蓝琪译，项英杰校，北京：商务印书馆，2009 年，“序言”第 8 页。

限制。

内蒙古草地退化，在全球史的视野下进行观察，立论会更加公允。国内外都有人简单地将内蒙古草原退化归咎于新中国成立后内地人的进入及农垦，但实际上内蒙古草原的开垦与西方列强的入侵有密切关联。清廷长期对蒙地实行禁垦政策，直到1902年才正式放垦蒙地。蒙地放垦政策的出台，与边疆危机的加剧直接相关。清中晚期，俄、日、西方宗教势力加紧向内蒙古地区渗透，部分蒙古王公开始寻求列强的支持，教会在蒙古地区也控制了大量土地。八国联军侵华强加给清廷的巨额庚子赔款，迫使清廷采取包括放垦蒙地等在内的手段筹措钱款。在国贫民弱的情况下，清廷只能用移民垦种的传统手段充实边疆，以抵御外国的侵略。这一手段在民国时期的沿用，直接受日本不断向中国渗透这一国际形势的影响。[①] 忽略这些历史事实和国际因素，就不可能客观认识当今的草地退化，得出错误甚至有害的结论。

在全球史的视野下对草地开垦史进行比较研究，是未来环境史领域非常值得探讨的课题。近两个多世纪，美国、俄罗斯、澳大利亚、中国都出现过大规模的草地开垦，其造成的环境影响受到一些学者的重视。沃斯特于1979年出版的《尘暴》一书探讨美国大平原成为尘暴重灾区的经历。[②] 该书在出版翌年就获得班克罗夫特奖，成为环境史领域的经典著作，启发学者从事草地生态史研究并同美国加以比较。进入新世纪，有关草地开垦史的成果不断增加，而且呈现出国际化的研究取向。澳洲学者谢尔德里克《自然的分界线》一书探讨澳大利亚勘察员戈伊德于19世纪后期提出的南澳大利亚农牧分界线及其学说所遭受的冷遇和后果。[③] 英年早逝的贝利在其专著《尘暴重灾区：从萧条的美国到战后的澳大利亚》中探讨20世纪30—40年代澳大利亚的水土流失、该国媒体对美国尘暴重灾区的报道及其对治理沙化的促进作用。[④] 德国学者绍特

---

① 白拉都格其、金海、赛航：《蒙古民族通史·第五卷（上）》，呼和浩特：内蒙古大学出版社，2003年，第127页。

② Donald Worster, *Dust Bowl: The Southern Plains in the 1930s*, Oxford: Oxford University Press, 1979.

③ Janis M. Sheldrick, *Nature's Line: George Goyder: Surveyor, Environmentalist, Visionary*, Kent Town: Wakefield Press, 2013.

④ Janette-Susan Bailey, *Dust Bowl: Depression America to World War Two Australia*, New York: Palgrave Macmillan, 2016.

对 20 世纪上半叶澳大利亚和美国的土地沙化进行比较。[①] 英国学者穆恩以欧洲生态殖民扩张为大背景，探讨 1700—1914 年俄国农业向南俄罗斯草原的扩展及改造草地环境的失败，[②]他还对美俄两国开垦草地的经历进行对比。[③]上述研究表明，闯入草原的外来者总是不顾自然条件的限制，妄想通过技术改造自然，自然就会以灾害的形式严惩人类的狂妄，人类对自然的改造必须以顺应自然规律为前提。

对中国学者而言，从中外交往的角度入手研究全球草地生态史，在当前或许是避短扬长的可行选择。这种选择一方面有助于克服在语言运用、资料获取等诸多方面的困难，另一方面又便于发挥我们自身的优势，既有全球史的关照，又有中国视角和中文资料的强大支撑。中国古代典籍和边疆考察的史料尤其值得挖掘。作为多民族国家，我国的古代典籍留下关于边疆游牧民的大量记载。除正史、方志外，中国古代文学中有关边塞的诗词歌赋也不在少数，可以从中发现很多有价值的信息。近一个半世纪，我国出现边疆研究的三次热潮：19 世纪中后期兴起边疆史地学；20 世纪 20—40 年代出现边政学；20 世纪 80 年代以来，边疆学的构建被提上议事日程，边疆研究的领域不断扩展，而且越来越强调历史和现实的结合。[④] 在此过程中，边疆调查备受重视，深入边疆地区进行调查的，除中国学者和政府机构外，还有不少洋人和外国机构。许多外国人士和文化机构在本国政府的支持下，以科学考察为名，深入中国边疆地区收集情报，为帝国主义的侵略扩张服务。俄国地理学会派遣数十支考察队至中国东北、西北及西南等边疆地区考察，涌现出普尔热瓦尔斯基（Nikolay M. Przhevalsky）、波塔宁（Grigory N. Potanin）、佩夫佐夫（Mikhail V. Pevtsov）、

---

① Sabine Sauter, "Australia's Dust Bowl: Transnational Influences in Soil Conservation and the Spread of Ecological Thought," *Australian Journal of Politics & History*, Vol.61, Issue 3(Sep. 2015), pp.352-365.

② David Moon, *The Plough That Broke the Steppes: Agriculture and Environment on Russia's Grasslands*, 1700—1914, Oxford: Oxford University Press, 2013.

③ David Moon, "The Grasslands of North America and Russia," in J. R. McNeill, Erin Stewart Mauldin, eds., *A Companion to Global Environmental History*, Chichester: Wiley-Blackwell, 2012.

④ 马大正：《关于构筑中国边疆学的断想》，《中国边疆史地研究》2003 年第 3 期，第 10 页。

科兹洛夫(P. K. Kozlov)等一批旅行考察家。瑞典地理学家赫定(Sven Hedin)等于1893—1935年四次来华探险,包括组织以平等合作为基础的中瑞西北科学考察团。在英国政府的庇护下,斯坦因(Marc Aurel Stein)于1900—1935年四次在中亚和西域考察,主要活动范围在新疆、甘肃及印度西北部。1908—1909年,美国克拉克探险队开展穿越黄土高原的探险。拉铁摩尔在美国社会科学研究会、哈佛燕京学社、太平洋国际学会、英国皇家地理学会等机构支持下,于20世纪上半叶对我国边疆地区进行广泛考察。美国纽约自然博物馆组建的亚洲探险队于1922—1929年在内蒙古进行地质和古生物考察。20世纪30—40年代,美国农学家罗德民(Walter C. Lowdermilk)在中国开展水土调查,美国草原学家蒋森(R. G. Johnson)到宁夏和西康考察。作为日本侵华最大的经济机构,南满洲铁道株式会社于1907年设立满铁调查部,对满蒙和华北地区的自然资源、历史地理、社会经济进行广泛而深入的调查。这些考察报告涉及边疆地区的方方面面,成为开展草地生态史研究的重要参考。

除边疆调查外,近一个多世纪,中国学者在推动草地科学发展的过程中也不断对本国草地资源进行专门调查。20世纪30—40年代,刘慎谔、耿以礼、耿伯介、曲仲湘、何景等植物学家曾开展野外科学考察,留下关于草地资源的珍贵历史资料。新中国成立以后,为摸清家底,国家有关部门和多个省区均组织过对草地的科学考察。20世纪50—60年代,西北军政委员会、中央人民政府政务院、农业部、中国科学院都开展过包括草地资源在内的国土资源综合调查,西部各省区也组织草地考察工作队。王栋、贾慎修、李继侗、章祖同、任继周等多位知名草原学者都应邀参与过草地考察活动。[①] 另外,关于草原地区的民族学、人类学调查也在同期进行。林耀华率队完成《内蒙古呼纳盟民族调查报告》,翁独健指导完成《蒙古族社会历史调查》……随着这些活动的开展,有关草地的调查报告大量出版。这些考察报告值得深入挖掘,对探讨草地生态社会变迁具有重要参考价值。

总之,作为环境史的分支领域,草地生态史是在草地严重退化等全球环境

① 任继周、胥刚、李向林等:《中国草业科学的发展轨迹与展望》,《科学通报》2016年第2期,第181页。

问题日益凸显的背景下出现的。游牧文化作为人类文化的重要组成部分，常常受到人们有意或无意的忽视。草地生态史能够弥补既有研究的不足，着重探讨草地生态社会的变迁，可以从草地生态变迁、草地利用与保护、草地观念三个方面探讨，在全球史的视野下考察。面对气候变暖的可能趋势，研究草地生态史，对人类探索“如何靠脆弱的地球谋生而又不毁灭地球”[①]这一根本问题具有重要意义。近两个多世纪，随着工业文明的发展，人类干预和改造自然的能力空前提高，人类甚至被认为是影响地球环境变化的关键力量。2000年，克鲁岑(Paul J. Crutzen)等科学家提出“人新世”(Anthropocene)这一概念，表达对人类前途命运的深切担忧。姑且不论这一概念是否科学，但遏制贪欲、善待地球对人类的长期生存却是必需的。自然没有人类将继续存在，但人类没有自然就会面临毁灭。文化必须适应环境，只有把自然作为人类的亲密伙伴，保持对自然的谦恭，对自然加以保护，人类的可持续发展才可能得以实现。

高国荣：中国社会科学院世界历史研究所研究员。

① Donald Worster, ed., *The Ends of the Earth*: *Perspectives on Modern Environmental History*, Cambridge and New York: Cambridge University Press, 1989, p.viii.

避实就虚:中国虚幻环境史研究发凡*

赵九洲　马斗成

自环境史兴起以来,学者多将注意力投注于自在环境史——或者称为真实环境史——的研究,关于虚幻环境史问题的探讨还非常少,在有四十余年环境史发展历程的美国如此,在有二十多年环境史发展历程的中国亦如此。虚幻环境史的概念、意义与研究方法等值得深入探究。特撰此文,粗略勾勒中国虚幻环境史研究的框架,不当之处,敬请方家批评指正。

一、何为虚幻环境史

作为环境史分支,虚幻环境史研究只存在于人的观念中或者感觉中但事实上并不真实存在的"生态环境"与人类的交互作用及彼此因应关系。换言之,其所关照的是幻想或者虚拟的人与自然之关系。李根蟠曾指出,环境史的旨趣是"人类回归自然,自然进入历史"[①]。本文则强调,环境史研究引领人类回归的不仅仅是自在的自然,还有观念的和虚幻的自然,这样的自然进入历史并在历史演进过程中发挥重要作用。正如笔者曾指出的那样,"人类朝夕相对、为其所塑造并对其施加影响的当然是实实在在的环境,环境史探究的主要对象自然也应该是真切存在的环境。但是,若把目光仅仅停留在真实的环境

* 国家社会科学基金青年项目"古代华北的能源危机与社会生态变迁研究"(14CZS035)阶段性成果之一。国家社会科学基金重大项目"多卷本《中国生态环境史》"(13&ZD080)阶段性成果之一。本文原载《鄱阳湖学刊》2019 年第 1 期,此为修改稿。

① 李根蟠:《环境史视野与经济史研究——以农史为中心的思考》,《南开学报(哲学社会科学版)》2006 年第 2 期,第 2～3 页。

上,仍然难以把握人类思想、行为与环境之关系的全貌。深入探究就会发现,人们不仅仅与真实环境展开互动,也与虚幻的环境有密切的关联”[①]。

关于虚幻环境史,需要特别强调的是研究对象有幻想与虚拟两个层面的人与自然之关系。所谓幻想的环境史,研究的是真实的社会与生态映射在人的头脑之中,经过情感与思维的加工之后形成的幻象,比如人们信仰的神仙精怪,文学作品为人们营造的可代入的神奇世界,春风、秋雨、大雁、翠竹等意象引发的奇特的情感波动,都属于幻想的环境史的研究范畴。

所谓虚拟的环境史,研究的是人们以真实的社会与生态为模本,借助各种技术营造出的虚拟景象,比如借助光与影制造出的各种景象。传统的皮影戏、手影戏等表演,巫术活动制造的各种错觉,现在的影视剧与游戏营造出的可代入感极强的逼真环境等,皆属于这一范畴。不管是幻想,还是虚拟,大都是在真实基础上的人为建构,但又大都脱离其原型而真切影响人们。

某种程度上,过往的环境史主要是自在环境史,虚幻环境史则是自在环境史的对立面,或曰镜中成像。但人类的头脑却并不始终如一地呈现平面镜的特质,而是变化多端,时而是透镜,时而是棱镜,时而是哈哈镜,实体与影像之间有时便不能一一对应,影像远要比实体更为复杂,故而研究实体之外的影像也就有独特的意义。幻想与虚拟的世界中的自然与文化事项,借助虚幻环境史的理念,将全面进入学者的视线。

虚幻环境史与环境思想史的研究有较多交集。学界虽然在环境史的定义方面并未取得一致意见,但均认为环境思想为环境史的重要组成部分。沃斯特(Donald Worster)将环境史区分为自然本身、社会经济与环境的互动、精神或思想三个层面,第三层面又包括观念、伦理、法律、神话等。[②] 休斯(J. Donald Hughes)也将环境史界定为三个层面,其第三层面为“人类的环境思想史,以及人类的各种态度借以激起影响环境之行为的方式”[③]。美国环境史学会认定的环境史研究对象,也包括“非人类世界的不同文化观念如何深刻地

---

① 赵九洲:《环境史的“环境”问题》,《鄱阳湖学刊》2012 年第 1 期,第 37 页。

② 参见[美]唐纳德·沃斯特著:《环境史研究的三个层面》,侯文蕙译,《世界历史》2011 年第 4 期。

③ [美]J.唐纳德·休斯著:《什么是环境史》,梅雪芹译,北京:北京大学出版社,2008 年,第 3 页。

塑造信念、价值观、经济、政治以及文化”①。刘翠溶指出,“利用资源的态度与决策”是环境史有待深入的十大研究领域之一。② 王利华指出,人们对自然环境和人类活动彼此施加于对方的历史作用的认识和反映,“以及这些认识和反映的道德、价值、符号、组织、制度和各种行为体现,都是生态史研究者理应探讨的内容”③。

由于学界重视,学者们在环境思想史研究方面已取得不菲成果。休斯在梳理环境史的早期渊源时,曾粗线条地勾勒出 2000 多年来世界各地的先哲们对“人类关于自然界及其运行之思考的历史”脉络,含括从希罗多德、孟子到 20 世纪的年鉴学派诸多名人之环境思想。④ 沃斯特曾出版专著,全方位解读生态思想史。⑤ 20 世纪 90 年代,刘翠溶与伊懋可(Mark Elvin)主编的最早的中国环境史论文集,共收录 24 篇文章,有 4 篇涉及中国环境思想史。⑥ 王利华主编的 2005 年中国环境史国际会议论文集收录 28 篇文章,其中“山林薮泽 · 野生动物”部分的 5 篇文章较多地涉及中国的环境思想。⑦ 伊懋可将其关于中国环境史的专著分为模式、特例和观念三个部分,观念部分又分“大自然的启示”、“科学与万物生灵”和“帝国信条与个人观点”三个章节,用 127 页

---

① 转引自高国荣:《美国环境史学研究》,北京:中国社会科学出版社,2014 年,第 32 页。

② 刘翠溶:《中国环境史研究刍议》,《南开学报(哲学社会科学版)》2006 年第 2 期,第 18～19 页。

③ 王利华:《中国生态史学的思想框架和研究理路》,《南开学报(哲学社会科学版)》2006 年第 2 期,第 26 页。

④ [美]J.唐纳德 · 休斯著:《什么是环境史》,梅雪芹译,北京:北京大学出版社,2008 年,第 18～32 页。

⑤ 较有代表性的可参看[美]唐纳德 · 沃斯特著:《自然的经济体系:生态思想史》,侯文蕙译,北京:商务印书馆,1999 年。

⑥ 刘翠溶、[英]伊懋可主编:《积渐所至:中国环境史论文集》,台北:“中央研究院”经济研究所,1995 年,第 829～1016 页。四篇论文分别是:《黄淮水系新论与 1128 年的水患》、《十八世纪中国官方对环境问题的看法与政府的角色》、《生态主义与道德主义:明清小说中的自然观》、《水道、爱情、劳动:性别化环境的各种面向》。

⑦ 王利华主编:《中国历史上的环境与社会》,北京:生活 · 读书 · 新知三联书店,2007 年,第 487～567 页。五篇论文分别是:《中国古代的山林薮泽——人类和自然的关系历史》、《清朝中期的森林政策——以乾隆二十年代的植树讨论为中心》、《生态环境的变化与驱虎文——18 世纪的东南山地》、《虎耳如锯猜想》、《秦汉时代山林树泽的保护与时令》。

的篇幅深入探究中国环境思想的特点,关照的主题是“中国人如何理解和评价他们生活于其中的自然世界”。[①] 马立博(Robert B. Marks)在关于中国环境史的通史性论著中,多数论述是粗线条的,但也在书中专列一节“古代中国关于自然和环境的理念”,简要介绍中国环境思想。[②] 王玉德、张全明出版的两卷本巨著中,专列一章探讨中国古代生态思想。[③] 赵杏根近来也出版专著,以时间为顺序,深入研究从先秦到清代的古代生态思想之详情及流变。[④]

虚幻环境史与环境思想史究竟有何区别?大致有以下三点:首先,环境思想史研究的落脚点是思想,虚幻环境史虽也关照思想,但两者侧重点不同,前者更宏大概括,后者则微观细小,对环境思想做进一步的细化,区分出具体的虚幻生态因子或者文化符号并予以精细考证。更重要的是,不管是幻想层面还是虚拟层面,虚幻环境史的兴趣点是虚幻环境中的人与自然之关系,最终都将超越思想观念的藩篱,探究虚幻的观念或感觉反照人类生产生活之历程及其产生的真切作用。

其次,环境思想史虽也关照虚幻的问题,如伊懋可即注意到“头脑清醒、机制敏锐且学识渊博的人声称看见龙,有时候还和大家一道看见”这一现象,总结出“原始科学式观念”成为中国人“观察自然世界的先决条件”的特点,[⑤]但他对中国人环境思想的关注依旧以写实为主,并未对虚幻问题过多着墨。马立博、王玉德、张全明、赵杏根等人的研究更甚少关照虚幻问题。虚幻环境史只对虚幻的问题感兴趣,思想中的写实部分将被排除在外,主要关照那些天马行空、偏离真实的思想观念及其社会影响,其学术诉求是探究那些观念中的社会与生态如何深刻地影响人类,进而又真切地改变自在的社会与生态。

最后,当研究的时间维度推进到 20 世纪时,环境思想史关照的主要是征

---

① [英]伊懋可著:《大象的退却:一部中国环境史》,梅雪芹等译,南京:江苏人民出版社,2014 年,第 4、333～459 页。

② [美]马立博著:《中国环境史:从史前到现代》,关永强、高丽洁译,北京:中国人民大学出版社,2015 年,第 120～129 页。

③ 王玉德、张全明:《中华五千年生态文化》,武汉:华中师范大学出版社,1999 年,第 1372～1414 页。

④ 赵杏根:《中国古代生态思想史》,南京:东南大学出版社,2014 年。

⑤ [英]伊懋可著:《大象的退却:一部中国环境史》,梅雪芹等译,南京:江苏人民出版社,2014 年,第 5 页。

服自然与保护自然两种对立的潮流，也较多关注环境政治与环境政策。同时其对由若干技术引发的思潮也有较多关照，比如支持与反对核武与核电。[①]虚幻环境史对此并不感兴趣，而在另一个极为有趣的研究领域努力开拓——数字技术营造出的旷古未见的虚拟世界。网络空间、虚拟社交、多媒体影像、逼真的游戏，都对人类产生深刻的影响。现在已经渐趋成熟的虚拟现实技术(VR)更是将逼真的虚拟世界带到人类面前，这并不存在却又让人们感觉极为真实的世界，也呈现在历史学家的眼前，这样的世界与人之间的互动关系，也必然成为环境史的重要关照对象。[②] 环境思想史显然意不在此，这正是最能彰显虚幻环境史魅力的领域。

王利华在勾勒中国环境史的研究框架时，指出关照自然环境的历史之外，生命支持系统、生命护卫系统、生态认知系统、生态—社会组织等四个层面的历史也都是重要的研究对象。[③] 其中生态认知系统的理念，极有创见，令人耳目一新。不过，这一理念也与虚幻环境史有较大程度的重叠，还需厘清另提虚幻环境史的必要性。

所谓生态认知系统，核心的命题是“人类在与自然交往过程中对周遭世界各种自然事物和生态现象的感知和认识”，其组成部分既有“感知和认识的方式”，也有“所获得的经验、知识、观念、信仰、意象乃至情感等”。王氏提出这一理念，本意就是为推动环境史研究向精神层面深化，其侧重点仍是环境思想史，但更注重“考察它们的历史情境、社会意义和流变动因”，将整个生态系统分为三个方面。一是“认识那些对自己有用、有利的事物(现象乃至规律)，以作为生存和发展的资源与条件”；二是“认识那些对人有害的事物，以防范其可能造成的危害”；三是“人们对于自然环境中那些‘美’的事物和现象的认知”，进而又界定为“实用理性认知”、“神话宗教认知”、“道德伦理认知”和“诗性审

① 详情可参看[美]J.R.麦克尼尔著：《阳光下的新事物：20世纪世界环境史》，韩莉、韩晓雯译，北京：商务印书馆，2013年，第332～364页。

② 关于VR技术的发展历程，可参看若干较通俗的著作，如刘丹：《VR简史：一本书读懂虚拟现实》，北京：人民邮电出版社，2016年；王寒、卿伟龙、王赵翔等：《虚拟现实：引领未来的人机交互革命》，北京：机械工业出版社，2016年。余不尽举。

③ 王利华：《浅议中国环境史学建构》，《历史研究》2010年第1期，第14页。

美认知”四种方式。[①]

生态认知系统囊括虚幻环境史的相当部分研究内容。但更应注意到,两者仍存有相当大的不同。首先,生态认知系统理念中的若干部分也涉及虚幻的问题,比如“神话宗教认知”与“诗性审美认知”即大幅度地超越自在的世界,却依旧立足于实际情形探讨人们对自在世界的升华与建构问题,主旨是以实写虚,用现实解构虚幻。虚幻环境史,则更多的是要超脱自在世界,就虚幻的问题论虚幻的问题,进一步关照虚幻的问题对人类的全方位影响,主要诉求是以虚写虚,最终要理解虚幻如何影响现实。

其次,虚幻环境史并不仅仅围绕着认知问题做文章,其关照的诸多问题并不只停留在认知的层面,而是超越认知范畴,全面深刻地卷入人类社会,对整个社会与生态产生真切影响。虚幻环境史视野下,虚幻的事项也全方位地进入生命支持系统和生命护卫系统。换言之,虚幻环境史要做的是更全面、更宏大的环境史研究,精神层面固然重要,非精神层面也不容忽视,后者更为重要。仅围绕精神层面做文章,的确不必在生态认知系统之外再床上架床、故作高深地提虚幻环境史的理念。

最后,生态认知系统理念特别强调“感知和认识的方式”,但更多的还是对真实世界的感知和认识,尤其是认识。虚幻环境史则更强调对虚幻世界的感知和认识,尤其是感知。与环境思想相类似,生态认知系统理念对幻想的关照较多,而对虚拟的体认不足。古人曾利用声音与光线制造出各种虚拟的场景,虚拟现实技术更是营造出能够以假乱真的虚拟世界,这些层面的感知及其影响,是虚幻环境史的关照对象,生态认知系统并未予以关照。

要之,虚幻环境史与环境思想史并不相同,与生态认知系统理念亦有较大差异。倡导虚幻环境史研究,将为环境史研究打开全新的局面。

---

① 王利华:《“生态认知系统”的概念及其环境史学意义——兼议中国环境史上的生态认知方式》,《鄱阳湖学刊》2010 年第 5 期,第 41、43、45、46～49 页。关于生态认知系统,另可参看氏著:《人竹共生的环境与文明》,北京:生活·读书·新知三联书店,2013 年,第 381～387 页。

二、为何做虚幻环境史

虚幻环境史之外的环境史，笔者称之为真实环境史或自在环境史。后者是当前环境史研究的主流，而前者现在关注者还非常少见。[①] 后者主要在写实，前者则更多在写意。研究中国环境史，写实与写意都很重要。自在的世界固然重要，意境中的世界同样不容忽视。过往的环境史研究中，过多地围绕自在环境史这一主题，今后的环境史研究，除继续夯实自在环境史研究外，还有必要大力开展虚幻环境史研究。从自在环境史到虚幻环境史，最重要的学术意义便是极大地丰富环境史的旨趣并拓展环境史的研究领域。

需要强调的是，自在环境史自有其重要价值。不管是过去、现在，还是不久的将来，自在环境史都曾经是并将继续是环境史最重要的组成部分，真真切切的世界中发生的真真切切的人与自然之交互作用与彼此因应始终是环境史最为核心的研究课题。虚幻环境史归根结底以自在环境史为基础，没有扎实的自在环境史研究基础，虚幻环境史只不过是画中之饼与镜中之月。仅仅停留在自在环境史的研究上，忽视虚幻环境史的重要价值，环境史终归不够完满。自在环境史提供环境史景象的基本底色，虚幻环境史则营造出流动的气韵与意境。两者各有特色，不可偏废。

开展虚幻环境史研究，将深化学界对环境史旨趣的认识。后现代主义兴起，引发历史学界的大地震，无数人谈虎色变。倡导虚幻环境史时，环境史也与后现代相遇。后现代解构了历史实在，认为其经过历史学家的选择、想象和创造，形成“被描述的事件”，是加工和建构的“事实”。[②] 虚幻环境史并不在意后现代史学警铎的“言辞的虚构”[③]会导致认知困局，不仅如此，虚幻环境史本

---

① 刘翠溶、曾华璧、包茂红、梅雪芹、高国荣、李根蟠、景爱、王利华等学者的相关论述都可以证明这一现象，论文较多，不一一列举。

② 彭刚主编：《后现代史学理论读本》，北京：北京大学出版社，2016 年，“导论”第 3 页。

③ [美]海登·怀特：《作为文学作品的历史文本》，彭刚主编：《后现代史学理论读本》，北京：北京大学出版社，2016 年，第 43 页。

就对“虚构”最感兴趣，原就试将解构的触角伸向那些并不实在的“历史实在”——虚幻的然而又是实实在在作用于人类自身的文化事项与思想观念。①

笔者对文本梳理与史家解读的客观与否并无执念，真假其实并非压倒一切的标杆，是否存在也无所谓，重要的是观念中和头脑加工后的世界，对人类有深刻的影响。人类建构了文化，建构了自然。事事都可建构，时时都在建构，人类置身于建构之中，还处于不间断的建构过程之中。换言之，人类建构了世界，又用建构出的世界建构了自身。虚幻环境史里，关照的主要还是虚幻的生态环境中的虚幻事物与人类社会的相互关系。虚幻的环境事项最终产生真切的社会影响，有些时候对人类影响最大的不一定是真实，而是人类的文化建构，这是虚幻环境史最有创见的地方，也是笔者整个环境史理论架构中最有趣的创见之一。②

提出虚幻环境史的研究理念后，许多不曾纳入环境史学者视野或者虽曾纳入视野却并未给予足够重视的事项便会登堂入室，成为重要的研究课题。从幻想的层面看，涌入环境史视野的研究对象非常丰富，试分析如下。

其一，依托各种自然事物与社会现象建构出的神灵精怪。这些事物其他学科已有较多研究，历史学的关照也较多，但在环境史研究中还不常见。王利华划定的生态认知系统中的“神话宗教认知”基本与这些事项相吻合，“神话和宗教都曾是认识、理解自然界的重要方式，在远古时代甚至是主要方式”，从中可以窥探人们与自然交互作用的特点，“有时是人神共娱、和谐互利，有时则是激烈的矛盾与对抗；有些反映人们对自然的敬畏和尊重，然而也有不少反映人

---

① “当环境史遭遇后现代”，也是一个非常有趣的研究课题，需要撰写一篇较长的文章，留待日后予以探讨，此处不赘。

② 近年来，笔者对环境史架构的思考，主要围绕四组对应关系展开，分别是变态环境史与常态环境史，宏观环境史与微观环境史，晚近环境史与远古环境史，自在环境史与虚幻环境史。由于每组关系的前一领域在学界都有较多关注，所以笔者主要围绕后一领域展开，换言之，笔者主要关照的是“非主流”或“非常态”的环境史。笔者已发表的相关文章有：《环境史的“环境”问题》，《鄱阳湖学刊》2012 年第 1 期；《论环境复古主义》，《鄱阳湖学刊》2011 年第 5 期；《环境史研究的微观转向——评〈人竹共生的环境与文明〉》，《中国农史》2015 年第 6 期；《深入细部：中国微观环境史研究论纲》，《史林》2017 年第 4 期；《追本溯源：中国远古环境史研究初探》，《鄱阳湖学刊》2017 年第 4 期。另有已成稿的《环境史的常态环境问题刍议》也将于近期推出。

们对自然界某些事物的厌恶和蔑视”。[①] 在可控的范围内，人们尝试征服自然，而“征服自然感觉无望之时，人们又不得不取媚自然”[②]。所涉及的对象主要包括人的灵魂（生魂、游魂、转生魂、三魂七魄等），人类役使的家畜之神（牛、马、鸡等），人造物之神（门、宅、井、床、灶、仓、船、车、厕等），天体神（天、日、月、星辰等），自然现象神（风、雨、雷、电、火、霜、雪、雾、露等），无生物神（山、土地、水、石、海、潮等），动物神（狐狸、黄鼠狼、刺猬、蛇等），植物神（树、草、谷、花等），祖先神，生育神，行业神等。此外，大多由动物、植物提炼出的图腾也是重要的信仰对象。[③] 超出上述范围的其他传统信仰如佛、道神仙，也应当纳入虚幻环境史的研究范畴。[④] 神仙精怪本身都是子虚乌有，但却真切影响着民众与自然打交道的过程，值得深入探究。写出若干部神仙精怪的环境史，看似匪夷所思，实则别有一番风味。

其二，完全超脱于现实的事物。中华文化中，最不寻常的现象便是那些具有标志性意义的事物，其中有相当多在现实中并不存在。这些超脱于现实的事物，对人类的影响远远大于多数真实存在的事物。

近乎是华夏部族图腾一般的龙，在我国文化中的地位极为重要。关于龙的起源，据吴生道考证，至少有 12 种说法。[⑤] 龙这一虚幻的动物自远古时期即与先民相伴同行，何星亮将龙文化的发展分为四个阶段：图腾崇拜阶段，神灵崇拜阶段，龙神崇拜与帝王崇拜相结合的阶段，印度龙崇拜与中国龙崇拜相结合的阶段。[⑥] 龙已经全面渗透进中华文化的每一个角落，人们的衣食住行、社会结构、祭祀崇拜、军国大事、审美情感、娱乐活动等，无不与龙密切相关。

---

① 王利华：《“生态认知系统”的概念及其环境史学意义——兼议中国环境史上的生态认知方式》，《鄱阳湖学刊》2010 年第 5 期，第 47 页。

② 苑利、顾军：《非物质文化遗产学》，北京：高等教育出版社，2009 年，第 190 页。

③ 可参看钟敬文：《民俗学概论》，北京：高等教育出版社，2010 年，第 146～148 页。

④ 关于中国详细的神仙谱系，可参看以下五部有趣的图书：力平编著：《百神图》，北京：中国旅游出版社，1994 年；不载著者：《百佛图》，西安：三秦出版社，1995 年；半夏：《神仙一把抓》，广州：花城出版社，2008 年；李丰楙：《仙境与游历：神仙世界的想象》，北京：中华书局，2010 年；徐彻、陈泰云：《中国俗神：100 位老百姓敬仰的神》，上海：上海科学技术文献出版社，2010 年。余不尽举。

⑤ 吴生道：《浅谈龙的起源》，《中原文物》2000 年第 3 期，第 24 页。

⑥ 何星亮：《中国龙文化的发展阶段》，《云南社会科学》1999 年第 6 期，第 57 页。

探究龙与人类之互动关系,自然也是虚幻环境史极为重要的研究对象。

与龙相应的便是凤凰,其原型应该是若干种鸟类的综合,比如孔雀、燕子、鹑鸟、鸿雁、野雉,[①]甚且有人提出是鸵鸟。[②] 凤凰同样是在远古时期即进入先人的社会文化之中,在生产、生活、思想等方方面面都产生深远的影响,深刻地形塑人与自然交互作用的风貌。凤凰还有一有趣的发展历程,从图腾到人格化,再到具体的性别化,最后成为女性的象征,这也对古人的自然观有着深刻的影响。[③] 研究性别环境史,凤凰必然是极重要的研究对象。关于龙与凤,研究成果已非常多,开展相关研究时,必然立足于前人的基础上,但侧重点并不是相关事项的追根溯源与文化解读,而是其环境史意蕴,一如学者在自在环境史中对各种动物的研究,深入探究龙、凤与社会、生态之间的相互作用。

与龙、凤相似,传统文化中地位极重要的麒麟、貔貅、獬豸,也都无法在现实中寻见踪影,但在中华文化中发挥重要的影响。[④] 此外,囚牛、睚眦、嘲风、蒲牢、狻猊、霸下、狴犴、赑屃、螭吻、饕餮、蚣蝮、椒图、金吾等常被列入龙生九子名目之动物亦皆为虚幻动物,或与乐器有关,或与建筑有关,或与礼仪有关,或与饮食有关,或与司法有关。[⑤] 这些事物也应当成为虚幻环境史极重要的研究对象。

---

① 关于凤凰与诸多鸟类的关系,可参看王晖:《凤文化原型面面观》,《中学历史教学参考》1994年第5期。冯玉涛认为凤凰即孔雀,参看氏著:《凤凰崇拜之谜》,《人文杂志》1991年第5期。余心言认为凤凰只是人为想象的鸟王,参看氏著:《凤的起源》,《百科知识》1999年第9期。

② 参看何新:《谈龙说凤》,北京:时事出版社,2004年。其论说太过匪夷所思,并不为学界所认同。刘金荣即撰文予以有力批驳,参看氏著:《凤凰鸵鸟说质疑》,《浙江社会科学》2008年第7期。

③ 参看吴艳荣:《论凤凰的"性"变》,《江汉论坛》2005年第5期。

④ 关于麒麟,可参看梅显懋:《说"麒麟"》,《文史知识》1991年第6期;王永波:《说"麒麟"》,《文史知识》1992年第5期;王晖:《麒麟原型与中国古代犀牛活动南移考》,《中国历史地理论丛》2008年第2辑;王晖:《古文字中"(鹿文)"字与麒麟原型考——兼论麒麟圣化为灵兽的原因》,《北京师范大学学报(社会科学版)》2009年第2期;许秀娟:《麒麟文化的变迁与中外文化交流发展的关系》,广州:暨南大学,硕士学位论文,2003年。关于貔貅,可参看戚序、袁平:《中国传统貔貅造型的文化寓意解析》,《重庆大学学报(社会科学版)》2009年第6期。关于獬豸,可参看张亦工:《神兽"獬豸"和"角瑞"》,《寻根》1998年第2期。

⑤ 关于龙生九子的详情,可参看丰家骅:《"龙生九子"的来龙去脉》,《寻根》2006年第6期。

古人还创造出许多虚幻的植物，如不死草、月桂树、大桃树（郁垒、神荼居其下）、九穗禾、三桑、大茗，它们对人类生态认知与行为的影响，也都值得深入探究。①

同时，历史上中国本土并无分布却在中华文化画卷中留下浓墨重彩的那些事物，比如狮子，在精神信仰、民间娱乐、建筑设计等方面都扮演重要角色，主要有保卫辟邪、富贵昌盛、欢乐祥和的寓意。② 这些经想象和建构的事物在虚幻环境史研究中，也应给予足够的关照。

另外，文学作品营造的环境与事物，如《山海经》中神奇的世界，《红楼梦》中的太虚幻境，《镜花缘》中主人公游历的诸多场景，都给人留下深刻的印象。进入工业社会，科幻小说更是深刻地影响人类的思想与行为。

其三，已经成为中华文化标志性符号的一些理念，往往超脱于现实环境之外，也是虚幻环境史着重关照的内容。关于这些理念，可以列一个长长的单子。比如，大千世界、四大部洲、四海、九州、天圆地方、五行、阴阳、太极、两仪、四象、八卦、二十八宿、天地三界、十八层地狱、奇门遁甲、风水。国人对此较为熟悉，相关研究也非常深入。但环境史的关照却并不足，还需要大力开拓。这些理念是理解古人与自然互动规律的着力之处，也必然是虚幻环境史极为重要的研究对象。

以阴阳五行为例稍做分析。用现代科学的眼光看，阴阳五行似无道理，但是置身于中华文化的场域之中，阴阳五行却广泛而深刻地影响着国人，以至于社会生活的方方面面都被其渗透。阴阳学说运用阴阳对立统一关系阐释物质世界一切事物和现象的相互对立、相互依存及其消长变化之规律，五行学说认为物质世界由相生、相克、相互制约的木、火、土、金、水五种基本要素组成、维系和推动。

人们的身体观念深受两种学说的影响，传统中医就常将身体区分出男与女、背与腹、腑与脏、气与血等，并围绕着五体、五官、五脏、五腑、五神、五志、五华、五液、五声诊疗疾病，阴阳五行观念由此认识并影响人们的身体。与外界

---

① 《山海经》中记述的奇异植物较多，可参看徐显之：《山海经探源》，武汉：武汉出版社，1991 年；陈连山：《山海经学术史考论》，北京：北京大学出版社，2012 年。

② 可参看刘自兵：《佛教东传与中国的狮子文化》，《东南文化》2008 年第 3 期；林壹刚：《狮子入华考》，《民俗研究》2014 年第 1 期。

建立联系时,人们区分出温热与寒冷、光明与黑暗、干燥与湿润等,又有五感、五音、五味、五色,是用阴阳五行感知周边的世界。认识自然界的事物运行规律时,人们区分出上与下、升与降、动与静、外与内、天与地、昼与夜等,又有五方、五时、五化、五气、五季等,是用阴阳五行建构了外在世界。①

从虚拟的层面看,信息科学技术推动虚拟现实技术不断发展,使得虚拟环境对人类的影响越来越大,该领域的相关事项也纳入环境史的研究范畴。当代人痴迷虚拟世界,热衷网上营销、网上购物、网上交友,使用虚拟货币,阅读电子书籍,观看3D乃至4D影视剧,沉溺逼真的游戏,与周边环境打交道的方式已经越来越虚拟化。虚拟世界对人类的影响也越来越大,低头族日渐增多,网瘾患者不断增加,这些已经引起心理学、社会学、教育学、伦理学乃至人类学的重视,历史学势必也要迎头赶上。关注虚拟环境问题,虚幻环境史必将书写华彩篇章。

要之,开展虚幻环境史研究,可以丰富环境史研究的旨趣与意境,显著拓宽环境史的研究领域,避实就虚,实外求虚,为学界更全面、更深入地理解人与自然的关系打下坚实的基础。

三、如何做虚幻环境史

(一)由虚入实

笔者提出"虚幻环境史"这样的理念,颇为扎眼,资深的环境史学者可能不以为然,其他学者可能也觉得耸人听闻。但这一理念绝非闭门造车,随意架构,更不是为哗众取宠与吸引眼球。有鉴于过往的环境史研究对自在的社会与生态之外的事项关注太少,虚幻的社会与生态的重要性不应该被过分轻视,所以大声疾呼,建议将研究的触角伸向幻想与虚拟的领域。

---

① 关于阴阳五行观念,可参看艾兰等主编:《中国古代思维模式与阴阳五行说探源》,南京:江苏古籍出版社,1998年;彭华:《阴阳五行研究(先秦篇)》,长春:吉林人民出版社,2011年;[日]井上聪:《古代中国陰陽五行の研究》,横滨:翰林书房,1996年。

虚幻环境史的研究并非为虚幻而虚幻，正如前文所述，看似虚幻的事物，最终产生真真切切的影响。其研究的起点是虚幻世界，最终的落脚点却是自在世界。看似非常飘逸的虚幻研究，最终却是要落回实处。这在传统史学中也有反映，比如真实历史中的杨家将与民间认知中的杨家将即相去甚远。杨业系绝食而死，并非撞李陵碑而死；杨家兄弟为国殉难者仅有 1 人，而非 4 人；潘美实为护国柱石，并非奸佞小人。[①] 最为奇特的便是本无其人的穆桂英，在普通民众心目中不仅是确凿无疑的存在，更是古今中外顶尖的女中豪杰。[②] 论影响，自在的历史有时反不及观念中的历史重要。所以，除关照自在历史，还必须关照观念中的历史。但与文学家不同的是，虚幻环境史关照的重点是这些观念中的历史对社会大众的真切影响。

类似地，虚幻环境史在探究龙、凤、麒麟、貔貅等虚幻的事物时，神异的形态、功能与曲折回环的故事情节并不是主要兴趣所在，这些虚幻事物对人类的生产、生活、思想、政治、经济等造成全方位的真切影响才是虚幻环境史的终极关怀。探究虚拟现实技术，先进技术与逼真环境也并非主要的着力点，其对人类心性、行为模式及环境态度的深刻影响才是最主要的关切。人类学家尹绍亭在探究西南少数民族的刀耕火种问题时，较为重视传统信仰，并未对祭祀仪式做过多的铺陈，强调的重点是其“在组织生产活动、调剂肉食（牺牲）等方面却有积极的意义”，更进一步指出其“敬畏自然，崇拜自然，谦恭地对待自然，约束和节制一切破坏自然的行为，与大自然和谐相处”的精神内核对于人类社会与生态环境的重要性。[③] 前文曾提及，某种程度上，自在环境史写实，虚幻环境史写意。但写意并非其全部目的，根基还是写实。稍做修改禅宗名言便可揭示虚幻环境史的主要特点，即“本来无一物，终究惹尘埃”。换言之，避实就虚，最终还要由虚入实，这是虚幻环境史的核心诉求。

---

① 关于杨家将的历史演变，可参看杨芷华：《杨家将的历史真实》，《山西大学学报（哲学社会科学版）》1978 年第 2 期；聂垚：《“杨家将”主要人物形象的历史演变》，长春：吉林大学，硕士学位论文，2007 年。

② 关于穆桂英的原型问题，可参看汤开建：《穆桂英人物原型出于党项考》，《西北民族研究》2001 年第 1 期；郭胜瑜：《女性主义观照下的“杨门女将”——从历史演义到民间史诗》，太原：山西大学，硕士学位论文，2008 年。

③ 尹绍亭：《远去的山火——人类学视野中的刀耕火种》，昆明：云南人民出版社，2008 年，第 86、278 页。

需要强调的是,除实实在在的物质,看不见摸不着的意识也发挥着至关重要的作用。王利华在讲述人竹共生的历史故事时,专列一章讨论竹的人化与神化问题,下分“君子比德于竹”、“竹子与魏晋名士风流”、“全德君子形象之建构”、“竹为师友和身与竹化”、“竹灵信仰和图腾崇拜”五个专题,使得对竹子的研究“不再局限于物质层面的理解,而是进入到玄秘的精神世界”,但最终还是要解决人类“与大自然之间的精神对话与情感交流方式”,关注人类“对民族历史、生存期望和生命意义的独特陈述与诠释”。[①] 套用哲学家的话语,环境史研究中,物质是第一性的,意识却是高度能动的,有些时候意识的影响甚至超越物质。为传统的环境史研究补上“意识流”这一环,使之更为全面,才是虚幻环境史的本意。

不为虚幻而虚幻,不唯虚幻是从,这是虚幻环境史的核心理念。否则,虚幻环境史不过是故作惊人之语的怪力乱神之作,终将被学界抛弃。当然,虚幻环境史并不排斥那些就虚论虚的超凡脱俗之世界、性格鲜明之人物与扣人心弦之故事,他们本也深刻地影响人们,并增强环境史书写的可读性与趣味性,应是虚幻环境史追求的目标。

(二)古今有别

虚幻环境史在探究古代问题时,主要兴趣点是幻想,探究现当代问题时,主要兴趣点则是虚拟。前者主要围绕基于现实建构出的神灵精怪、超脱于现实之外的事物、传统文化中的标志性符号与理念等,后者则对虚拟技术的影响格外关照。

但界限并非绝对,古代虚幻环境史也会对借助声响与光影营造的虚拟世界格外关照。绝妙的音乐把人带入虚无缥缈的境界:俞伯牙的琴中之音必为钟子期所洞彻,[②]嵇康的《广陵散》让无数人为之着迷。惟妙惟肖的口技表演也给人以身临其境的感觉,清代关于口技的记载非常丰富,足见声音虚拟对人

---

① 王利华:《人竹共生的环境与文明》,北京:生活·读书·新知三联书店,2013年,第336~373页。

② 参看张湛注:《列子》卷5,《汤问》,石家庄:河北人民出版社,1986年,第61页。

们的深刻影响。[①] 手影戏、皮影戏营造出的场景，也令人如痴如醉。大自然的光影游戏——海市蜃楼一再地对人类造成视觉与心理的双重冲击，并在古人的自然认知与神话建构中扮演重要的角色。[②]

关照现当代虚幻环境史时，人为建构的事物同样是关照的对象。科学发展历程中，大量的理念其实是人为建构的。托勒密天体系统中，复杂的均轮、本轮理念在相当长的时间内无人挑战；经典物理中至关重要的以太理念，成为长期制约无数科学家的刚性思想框架；爱因斯坦为弥补宇宙方程缺陷设置的宇宙常数，引来无数的争议；场、夸克、黑洞、虫洞、暗物质、暗能量等，其实也大都出于人为的建构。在科学成为主流意识形态的现当代社会，十分必要深入探究人类对周边世界的认识和采取的行动，及相应的理念、范式、方法。虚幻环境史遭遇近现代科学，是现当代虚幻环境史研究中极有张力的研究领域。[③]

古代虚幻环境史与现当代虚幻环境史研究中最需要注意的是，古代的虚幻环境大都建立在人们的抽象思维之上，现代的虚幻环境则往往可以用形象思维感觉。不同思维模式下的人与自然之互动关系，有着质的不同。古人听到俞伯牙的琴声，就算都能想象出山水的意境，但不同的人头脑中浮现的山川态势不尽相同；今人玩《使命召唤》游戏，不同的人受到的视觉与感官冲击却并无太大区别。阅读《指环王》小说，每个人心目中的中土世界各不相同；观看《指环王》电影，每个人眼中的中土世界风貌则完全相同。研究现当代虚幻环境史时，对这样的差异要有深刻的认识与精准的分析。从借助抽象思维到倚重形象思维，不断压缩抽象思维空间，对人的影响至深至巨，将成为现当代虚幻环境史关照的重大命题。

历史学最大特色是回头看，尤其对有一定时间间隔的社会现象感兴趣，对

---

① 清初即有三大口技文，相关诗文也极多，《清稗类钞》中也有较详细记载，从中可以看出口技表演对当时人之深刻影响。可参看陆学松、方捷：《从〈口技记〉看清代扬州口技技艺》，《扬州教育学院学报》2013 年第 4 期；朱则杰、谭安东：《清代诗歌中的“象声”与“口技”史料丛考》，《中国文化研究》2010 年第 1 期。

② 可参看王赛时：《中国古代对海市蜃楼的记载与探索》，《中国科技史料》1988 年第 4 期；刘昭民：《我国古代对蜃景现象之认识》，《中国科技史料》1990 年第 2 期。

③ 关于近现代科学史的论著汗牛充栋，笔者推荐一部相对通俗而又内容丰富的著作，参看[美]雷·斯潘根贝格、[美]戴安娜·莫泽著：《科学的旅程》，郭奕玲、陈蓉霞、沈慧君译，北京：北京大学出版社，2015 年。

较晚近的社会现象不敏感,这与其他学科形成鲜明的反差。然而,历史学应该对现当代问题有较及时的关注,时间差过大,必然面临历史亲历者凋零和材料散落的困境。同时,因为反应较慢,往往无法掌控时代的脉搏,丢失与大众对话的最佳时机。环境史本是顺应时代潮流而生,但也保留历史学的固有特点,现当代环境史研究仍相对比较薄弱。今后需特别注意强化现当代环境史的研究,现当代虚幻环境史必然是重要的拓展方向。

(三)跨学科研究

环境史本身就是交叉学科,跨学科的研究范式与生俱来,“环境史比起其他史学分支学科,是最需要多学科整合的”[①]。与传统环境史学相比,虚幻环境史尤其需要跨学科整合文学、心理学、社会学、美学的理念与方法。虚幻环境史关注无形的、纯粹人为建构出的对象,传统的研究范式必然要大幅度调整。文学意象、精神分析、社会行为、审美情趣等都成为重要的分析工具。

历史学研究必须建立在坚实的史料基础之上,环境史也不例外。过往的环境史研究较少关照虚幻问题,故而学界并未在搜寻史料方面留下太多的经验。除自行在传统史料中摸索外,还要更好地利用相关学科的材料与研究。伊懋可在探究古代中国环境思想时,曾重点分析文学家非常感兴趣的谢灵运《山居赋》。[②] 王利华在探究竹子的声响与竹的人化、神化问题时,大量利用《秋声赋》、《友竹轩赋》、《墨君堂记》等文学作品。连雯在一系列论著中探究谢灵运与《山居赋》之联系,并深入思考其他文学作品的环境史意蕴。[③]

心理学中的认知心理学、社会心理学、文化心理学、行为心理学等分支,为虚幻环境史研究提供重要的背景知识与分析工具。心理学关照人的精神世

① 李根蟠:《环境史视野与经济史研究——以农史为中心的思考》,《南开学报(哲学社会科学版)》2006 年第 2 期,第 12 页。

② [英]伊懋可著:《大象的退却:一部中国环境史》,梅雪芹等译,南京:江苏人民出版社,2014 年,第 348~374 页。

③ 连雯:《谢灵运与〈山居赋〉》,天津:南开大学,硕士学位论文,2008 年;《谢灵运〈山居赋〉的生态意识》,《鄱阳湖学刊》2010 年第 5 期;《〈五臧山经〉系先秦自然资源著作考论》,《湘潭大学学报(哲学社会科学版)》2012 年第 4 期;《魏晋南北朝时期南方生态环境下的居民生活》,天津:南开大学,博士学位论文,2013 年。

界，其“不具形体性，他人无法直接进行观察”[①]的特点与虚幻环境史相通。社会心理学关照“人们的思想、感受和行为如何受到真实或假想中他人的影响”[②]，与虚幻环境史的距离更为接近。乾隆朝因叫魂妖术的大恐慌引发一系列动荡，从皇帝到各级官员再至基层民众都被卷入其中，政治、经济、文化无不受到扰动。欧洲中世纪对女巫的恐惧引发惨无人道的猎杀女巫行动，无数女性惨遭刑讯逼供并被处死，同样深刻地影响着欧洲社会的方方面面。[③] 这些由典型心理现象引发的巨大社会波澜，历史学界已有较多关照，需要进一步将研究视角推进到环境史领域。

社会学中的比较社会学和文化社会学与虚幻环境史有较多交集，其中对宗教的研究尤其具有启发性。他们对神性的世界不感兴趣，更关注宗教对社会的实际影响，包括宗教与社会整合、宗教与社会支持、宗教与社会变迁、宗教的社会控制等四个方面。[④] 韦伯的新教研究被归入宗教社会学，他关照的是对新教的忠诚在资本主义起源和发展过程中扮演的重要角色，令人信服地指出，宗教的集体性特质深刻地影响着社会。[⑤] 由虚幻返归现实，社会学指出环境史研究的努力方向。

美学中审美现象学、审美文化学等的相关研究为虚幻环境史研究提供必要材料基础与理论支撑，需系统地总结和借鉴。王利华提出的“诗性审美认知”即与美学有着密切的联系，他认为“人类在与环境交往的过程中，观察自然环境以及其中的各种事物、现象和景象，产生精神与心理上的感受，并通过文学作品（如诗歌）和其他艺术形式（如绘画、建筑等），呈现出自然情感、生态意

① 豆宏建、傅涛、王成德主编：《心理学》，兰州：兰州大学出版社，2011 年，第 2 页。

② ［美］埃略特·阿伦森、［美］提摩太·D·威尔逊、［美］罗宾·M·埃克特著：《社会心理学》，侯玉波等译，北京：世界图书出版公司，2012 年，第 51 页。

③ 可参看［美］孔飞力著：《叫魂：1768 年的中国妖术大恐慌》，陈兼、刘昶译，上海：上海三联书店，1999 年；［英］林德尔·罗珀著：《猎杀女巫：德国巴洛克时期的惊惧与幻想》，杨澜洁译，北京：经济科学出版社，2013 年。

④ ［美］理查德·谢弗著：《社会学与生活》，赵旭东等译，北京：世界图书出版公司，2014 年，第 479～484 页。

⑤ ［德］马克斯·韦伯著：《新教伦理与资本主义精神》，马奇炎、陈婧译，北京：北京大学出版社，2012 年。

象和环境观念"[①]。近年来比较引人注目的生态美学与环境史的旨趣尤为接近,其"突破传统美学仅仅限于把艺术作品作为研究对象的局限,开始关注人在环境中的真实经验","把'环境'或者更准确地说把'空间'引入知识体系,把处在'环境'与'空间'中的人的身体感觉作为基本对象",证明是虚幻环境史研究重要的同盟军。[②] 今后的研究中,美学特别是生态美学的相关研究成果需大力发掘利用。

综上所述,本文提出开展虚幻环境史研究的整体构想,主要探究虚幻环境史的界定、意义和理念这三个问题。笔者认为,学界较少关注的虚幻环境史是环境史极为重要的组成部分,必须纳入环境史视野之中。在推进自在环境史研究的基础之上,大力开拓虚幻环境史的研究疆域,环境史必将有更大的发展。

环境史的定义莫衷一是,环境史的研究边界也仍然混沌一片,因此笔者无法给出虚幻环境史的最终定义,也无法为其划定明确的疆域。本文涉及的研究对象,在其他学术领域中已有很好的阐释,但并不意味着环境史领域无法进行全新的解读。

不少环境史学者(更多的是非环境史学者)担心,不断进行理论建构和主题拓展,环境史恐成为"杂货铺"或"大箩筐"。因而,不少人急于为环境史划定边界,开展纯粹的环境史研究,指明环境史研究的"规定动作"。然而,急于划定疆界,实际是故步自封。笔者曾经指出,"环境史与其说颠覆传统史学,不如说引入新思维新视角、更换新鲜血液以改造传统史学"[③]。对于环境史研究,尤其要规避思维定势、主题惯性、视野固着和路径锁死,不断开拓创新,方能常做常新、常做常壮。

赵九洲:青岛大学历史学院教授。

马斗成:青岛大学历史学院教授。

---

① 王利华:《"生态认知系统"的概念及其环境史学意义——兼议中国环境史上的生态认知方式》,《鄱阳湖学刊》2010年第5期,第48页。

② 刘彦顺主编:《生态美学读本》,北京:北京大学出版社,2011年,第1、6页。

③ 赵九洲:《中国环境史研究的认识误区与应对方法》,《学术研究》2011年第8期,第126页。

观念与见解

神山·奇山·英雄山*

——西岳华山历史文化蕴义的全程叩问

侯甬坚

引言:自古闻名的西岳华山

地球上多山,因构造不同,而形态各异。有的山从来没有人登临过,有的山却遐迩闻名,自古即是名山,适逢今日之旅游时代,每年登山游客无虑百万以上,其间境遇之不同,有若天壤之别。进而言之,即便是一座座名山,又莫不经历过香火冷落、游人稀疏的寂静时代。尽管每一座山有其自然地理上的海拔高度,我们却乐于将名山的知名度,看作是一种有史以来不断蒸升的文化高度①。

本文试图总括西岳华山的历史文化蕴义,此山闻名甚早,先秦时期即已荣获西岳桂冠,②历史上积累的山脉文化内容颇为丰富。《山海经·西山经》称其为"鸟兽莫居"的太华之山,《周礼·夏官司马第四》记载黄河南面豫州之山

---

* 本文原载《华中师范大学学报(人文社会科学版)》2014年第4期,第100~120页。此处为修改稿。项目来源:国家社会科学基金重大项目"多卷本《中国生态环境史》"(13&ZD080)。

① 1999年5月,新疆师范大学中文系薛天纬教授参加"李白与天姥国际会议"(浙江省新昌县),提交了《天姥山的文化高度》论文,可能为最早提出山脉的文化高度的学者和文献。他特意地说明:"'文化高度'是笔者因表达需要杜撰的一个语词,相对于'地理高度'而言。无论何种高度,都需要一个比照物,与天姥山形成比照的,是天台山。"详见郁贤皓主编:《中国李白研究(1998—1999年集)——李白与天姥国际会议论文集》,合肥:安徽文艺出版社,2000年,第127~132页。此一概念,薛天纬教授已先着鞭,本文则以西岳华山实例予以认识上的推进。

② 唐晓峰:《五岳地理说》,唐晓峰、李零主编:《九州》第一辑,北京:中国环境科学出版社,1997年,第60~70页。

镇为华山[①],《尚书·禹贡》则以华阳、黑水作为西南梁州的一种划界,实际上是看到了秦岭山脉的地理界线作用。可以说,华山作为秦岭山脉的一小部分,古代社会里已获得了世人的青睐,享有盛誉,誉满九州。

华山较早闻名于世的根本原因,凭直觉予以判断,自当源于其山体所具有的奇特构造。地质学者研究判断,位于东秦岭的华山(34°24′52″~34°36′31″N,109°59′22″~110°10′16″E),其北侧在中、新生代强烈下沉,南侧以隆升为主,形成了陡峻的山地,沿传统华山登山线路而行,中间未见断裂存在,表明山体为一个完整的花岗岩体,[②]其年代早至太古代及中生代,质地异常坚硬。《山海经·西山经》已注意到华山若"削成而四方,其高五千仞,其广十里"的山势特点,与周围山体有明显区别。而借助渭河地堑和"二华夹槽"的地形,华山山体逼近关中平原,山下即为贯通关中平原的道路,汉代为京师仓的一部分——"华仓"之所在,于1934年11月完工的潼关通向西安的131.8千米陇海路潼西段沿山下铺过,[③]游人们下车穿过玉泉院,进入华山山门就可以循华山峪前行登山了。华山这种距离关中平原"近而高"的位置和山势特点,为华山"月夜登山观日出,白天下山赏风景"经典登山游览方式形成的基本要因。伫立山前西岳庙诸位置之仰望,更是宾客和行人们从容欣赏、感知华山风采神韵的基本途径了。

西岳华山虽贵为名山,其横空出世所造就的嶙峋怪石,突兀形状,给世人以"盘纡巃嵸,刻峭峥嵘"[④]之感受,古代文人为此给出了"蹑行"、"骑行"等攀爬方式,"经七死乃免"之奇叹,最含"山骨性格"之评价。华山三峰遥遥在望,意欲登山却无路可循,各色人等可以在山下频频地做事用功,若要登顶华山,

---

① 《尔雅·释山第十一》记曰"河南华",郭璞注为"华阴山",见商务印书馆丛书集成本,第87页。

② 尹功明、卢演俦、赵华等:《华山新生代构造抬升》,《科学通报》2001年第13期,第1121~1123页。有关秦岭山脉造山运动的整体研究,参阅张国伟、张本仁、袁学诚等:《秦岭造山带与大陆动力学》,北京:科学出版社,2001年。

③ 马里千、陆逸志、王开济编著:《中国铁路建筑编年简史(1881—1981)》,北京:中国铁道出版社,1983年,第185页。

④ 《修西岳华山神庙之碑》,北周天和二年(567年),此碑现存西岳庙,见张江涛编著:《华山碑石》,西安:三秦出版社,1995年,碑图在第21页,录文在第244页。此碑刻立时间为北周天和二年十月十日。

必然需要特别的社会动因和机缘了，因为即便是北坡“自古华山一条路”的那条路，也是世间风气所向、人力所致后的一个结果。

一、君民祈福寄托希冀之神山

一座山脉的引人注目之处，在于其高出地平线上，抬头可见，举目可望。山脉的海拔越高，越会吸引人的注意力，而处于高海拔上的山脉，自然是以山脉的长度、宽度、物质组成为其支撑的，其社会意义当体现在山脉越高，体量会越大，自然功能会越强这一点上。最为展现山脉特征的地方为其山峰，那是万众瞩目，欲达方休之处，尽管人们的社会地位和身份差别甚大，对其怀有的向往之意、崇敬之情则无分高下。

(一)皇帝定制祭祀，祈求护佑天下

自洪荒时代起，大大小小的部族首领就扮演着人类英雄的角色，在关键时候为众人挺身而出，与众人一道渡过难关。值国家诞生，国王或皇帝以其特殊身份，成为世俗社会的礼仪中心之时，仍旧履行着为庶民祭祀山川、调理阴阳、冥思祈福等职责。

据研究，上古时期已经出现的古王巡守制度，最早要追溯到夏代之前的尧舜时期。古王到各地进行巡视，可收到视察疆土、会盟诸侯、致祭山川等多种作用。巡守中的事项，有称之为“柴”(燔柴祭天)、“望秩于山川”(依次序望祭一方名山大川)的主祭活动，及称之为“觐群后”(祭祀时召集诸邦首领聚会)、“协时月正日”(颁布历法)的主事活动。按照《礼记·曲礼下》所制“天子祭天地，祭四方，祭山川，祭五祀”行事，主祭者就获得了代表天、帝统治万民的资格。①

华山靠近周秦汉唐国都，似乎应该享受到最隆重的山川祭祀礼遇，其实不

① 赵世超:《巡守制度试探》,《历史研究》1995年第3期，第3～15页。

然，在古代中国祭祀神坛上的地位，向来是以东岳泰山配享最为优渥。[①]《史记·封禅书》记述帝舜首先是“东巡守，至于岱宗”，然后再巡守至南岳（衡山）、西岳（华山）、北岳（恒山），“皆如岱宗之礼”，于四岳皆有兼顾。秦始皇即位后封禅泰山、梁父的活动可谓盛大，却有鉴于天下闻名的五岳、四渎都在国都咸阳之东面，遂确定了“自华以西，名山七”的平衡方式，以加强咸阳位居天下中央的位置效果，但未闻他本人有与华山相交胜的真实故事。汉武帝时获知齐人申功的思路比较特别，他力主：“汉主亦当上封，上封则能仙登天矣。……天下名山八，而三在蛮夷，五在中国，中国华山、首山、太室、泰山、东莱，此五山黄帝之所常游，与神会。黄帝且战且学仙。”[②]这当然算是从顺序上对华山的美言了。

在华山山史研究中，汉武帝刘彻的言行最引人注目。元封元年（前 110 年）春正月，“行幸缑氏。诏曰：‘朕用事华山，至于中岳……’”[③]。这一记述，被今人解释为“汉武帝亲至华岳，于岳北筑拜岳坛，行拜岳礼”[④]。对于此事，东汉《西岳华山庙碑》记为“孝武皇帝修封禅之礼，思登假之道，巡省五岳，禋祀丰备。故立宫其下，宫曰集灵宫，殿曰群仙殿，门曰望仙门”[⑤]，由于交通近便的原因，西岳华山首先得到了礼遇，然后再行祭中岳等处。如文献所述，武帝头脑中有非常浓厚的道家成仙思想，当会把一部分注意力放在了华山上。

由古代帝王御制的西岳华山祭文，以唐玄宗李隆基御制最为著名。开篇有词：“天有四序，星辰辨其位；地有五方，山岳镇其域。阴阳交畅，则品物形矣；精气相射，则神明著矣。”在叙述前代祭祀的大概情形后，玄宗方表明心迹，

---

① 《史记·五帝本纪》记皇帝曾“东至于海，登丸山，及岱宗”，帝舜亦“东巡守，至于岱宗，柴”，《集解》引《风俗通》曰：“太，山之尊者，一曰岱宗，始也，长也，万物之始，阴阳交代，故为五岳之长也。”见《史记》卷 1，《五帝本纪》，北京：中华书局，1975 年，第 6、24～25 页。

② 《史记》卷 12，《孝武本纪》，北京：中华书局，第 467～468 页。

③ 《汉书》卷 6，《武帝纪》，北京：中华书局，1962 年，第 190 页。严可均所辑《全上古三代秦汉三国六朝文》称此引文篇目为《增太室祠诏》，见（清）严可均校辑：《全上古三代秦汉三国六朝文》，北京：中华书局，1958 年，第 145 页。

④ 韩理洲主编：《华山志》，西安：三秦出版社，2005 年，第 257 页。

⑤ 《西岳华山庙碑》，东汉桓帝延熹四年（161 年），张江涛编著：《华山碑石》，西安：三秦出版社，1995 年，碑图在第 4～5 页，录文在第 230 页。此碑刻立时间为延熹八年（165 年）四月二十九日。

自己出生时即“膺少昊之盛德，叶太华之本命”，故而有“忧在至道之不弘，不忧富贵之不永；患在苍生之不治，不患主寿之若流”的胸怀，故而“步自京邑，幸于洛师。停銮庙下，清眺仙掌”，这样就可以把“未暇封崇之礼”留在华山了。①

唐玄宗热衷西岳华山的举动给予世人印象深刻，到“开元十八年，百寮及华州父老，累表请上尊号，并封西岳”，没有想到结果竟然是“不允”。② 这一年时为730年。再至开元“二十三年九月丁卯，文武百官尚书左丞相萧嵩等，累表请封嵩、华二岳……帝固让不从……手诏报曰：‘升中于天，帝王盛礼，盖谓臻兹淳化，告厥成功。今兆庶虽安，尚竭丰年之庆，边疆则静，犹有践更之劳。况自愧于隆周，敢追迹于大舜。顷年迫于万方之请，难违多士之心，东封泰山，于今惕厉，岂可更议嵩、华，自贻惭恧。虽藉公卿，共康庶政，永惟菲薄，何以克堪。朕意必诚，亦断来表也。’”③这一年时为735年。人们好不容易等到“天宝九载正月丁巳，诏以十一月封华岳。三月辛亥，华岳庙灾，关内旱，乃停封”④。很有希望的750年，由于时运不济，人们期望当朝皇帝封祀西岳的想法又落空了。

皇帝本人的心思在东岳和其他方面，由朝廷派出的主祀官连同地方官的祭祀活动，总能很好地体现崇礼本地山川，护佑民生的思想。如东汉桓帝延熹四年《西岳华山庙碑》所题祝辞就相当到位，辞曰：“岩岩西岳，峻极穹苍。奄有河朔，遂荒华阳。触石兴云，雨我农桑。资粮品物，亦相瑶光。”古代社会里真正触及祭祀山脉根本意义的是旱年祈雨，雨我农桑之事。北宋真宗大中祥符二年(1009年)春季，曾因“秦甸一方，景失常候，经时不雨，稼穑蒙灾，禀食不丰，民多弃业”，真宗诏令近臣全克隆奉宣前往代祭，并“请黄冠二七人，开建道场五昼夜，罢散日各设醮一座，总三百六十分，天象之移也”。⑤ 具体的醮告场

① 《西岳华山碑铭》，唐开元十二年(724年)，张江涛编著：《华山碑石》，西安：三秦出版社，1995年，碑图在第26页，录文在第252页。

② 《唐会要》卷8，《郊议》，北京：中华书局，1955年，第123页。

③ (北宋)王钦若等编：《册府元龟》卷36，《帝王部·封禅二》，北京：中华书局，1960年，第403～404页。

④ 《唐会要》卷8，《郊议》，北京：中华书局，1955年，第138页。

⑤ 《华岳醮告碑》，北宋真宗大中祥符二年，张江涛编著：《华山碑石》，西安：三秦出版社，1995年，碑图在第31页，录文在第259页。此碑刻立时间为大中祥符三年(1010年)四月二十四日。

面中,华山云台观的道士担当了最重要的角色,醮告碑文就是云台观主、陈抟老祖弟子贾得升所撰写。

明朝地方官员对西岳庙有一次重修,事终请刑部尚书杨昭俭撰写碑文,华州知州陈应麟、华阴县知县李时芳为之刊石,碑文中道出华山"惟正直兮斯在,故蒸黎兮所托"之特征,正符合华山方直之山势,最可称道:

> 明星之下,太华之□。耸跃万仞,神明一方。兑曰丽泽,秋为白藏。奠我西夏,实流耿光。爰有神明,宅于乔岳。惟正直兮斯在,故蒸黎兮所托。我居所□搜坠,典秩无文。撤卑陋之旧制兮,缭垣匝野;构显敞之新规兮,高楹穿云。神兮神兮,所当扬厥职而显吾君,御灾悍患兮,福吾生民。①

现存清代皇帝派遣内阁官员前来祭祀华山的"致祭碑"最多,康熙、雍正、乾隆、嘉庆、道光诸朝多有,似康熙、乾隆朝在位时间长久,便会有好几次派人祭祀的安排,甚或还有御笔题书的匾额,给送到陕西地面上来。

顺治十八年(1661年)闰七月,朝廷遣都察院左副都御使杨时荐祭祀西岳华山之神,属清朝较早的一次。② 康熙皇帝于三十二年(1693年)四月派遣皇太子致祭华山之神,其中有"西岳华山之神,耸峙关中,照临西土"③祭词,更加强化了华山神祇的意义。

康熙四十二年(1703年),陕西巡抚鄂海得知康熙皇帝怜悯受灾陕民,欲以西巡,加紧做了许多准备工作,尤其是全面整治了登岳道路。鄂海所书,相当到位:"皇上行次华岳,为万民祈福,欲亲至山顶,特荐馨香。臣以道险起奏,乃命三殿下,登山诣庙,代致悃诚。特发帑金数千两,重修岳庙。惟岳秉正秋之色,其色也白,其行也金,在《易》曰兑。正秋也,万物之所说也。盖济火之

---

① 《重修宋刻西岳今天王庙碑铭》,明嘉靖四十一年(1562年),张江涛编著:《华山碑石》,西安:三秦出版社,1995年,碑图在第52页,录文在第283~284页。

② (清)陆维垣、(清)许光基修,(清)李天秀纂:乾隆《华阴县志》卷首,《圣制》,《中国地方志集成·陕西府县志辑》第24册,南京:凤凰出版社,2007年,第21页。

③ (清)李榕原修,(清)郝永茂补刊:《华岳志》卷首,《圣制》,《中国方志丛书·华北地方》第317号,台北:成文出版社,1970年,第29~30页。

燥，则亢阳刚烈之气得以制，其威涵水之精，则东方长养之机得以培，其本亿万生民之命于此行养焉。”[①]此次在南峰上新建金天宫，禋祀岳帝，并蒙赐御笔“露凝仙掌”匾额，悬挂于大殿之上。

至乾隆四十年(1775年)十一月一日，陕西巡抚毕沅率属下迎接御笔“岳莲灵澍”匾额，乃为华岳金天宫所颁。次月，毕沅书写《恳圣颁匾碑》一文刻石，[②]详记其始末。

(二)道士入山修行，创造洞天福地

道士进入华山修行，为时甚早，曾有“周末巡狩不行，老子之徒始占为官”[③]的说法。东晋葛洪概括进山的人有好几类，所谓“凡为道合药及避乱隐居者，莫不入山。但入山不知法者，多遇祸害。故谚有之曰：太华之下，白骨狼藉”。葛洪此前还说过一段话，即“山无大小，皆有神灵。山大则神大，山小即神小也。入山而无术，必有患害”。[④] 什么叫“入山不知法”、“入山而无术”，从道家的观点来说，入山须有“入山佩带符”，就可以保证安全，而掌握分发这种护身符的人，只能是当地的道士仙人。

道家中擅长思考、书写的人士不少，他们的努力宣介扩大了道教的影响，对西岳华山也是这样。道家传告的“华山灵异”事象甚多，解释其原因在于“华山之顶乃天真降临之地，神仙聚会之乡”。[⑤] 对此，金人王处一《西岳华山志》“华州图经”篇引《昭文馆记》还有更加细致的描述：“莲花峰上有三峰，上接三元，中有石池、二十八所，上应二十八宿，青松绿竹丛生，高冈白云萃霭，旋于幽

① (清)鄂海：《修西岳庙并修山记》，(清)李榕原修，(清)郝永茂补刊：《华岳志》卷6，《记》，《中国方志丛书·华北地方》第317号，台北：成文出版社，1970年，第609～612页。

② 《恳圣颁匾碑》，清乾隆四十年，张江涛编著：《华山碑石》，西安：三秦出版社，1995年，碑图在第26页，录文在第364～365页。

③ (清)李榕原修，(清)郝永茂补刊：《华岳志》卷1，《名胜·华麓》，《中国方志丛书·华北地方》第317号，台北：成文出版社，1970年，第95页。

④ (东晋)葛洪：《抱朴子内篇·登涉卷十七》，《诸子集成》第8册，上海：上海书店，1986年，第76页。

⑤ (金)王处一：《西岳华山志》，胡道静、陈莲笙、陈耀庭选辑：《道藏要籍选刊》第7册，上海：上海古籍出版社，1989年，第160页。

阜，怀蕴金玉，蓄藏风雷，为大帝之别宫，乃神仙之窟宅也。”[①]所以，前来华山修行的道士代有其人，按“列仙传”篇所记：“修羊公者，魏人，止华阴山石室中。中有悬石榻，卧其上，石尽穿陷。”[②]这位修羊公，推测其为北朝时期人氏，是位较早在山上石洞居住的道士。早于他的道士，有东汉的张楷（字公超），其长处是“能为五里雾”，很有吸引力，修炼之处颇具神奇性。

华山传教史上以北宋陈抟老祖名声最著，其自称是“三峰十年客，四海一闲人”。《宋史》本传记述传主“举进士不第，遂不求禄仕，以山水为乐”，在武当山九室岩隐居，服气辟谷二十余年后，移居华山云台观，重在修行“睡功”，相传“每寝处，多百余日不起”。太宗端拱元年（988 年），一日对弟子贾德升说：“汝可于张超谷凿石为室，吾将憩焉。”次年秋七月，石室建成，其“手书数百言为表，其略曰：‘臣抟大数有终，圣朝难恋，已于今月二十二日化形于莲花峰下张超谷中。’如期而卒，经七日支体犹温。有五色云蔽塞洞口，弥月不散”。[③] 类似的描述和传说，以及居住过的云台观、避诏崖及太华派（老太华派）创建、长寿特点等，成就了陈抟老祖的仙人形象，明人称他以“元气为粮，白云为幄，清风为驭，明月为灯”[④]，算是一种极为清雅高洁的评说了。

若以坚定果敢之秉性为推举内容，当推出元朝道士贺元希。元至元十三年（1276 年），有一位从陇西来的贺元希道长，据说“寻卜筑玉泉之西以居，虽署观全真，而规制草昧，以谓振宗风，崇德化为未足，遂登华之巅，辟山膺而洞焉。其肇基也，聚葛而悬，踞虆以凿”，在常人难以立足的山顶上，修建了华山南峰上的朝元洞。这位洞主的修行生活是，“惟心其恒，日改月化，乃镵鸟道而东寓雷龛，以栖炊焉”。为追求更为僻静的修行场所，他“复絙铁构道，西折而下，得平台，崖腹间石洞在焉”，每日来往于这种命悬于一线的修行场所，人们

① （金）王处一：《西岳华山志》，胡道静、陈莲笙、陈耀庭选辑：《道藏要籍选刊》第 7 册，上海：上海古籍出版社，1989 年，第 158 页。

② （唐）徐坚：《初学记》卷 5，《地部上 · 华山五》，北京：中华书局，1962 年，第 100 页。

③ （元）脱脱等撰：《宋史》卷 457，《陈抟传》，北京：中华书局，1985 年，第 13420～13422 页。

④ 《重修陈希夷先生祠记碑》，明万历三十六年（1608 年），张江涛编著：《华山碑石》，西安：三秦出版社，1995 年，碑图在第 70 页，录文在第 299～3004 页。

相信他已经获得了某种神力。[①] 如今南峰上长空栈道尽头的石洞，是为行人最少到达的“贺老避静处”景点，非人所不知，而是身临其境时，心生恐惧，裹足不前之故。

在道教著名的洞天福地名录中，西岳华山自然是榜上有名。所谓“第四西岳华山洞，周回三百里，名曰总仙洞天，在华州华阴县，真人惠车子主之”[②]。第一洞天为地处宁德长溪县的霍桐山洞，其后为东岳泰山洞、南岳衡山洞，第四即为西岳华山洞，顺后是北岳常山洞、中岳嵩山洞，前六洞中唯有西岳华山洞的周回数字最小，这应该与华山的地形有关。在传世的《五岳真形图》碑文里，又是以终南、太白二山为主山华山之副，告知岳神姓姜，名垒，封号金天顺圣帝，而这位西岳之神的主管事项，乃为“世界金、银、铜、铁兼羽翼飞禽之事也”。[③]

在陈抟为祖师的老华山派之后，兴起的是新华山派，明代以后改称为隐仙派，据《三丰全书·道派》介绍说，隐仙派的传承关系为：文始真人尹喜—麻衣道者—希夷先生陈抟—火龙真人—张三丰。全真华山派是以郝大通为祖师，也有自己自成体系的系谱。到明清时期的华山派，是以全真教龙门派传承为主线，创始人追溯到华山王刁洞的靳道元，经姜善信传下来，时间大致在元朝定宗至宪宗时期，延至明清时期，华山龙门派亦有完整的传承。

如此看来，一座名山的形成，必定包含有古代宗教文化的巨大影响，如历代道士们在华山上的苦心劳形般的经营，对于华山成长为一座名山，曾经发挥过令人刮目相看、他者难以比拟的特殊作用。

(三)民众感念神山恩泽，普渡安宁日常

祭祀山川，崇尚山灵，可谓自古皆然，人人有份。依照华山地形，北面俯视的是河渭之滨，下方人烟稠密，是为华山山灵直接影响的区域。

---

① 《太华山创建朝元洞之碑》，元至元十三年，张江涛编著：《华山碑石》，西安：三秦出版社，1995 年，碑图在第 38 页，录文在第 263～265 页。

② (宋)张君房编，李永晟点校：《云笈七签》卷 27，《洞天福地·三十六小洞天》，北京：中华书局，2003 年，第 612 页。

③ 《五岳真形图》，清康熙二十一年(1682 年)，张江涛编著：《华山碑石》，西安：三秦出版社，1995 年，碑图在第 38 页，录文在第 324～325 页。

1993年在华山下出土的“秦骃祷病玉版”，记述了秦王室的一个后代名叫骃，在孟冬十月患病严重，家人以他的名义向崋大山祈祷，希望神灵宽恕他的过失，让他早日病愈。后来骃的病真的好了，他们又来到华山下表示敬仰和祭拜。[①] 从这份秦系文字资料中，今人不仅得知西岳华山神具有医治人体疾病的功能，而且还博得世人送给它的十分有趣的“崋大山”之尊称。

一传世汉代铜镜，十分精致，内圈上有“上华山，见神人。食玉英，饮醴泉。驾青龙，乘浮云。宜官秩，保子孙”[②]二十四字铭文，字体清晰，用意甚好，这华山神人的护佑功能在民间已是广有声誉的。

还有学者研究，在官方的正规祭祀外，民间的华山信仰自有一套方式，华山神作为地府之主享有治鬼之权外，[③]还具有预知未来的本领。据载，隋时做过小官、颇有心计的蒲州人裴寂，“每徒步诣京师，经华岳庙，祭而祝曰：‘穷困至此，敢修诚谒，神之有灵，鉴其运命。若富贵可期，当降吉梦。’再拜而去。夜梦白头翁谓寂曰：‘卿年三十已后方可得志，终当位极人臣耳。’”[④]隋唐易代之际，裴寂有功，唐高祖在长安城论赏，裴寂获赐甚厚，贞观初又得加封，太宗曾说“计公勋庸，不至于此，徒以恩泽，特居第一”。此即为华山神显灵一例。

平民百姓的做法自然又与裴寂那样的官吏大不相同。明熹宗天启七年(1627年)，华山东北方向的朝邑县(今陕西大荔县)长春洛苑等乡民众，经过多次商议，决定采用自己的感恩方式，集资铸造一个重达千斤的“大金猊”，器大事繁，其后未料碰到了饥馑之年，还遭遇了明清鼎革间的战乱之祸，对于建醮铸像之事，没想到众人不但没有放弃，反而是“众志弥坚，迄今从事如初”。

他们何以要这样做呢？据现存《朝山建醮碑》第一段文字：“天下多名山，五岳为之宗，而华称最秀，其神亦至灵。古芮距山仅四十里，清淑之气，呵护之力得之最先。”此处道出了他们做事的初衷，后面的文字又云：“呜呼！亦可谓能久矣。久而弗衰，其功将不可量。”这是他们的期许，并没有说出十分明确的目的。此事初议时大家尚为明朝百姓，待撰文刻石而立成时，落款已经是“顺

① 侯乃峰：《秦骃祷病玉版铭文集释》，《文博》2005年第6期，第69～75页。

② 承蒙西安碑林博物馆陈根远研究员提供铜镜图片及铭刻文字(2019年1月8日)，特此致谢。

③ 贾二强：《论唐代的华山信仰》，《中国史研究》2000年第2期，第90～99页。

④ (后晋)刘昫等撰：《旧唐书》卷57，《裴寂传》，北京：中华书局，1975年，第2285页。

治十七年岁次庚子暮春中浣廿日”了。碑文末端,建醮铸像的人们,还忘不了写上“愿后人无忘此山”之语,这即是西岳周边民间社会里存有的一种恒心。①

古代信仰传承已久,就转变成为华山周边民间社会的某些风俗。据乾隆《华阴县志》记述,每年三月一日“男妇赴西岳神祠供香,座前油瓮添油还愿”,业已相沿成习。到了三月十五日,“为邑人登华之期,自云台观上至松桧峰,往来交错于峻岭邃谷之间。是月,岳庙会期起于望,讫晦而止,商贾云集,兼之四方香客结社而至,喧阗之声彻数十里外,朝礼西岳布施香,住持黄冠亦藉是获终岁之计”。② 一次持续时间半个月的“岳庙会”(当地人士张江涛先生习用“朝山会”一词),极大地增进了民众与华山之间的亲近感和依赖性。

(四)升华岳之路在过去岁月中的创修

世上的路,从无到有,概因人的走动。对此若换成山地背景,前来走动的人则是很少的,加上山势崎岖险峻,那路就很难走出来,大概正因为能够登临华山之巅的人相当少,世上方有许多西岳华山的神奇迷人故事在盛传。诸多史籍提示着笔者,这些故事确能勾起人们对华山神山的向往,也能吸引来有着积极人生追求人们上山的脚步。

东晋葛洪曾说“故谚有之曰:太华之下,白骨狼藉”,由于人们不了解登临华山的路到底怎么样,长久以来就难以理解这句故谚。一直到了536年,北周同州刺史达奚武率人登上山顶,③有了这一生动事例,人们方知达奚武一行为祈雨而冒险登顶,一路上遇到的是“岳既高峻,千仞壁立,岩路险绝,人迹罕通”,所行皆为“岩路”,采取的方式是“攀藤援枝,然后得上”,说明北周时的升华岳之路,还异常艰难。

可是,北魏郦道元作《水经注》,解释河水“又南至华阴潼关,渭水从西来注之”经文,对涉及华山事项给出的注释,已有相当详细的描述文字:

---

① 《朝山建醮碑》,清顺治十七年(1660年),张江涛编著:《华山碑石》,西安:三秦出版社,1995年,碑图在第84页,录文在第319～321页。

② (清)陆维垣、(清)许光基修,(清)李天秀纂:乾隆《华阴县志》卷2,《封域·风俗》,《中国地方志集成·陕西府县志辑》第24册,南京:凤凰出版社,2007年,第78页。

③ (唐)令狐德棻:《周书》卷19,《达奚武传》,北京:中华书局,1971年,第303页。

自下庙历列柏，南行十一里，东回三里，至中祠；又西南出五里，至南祠，谓之北君祠。诸欲升山者，至此皆祈请焉。从此南入谷七里，又届一祠，谓之石养父母，石龛木主存焉。

又南出一里至天井，井裁容人，穴空迂回，顿曲而上，可高六丈余。山上又有微涓细水，流入井中，亦不甚沾。人上者皆所由涉，更无别路。欲出井，望空视明，如在室窥窗也。

出井东南行二里，峻坂斗上斗下。降此坂二里许，又复东上百丈崖，升降皆须扳绳挽葛而行矣。

南上四里，路到石壁，缘旁稍进，迳一百余步。由此西南出六里，又至一神，名曰胡越寺，神像有童子之容。

从祠南历夹岭，广裁三尺余，两箱悬崖数万仞，窥不见底。祀祠有感，则云与之平，然后敢度，犹须骑岭抽身，渐以就进，故世谓斯岭为搦岭矣。

度此二里，便届山顶，上方七里，灵泉二所：一名蒲池，西流注于涧；一名太上泉，东注涧下。上宫神庙近东北隅，其中塞实杂物，事难详载。自上宫东北出四百五十步，有屈岭，东南望巨灵手迹，惟见洪崖赤壁而已，都无山下上观之分均矣。①

兹篇华山广义地名共有 14 个（“上宫”两次出现算一个），其中建筑名 7 个（着波浪下划线者，“南祠”、“北君祠”为同一祠），地名 7 个（着直线下划线者，“夹岭”、“搦岭”为同一岭）。疏者熊会贞谓“自下庙历列柏以下至此，郭缘生《述征记》及《华山记》文，引见《初学记》，较略。华山又引《渭水注》下”，是为此段“现存古代关于西岳华山登山道路的最早也是最详细的记载”②之史料来源。此即为“自古华山一条路”之大概路径，自下祠（今西岳庙）至山口进入华山峪，向上攀登经过天井（今千尺幢）、百丈崖（今百尺峡）、胡越寺（已不存）、夹岭（今苍龙岭）、屈岭（为西峰与南峰之间一道山脊，今称骆驼项），上到上宫神

① （北魏）郦道元注，（民国）杨守敬、（民国）熊会贞疏，段熙仲点校，陈桥驿复校：《水经注疏》卷 4，《河水四》，南京：江苏古籍出版社，1989 年，第 313～315 页。将引文分为 6 小段，系笔者为之，是为便于解读事宜。

② 李之勤：《论华山险道的形成过程》，《中国历史地理论丛》1997 年第 4 辑，第 173～187 页。

庙(已不存),即至山顶。上述引文叙述平和,百丈崖处“升降皆须扳绳挽葛而行”的描述,涉及路况;夹岭“广裁三尺余,两箱悬崖数万仞,窥不见底。祀祠有感,则云与之平,然后敢度,犹须骑岭抽身,渐以就进”的描述,能述及升山之人的心理感受,着实不易。

升华岳之路难在多处路段都是石壁当道,其倾斜度大者达到七八十度,这些路段是攀登上山成功与否的关键,若在这里受阻停步,登者只能是打道回府,半途而废。前述千尺幢、百尺峡、苍龙岭皆属此类。克服的办法有二:一是靠抓住石缝中长出的藤蔓植物,勇攀上去;身手敏捷之人上去后,可以抛下绳索拽后者上去;二是采用人工办法,在岩石上凿出脚窝、打眼安上铁钉联结上铁索,助人登上。在唐代及其之前,应当是以第一种方式进行,如达奚武一行“攀藤援枝”、《水经注》所述“扳绳挽葛”那样。如果第二种方式迟迟不能出现,毫无疑问,就会影响人们上山,甚至影响道士在更高的地方凿建石洞,在里面修行。

在华山峪上,左手东侧有一座上方峰,有一些道士选择这里凿洞修行。元代《太华真隐主君传》石碑,记述褚君学道的事迹,记他刚到华山云台宫,说:“云台华岳也,为山益奇,上方又天下之绝险,自趾望之,石壁切云霄,峻削正矗,非待铁絙不得缘縋上下。不知铁絙成于何代何人?意者,古能险之圣也。”[①]铁絙即铁索,“缘縋上下”,指双手抓紧垂下的绳索上登下溜。明初王履入山,也注意到东侧的上方峰,他记道:“峰直立,铁索下垂,望峰端,漫不辨何似,但峰腰杂树倒悬斜倚,而幽意可人。索两畔,多小坎,从下达上,深可二寸,仅容履端,盖登则缘索以托足者。”[②]这段山路发生的危险也曾有过记录,内容是“万历甲申(1584 年)大上方鏁断坏人,四十有四,非登岳要路,不必轻登”[③]。明人习用的“鏁”字,即今“锁”字,与“索”字不同,据文意,当以“索”字为适(以下引文遵原文,却按铁索叙述)。索链断裂后造成 44 人伤亡,为一起相当严重的游山事故。

① 《太华真隐主君传》,陕西省考古研究院、西岳庙文物管理处编著:《西岳庙》附录一,《历代修庙碑文及修庙记》,西安:三秦出版社,2007 年,第 578～579 页。

② (明)王履:《始入山至西峰记》,《王履〈华山图〉画集》,天津:天津人民美术出版社,2000 年,第 56～59 页,记之一至记之四,上海博物馆藏。

③ (清)李榕原修,(清)郝永茂补刊:《华岳志》卷 8,《识余》,《中国方志丛书·华北地方》第 317 号,台北:成文出版社,1970 年,第 734 页。

于此可以料想，在古代社会条件下，于山路绝壁上能否安装助登铁索，乃人们能否登顶西岳华山的决定性因素。对此予以明确揭示的人，是明初的王履。王履所作《入山》诗云：

庐山秀在外，华山秀在里。
要识真面目，即彼铁锁是。
铁锁悬当云上头，纵横曲直是谁谋？
吾今判著浮生去，不见神奇不罢休！

王履作《铁锁》诗，题记曰："凡铁锁乃凿石为窍，种大钉缀锁其上，故能久而无朽，然或间缀以木橛者，回思始来，盖掩于不知而不栗耳。"《贺师避静处》诗有云："窍石石阑里，缒锁索险极。凿崖种铜橛，载板以西适。"此两处皆用了"种"字，"种"的是铁质大钉、木橛、铜橛，材料有所不同。这种索链依靠大钉牵连，不同于古代栈道横梁的安装方式，[①]王履把钉或橛嵌入石壁的做法称为"种"，相当形象而贴切，并为今日机械生产方面所沿用。[②] 其后陈以忠入山，同样看到上方峰一线，"每岁三月，香火辐凑，华州道士来，始向峰头斩荆棘开径，悬铁锁而上之，不似三峰时通人迹也"[③]。与陈以忠为友的王士性随后登临华山，又见到另外一种情形："春时沟崖一切垂锁可攀，徂夏道士收其锁，余止攀石坎而上，故危较倍。"[④]如此看来，能够在绝壁上安装铁索的、被赞誉为"能险之圣"的人，只能是常年居住于此的华山道士，他们有上山下山的需要，也有凿洞的工具和技术，而其胆量也自不待言。宋金元时代是华山登山路的创建时期，如上方峰或到达某些石洞的小路也在修建，但限于史料，目前还不

① 陆敬严：《古代栈道横梁安装方法初探》，《自然科学史研究》1984 年第 4 期，第 366～367 页。

② 机械工业方面生产的种钉机，标准名称是螺柱焊机（stud welding machine）。其工作原理是通过瞬间强电流以击打的方式，将螺柱牢固焊接在金属面板上，看上去就像将螺钉种在了金属板上，故而得名为种钉机。

③ （清）赵吉士辑撰，（民国）朱太忙标点：《寄园寄所寄》卷 3，《倚杖寄》，大连：大连图书供应社，1935 年，第 70 页。

④ （明）王士性：《华游记》，周振鹤编校：《王士性地理书三种》，上海：上海古籍出版社，1993 年，第 42 页。

能给予细致的阐述。

前述康熙四十二年(1703年),陕西巡抚鄂海为迎接"皇上行次华岳,为万民祈福,欲亲至山顶"之意愿,加紧布置,全面整治了登山要途。鄂海提出的修路原则是,"险者平之,窄则扩之,逆者顺之,腐者新之。迂远者使之径直,峻削者使之纡徐。外则辅以阑干,使人不至于心悸,内则疏通泉路,使人不知有泥泞",整个布置和动手,确属行家里手所为。此次拓路工程直接针对险要路段——千尺幢、百尺峡、犁沟、擦耳岩和苍龙岭施工,如千尺幢"上下陡直,并无阶级,旧惟穿石受履,用铁索牵挽而上,一失足即有颠仆之恐。予命工凿石为级,并造木梯佐之"①,明显地改进了华山山路的通行条件。

进入20世纪30年代,考虑到陇海铁路潼西段建成之后,前往华山游览的人数会大增,陕西省建设厅利用一笔7500余元的捐赠费,来修缮华山山路。具体考虑是"由山麓玉泉院至山腹青柯坪,路长二十里,由青柯坪至崇椒,亦长二十里,均需重新修路。苍龙岭一带石路,原宽四五寸,现应加宽至七八寸。铁索桥三百余丈,其铁链及铁桩,年久失修,均需添补加固"②。当年秋季开工后,《新陕西月刊》即予以报道出来。

自1954年开始,华阴县人民政府多次出资整修华山全山道路,并首次在苍龙岭、擦耳岩等处路旁安装水泥桩、铁栏杆,促使铁索挂得更加牢固。1983年国际劳动节放假期间,游人如织,百尺峡等处发生上下山游人拥塞现象,造成了突发性的游人摔伤事件,之后管理部门迅速组成力量,加大对山路基础设施的改造力度,在千尺幢等路段增开了复道,以分流上下游客,极大地提高了安全系数。截止到2013年4月,先后有斜长1524米的黄甫峪下站至华山北峰上站索道缆车、全长4300米的瓮峪下站至华山西峰上站索道缆车正式投入运营,极大地满足了游客上山观景的需求。

至此,从登山者的角度而言,西岳华山自古以来最大的不足——山路艰险,在现代旅游设施的完善中,已经不再让人们为此而抱憾了。

---

① (清)鄂海:《修西岳庙并修山记》,(清)李榕原修,(清)郝永茂补刊:《华岳志》卷6,《记》,《中国方志丛书·华北地方》第317号,台北:成文出版社,1970年,第609~612页。

② 王光如:《一月来陕西之建设》,《新陕西月刊》1931年第8期,第118~119页。

二、古今游人亲历激赞之奇山

东晋葛洪《抱朴子》所说入山“为道合药及避乱隐居者”那些人，视其初衷，都不能算是真正的游山之人。《水经注·河水四》所说“常有好事之人，故升华岳而观厥迹焉”，这些人是为河神巨灵“手荡脚蹋，(大山)开而为两，今掌足之迹仍存”的故事所牵动，专门上山来观看巨灵留在山崖上的手掌印迹，当然属于华山上既早又名副其实的旅游者，只是限于时代条件，抱此种目的上山的人还极少。限于时代条件及前述升岳之道的具体情况，华山旅游史的确因时代而异，唐代、明代和近现代游历华山的方式和内容，颇具有代表性，而明代士人王世贞所云“游太华山者，往往至青柯坪而止……仙掌、莲花间永绝缙绅之迹，仅为樵子牧竖所有”[①]，基本道出了明代以前山上来客的大致情形。

(一)唐代诗人望岳之激情诗

“诗圣”杜甫作过三首《望岳》诗，吟咏对象分别是泰山、华山和衡山。据说，杜甫吟咏华山时，年岁已四十七，人生显得失落，诗云：

西岳崚嶒竦处尊，诸峰罗立似儿孙。
安得仙人九节杖，拄到玉女洗头盆。
车箱入谷无归路，箭栝通天有一门。
稍待秋风凉冷后，高寻白帝问真源。[②]

虽然人生落泊，仍不乏想象和追求；虽然华山“道险僻不通”，却可以借助

① (明)王世贞:《题王安道游华山图》,(清)李榕原修,(清)郝永茂补刊:《华岳志》卷6,《杂著》,《中国方志丛书·华北地方》第317号,台北:成文出版社,第679～680页。据嘉靖三十年(1551年)《华山始建青柯馆记碑》,“嘉靖辛亥(1551年)春三月,华山青柯馆成”,“故游者以青柯为极”。见张江涛编著:《华山碑石》,西安:三秦出版社,1995年,碑图在第49页,录文在第279页。

② (唐)杜甫:《望岳》,《全唐诗》卷225,北京:中华书局,1960年,第2415页。

神话传说，拄着木杖到达玉女峰(即中峰)上的玉女洗头盆那里。结合华山的山路修凿史材料可见，简简单单“望岳”二字，展示了那一时代人们在行进中驻足仰望西岳华山的历史特点。

从唐初开始，类似“望岳”含义的表达，还有《途经华岳》(李隆基作)、《观华岳》(祖咏作)、《关门望华山》(刘长卿作)、《华山歌》(刘禹锡作)、《华山》(张乔、郑谷分别作)，系经过或住宿华山之下留下的真切作品。唯其登越华山难上难，反而激发了诗人们的冲天豪气，“诗仙”李白所作《西岳云台歌送丹丘子》，是为其中最为仰天长啸的一首：

西岳峥嵘何壮哉！黄河如丝天际来。
黄河万里触山动，盘涡毂转秦地雷。
荣光休气纷五彩，千年一清圣人在。
巨灵咆哮擘两山，洪波喷流射东海。
三峰却立如欲摧，翠崖丹谷高掌开。
白帝金精运元气，石作莲花云作台。
云台阁道连窈冥，中有不死丹丘生。
明星玉女备洒扫，麻姑搔背指爪轻。
我皇手把天地户，丹丘谈天与天语。
九重出入生光辉，东求蓬莱复西归。
玉浆倘惠故人饮，骑二茅龙上天飞。[①]

华山上的三峰，是指东峰、南峰和西峰，唐人向往和相传不已的此三峰，一直到明清士人那里，仍然是光彩熠熠的动人文字，阅者势不能满足于卧游的神往之所。“石作莲花云作台”，当属生花妙笔，这一送别之所——云台在诗人的想象中被移至高高的山巅上，[②]凭借着无限之想象力，诗人完成了为元丹丘这

① (唐)李白：《西岳云台歌送丹丘子》，(清)王琦江注：《李太白全集》卷7，《古近体诗·歌吟》，北京：中华书局，1979年，第381～384页。

② 云台的位置，清人王琦江注云“乃其东北之峰也”，实际上这是明清时期出现的情况，今通往北峰山道上即建有云台山庄，然唐宋时代的云台(云台观所在)，仍在山下玉泉院一带。

位飘逸的游仙朋友送行的目的。

表 1　西岳华山"三峰"、"四峰"、"五峰"基本信息

峰名	又 名	海拔高度	推测得名时代	名胜举例
东峰	朝阳峰	2096.2 米	唐代三峰之一，明初四峰之一，清代以来五峰之一	朝阳台，下棋亭，迎阳洞，仙掌崖，甘露池，杨公塔
西峰	莲花峰 芙蓉峰	2082.6 米	同上	巨灵足，莲花洞，舍身崖，斧劈石，镇岳宫
南峰	落雁峰 松桧峰	2154.9 米	同上	仰天池，白帝祠(金天宫)，朝元洞，避诏崖，全真崖，南天门
中峰	玉女峰	2037.8 米	明初四峰之一，清代以来五峰之一	玉女祠，玉女洗头盆，品箫台，引凤亭
北峰	云台峰	1614.9 米	清代以来五峰之一	真武殿，长春石室，老君挂犁处

资料来源和说明：海拔高度数据见《华山地质公园旅游指南》，名胜举例据韩理洲主编：《华山志》，西安：三秦出版社，2005 年，第 109～113 页。唐代三峰之说在史书上代代习用，明初王履于苍龙岭上有四峰之说，到清代定下五峰之说，方完成了西岳华山诸峰的命名过程。王履记述，"下山及苍龙岭回瞻，四峰端视，始上时无云，然不能优劣也"，吟诵"四峰参老，兄弟相保，有云固佳，无云亦好……"；这是述者的一种艺术眼光。见《王履〈华山图〉画集》，天津：天津人民美术出版社，2000 年，第 47 页。

究竟有无在华山上、或登越华山后留下的唐代作品呢？卫光一所作《经太华》有"上有千叶莲，服之久不死。山高采难得，叹息徒仰止"[①]句，司空图所作《送道者二首》有云"洞天真侣昔曾逢，西岳今居第几峰。峰顶他时教我认，相招须把碧芙蓉"[②]。尽管这些诗已经很接近实质了，细究下来，还是不能断定作者上了山。最有可能上了山的诗人是李益，其《入华山访隐者经仙人石坛》可证："三考西岳下，官曹少休沐。久负青山诺，今还获所欲……"[③]李益入山究竟是否登上峰顶，却难于知晓。这一时代有不少道士在山上修炼，对照华山山路修凿史的材料，可以判断多数道士的修炼场所，会是在今千尺幢以下的华山下半部和大小方山一带。

至今流传最广的唐代文人故事，自然是"韩退之投书处"所包含的故事情

① (唐)卫光一：《经太华》，《全唐诗》卷 776，北京：中华书局，1960 年，第 8795 页。

② (唐)司空图：《送道者二首》，《全唐诗》卷 633，北京：中华书局，1960 年，第 7262 页。

③ (唐)李益：《入华山访隐者经仙人石坛》，《全唐诗》卷 282，北京：中华书局，1960 年，第 3206 页。

节。此事从何说起的呢?系源自唐人李肇《国史补》所记:"韩愈好奇,与客登华山绝峰,度不可返,乃作遗书,发狂恸哭,华阴令百计取之,乃下。"[①]怀疑此说者历来不乏其人,清初薛雪《一瓢诗话》的看法是:"疑愈以形容绝险,而传者或敷张其说,引诗以证其实有耶!"[②]韩愈对华山很是在意,所写《华山女》诗中有"华山女儿家奉道,欲驱异教归仙灵"[③]之句,所写《次潼关先寄张十二阁老使君》中有"荆山已去华山来,日出潼关四扇开"[④],对华山只能算是过路诗,最富有激情的则为《古意》一诗:

太华峰头玉井莲,开花十丈藕如船。
冷比雪霜甘比蜜,一片入口沈痾痊。
我欲求之不惮远,青壁无路难夤缘。
安得长梯上摘实,下种七泽根株连。[⑤]

韩愈此时已经很了解很向往华山了,今人吟诵此诗不妨自忖,作者会是在什么地方抒发出这种渴求的情感,笔者以为仍然是在山下。

(二)明代士人醉心之华山游记

说也奇怪,明朝开国皇帝朱元璋因梦游西岳华山,而留下《梦游西岳文》篇章,其中脍炙人口的名句——"吾梦华山,乐游神境,岂不异哉?"[⑥]谁也未曾想到,其后国祚二百七十余年的明朝,前来华山游览的士人会明显增多。

明初,昆山人氏王履正值在陕西秦王府担任医者,恰巧受到一位友人的怂恿,很快就带着书童张一来登华山,时为洪武十六年(1383年)。王履善画,边

---

① (唐)李肇:《唐国史补》,上海:上海古籍出版社,1979年,第38页。

② 钱基博:《韩愈志·韩愈佚事状第三》,上海:商务印书馆,1958年,第48页。

③ (唐)韩愈:《华山女》,《全唐诗》卷341,北京:中华书局,1960年,第3823页。

④ (唐)韩愈:《次潼关先寄张十二阁老使君》,《全唐诗》卷344,北京:中华书局,1960年,第3857页。

⑤ (唐)韩愈:《古意》,《全唐诗》卷338,北京:中华书局,1960年,第3789页。《隋书·经籍志》记载有《古意方》10卷,乃道家养生之书。

⑥ (明)朱元璋:《梦游西岳文》,《明太祖集》卷13,《文》,合肥:黄山书社,1991年,第261～262页。

行边画，若来不及，就用记录代替，当晚宿于山巅。《明史》本传记载，这位传主“尝游华山绝顶，作图四十幅，记四篇，诗一百五十首，为时所称”[①]。这些图画、记述和诗词都是以华山为主题，以此为据，可以说一进入明朝，对于华山的认识就获得了一个很大的进步。

明朝前期的华山仍然比较沉寂，到后期陆续来了李攀龙、王士性、袁宏道、杨嗣昌、徐霞客等人士。嘉靖三十五年(1556年)夏，李攀龙被提升为陕西按察司提学副使。到任不久，不能忍受陕西巡抚殷学挟势倨傲的作风，以母老归养为由，上疏乞归，旨未下即拂衣辞官。在职虽不满一年，李攀龙足迹却遍及区内，在视察府州县学的同时，也游览了各地的名山胜迹。《杪秋登太华山绝顶四首》，是这一时期的最佳诗作，其二诗云：

缥缈真探白帝宫，三峰此日为谁雄？
苍龙半挂秦川雨，石马长嘶汉苑风。
地敞中原秋色尽，天开万里夕阳空。
平生突兀看人意，容尔深知造化功。[②]

诗言志，却不及华山细处，最能反映李攀龙心理感受的文字还是推他自己撰写的《太华山记》一文，记述登山时的细微观察和诸多感受，为论者评为“济南第一文字”，颇值得研究者玩味。

台州人氏王士性以前萌生的“与山灵十年之约”，在很大程度上指的正是西岳华山。当他抓住机会来到华山时，黄冠道士对他说，“高山雾重则霖，不可登也”，同行朋友也请他等一等，他明知失去了这次机会就没有机会了，马上硬是坚持说：“雾厚则不见险，正易登山耳。”这句话的意思正与《水经注》所云“祀祠有感，则云与之平，然后敢度”相通。及到达华山处处险要之所，他方想起陈贞父《华山游记》中所写到的“经七死乃免”之说，而自己正在经历第四道“死”处。兹列表2以示“七死”内容：

---

① (清)张廷玉等撰：《明史》卷299，《方伎·王履传》，北京：中华书局，1974年，第7638页。

② (明)李攀龙：《沧溟先生集》卷8，《七言律诗》，上海：上海古籍出版社，1992年，第214～215页。

表2 明人陈贞父所言登华山须“经七死乃免”之说

顺序	原文所述	今日景点	今日同一地点情形
其一	千尺撞枯枝折而堕一	千尺幢	踏陡直石阶、援石壁上铁索而上下
其二	犂沟足一失堕二	老君犁沟	踩住石阶、执立柱式铁索而上下
其三	擦耳崖手一脱坎堕三	擦耳崖	石壁上刻有此名，行道早已加宽
其四	阎王边值神晕眼花而堕四	仙人砭	行道已然加宽，不复为险
其五	苍龙岭遇风掀而举诸岭外以堕五	苍龙岭	岭脊行道两边安装有立柱式铁索，但险状依旧，站立使人发怵
其六	卫叔卿下棋处崖滑栏折而堕六	下棋亭	鹞子翻身处险状依旧，下行两侧多有护栏
其七	贺老避静处崖滑栏折而堕七	长空栈道	绝壁上足踩悬空木板、手抓铁索而进

资料来源：(明)王士性：《华游记》，周振鹤编校：《王士性地理书三种》，上海：上海古籍出版社，1993年，第39～46页；(明)陈以忠：《华山游记》，(清)赵吉士辑撰，(民国)朱太忙标点：《寄园寄所寄》卷3，《倚杖寄》，大连：大连图书供应社，1935年，第71页。

随其后，湖北公安人氏袁宏道携友来登华山。宏道所作《华山别记》曾云：“少时，偕中弟读书长安之杜庄，伯修出王安道《华山记》相示，三人起舞松影下，念何日当作三峰客？”并云“吾三十年置而不去怀者，慕其险耳”。曾有人指着宏道的身体说，“如公绝不可登”，宏道表示“余愤其言，然不能夺”。及有机会登山华山，宏道犹如大快朵颐一般，在《华山记》开篇记云：“凡山之有名者，必有骨，骨有态，有色。黯而浊，病在色也；块而狞，病在态也。华之骨，如割云，如堵碎玉，天水烟雪，杂然缀壁矣。”此处真可谓“大奇则大险，小奇则小险”之地。[①] 以期许已久的心情游历华山，再诉诸笔端，宏道便成就了三篇华山奇文。

晚于袁宏道三年登上华山的杨嗣昌，出身于书香门第，于万历三十八年(1610年)中进士时，才23岁。21岁时他欲步乃父杨鹤后尘，上山至青柯坪而止。又于万历四十年(1612年)夏六月登山，方遂心愿，书写《太华山记》一篇文字，可评价为最得观石之趣、游山之法的人物。他述自身行至仙人砭、擦耳岩，“其西高标挫日，其东重渊悸魂，途径尺余，若行山胛。余体非济胜，性乃耽奇，每至逼仄身，与切磨良久得脱。吾腹甚有华山石痕”，性情如此率真之人，

---

① (明)袁宏道著，钱伯城笺校：《袁宏道集笺校》卷52，《华山记》、《华山后记》、《华山别记》，上海：上海古籍出版社，2008年，第1468～1474页。袁宏道之兄长袁宗道，字伯修，其弟袁中道，字小修，皆有才名，时称“公安三袁”。

再可求乎！他提出华山山势的“头臂之喻”，意即“三峰者，头顶也。云台者，右臂也。今之上者于幢、于峡、于沟，攀筋而后至臂，缘臂而后至头也”，说得妙趣横生。最后说出的“游有三恨”，恨的是“山无名士，邑无名酒，石无名镌”，皆事关人生乐趣，文化要旨，读之不能不加以体察和铭记。①

1623年的早春，布衣旅行家徐霞客从中岳嵩山游历后，入潼关，进谒华岳庙，然后直奔华山，也为后人留下了一篇文字——《游太华山日记》②。他的文笔洗练，善于从大处着眼，日记式的记述方式，显然十分适合于这位行旅匆匆的独行侠。霞客时年38岁，时常外出游历，早已练得身手敏捷，艺高而胆大，通读全文，感觉到登上华山对他而言是一件不太费力的事项，大概因此之故，他所留下的日记体考察文字，并没有多少引人入胜的描述。

至此，可以依据上述文献资料制作表3，借以了解和对照出场人物细部。

表3　明代登临华山代表性人物基本信息

序号	名 字	籍贯	生卒年代	登临华山之年	同行者	所遗华山书绘作品
1	王 履 字安道	江苏 昆山	1332—约1391年，享年约60岁	洪武十四年(1381年)，时年50岁	丘丈外孙沈生、书童张一、导者二人	其图、记、诗作品俱收入《王履〈华山图〉画集》
2	李攀龙 字于鳞	山东 历城	1514—1570年，享年57岁	嘉靖三十五年，时年43岁		《太华山记》及诗作若干
3	王士性 字恒叔	浙江 临海	1547—1598年，享年52岁	万历十六年(1588年)，时年42岁	同僚刘元承、僧人玄觫	《华游记》及诗作若干
4	袁宏道 字中郎	湖北 公安	1568—1610年，享年43岁	万历三十七年(1609年)，时年42岁	友人朱一冯(字非二)、同僚汪可受等人	《华山记》、《华山后记》、《华山别记》及诗作若干
5	杨嗣昌 字文弱	湖南 武陵	1588—1641年，享年54岁	万历四十年，时年25岁		《太华山记》
6	徐霞客 字宏祖	江苏 江阴	1587—1641年，享年55岁	天启三年(1623年)，时年37岁	导者一人	《游太华山日记(陕西西安府华阴县)》

---

① (明)杨嗣昌:《太华山记》,(清)李榕原修,(清)郝永茂补刊:《华岳志》卷6,《记》,《中国方志丛书·华北地方》第317号,台北:成文出版社,1970年,第593～607页。原书误写作者名为“杨嗣曾”,今改过。

② (明)徐弘祖著,褚绍唐、吴应寿整理:《徐霞客游记》,上海:上海古籍出版社,2007年,第46～49页。

也正是在嘉靖、万历年间,先后有两部《华岳全书》编纂刊刻问世,编纂者分别为李时芳与张维新,在突出西岳华山方面,其所作所为与表3人物事迹至为吻合。华阴县令马明卿协助张维新编纂中,利用书中“山形总图”旁的位置,见缝插针地写道:“《经》曰:其高五千仞,直上四十里。登览者不以此两言尽华山之奇,则得华山矣!”[①]如此说来,王履、李攀龙、王士性、袁宏道、杨嗣昌曾诸位所著华山文字,倒真是篇篇珠玑,尽得奇山之妙处。

另一位知名文人谢肇淛曾说到自身,“余游四方名山,无险不届,并未失足”,说到华山,却“余未之登,读王恒叔游记,知其险甲于诸岳,亦在龙脊上难行耳”。[②] 奇花异木人必观之,奇峰险境人必趋之,这是人类喜爱自然、追求奇异本性的真情流露。上述多位明朝士人登山游历,明初王履最早,中期李攀龙登临华山后,王士性、袁宏道、杨嗣昌、徐霞客可谓尾随其后,各位相隔时间不算长,只是王履(1381年登山)与李攀龙(1556年登山)之间,相隔年代过长,其间并非无人登山,却因历史背景不同而在游山事项上显现出前疏后密的特点[③]。

(三)近现代人士不懈之科学解读

民国四年(1915年)的夏季7月4日,曾留学日本,颇为喜爱博物学、地理学的中学教师康燿辰,特意从西安西北中学所在的冰窖巷出发,前往华山。他在山下雇了一名向导,顺利登顶后,在南峰、西峰道观各住一晚,白天四处查看,采集了部分岩石、植物标本,下山后写下了民国初年相当珍贵的华山游记文稿。[④] 8日下午有学生李方矩上山来协助,康燿辰此行自当属于科学考察性质。行程中他喜欢说的一句话,就是“铁路开通后,游人会倍至”。

从山麓上到南峰金天宫,康燿辰记时用了10小时25分钟。他记“南峰绝

---

① (明)张维新等撰:《华岳全书》卷1,《图说》,《续修四库全书》第722册,《史部·地理类》,上海:上海古籍出版社,1995年,第231页。

② (明)谢肇淛:《五杂组》卷4,《地部二》,上海:上海书店出版社,2009年,第62～63页。

③ 参阅周振鹤:《从明人文集看晚明旅游风气及其与地理学的关系》,《复旦学报》2005年第1期,第72～78页。

④ (清)康燿辰:《华山游记 骊山游记》,民国六年(1917年)铅印本。本书以华山为主,附后的骊山游记仅有两页半。

顶为太华最高点，海拔约八千尺"，下面"百尺峡之倾斜角度上段八十度以上，下段成九十度之角，垂直壁立"，肩挑背负者上山相当不易。他注意观察山下到山顶的岩石、乔木分布情况，尤其注意五粒松、五叶松的有无及其生长情况，甚至给道士讲解了许多闻所未闻的植物知识。在游记内容书写后，又着重讨论了华与岳之区别、华山之区域、太华之地质、华山之植物、华山与文明五个题目，颇类似今日之专题研究。如他所述，"若一般人艳称之仙人掌、巨灵足迹、石仙人，皆岩浆凝结时生成之凹凸痕；若玉井、仰天池及多数洞穴，皆岩浆凝结时生成之洼臼空穴，后人复加以人工而深阔之耳"，其内容之新鲜，科学性之强，予人印象很深，与过去时代的记述内容有了显著的不同。

更大量的科学研究工作体现在地质地理学方面，首先是各种类型的实地科学考察活动，然后是室内分析和实验工作，取得了许多科研成果。其中要事之一即经过现代地质学者的考察积累，已辨析出整个华山地区的地表，是由华山花岗岩体、太华群变质岩层和沉积地层组成，分别构成了华山山体、外围山区和渭河河谷地区的基本物质。这座山脉开始隆升于中生代的末期、新生代的初期，在第三纪中新世迅速隆升，到第四纪初又强烈隆升，最终急剧抬升到现今的高度，在整个秦岭山脉的地质演变中，华山地质具有相当的代表性。①

在确定为秦岭东段北支的华山山系之上，植物学家非常看重华山上的松林，尤其是东峰西北坡一带，松树林成片分布，林相整齐，属于十分珍贵的林业资源。植物学家早已采用华山之名命名华山松（*Pinus armandii* Franch）等华山特有种的林灌草植物名称。②

于 1952 年 8 月筹建的华山气象站，位于华山西峰绝壁之巅，是陕西省唯一的高山站。其主要业务是地面气象观测，每天向渭河流域气象预警中心提供 4 次天气预报，每天向陕西省气象信息中心提供 8 次天气预报，同时制作气象月报和年报报表。③ 气象站常年积累的地面测报数据资料，也为它自身的工作环境提供了数据背景：这里年平均气温 6.1℃、极端最低气温 −24.9℃，年

① 韩理洲主编：《华山志》，西安：三秦出版社，2005 年，第 257 页。

② 韩理洲主编：《华山志》，《华山主要植物种质资源一览表》，西安：三秦出版社，2005 年，第 51 页。

③ 陕西省气象局编：《陕西省基层气象台站简史》，北京：气象出版社，2012 年，第 478～481 页。

极端雷电日数43天,大风日数109天,大雾日数129天,冬季最长积雪时间为5个月。这些数据因来之不易而弥足珍贵,其中包含了一批批华山气象工作者的奉献精神。

三、身负历史和民族重任之英雄山

有人谓:天地之美美在华山,古今之缘缘在英雄。从以往关注和介绍华山历史的书籍或景区景点展示牌内容来看,许多人早已体认出华山英名的特点,赋予华山以“英雄山”的称号,例举出的事项有秦始皇巡华山、汉武帝祭华山、沉香劈山救母、解放军智取华山和金庸“华山论剑”。对此,我们仍然需要叩问史册,1949年6月14日大荔军分区路东纵队7名解放军智取华山确属历史事实,[①]但秦始皇、汉武帝途经华山的事迹究竟有多少英雄的成分,沉香劈山救母传说和金庸“华山论剑”故事该如何认定。若放眼整个西岳华山的历史文化内容,含有英雄事迹和气概的事项还有许多,此处拟增补六项,以观其要。

(一)河神巨灵擘开华山贯通黄河

古人对于华山最富有创造性的一种想象,为“巨灵擘开”神话传说。东汉张衡《西京赋》中有“缀以二华,巨灵赑屃,高掌远跖,以流河曲,厥迹犹存”的描写,薛综注引古语云:“此本一山,当河水过之而曲行,河之神以手擘开其上,足蹋离其下,中分为二,以通河流,手足之迹,于今尚在。赑屃,作力之貌也。”[②]被河神中分为二的山,传说中一为高高的华山,一为不太高的首阳山(今山西省永济市境内),分在河身的两边,华山上留下巨灵的掌迹,被指为东峰崖壁上的五道印痕。

---

① 7名解放军为路东纵队侦察参谋刘吉尧及所带领的6名侦察兵,加上做向导的当地甫峪村民王银生,被称为智取华山八勇士。侦察路线系沿黄甫峪、猩猩沟而上,攀爬崖洞、老虎口、龟背石等处,登临华山北峰,乘黑夜突袭伪保六旅旅长韩子佩带领的警卫营和旅直属队,为大部队随后解放华山创造了良机。

② (东汉)张衡:《西京赋》,(南梁)萧统编,(唐)李善注:《文选》卷2,北京:中华书局,1977年,第37页。汉唐间文献中有关河神巨灵的记述较多,后世吟咏作品更不胜枚举。今华山五云峰路口有观掌台,护以石栏铁索,为游人观掌提供了方便。

这个传说出现的前提条件，是古人也在思考黄河河道怎么样会在经过晋陕峡谷后来了个九十度大拐弯，一泻千里地向东流去，而这正是近代以来许多地质学家一直在探讨的问题[①]。此传说上接大禹治水的“导山”、“导水”故事，其目的仍然是为了疏通河道，造福百姓，便根据黄河两岸地形、秦岭东段山势、华山苍龙岭之上东峰岩石上痕迹，做出了这一大胆的想象，被古人推崇为关中八景之首（即“华岳仙掌”），是为西岳华山今日值得深度发掘的文化财富。

（二）北周同州刺史达奚武成功登顶

出身于鲜卑族的达奚武（504—570 年），字成兴，代郡人（今山西大同东北），官任北周同州刺史（辖境在今陕西省渭南市）。563 年，他带领数人登山祈雨，获得成功，为有史以来明文记载的登顶华山第一人。此事起因在于同州地面发生旱灾时，高祖宇文邕敕令达奚武赶快祭祀华岳。史载：“岳庙旧在山下，常所祷祈。武谓僚属曰：‘吾备位三公，不能燮理阴阳，遂使盛农之月，久绝甘雨，天子劳心，百姓惶惧。忝寄既重，忧责实深。不可同于众人，在常祀之所，必须登峰展诚，寻其灵奥。’”[②]

达奚武这次下的决心不小，《周书》本传记曰：“岳既高峻，千仞壁立，岩路险绝，人迹罕通。武年逾六十，唯将数人，攀藤援枝，然后得上。于是稽首祈请，陈百姓恳诚。晚不得还，即于岳上藉草而宿。梦见一白衣人来，执武手曰：‘快辛若，甚相嘉尚。’武遂惊觉，益用祗肃。至旦，云雾四起，俄而澍雨，远近沾洽。”结果是达到了“登峰展诚”的目的。

达奚武年龄 60 岁，沿途攀藤援枝，心系黎民，冒险以进，登上峰顶，诚为一代英雄。此时的华山尚是人迹罕至，徒手登上去不容易，事后宇文邕说“阴阳愆序，时雨不降，命公求祈，止言庙所。不谓公不惮危险，遂乃远陟高峰”，以后要“念坐而论道之义，勿复更烦筋力也”。天和三年（568 年），达奚武转职太傅。

---

① 王苏民、吴锡浩、张克振等：《三门古湖沉积记录的环境变迁与黄河贯通东流研究》，《中国科学 · D辑：地球科学》2001 年第 9 期，第 760～768 页；蒋复初、傅建利、王书兵等：《关于黄河贯通三门峡的时代》，《地质力学学报》2005 年第 4 期，第 293～301 页；王均平：《黄河中游晚新生代地貌演化与黄河发育》，兰州：兰州大学，博士学位论文，2006 年。

② （唐）令狐德棻：《周书》卷 19，《达奚武传》，北京：中华书局，1971 年，第 303 页。

(三)经受八级大地震发出“山鸣”之声而不催

突然发生在1556年1月23日夜间的关中大地震,又被称为华县特大地震(8级,34°30′N,120°42′E),[①]新的研究判断此次地震震中位置在蒲州、潼关卫、华阴、朝邑之间,故而建议定名为蒲州8(1/4)级大地震。[②] 震后明人陈以忠进入华山峪,到了青柯坪,“至则祠庙神像,俱经地震颓圮,间已葺治数楹”[③]。山下的《华阴县重修西岳庙记碑》也有记载,内容是“嘉靖乙卯地震,祠庙尽倾,两台会题修复,资费巨万,积六载乃成”[④]。今人据此作出的综合判断,是这次地震造成“华山唐宋以来所建宫观寺院等毁没殆尽”[⑤]。

由于多种明朝史料据奏报称,这场大地震中压死的官吏、军民超过83万人[⑥],房屋倒塌无数,为史所罕见,因而一直受到地震历史研究领域的高度重视。这场大地震也明显影响到华山山体,有学者在考察中发现,晚第四纪以来的华山山前断裂带具有明显的活动迹象,沿断裂带及其两侧分布有最新的断层崖,诸如基岩裂缝、黄土裂缝、山体崩(滑)塌体等众多的地震形变和破坏遗迹,应该都是此次大地震留下的发震断层。[⑦] 由于震动所产生的荷载作用,地震区岩石破碎,发生了大范围的崩塌灾害,为水石流发育提供了丰富的固体物质,[⑧]这与史书所记“华山诸峪水北潴沃野”文意颇相一致。

华山原本即为大自然的一部分,即为地壳屡次抬升与陷落中产生的一种

---

① 国家地震局编:《中国强震简目》,北京:地震出版社,1977年,第2页。

② 环文林、时振梁、李世勋:《对1556年8(1/4)级大地震震中位置和发震构造的新认识》,《中国地震》2003年第1期,第20~32页。

③ (清)赵吉士辑撰,(民国)朱太忙标点:《寄园寄所寄》卷3,《倚杖寄》,大连:大连图书供应社,1935年,第71页。

④ 《华阴县重修西岳庙记碑》,明万历三十年(1602年),张江涛编著:《华山碑石》,西安:三秦出版社,1995年,碑图在第66页,录文在第296~298页。

⑤ 韩理洲主编:《华山志·大事记》,西安:三秦出版社,2005年,第9页。

⑥ 有关这场地震造成的人员死亡数字,可参阅宋立胜:《1556年华县8级大地震死亡人数初探》,《史学月刊》1989年第12期,第68~72页。

⑦ 张安良、米丰收、种瑾:《1556年陕西华县大地震形变遗迹及华山山前断裂古地震研究》,《地震地质》1989年第3期,第73~81页、封三版图。

⑧ 李昭淑、崔鹏:《1556年华县大地震的次生灾害》,《山地学报》2007年第4期,第425~430页。

结果，此次则为渭河断裂带继承性活动的结果。[①]《明史·五行志》记载此次地震中“河、渭大泛，华岳、终南山鸣，河清数日”，今人读之可以明显感受到华山花岗岩山体在地震震动中出现的振动，实际上是自身应力伸张带出的局部崩裂声响，此种声音被古人作为一种“山鸣”现象记录下来，显得弥足珍贵。一场余波不断的8级大地震过后，检点明代晋陕毗邻地区人畜房屋损失惨重，对于华山山体来说则未损及其基本结构，这即是西岳华山自然伟力之所在。

(四)中华全民抗战坚固后盾——华山

在抗日战争的艰难岁月，西北、西南地区成为全国的大后方。1936年12月的西安事变发生前，虚岁五十、时任国民政府军事委员会委员长的蒋介石有一次甚为难得的西岳华山之行。此年10月24日清晨，蒋介石约张学良等一行上华山，一路多乘滑竿，兼有少量步行，攀爬千尺幢、百尺峡和老君犁沟等处后，当晚留宿北峰，乘兴书写了“民族本色”四个大字，着人刻于犁沟门处所对陡直石崖上。第二天，他左手拄着拐杖，走过苍龙岭，对张学良说出自己对华山的观感：“华山不愧是山中的伟丈夫。”当时的张学良无心观景，于峰顶上向东北遥望，伤心不已，赋诗一首：“偶来此地竟忘归，风景依稀梦欲飞。回首故乡心已碎，河山无恙主人非。”[②]其时山上已落雪，霜气也很重，当晚宿于峰顶，第三天众人一起下了山。

现存华山各处的摩崖石刻，有自署“陕西陆军第三旅司令部差长官”的刘远洪，书写了“护军保民”四字(落款民国七年五月二十日)，强调华山为一天然屏障。抗战期间，潼关内的陕西地方属于后方安全地带，聚集了大批转移及逃难来的人群，军官、学生、社会贤达人士一时登临华山者明显增多，虽然政府并未提出明确的抗日主张和纲领，而人们却把这中华之西岳、豫州之山镇——华山当作抵御日寇、保家卫国的精神寄托。曾在“八一三”淞沪战役、南京保卫战、河南兰封战役、江西万家岭会战等重大战役中表现出色的国民党高级将领、抗日名将王耀武，在西岳华山老君犁沟尽头石壁上留下了“山河永寿”之慨

---

① 王景明：《1556年陕西华县大地震的地面破裂》，《地震学报》1980年第4期，第430～437页、版图Ⅰ～Ⅱ。

② 窦雅丽、尚季芳：《抗战时期的华山石刻与爱国寓意》，《中国国家博物馆馆刊》2013年第4期，第133～141页。

想(落款民国二十六年四月)。华山多石,勒石言志,至此国土沦丧和国家处于危亡之际,字字包含的均是山河永固、民族永昌的信念。1945年8月15日,日本宣布无条件投降,三天后的18日,桐城人胡俭在华山巨壁上留书"正义战胜"四个大字,并附志云:"日本投降,举世欢腾。余甥管瑞生驻防华麓,相约同寓来游,志此以资纪念。"

(五)和平年代的华山抢险英雄群体

1983年5月1日国际劳动节放假期间,大批游客选择攀登华山游览。由于上下行游客拥挤在千尺幢险段,发生十多名游客从上往下跌落的危急情形,解放军第四军医大学学员三大队、二大队上百名学员也在华山游览,不少学员当即奋不顾身,在千尺幢用自己的身体挡住一一跌落下来的游客,并在百尺峡上的二仙桥沿悬崖一边连成人墙,阻止拥塞的人群发生混乱,保证游客有秩序地安全下山。学员们当时只有保护人民群众、抢救伤员一个信念,在安全地段对受伤游客实施紧急包扎后,又将几名重伤员连夜抬至山外,多位学员体力耗尽,身体出现严重虚脱现象。①

1984年1月19日,中共中央宣传部、解放军总政治部、教育部、共青团中央联合发出《关于进一步开展学习华山抢险战斗集体的活动的通知》;1984年2月,团中央授予华山抢险英雄集体"全国新长征突击队"称号,赵建华、王连刚、徐军、石俊、杨海涛等11名抢险学员被授予"全国新长征突击手"称号,武若君、赵建华、杨海涛等5人荣立三等功。自此,西岳华山和解放军第四军医大学在如何面对有益人生的论题上,结下了不解之缘。

(六)旅游时代:徒步登顶皆英雄

在今日之旅游时代,人不分男女老少和国籍,结伴组队出门旅游的活动已颇为常见,华山之奇险特点仍然以其特有的魅力吸引着广大的中外游客前来攀爬。目前,华山景区有皇甫峪—北峰、瓮峪—西峰两条索道缆车载客运行,

① 抢险中身体出现严重虚脱的学员分别是石俊、徐军、李涛,参见张天来、吴晓民:《张华的战友 英雄的群体》,《光明日报》,1983年12月3日;又收入《华山抢险记》,北京:光明日报出版社,1984年,第14~28页。

在有了机械动力助人上山方式之后,仍坚持徒步旅行登上华山山顶的人士皆可称之为英雄。这不仅是相对于许多裹足不前、半途而退的人们而言,主要是这相对高度为1738.9米的华山,相当于一座六百多层的摩天巨楼,[①]登山路虽难虽险,但在前人留下的助登设施支持下,在自己坚定的信念中,攀登者可以凭己力战胜自我,最终攀上最高峰,获得登顶成功之豪情,和"无限风光在险峰"那样一种超值享受。许多游客上山时体力不支,辛苦异常,下山时如释重负,双腿的活动机能需要好几天才能恢复到常态,却少有人为此而感到后悔。

四、思想史视点:历史文化蕴义之叩问

围绕西岳华山山脉的诸多事实,勾勒出的神山、奇山、英雄山之明晰图像,目的是为展开对研究对象的山脉历史文化蕴义的探寻、解释和归纳工作奠定基础,并通过以宽口径尺度度之西岳华山历史文化,以虔诚之心求取数千年名山宝库之真藏,历史地展示山脉自然景色与人文构思的奇妙结合。明人谢肇淛以自身经验,认为"山莫高于峨眉,莫秀于天都,莫险于太华,莫大于终南,莫奇于金山华不注,莫巧于武夷,其他雁行而已"[②],点评要旨似还在于诸山之外在形象,本文之着眼,则势必要进入到人与山脉、山脉与文化的视域中去了。

(一)華(华)山之名衬映华夏、中华美称

华山之得名,有三种说法,今人概括其意,分别为山形说、方位说、特产说。[③] 若要考虑古人给出这一名称的原意,势必得从"华(華)"字的本义说起。

从文字学材料得知,"華(hūa)"是花的本字,《诗·周南·桃夭》所云"桃之夭夭,灼灼其华",《尔雅·释草》所释"木谓之华,草谓之荣",《后汉书·崔骃传》所说"彼采其华,我收其实"等,皆是指植物的花朵,一直到六朝后才出现了

---

① 华山南峰海拔高度为2154.9米,山下西岳庙为351米,陈抟老祖睡像位置为416米,2154.9－416＝1738.9米,按民用住宅层高2.8米计算,登山的相对高度就相当于一座621层的大楼。

② (明)谢肇淛:《五杂组》卷4,《地部二》,上海:上海书店出版社,2009年,第68页。

③ 韩理洲主编:《华山志》,西安:三秦出版社,2005年,第3页。

简写的“花”字。面对一座山体，有人还发明了“崋(hùa，胡化切)”字的写法，用来专指华山，但并未流行，只是其读音影响到了华山。[①] 因之，古人起名华山的本义是这座山就似“華(花)山”。一座由巨石矗立的高山，何以起名“花山”？郦道元《水经注·渭水篇》所记“《山海经》曰：其高五千仞，削成而四方，远而望之，又若华状”[②]，将此点得最为清楚。无论是因名循实，还是按国人的形象思维特点予以解释的话，就在于华山山顶的多个峰，犹如花瓣一样张开挺直，高出周围，永不衰败，给予山下的行人以深刻难忘的印象。笔者认为，这应该是华山名称由来的正解。

除此之外，还有一种将“華(华)”字含义推衍的做法在悄然出现。如《风俗通义·五岳》记云“西方崋山，崋者華也，萬物滋然變華於西方也”(此段采用繁体字)，便是强调这种“變華”所“主”的方向。到托名班固所撰、实为一批儒生讨论所著的《白虎通》记载，“西方华山，少阴用事，万物生华，故曰华山”，又倒了回来，把“万物生华”说成是华山得名的由来，真是岂不谬哉。

至于有人说到华山顶峰长有莲花，如《华山记》所说“山顶池中生千叶莲，服之羽化，因名华山也”，时代已相当晚，更不可能是华山得名之由了。这种说法的产生当与有人登顶，甚至在山顶居住下来的所见所闻有关。唐人皇甫枚所撰《王玄冲登华山莲花峰》一文，借主僧义海之口，讲述三清道士王玄冲登上华山西峰，见到“顶广约百亩，中有池亦数亩。菡萏方盛，浓碧鲜妍，四旁则巨桧乔松”[③]，更是将这种说法描写到了极致，如同真实情形一般。山顶上若有这种长势的莲花，种莲和爱莲之人应当是那些俭朴和富有追求的道士了。

“華”字还有光华、华彩、华丽等意思，如《尚书大传·卿云歌》所云“日月光华，旦复旦兮”等。而《尚书·武成》所记“华夏蛮貘，罔不率俾”，《左传·襄公十四年》所记“我诸戎饮食衣服不与华同”[④]，表明古代中原地区较早进入文明

---

① 参阅王力主编：《王力古汉语字典》，北京：中华书局，2000年，第1068页。

② (北魏)郦道元注，(民国)杨守敬、(民国)熊会贞疏，段熙仲点校，陈桥驿复校：《水经注疏》卷19，《渭水下》，南京：江苏古籍出版社，1989年，第1661页。“远而望之，又若华状”一句，并不见于今本《山海经》，从中可以判断后人之看法。

③ (唐)皇甫枚：《王玄冲登华山莲花峰》，《三水小牍》卷上，抱经堂丛书本，北京：直隶书局，1923年。

④ (战国)左丘明撰，(西晋)杜预集解：《左传·襄公二·襄公十四年》，上海：上海古籍出版社，1997年，第902页。孔颖达疏：“夏，大也。故大国曰夏。华夏谓中国也。”

阶段的族群，已经自称或被称为华夏（族）了。晚清时期，当孙中山提出“中华民国”的政治构想后，著名学者章太炎很快发表了《中华民国解》一文，相当响亮地提出：“雍州之地东南至于华阴而止，梁州之地东北至于华阳而止，就华山以定限，名其国土曰华，则缘起如是也。其后人迹所至，遍及九州。”①是将位于雍州、梁州接壤处的华山看作是“华夏”、“中华”之“华”字的来源。后来就有人把这一看法归纳为一句话——华山系中华民族文化的发祥地之一。有鉴于“華（华）”并不曾作过中国古代民族的名号或国号的事实，先后有顾颉刚、王树民、胡阿祥等学者发表此论不能成立的观点，②并日渐成为学术界比较公认的见解。笔者也赞同这一见解，又考虑到華（华）山之名亦是由来已久，而且在相当长的一个历史时期是以一种自然实体（山体）的方式保持着它的热度，散发着其影响，形成对华夏、中华名称的一种衬映作用，因为同为中华名物美称，自然值得社会各方予以永久地珍惜和存念。

（二）由“仁”至“正”：对“君子若华山”表述的认知

在《论语·雍也第六》中，樊迟首先“问知”，孔子曰：“务民之义，敬鬼神而远之，可谓知矣”，着眼点在于如何致力于民众事务。樊迟随即又“问仁”，孔子答曰：“仁者先难而后获，可谓仁矣。”随之又曰：“知者乐水，仁者乐山。知者动，仁者静；知者乐，仁者寿，”在这里开启了一段著名的“智者乐水，仁者乐山”宏大的人与自然相关的论题。③ 对于“仁者乐山”的理解，《史记正义》注云：“仁者乐如山之安固，自然不动，而万物生焉”。这样看来，前人的理解或解说，是将仁者作为一个有意识的主体来看待，观察其是如何选择和认识客观对象的，或者考察和阐发其已经具有什么样的禀赋，含有什么特点和做法，“仁者乐山”之句就被理解为作为仁者的他是喜欢与山相处的。如若客观地加以解释

① 章炳麟：《中华民国解》，《民报》，第 17 号，1907 年，《章太炎全集》第 4 册，上海：上海人民出版社，1985 年，第 252 页。

② 顾颉刚、王树民：《“夏”和“中国”——祖国古代的称号》，史念海主编：《中国历史地理论丛（第一辑）》，西安：陕西人民出版社，1981 年，第 6～22 页；胡阿祥：《伟哉斯名——“中国”古今称谓研究》，武汉：湖北教育出版社，2000 年，第 248～249 页。

③ 参阅（清）刘宝楠：《论语正义》，《诸子集成》第 1 册，上海：上海书店，1986 年，第 126～127 页。此书“皇疏云：乐水乐山，为智仁之性”，已将“知者”写成“智者”，后世遂更多地沿用“智者乐水”之语。

的话，作为山这样的偌大客观实体对于人是直接产生影响和作用的，即对与之接近和相处的人是要起到触及和塑造作用的，经历了“先难而后获”的人具有了“仁”的品行，“仁者乐山”之句包含的意思就成了人之所以成为仁者，是因为他与大山的接触和相处中受到了影响，有不小的收获，使他非常喜欢山了。

长久以来，在有关华山文献中，流传着“君子若华山”这样一句话，如唐代欧阳询编《艺文类聚》[①]、北宋李昉等编《太平御览》[②]、明代龚黄著《六岳登临志》[③]所载，其文曰：“《晏子春秋》：君子若华山，然松柏既多矣，望之竟日不知厌。”[④]核实《晏子春秋·内篇杂下第六》所记“田无宇请求四方之学士晏子谓君子难得第十三”事，原文为：“……且君子之难得也，若华山然。名山既多矣，松柏既茂矣，望之相相然，尽目力不知厌。”[⑤]此处的君子“若华山然”之下有校者注：

> “华”旧作“美”，从孙校据《艺文类聚》改。《庄子·天下篇》宋钘、尹文作为华山之冠以自表。崔撰云“华山上下均平”，作冠象之，表己心均平也。晏子心仪华山，盖先宋钘、尹文隆道风者。

有鉴于传世《艺文类聚》多参考唐朝之前古本文献，孙诒让据之改《晏子春秋》中“美山”为“华山”，且得到学界认可。春秋时期齐国的晏婴，以“君子之难得也若华山然”的表述赞美了华山，是为较早“心仪华山”的东方人士。东晋的崔譔更以“华山上下均平”的山势来说明“华山之冠”的形象，是具有一些启发意义的。颇有新意的说法来自唐代诗人白居易，他于旅行中住宿华州，给友人写下了

① （唐）欧阳询编：《艺文类聚》卷7，《山部上》，上海：上海古籍出版社，1982年，第132页。

② （北宋）李昉等编：《太平御览》卷39，《地部四·华山》，北京：中华书局，2000年，第186页。

③ （明）龚黄撰：《六岳登临志》卷4，《续修四库全书》第721册，《史部·地理类》，上海：上海古籍出版社，1995年，第690页。

④ （唐）欧阳询编：《艺文类聚》卷7，《山部上》，清文渊阁四库全书本；（明）龚黄：《六岳登临志》卷4，《西岳华山》，明抄本。两书所录文字存有细微出入。

⑤ （春秋）晏婴著，（清）张纯一校注：《晏子春秋校注·内篇杂下第六》，《诸子集成》第4册，上海：上海书店，1986年，第162～163页。宋钘、尹文“作为华山之冠以自表”事，又见（清）王先谦注：《庄子集解》卷8，《天下第三十三》，《诸子集成》第3册，上海：上海书店，1986年，第218页。

“渭水绿溶溶，华山青崇崇。山水一何丽，君子在其中”的诗句，显著加重了君子在世上、在山中所起的作用。[①] 君子一词，向来指品行端正的人们，《论语》记述了孔子提出的君子有三愆（过错）、三戒、三畏、九思等操守，[②]在这样的经书约定中，君子之称极为雅致，恪守其言行极为难能可贵。

至此，我们不能不说，已问世两千多年的“君子若华山”之表述，理应就是对于华山历史文化蕴义一个最好的概括，堪值今日的人们予以挖掘阐发。[③]不论是瞻仰华山，或是登临华山，参与的人只能是“先难而后获，”完成了这一过程的人就具备了一种“仁心”。[④] 汉代荀悦所著《申鉴》询问“或问仁者寿”的道理，所获得的儒学经典式的解答即为：“仁者内不伤性，外不伤物，上不违天，下不违人，处正居中，形神以和，古咎徵不至而休嘉集之，寿之术也。”[⑤]这可以理解为一种由“仁”至“正”的路径，实践者循此可以在与外界的接触中转向积极的人生和主张和平的正义事业，正直而不懈，勇敢而执着，从中实现自身的意愿和价值，这是殆无疑义的。

在历史文化的渊薮中，西岳华山还具有怎样的“仁”和“正”之特征，其影响是怎么样扩散出去的？还是一个有待探讨的论题。未曾期待而有之，从学界研究中得知，20 世纪 50—70 年代金庸创作的系列武侠小说，似乎竟包含了这样的内容。据介绍，金庸创作四部描写华山派作品的时间及其关系是这样的：《碧血剑》创作于 1956 年，《鹿鼎记》创作于 1969—1972 年，二者虽然相隔时间较远，但却有直接而明显的承继关系；《鹿鼎记》中的华山派门人归辛树夫妇及

---

① （唐）白居易：《旅次华州，赠袁右丞》，《白居易集》第 1 册，北京：中华书局，1979 年，第 100 页。

② 《论语·季氏第十六》，《诸子集成》第 1 册，上海：上海书店，1986 年，第 359～361 页。

③ 清人屈大均撰《登华记》一文，曾发出登顶后的莫大感慨：“故自天地初定，太华定而天下之形势以定，太华诚天下名山之大宗，而四岳皆其支阜者也。然则君子居之，以立天下之正位，舍此，其又何之?”此说系由唐代僧一行“天下山河两戒说”引发而来，道出作者以西岳华山为天底下正大山脉的想法。见韩理洲主编：《华山志》，西安：三秦出版社，2005 年，第 829～833 页。

④ 清代刻石《焦娄李公传》述墓主华阴人氏李天秀（字子俊，号焦娄），雍正朝进士出身，乾隆元年（1736 年）起任山东历城知县等，守道持身，正直不阿，友人亦以“君子若华山”相誉，录文见张江涛编著：《华山碑石》，西安：三秦出版社，1995 年，第 423～424 页。

⑤ （东汉）荀悦：《申鉴·杂言上第四》，《诸子集成》第 7 册，上海：上海书店，1986 年，第 18 页。

其徒弟、何惕守、冯难敌与他的两个儿子冯不破和冯不摧等在《碧血剑》中都曾出现过。除此之外,《碧血剑》、《笑傲江湖》与《倚天屠龙记》中的华山派之间则无明显的承继关系。可以肯定地说,金庸或有意或无意地描写刻画了自元代初中期至清代康熙初年三百余年间华山派的存续与流变情况。

对这些作品进行分析所概括的特点是:金庸小说中的华山派无论在哪个朝代、何种时期,整体上一直属于"正"派,始终是作为江湖正义力量而存在。具体而言,华山派有比较全面而严格的自我约束制度,始终坚持崇尚正义的价值取向;华山派多有维护江湖正义以及爱民保国的作为(尽管华山派人物并非都是正义之士或良善之辈)。结合历史文化内容而言,华山既有自然之险,更具深厚文化内涵,但却并不存在如上所述的武侠人物及其故事,因之金庸关于华山派的诸多描写都是想象的,其创造实践却赋予了西岳华山极为丰富的武侠文化内涵。[①] 值此,我们只能这样说,一位才华横溢的作家的创作天地是广阔无垠的,金庸对华山情有独钟的态度,最重要的地方是他凭借自己的直觉、认识和正义感,获取了西岳华山历史文化的真谛,并通过所创作的华山派故事而展现了出来。

(三)书绘之途:"吾师心,心师目,目师华山"

明初王履携书童登临华山之时,自是不知晓当朝皇帝梦游了一回西岳华山,由于王履是已知明朝有名有姓登上华山士人中最年长的一位(时年 50 岁),判断其登山动机应该比他人来得更加明确和急迫。登山先到玉泉院,诸道士对王履说"缘险难甚,草木交戟,不可以礼服",于是他将"冠履外服悉留院中,唯幅巾短衣、行縢草屦而已",换成这样的装束后,猜想王履的外貌就很像个劳动人民了。年轻的向导、顽皮的书童动作麻利,跑步在前,王履落在后面边走边看,边看边绘,"遇胜则貌"(所谓素描也),还得赶路,一路下来,很有准备的登山之旅,便有了极大的收获。

王履冒险登临华山,似乎是事出偶然,实际上却是他内心的一个长久向

---

① 徐渊:《金庸小说华山派之流变》,《陕西理工学院学报(社会科学版)》2012 年第 3 期,第 15～18 页。该文作者明言:金庸先生对华山有一种"挥之不去的情结。至于金庸何以对华山情有独钟,当与华山的自然之势、文化内涵有关,但金庸从未明言,不好妄断"。本文引述这些资料和看法的目的,在于提出论题,引发有兴趣学者参与探讨。

往，他返回长安后的系列华山画作，论者立足于中国美术史给予了非常全面的认识和评价，[1]说明华山之行在他思想上引发了极大的震动。可是，史上画家甚多，为什么会是王履在为华山作画，他究竟是怎样做下来的，才有了如此成就的艺术作品，这需要再认识。王履所写《千尺撞百尺撞》诗是这样的：

千尺亭亭百尺连，絙缘奇观在层巅。
欹斜朽级难为步，飘忽飞魂只看天。
云谷可叹神未许，松风宜听耳无权。
老夫敢向危中过，不是真仙也近仙。

王履性情怡和，做事有方，不仅看景认真，上山看路也十分仔细，他作《枝梯》一诗，表明当时确有用树枝铺路的做法。他写《第一关内所储乱石》诗有题记，云“关下林中二石如虎，奇不可状，于是悟画之所以然”，也就是领会了如何画大石头之要领，这是作者观察中的一次飞跃，系得心于一瞬间。第一关又称五里关，距山口尚近，王履即有如此创获，堪值称贺。华山多奇石巨石，王履于此产生顿悟，随之放手题记、写诗、作画，均会更上一层楼。采用今天的话来说，王履确是一位相当突出的艺术实践探索者，这一点与他行医的实践活动也大有关系，当为华山之行获益匪浅之主因。

重视实践的一种自觉行为，自然是重视素描基本功，此项王履自言“描貌三十年”，可知其功夫匪浅。登山之后又该怎样来做？《瀑布》一诗似有所交代：“白练银河与白龙，竞搜幽语斗新工。我心要斗无搜处，移入玲珑窈眇中。”他自己的“新工”此时似乎尚未出来，但在随后的两天里，他已经进入到忘我的状态里去了。及至出山时，他自己感到很悲痛，如诗句所云“出山何如入山时，得则欢喜失则悲”。在室内创作也非易事，面对“夫山之为山也，不一其状”，而且变化无穷，难以收控，最终王履拿出自己的创作态度：“彼既出于变之变，吾可以常之常者待之哉。故吾不得不去故而就新也。虽然是亦不过，得其仿佛尔，若夫神秀之极，固非文房之具所能致也。然自是而后，步趋奔逸，渐觉已

[1] 单国强：《王履〈华山图〉之价值》，《王履〈华山图〉画集》，天津：天津人民美术出版社，2000 年。

制，不屑屑瞠若乎后尘。每虚堂若定，嘿以对之，意之来也，自不可以言喻。余也安敢故背前人，然不能不立于前人之外。俗情喜同不喜异，藏诸家或偶见焉，以为乖于诸体也。怪问何师，余应之曰：吾师心，心师目，目师华山。”[1]在中国古代的“有对之学”中，事物的变化形式，就是用“新”来代替“故”，正因为王履诸事已经想通，所以回答的是那样镇静自若。

依“吾师心，心师目，目师华山”的叙述顺序，顺读是心—目—华山，起关键作用的则是反读的顺序，即华山是决定性的自然物，依靠眼睛获得其图像，再反映到内心，“吾”则是整个观察过程的中心，已确定了这样的创作路线。再次采用今天的话来说，王履确定的创作路线是颇具唯物主义的色彩。王履走到这一步分为两个过程，一个是实地见识华山的过程，一个是室内从事创作的过程，前后呈相关关系，前者为后者提供素材和思想准备，后者确定创作原则即投入乃至完成全部作品。王履内心思虑的“难题”是什么呢？一是“形”与“意”的交织关系，二是师法何种宗门或家数的问题。第一个难题他很容易想通了，他说自己看到的“彼务于转摹者，多以纸素之识是足，而不之外，故愈远愈讹。形尚失之，况意？苟非识华山，之我余余，其我邪既图矣？”还是华山之行起的作用最大。至于第二个难题，他采取了一种莫可奈何的方式，称“然则余也，其盖处夫宗与不宗之间乎？”这种表述符合王履的性格，不主动冲撞别人，在某些场合，这样的叙述方式可以保护作者自己。

在一系列作品愉快而艰难地完成之后，王履终于对自己说话了：

> 太华，天下名山之冠也，故古人以得游为快，以不得游为恨。余也恨于昔而快于今。可无图欤，无记欤，无诗欤，备三者矣。……余今年五十有二岁矣，惰与老俱至，气与病相靡，一游已不胜其难，况再嗣而往首越北辕耳。然则是图是记是诗，其可离乎。故笥之左右，以玩于乎。文且游者，其何人乎哉。[2]

---

① （明）王履：《重为华山图序》，《王履〈华山图〉画集》，天津：天津人民美术出版社，2000年，第65页，上海博物馆藏。

② （明）王履：《游华山图记诗叙》，《王履〈华山图〉画集》，天津：天津人民美术出版社，2000年，第64页，上海博物馆藏。题款为“洪武十六年岁次癸亥秋九月十有二日畸叟”。这是推断王履生年的基本依据，而其卒年则缺乏可依凭的材料。

一直到生命的最后时刻，这一筒有关华山的图、记、诗，都是王履本人的精神寄托。万历年间的杨嗣昌上华山后论说韩退之投书故事，曾言："昔昌黎痛苦非为纰漏，盖山水极穷，笔所不能绘，脉所不能传，惟有痛苦，足以发抒其声耳。不然嗣昌之达，犹不免苦耶。"[①]还有他说的"游有三恨"，却并不专指"游山"，若专指"游山"，王履真是了无遗憾了，因为那个时代文人可以了以尽兴的三大技艺——图、记、诗三者，王履不仅具备，而且样样品质超群。未知王履是否想到，他辞世之后，他的华山画作又会成为士人们观赏、临摹、收藏的珍品。明代书画皆善者周天球对王履及其画作知之最深，他曾临摹过王履作品，并在临本跋语中说：

> 王安道之游西华，亦其山之幸。其图尽山之名胜而流传人间，俾万里在几席，千载共一时，可谓不徒游者也。同卿王公元美有胜又有胜具，其为五岳之游无难，而为官所束，故得安道是图听然摹之，并录古今人诗文足之。退食展玩，便可当卧游。安道异代同兴者矣。若更得善绘者图岱、嵩、恒、衡而五之，俾一丘一壑之士尽收天下之大观于胸中，为益良不细也。王公友天下之士，盍与图之！[②]

天下唯有一座华山，也仅诞生了一位王履，周氏深深期望再有善画者如王履，绘出泰山等四岳，汇成五岳全景，倒真是一个断难实现的想往。最为欣赏王履华山图画的人物还是官宦名士王世贞，他也是一位华山痴迷者：

> 吾友人李宪使攀龙复能登其颠，所至书吾姓名于石，而吾又托友人王参政道行刻石莲花峰。今年夏，复从武侯所借观安道画册及诗记，磅礴累日太华，既两有吾名姓，而吾胸中又具一太华矣，是何必减三君子耶！为

---

① (明)杨嗣昌:《太华山记》,(清)李榕原修,(清)郝永茂补刊:《华岳志》卷6,《记》,《中国方志丛书·华北地方》第317号,台北:成文出版社,1970年,第593～607页。原书写作"嗣宗之达",疑误,当为"嗣昌之达"。

② 薛永年:《吴门派后期的纪游图》,《中国书画家》2012年第10期,第88～94页。

大粲,笑识其末。[1]

王履因华山而抒发了自己的生平之志,西岳华山借王履之画作而以一种图像的形式流传于士人中间,引起更多难以履至人士的向往,王世贞两次托人刻自己姓氏于华山山巅之上,且为之而欣欣然般地陶醉,如此美妙的契合和相得益彰的故事在中国美术史上亦称绝佳。

结语:名山有赖自然高度而挺立,有赖文化高度而跃升

本文视高山流水、山明水秀、奇美山势、气象变幻、丰富生物等征象,为山脉的自然之性。当这些自然之性为人类清楚地意识和认识后,山脉就同人类的日常生活乃至精神生活联系到一起了。

历史上成就名山的自然条件,绝不首先是山脉的自然高度,而是有利的地理位置、合适的山脉高度和某种、某些山脉的自然特质,获得了古往今来诸多人士的认可和赞赏,正所谓"山不在高,有仙则名;水不在深,有龙则灵"之谓也。这可以秦岭山脉最高峰太白山为例,这座山的海拔高度为 3771.2 米,高出华山南峰 1616.3 米,却因超出了人体正常机能所要求的限阈,[2]就不能成为多数人青睐的目标,古代是如此,近代也是如此,如今则有所改变。[3] 太白山与华山形成的都是北坡登山路线,在得名成名时间、知名度、文化遗产、登山人数等方面,却不可与华山同日而语。

---

① 《王履〈华山图〉画集》,天津:天津人民美术出版社,2000 年,第 72 页,《名人题跋之六》,故宫博物院藏。

② 医学家将海拔 3000 米定义为人的反应临界高度,这一高度一般不会损害登山者的健康,而将海拔 3000 米以上的高原称为医学高原,多数人至此高度会有轻中度持续性高原反应,个别人会有重度反应。

③ 出于专业需要,太白山早已被国家登山队选择为登顶珠峰进行预备训练的基地,现在是宝鸡市户外运动协会的登山目的地、长安大学的科研教学基地;多年来由于进山车、缆车等基础设施的改善投入,作为青年人看重的旅游目的地目前已经升温,这与现今旅游时代发展的诸多特征正相适应。

西岳华山以山峰若花(莲花状)、山势独特、山骨硕美、山路奇险闻名于世,先秦时已跻身于"五岳"行列,获得颇高的知名度,其背后的诸多支撑条件则有:(1)距山下平原"近而高"的地理特点;(2)多次地质造山运动形成的抬升式花岗岩山体,造就的颇为罕见的簇状山峰;(3)适宜于农业生产的关中平原地形、土壤、气候等条件,养育了相对稠密的人口,形成的区域文化中心;(4)古代中国政治军事战略局势诸条件造就的千年国都历史,吸引无数天下奇才从"望长安"之路进入到自身的"望岳"经历;(5)历代道教信徒依山修行,不断开凿山路,安装助登铁索,到清朝及其后又变为政府或管理部门更有力度的道路创修;(6)一代代人士吸收着前人有关华山的文化认识,通过实践又得出自己的看法,甚至再事新的游山创造,传给后世形成更大的文化影响力。

在对本文所归纳的神山、奇山、英雄山诸历史特征的解读中,竟然涉及那么多方面或领域的物质和精神创造事实,着实令人陶醉于其中。古人何以会创造出"以手擘开其上,足蹋离其下"的河之神巨灵形象,自当是欲以求解神奇的华山是如何形成的、九十度大拐弯的晋陕豫黄河河道是如何形成的这样的问题。一个河神巨灵擘开巨石的神话想象,竟然对这两个难题同时给出了解释,而且留传数千年,诚可谓岂不妙哉。这个神话传说起源于什么时代?还需要寻找线索予以探讨,可它是我国先秦时代里一个有关黄河流域山川布局的大猜想,从中透视出来的华夏民族奇异之想象和思维智慧非同一般,非常需要有如民俗学家钟敬文先生发掘"女娲补天"神话传说那样,[①]给出具有创造力的学术解释。遗留在华山山史上的其他诸多神奇传说,亦当遵如此例,细致挖掘其初始本义及流传过程。

前引东晋时期道教理论家葛洪说过:"山无大小,皆有神灵。山大则神大,山小即神小也。"此种情况在青藏高原上亦相一致,据奥地利学者说,"在提及的各类神灵中,我们已经碰到了这样的情况:有很多神灵居住在西藏境内的不同山峰之上,他们也同样属于世间护法神的神系"。以至于可以这样认为,"在西藏,任何一座山峰都被认为有神灵居于其上"。[②] 历代道士在华山创造洞天

① 钟敬文:《论民族志在古典神话研究上的作用——以〈女娲娘娘补天〉新资料为例证》,《钟敬文民俗学论集》,上海:上海文艺出版社,1998 年,第 179～202 页。

② [奥]勒内·德·内贝斯基·沃杰科维茨著:《西藏的神灵和鬼怪》,谢继胜译,拉萨:西藏人民出版社,1993 年,第 223 页。

福地的奇异事迹是令人称道不已的，[①]他们做的很有成绩，千叶百莲花、菖蒲叶、西岳布（指神药细辛）等神物早已采制和流传，据说获得者食用后或更加强健，或延年益寿，或羽化于无形。道士们独创的各种律己克己的修行方式，更是各显神通，大放异彩。从汉代到近现代，华山上一直不乏道士们的身影，可谓是代代相传，自成一派。于此可以说，一座名山的形成，必然包含有宗教文化的巨大影响，华山道士们的业绩，从多种角度判断，应当是厥功甚伟。

文人的才情和理想必会展现于所著文章中，此处当予以推介的人物，是官至吏部验封司主事、今日评价为明代文学反对复古运动主将的袁宏道。宏道一行抵华山，第一天宿华阴，看过了县令送来的《华山志》及图，第二天夜宿青柯坪，第三、第四天皆宿太华之巅，第五至第七天下山东行了，第八天“欲还鼎原，雨不果，作《华山三记》”。[②] 宏道此次登山是有备而来，他与“朱武选非二约，索犯死一往”，遂了心愿。岂知次年（1610 年）八月初患了“火疾”，时起时灭，九月六日即因这消化道大出血病逝于沙市。其弟中道评说这“独抒性灵，不拘格套”的《华山三记》：“……至华嵩诸作，布格造语，巧夺造化，真非人力也。若尚留在世三十年，不知为宇宙开拓多少心胸，辟多少乾坤，开多少眼目，点缀多少烟波。恐亦造化妒人，不肯发泄太尽耳。”[③]在王履、李攀龙、王士性之后，《华山三记》又达游记文学一高峰。前人开其道，后人接其踵，以名山为比拼舞台，竞技场所，用平生学问记录“犯死”之行，宏道为实现登顶西岳华山的理想，贡献了自己最大的才情。这即是文人学士为名山增长文化高度的方式。

如此看来，一座名山的成名过程，竟然是多种社会力量在自然史和人类史上缓慢汇聚而生出的顺其自然的一种结果。出于国家正祀的需要，历朝皇帝和奔忙辛苦的臣属们对于西岳神山的致祭，从正统角度树立起了华山的威严

---

① 西方学者的道教史研究成绩卓著，道教世界中的“宗教地理”研究亦大有人在，但对于华山道教史的研究似乎还不多。见[法]索安著：《西方道教研究编年史》，吕鹏志、陈平等译，北京：中华书局，2002 年，第 37～40 页。

② （明）袁宏道著，钱伯城笺校：《袁宏道集笺校》卷 52，《场屋后记》，上海：上海古籍出版社，2008 年，第 1494～1495 页。

③ （明）袁中道：《论中郎遗著》，（明）袁宏道著，钱伯城笺校：《袁宏道集笺校》，上海：上海古籍出版社，2008 年，第 1670 页。

和崇信。[1] 出于为万物精灵——人类生命的寄托和成仙的人生需要，道士们将区区柔弱之己身（人体），投置于寂静而纯真的岩石世界，率先成为人类生存自然界承受极限的积极探索者。那许多一心只读圣贤书的士人们秉承的是天地浩然之正气，他们奢望记录和描绘下大自然中人迹罕至、最为神奇的地方，以淋漓尽致地发挥自己的才智为最大的满足。经过这么多的磨砺和摹写，这座山就成了名山。名山成为历代皇帝、道士、文人学士竞相展示抱负、舒展才华的场所后，这座名山就更为声名远播了。

真的很神奇，先秦时期的古人已经将前人和自己对于山脉内外部观察和景色领略的结果，写入到"天保九如"这样的祝福诗中了。《诗经·小雅·天保》原诗云："天保定尔，以莫不兴。如山如阜，如冈如陵，如川之方至，以莫不增。……如月之恒，如日之升，如南山之寿，不骞不崩，如松柏之茂，无不尔或承。"[2]除了日月和河川之外，其余六样比喻皆在山之上。从共同的视野来考虑，我们必须认可：山脉是大自然（或谓造物主）矗立于地平线上、最突出和最引人注目的征象；山脉乃水流之发源地，神灵之隐藏处，人类感知自然万物的灵异之地；山顶则是天地精气汇聚之场所，最为牵动和联结着大批山神感知群体的心灵。这个群体将人生理想寄托于山灵，并做着相当理想化的解释，结果使这个山岳具备了越来越鲜明的神性。

无论古今之时间尺度如何，但凡走进华山的每一个人，均属芸芸众生中的一员，无论身份和兴趣如何，都不失其人生思想、行动乃至理想追求的积极意义。在今日之旅游时代，加入旅游行列的人民大众越来越多，越来越广，一名北京的年轻旅游者从华山下来，说出了一番颇有见地的看法：

> 一直都听说华山最险，所以无限憧憬，去过后果然感觉饱满充实。在大众旅游景点来说，它最险；在专业人士来说，它毫无技术可言；但风光无限，却毫无争议。整个道路有张有弛，整个角度有紧有缓，整个风光有疏有密，整个温度有暑有寒，即使遇到一个只能看见脚下路的大雾天，也别

---

① 韩理洲主编：《华山志》，《历代遣使告祭一栏表》，西安：三秦出版社，2005 年，第 259～269 页。

② 高亨：《诗经今注》，上海：上海古籍出版社，1980 年，第 225～227 页。

有一番趣味。这是尊为五岳之首的泰山所无法比拟的。

今日的旅游者最为幸福,徒步登山或乘坐索道缆车方式上山皆可自由选择。前人攀登华山的各种心情——祈福、求仙、历险、观景、健身、求知,皆可亲身体验,在登山行进中渐次收获,用以丰富自己的精神世界。尚不知在华山山史中,何时形成了“月夜登山观日出,白天下山赏风景”的游览方式,成为广大旅游者尤其是年轻人的自愿选择。在号称“天下奇险第一山”的华山山路上,怎能有不用手电、摸黑夜行登山的方式?其实这正是大自然的一种神奇所在,游人们攀登华山时所得“明月为灯”之特殊享受。在最适宜登山的夏半年①,天气晴好的夜间里,从来不乏皎洁的月光洒向山岳,华山上的所有花岗岩石都平静地接纳了它,月光与岩石相接触,岩石上泛出了微微的白色,而大块山体的颜色会更白一些,游人至此,能看清的是路,看不清的则是深沟,上行的速度较慢,顺着坚实的路走上去,拂晓前就能登上东峰。如今的北峰以上山顶,山路加宽,沿途又增设了许多照明灯,游人们可以很惬意地享受登山之乐趣。

本文于此得出的结论是:名山有赖自然高度而挺立,更有赖文化高度而跃升,时代推动着最大的人群登山领略无限自然胜景,人类的创造性认识又随之继续丰富着其乐无穷的山脉文化史。当今人接触和思考山脉文化史的内容时,一座山脉既有的自然高度和文化高度已经存在了,今人可以在今日的自然科学、人文社会科学领域里不断地增进认识,但就这些科学领域的知识系统而言,均属于文化发掘和创造的内容了,不放弃此种内容的工作,即为继承和增长山脉文化高度的工作方向。

侯甬坚:陕西师范大学西北历史环境与经济社会发展研究院教授。

---

① 气象学上指一年中比较炎热的半年为夏半年,即每年4月—10月左右。这半年中,相应的日照时间较长,接收太阳辐射热量也多,是一年中气温较高的半年,也称为暖半年。其天体物理因素是太阳直射点从赤道逐渐北移到北回归线后,再返回到赤道,即春分至秋分。

明清时期地方官绅对南方乡土形象的重塑
——以岭南地区为视角*

刘祥学

长期以来，南方被内地文人描绘成水土极其恶劣，不宜人类生存的“早夭之地”。这样的乡土形象经过历代文人墨客反复夸张的渲染，使内地产生很强的畏惧与逃避心理，深刻地影响南方社会的发展。迄今为止，学术界已有一些涉及古代南方与卑湿、瘴气、蛊等自然与人文相关的乡土形象问题的研究，① 对推动学术界深入研究此问题具有重要意义。本文拟从岭南地区地方文献记载的“百岁坊”等长寿文化标识入手，专门研讨明清时期地方官绅重塑南方乡土形象的活动。

一、想象与渲染：内地文人对南方乡土形象的描塑

乡土形象是人们对区域社会发展过程中水土、人文等要素的总体认识与评价。受情感、心理、认知等方面因素的影响与制约，这种认识与评价往往带有较强的主观色彩，因而人们描绘的乡土形象常会与事实有一定的偏差，甚至相反。明以前，内地文人视野下的南方乡土形象就是如此。其是以一定事实作为基础，进行夸张渲染性的描述，经过反复传播、多重演绎而成。其中或真

* 本文原载《中国历史地理论丛》2019 年第 2 辑，此为修改稿。

① 左鹏：《宋元时期的瘴疾与文化变迁》，《中国社会科学》2004 年第 1 期，第 194～204 页。于赓哲：《恶名之辨：对中古南方风土史研究的回顾与展望》，《南京大学学报（哲学·人文科学·社会科学版）》2012 年第 5 期，第 101～112 页；《疾病、卑湿与中古族群边界》，《民族研究》2010 年第 1 期，第 63～71 页。

假相杂，或充斥着较强的地域偏见。从表面上看反映北人对南方地理环境的直观感受，背后则体现内地统治阶层的价值观与文化优越感。

从各类文献记载看，内地文人描塑的南方地区乡土形象，主要体现在以下五个方面。

高温潮湿的“炎方”、“炎海”。南方因所处纬度较低气候炎热，是客观事实。历史上，南岭既是南北间重要的地理分界线，亦是北人气候适应的心理分界线。或许是对南方炎热气候的忌惮与严重不适，自南北朝以降，南方被北人称为“炎方”、“炎徼”与“炎海”。至明清时期，这样的称呼既见之于正史、奏折、地方志与私人笔记，也广泛见诸其时的诗文。嘉靖所修《钦州志》称“钦州五岭以南，界在炎方”①；明人过庭训称“广西右江诸州，僻处炎徼”②；清初黄宗羲为程瑶作传，称“迨其再贬而南也，踰梅岭，涉炎海”③。从文献看，“炎海”一般指南岭以南直至南海的广大地区，而“炎方”、“炎徼”的范畴更是包括福建、贵州、云南。明人田汝成撰有《炎徼纪闻》一书，其所载基本包括广西、贵州、云南三个布政使司辖下的土司地区。

与炎热气候相伴的是“卑湿”的地理环境。司马迁提出“江南卑湿”之后，“卑湿”主要所指的区域逐渐转变为岭南地区。这样的认识一直延续至明清时期。明人丘濬称“南方卑湿，竹帛不可久藏”④；徐光启称“南方卑湿，故作缕紧细，布亦坚实”⑤；医学家吴有性称“南方卑湿之地，更遇久雨淋漓，时有感湿者”⑥。南方“卑湿”的气候环境，北人难以适应，总想方设法逃避。史载“粤南

① (明)林希元:《钦州志》卷1,《气候》,《天一阁藏明代方志选刊》,上海:上海书店,1961年,第28页。

② (明)过庭训:《本朝分省人物考》卷15,《南直隶凤阳府·吴良》,《明代传记丛刊》第130册,台北:明文书局,1991年,第414页。

③ (清)黄宗羲:《明文海》卷334,《记八·居室·逍遥园记》,北京:中华书局,1987年,第3434页上。

④ (明)丘濬:《重编琼台会稿》卷19,《记·藏书石室记》,《文渊阁四库全书》集部,第1248册,上海:上海古籍出版社,1987年,第384页下。

⑤ (明)徐光启著,石声汉校注:《农政全书》卷35,《蚕桑广类·木棉》,上海:上海古籍出版社,1979年,第970页。

⑥ (明)吴有性:《瘟疫论·补遗·诸家温疫正误》,曹炳章原编:《中国医学大成(十三)》,上海:上海科学技术出版社,1990年,第12页。

虽称沃壤……而炎方卑湿，北士罕乐居焉”[1]。

令人生畏的“瘴乡”、“瘴海”。自魏晋以降，史书上出现“瘴气”、“瘴疠”的大量记载，经过长期的反复传播、渲染与多重演绎，唐宋以后的南方在内地文人的话语体系里被称为“烟瘴之地”。至明清时期，虽然“烟瘴之地”、“瘴乡”比之前代所指范围更大，但均十分稳定地包括岭南地区，史载所谓“五岭瘴乡”[2]，“黔、粤俱属瘴乡”[3]，“滇、黔、百越，夙称瘴乡”[4]等。

地瘠民贫的“蛮荒”之地。南方地区自古为百越所居，人们常以“蛮荒”称之。明人曹学佺有诗称“兹维五岭表，带海襟蛮荒”[5]；清人称“岭外蛮荒，为傜僮之窟”[6]。基于传统的蛮夷观，内地文人描述南方民族区域乡土形象，常用“瘠土”、“土瘠”、“土地硗确”、“民贫”、“民穷”等词，自古一脉相承。明人称“广西地瘠民贫，素无积财”[7]，“广西地瘠民困，朝不谋夕”[8]；清人称“粤西，瘠土也”[9]。不过，土瘠民贫纵然是事实，但当它与“瘴”这样的环境因素联系后，厌恶之义油然而生。清人陈宏谋曾明确指出：“粤西民穷而愚，士朴而陋，自来当事持议，皆谓安静，但觉鄙夷厌薄之意多，而体恤振兴之意少。”[10]

然而，最令人恐惧的，还是“早夭”之地这一乡土形象。内地文人话语体系

---

① (明)亢思谦：《慎修堂集》卷4，《序·三巡稿序》，《四库未收书辑刊(第五辑)》第21册，北京：北京出版社，1998年，第75页上。

② (明)谢肇淛：《五杂组》卷4，《地部二》，上海：上海书店，2001年，第73页。

③ (明)郭应聘：《郭襄靖公遗集》卷1，《议留广西镇守总兵官疏》，《续修四库全书》集部，第1349册，上海：上海古籍出版社，1996年，第27页上。

④ (清)程岱葊：《野语》卷8，《烟瘴》，《续修四库全书》子部，第1180册，上海：上海古籍出版社，1996年，第121页上。

⑤ (明)曹学佺：《石仓历代诗选》卷496，《明诗次集一百三十·赠别全州四友》，《文渊阁四库全书》集部，第1194册，上海：上海古籍出版社，1987年，第110页。

⑥ (清)金武祥：《粟香三笔》卷2，《续修四库全书》子部，第1183册，上海：上海古籍出版社，1996年，第525页上。

⑦ (明)雷礼：《国朝列卿纪》卷62，《工部尚书行实·章拯》，《续修四库全书》史部，第523册，上海：上海古籍出版社，1996年，第274页下。

⑧ (明)陈子龙等：《明经世文编》卷300，《会议军饷征剿古田疏》，北京：中华书局，1997年，第3157页下。

⑨ (清)江濬源：《介亭文集》卷2，《赠友人之官粤西序》，《续修四库全书》集部，第1453册，上海：上海古籍出版社，1996年，第519页下。

⑩ (清)贺长龄、(清)魏源等：《清经世文编》卷16，《吏政二·与粤西当事书》，北京：中华书局，1992年，第404页上。

中，时常表现出恶热喜凉的心理偏好，这或许与中国传统的养生观念密切相关。传统中医认为“暑气多夭，寒气多寿”[①]，所谓“寒凉之地，肤理开少而闭多，闭多则阳气不散。……湿热之地，肤理开多而闭少，开多则阳气发散”[②]。这是科学水平不高的情况下，中国古代对人与自然环境关系的朴素认识。南方很早就被认为是“卑湿”之地，属于阳气易泄的区域。明人王士性称“广右石山分气，地脉疏理，土薄水浅，阳气尽泄”[③]。因而，“卑湿”的南方很早就被视为不适宜人类生活之地。正是基于这样的地理认知，南方卑湿地区之人无法长寿就成为古代内地文人的一致看法，经历代反复传播、夸张渲染，“早夭”遂成为南方最令人生畏的乡土形象。

南方“早夭”这一乡土形象，最早产生于西汉早期。司马迁明确提出“江南卑湿，丈夫早夭”[④]。隋唐之际，人们主要将“早夭”的区域指向岭南地区。《隋书》记载：“自岭已南二十余郡，大率土地下湿，皆多瘴厉，人尤夭折。”[⑤]梳理南方“早夭”乡土形象的塑造与传播，特点有二：一是传播时间持久。从汉以降，上千年间，“早夭”在内地文人的著述中以各种形式流传开来。二是向经济发展落后地区逐步偏移。“早夭”之地由“江南”指向“岭南”，这个偏移过程与中国经济开发过程高度吻合，即指向经济开发程度较低的落后地区。就传播社会学的角度而言，信息传播具有记忆效应，还具有社会加强作用。根据强大效果论的观点，一段时期内，反复传播比一次传播的效果好。[⑥] 同样的信息传播越久，产生的社会效果也越强。显然，对于传播了上千年的南方“早夭”形象，即使在信息传播技术不发达的古代，其累积的社会效应亦不容小觑。

古人厌恶“卑湿”或“暑湿”的地理环境，固然有其难以适应的方面，但主要还是长期以来人们将“早夭”归因于环境的卑湿、暑湿，并反复传播的结果。之所以如此，主要基于以下环境认知。

---

① （明）李时珍：《本草纲目》卷52，《人部·方民》，《文渊阁四库全书》子部，第774册，上海：上海古籍出版社，1987年，第545页上。

② （明）张介宾：《类经》卷25，《运气类·天不足西北地不满东南阴阳高下寿夭治法素问五常政大论》，北京：人民卫生出版社，1965年，第889页。

③ （明）王士性：《广志绎》卷4，《江南诸省》，北京：中华书局，1997年，第116页。

④ 《史记》卷129，《货殖列传》，北京：中华书局，1982年，第3268页。

⑤ 《隋书》卷31，《地理下》，北京：中华书局，1973年，第887页。

⑥ 司有和主编：《信息传播学》，重庆：重庆大学出版社，2007年，第110页。

一是“水土恶弱”侵害人体。传统中医向来认为环境气候对人的体质具有决定性的影响，所谓“坚土之人刚，弱土之人懦”[①]。南方终年高温多雨，气候潮湿，一直被当作“水土恶弱”之地。医家皆认为“南方之域……其地卑下，水土孱弱，雾露所聚”[②]，人生其间，体格难以强健，指出南方人体质羸弱、瘦小的环境根源。

二是自然界生物如毒蛇、猛兽、毒虫等直接攻击侵袭人体。南方林木深翳，人行走其间，的确要随时面临一些自然界生物的威胁。至清代，不少史料还在绘声绘色地描述南方毒物的可怕，称“岭南不惟烟雾蒸郁，亦多毒蛇猛兽……最当谨者，夜起不可仓卒，亦不可无灯，又不可不穿鞋袜。尝闻有人中夜下榻，而蜈蚣偶栖草鞋上，伤其足。……又一村妇仓卒吹火，不知火筒中偶有蜈蚣，惊窜入喉，致下胸膈悲声求救。……又有人被蝮蛇咬，遍身肿裂，口吐黄水”[③]。

三是瘴疠的危害。传统观念向来认为卑湿是瘴疠产生最重要的外在条件，并将因瘴而生的疾病，统称为“瘴疾”。究其致病原因，其实多是人们不适冷暖气候变化而产生的各种疾病。明清时期见之史载的瘴疾很多，如：(1)体表过热产生的晕眩胸闷，与中暑相类。“炎方土脉疏而气外泄，人为常燠所熯，肤理不密，山水草木之气感而相薄。大抵人行草间，为气所焮烁昏眩，虽渴，体常多汗，上脘郁闷虚烦，而下体常冷，吐之不可，下之不可，用药最难”[④]。(2)脚气病。脚气病在中医里是宽泛的概念，系因感染湿气，由足部发展至全身的疾病。“夫江东、岭南之地卑湿，春夏之间，气毒弥盛，又山水湿蒸，致多瘴毒，风湿之气从地而起，易伤于人，所以此病多从下上，脚先屈弱，然后痹疼、头痛、心烦、痰滞、吐逆，两胫微肿，小腹不仁，壮热憎寒，四肢缓弱，精神昏愦，大小便

---

① (明)李时珍：《本草纲目》卷52，《人部·方民》，《文渊阁四库全书》子部，第774册，上海：上海古籍出版社，1987年，第544页下。

② (明)李中梓著，包来发、郑贤国校注：《删补颐生微论》卷2，《风土论第十五》，北京：中国中医药出版社，1998年，第114页。

③ (清)金鉷修：《广西通志》卷128，《艺文·杂记》，《文渊阁四库全书》史部，第568册，上海：上海古籍出版社，1987年，第724页上。

④ (明)魏濬：《西事珥》卷2，《治瘴说》，《四库存目丛书》史部，第247册，济南：齐鲁书社，1996年，第764页下。

不通,毒气攻心,死不旋踵,此皆瘴毒脚气之类也"[①]。(3)肠胃不适、呕吐。"治瘴疾呕吐,心腹满痛……瘴疾多呕者因脾土虚寒,痰气上逆"[②];"恶心,四肢疼痛,口吐酸水,不思饮食,憎寒壮热,发过引饮。二广、七闽,多山岚烟雾,蛇虺郁毒之气,当秋七八月之间,芒华发时,此疾大作"[③]。(4)感冒发热。"瘴疟不问先寒后热,先热后寒,多热少寒,多寒少热,皆因夏月伤暑,汗出不透,或秋伤风,或过食生冷,先伤脾胃,沐浴感冒,多作此疾"[④]。(5)疟疾。明人认为"瘴"、"疟"为同病异名,称"其状头疼体痛,胸膈烦满,寒热往来,欬逆多痰,全不思食,发渴引饮,或身黄肿胀,眉脱落,是皆毒疠郁蒸所致。……瘴与疟分作两名,其实一致,或先寒后热,或先热后寒,岭南率称为瘴,江北总号为疟,此由方言不同,非是别有异病,然南方温毒,此病尤甚"[⑤]。

其实,有关瘴疾还有不少。总之,南方高温多雨的气候环境,湿热是人们健康的主要威胁,史称"其地卑下……地本卑湿,故患湿热者恒众"[⑥]。应该说,前述"水土恶弱"对人体的侵害,多少带有个人主观推测的成分,并无充足的科学依据。但来自自然界生物的侵害与疾病对健康的危害却毋庸置疑。尤其是疟疾、痢疾、霍乱等疾病,治疗不及时或治疗不当均会危及生命。另外,《瘴疟指南》等医书所载"瘴疾",并非完全是南方独有的地方病,且从现存医学史籍的记载看,其也并非全是不治之症,感染后是否危及生命,很大程度上取决于生命个体的体质好坏与其时医药技术的水平高低。古代文人话语体系中的南方"早夭"之地,多带有一定地域偏见的思想倾向,并不一定完全符合事实。然而,掺杂不少想象内容的南方乡土形象信息,经过长期反复的渲染、传

---

① (明)朱橚:《普济方》卷246,《脚气门·江东岭南瘴毒脚气附论》,北京:人民卫生出版社,1960年,第4024页。

② (明)郑全望:《瘴疟指南》卷下,《温中方·治中汤》,上海:上海科学技术出版社,1986年,第42页。

③ (明)朱橚:《普济方》卷199,《诸疟门·香椿散》,北京:人民卫生出版社,1960年,第2788页。

④ (明)郑全望:《瘴疟指南》卷下,《正气方·陈皮半夏汤》,上海:上海科学技术出版社,1986年,第37页。

⑤ (明)朱橚:《普济方》卷199,《诸疟门·山岚瘴气疟附论》,北京:人民卫生出版社,1960年,第2783页。

⑥ (明)李中梓著,包来发、郑贤国校注:《删补颐生微论》卷2,《风土论第十五》,北京:中国中医药出版社,1998年,第114页。

播,“早夭”形象在内地文人心中根深蒂固。

二、《耆寿》与百岁坊:明清时期地方士绅重塑南方乡土形象的话语

南方因“卑湿”、“炎瘴”,被内地文人描塑成水土恶劣、不宜人居的“早夭”之地,使民众产生较强的恐惧、逃避与排斥的心理。一些人公开宣称南方“危途恶土,闻之骇人”[①]。官员以到南方任职为畏途,百姓则视南方为危途。明代中叶,朝廷中还有用人者“以广东为瘴海之乡,劣视其地”[②];“昔时岭外蛮荒,为徭僮之窟,瘴疠之乡,故愿至者少也”[③]。显然,内地文人塑造的“炎瘴”、“早夭”的南方乡土形象,不仅极大地误导内地民众,使他们对南方区域社会产生较深的误解,也成为影响中央王朝经略边疆的重要因素,[④]是南方民族地区经济社会发展需要破除的文化障碍。

对于流传上千年的南方“早夭”的乡土形象,在没有掌握话语权,缺少先进传媒手段,缺乏外人了解的情况下,要内地民众改变对它的看法是一个漫长的过程,往往需多方从局部小范围着手持续不断地努力。

普及瘴疾预防知识,是地方士绅重塑乡土形象的一方面尝试。由于南方本土方言将人生病皆称为“瘴”,内地民众又闻瘴色变,多以为染瘴必死,因而需要逐步消除民众对瘴的误解与恐惧心理。其间,一些亲历过南方的内地人士根据自身实践,传播瘴疾的预防经验。一是注意饮食。明人王士性提出预防瘴疾要清淡饮食,戒肉与房事,称“余携病躯入粤、入滇,前后四载,口未能食锱铢,亦生还无恙也。大都瘴乡惟戒食肉、绝房帏,即不食槟榔无害”[⑤]。二是

① (清)刘锦藻:《清续文献通考》卷323,《舆地考十九·广东省》,北京:商务印书馆,1955年,第10644页上。

② (明)高拱:《边略》卷5,《绥广纪事·议处远方有司以安地方并议加恩贤能府官以彰激劝疏》,《四库禁毁书丛刊》史部,第72册,北京:北京出版社,1997年,第335页上。

③ (清)金武祥:《粟香三笔》卷2,《粟香随笔》,南京:凤凰出版社,2017年,第525页上。

④ 刘祥学:《地域形象与中国古代边疆的经略》,《中国史研究》2014年第3期,第11～16页。

⑤ (明)王士性:《广志绎》卷4,《江南诸省》,北京:中华书局,1997年,第100页。

注意及时增减衣物，以应对天气的冷暖变化。南方气候虽然炎热，冷暖变化却较快，“一日之内气候屡变，昼则多燠，夜则多寒。土著之人，多有病者。中原之人，至者或触暑感寒，饮食不节即成霍乱、痢疾之症，谓之不服水土，有伤于饥饱，腹痛欲绝，俗谓之急沙。谚曰：‘急脱急着，胜似服药。’”[①]“五岭以南，号曰炎方。……乍寒乍热，最难调摄，热毋轻脱，饥毋过食，立莫当风，坐莫冒露，穿着随时，谨于喜怒，戒慎房幄，检点酒水，却病无形，不落后悔。男女老少，宜遵此言，不但却病，兼可延年”[②]。上述预防瘴疠的措施，对于纠正内地染瘴必死的错误认识或有帮助，因而南方士绅在修纂地方史志时，常加以摘录引用。

建构对瘴的新论述，引导人们重新认识南方乡土，是南方部分官绅重塑乡土形象的又一方面尝试。明清以来，岭南一些地方官绅意识到，瘴不仅是疾病问题，也是思想观念问题。作为疾病，瘴可以预防，也可以治疗，但作为观念的“瘴疾”却不能依靠药物解决。于是他们尝试从说理入手，根据对所在地的生活经历与乡土认识，或以时代发展的角度，陈述南方乡土发生的巨大变化，引导人们正视南方乡土的现实。清道光《广东通志》在摘录古代史籍记载的瘴疠之后，指出“谨按岭南气候，若旸雨之迟早，寒热之轻重，潮汐之往来，花果之荣落，古今一揆，至于瘴疠，惟琼南尚多，其余各郡清和咸理，氛祲已消，往籍之言，今亦不尽然矣”[③]。或直接揭开以往瘴毒害人的流言，纠正人们对南方乡土认识的偏见。海南及雷州半岛一带，长期被内地视为“瘴毒之地”，明人唐胄在编修《正德琼台志》时即称“琼地虽极南，然内以坦，不畜岚蒸，外以海洩其菀气，故气候较他郡颇善。……水土无他恶”[④]；明人欧阳保在所修的《雷州府志》中，旗帜鲜明地指出：“雷在岭南，独平衍，无岚瘴，落星之池，遗辉可恻，余皆生还无恙，较新春诸州远矣。然在今日岭南，皆为仕国，地之瘴不瘴，无论

---

① (清)阮元修：《广东通志》卷89，《舆地略七・气候・廉州府》，《续修四库全书》史部，第671册，上海：上海古籍出版社，1996年，第112页下～113页上。

② (清)李铨：《左州志》上卷，《山川・气候附》，《故宫珍本丛刊》第196册，海口：海南出版社，2001年，第13页上～下。

③ (清)阮元修：《广东通志》卷89，《舆地略七・气候・琼州府》，《续修四库全书》史部，第671册，上海：上海古籍出版社，1996年，第107页下。

④ (明)唐胄：《正德琼台志》卷4，《气候》，《海南地方志丛刊》，海口：海南出版社，2006年，第75页。

已。昔人有处瘴乡而神观愈强者，子瞻不死于儋耳，而死于阳羡，安在瘴能死人哉？”[①]史称“瘴气最毒”的阳春一带，清人修《阳春县志》时，称“传者以为自岭以南二十四郡，大率地土皆下湿，偏多瘴疠，而阳春为太甚焉。以偏邑也夫？寒暑本于气，阴晴出于时，瘟疫疾痢由于灾，苟淳庞成风，人文炽盛，则有道之世，沴气不能为妖矣。方今国运隆盛，气布于寰寓，区区春邑，固噢咻于大造中也，若风候之常，则亦有可缕述者”[②]。广西亦是“久负盛名”的“瘴乡”，清雍正年间金鉷修《广西通志》时，则对此发表议论说：“粤西自桂林外昔称瘴乡，大率土广民稀故也。今则休恬安养，生齿蕃盛，村落错居，寒暑应近，郡皆同中土。”[③]广西桂江中游两岸地区的平乐府属各县，古称昭州，宋代时是北人所称“大法场”的瘴毒之地，清雍正时胡醇仁主修的《平乐府志》称“元气盛则邪气无由而侵，犹君子盛而小人无而自进，此养生第一义也，盖不独瘴乡然矣。……平乐为楚南境，气候恒燠……但能慎起居，禁嗜欲，蓄精气，养空虚，虽昭州，以为中原可矣”[④]。另有官绅从南方富饶、美丽的环境，质疑所谓的“瘴毒”说法。清人潘耒在《长乐溪行》称：“推篷看山缓更佳，屈曲画屏关左右。谁呼岭外作瘴乡，如此溪山病人否？”[⑤]清人彭而述在《分水塘》诗中也称“五岭南来石破碱，千峰开遍芙蓉朵。……人谓百粤是瘴乡，水行殊不苦蒸毒”[⑥]。

当然，破解流传已久的南方“早夭”传言，消除内地民众对南方乡土环境的恐惧心理，最有效的方式莫过于以实例证明南方颇多长寿者。因此，明清时期南方的地方官绅有意识地以长寿人口作为重塑乡土形象的行动话语。这些重塑南方乡土形象的活动，主要体现在以下三个方面。

---

① (明)欧阳保：《雷州府志》卷16，《流寓志》，《日本藏中国罕见地方志丛刊》，北京：国家图书馆出版社，1999年，第408页下。

② (清)康善述纂修：《阳春县志》卷1，《星野·气候》，《中国地方志集成·广东府县志辑》第39册，上海：上海书店，2003年，第20页下～21页上。

③ (清)金鉷修：《广西通志》卷2，《气候》，《文渊阁四库全书》史部，第565册，上海：上海古籍出版社，1987年，第32页下～33页上。

④ (清)胡醇仁：《平乐府志》卷4，《气候》，《故宫珍本丛刊》第200册，海口：海南出版社，2001年，第88页下、90页上～下。

⑤ (清)潘耒：《遂初堂诗集》卷13，《楚粤游草·长乐溪行》，《续修四库全书》集部，第1417册，上海：上海古籍出版社，1996年，第319页下。

⑥ (清)彭而述：《读史亭诗文集》卷8，《分水塘》，《清代诗文集汇编》第22册，上海：上海古籍出版社，2010年，第21页。

第一，修纂地方志的过程中，有意识地为当地的长寿人口编列专门纲目予以记载，这是明清时期地方志纲目设置的新变化。中国古代有敬老传统，人活过百岁，被称为“人瑞”，官府会予以特别优待。即使在今天，国际上判断一个区域的人口是否长寿，也是以健在百岁老人占总人口的比例大小为标准。换言之，考察百岁老人的数量具有极为重要的指示性意义。明清时期，除继承原有的长寿标准外，还将五代同堂列为长寿人口的考察对象。此后，南方地方官绅在地方志的修纂中，常会在人物志之下增列一些专目，将长寿人口作为记载的重要内容，如《耆旧》、《耆老》、《耆寿》、《旌寿》、《福寿》、《耆硕》、《高年》，纲目名称虽不完全相同，但均为当地长寿人口的记载。相关记载情况，分别见表1～3。

表1　明清时期海南长寿人口记载情况一览表

省区	编修时间	编纂人	地方志名称	卷及纲目
海南	正德	唐胄	《正德琼台志》	卷37，《人物二・耆旧》
	康熙	焦映汉	《琼州府志》	卷7，《人物志・耆旧》
	乾隆	萧应植等	《琼州府志》	卷7上，《隐逸・附耆旧》
	道光	明谊等	《琼州府志》	卷36，《人物志・耆旧》
	康熙	王贽	《琼山县志》	卷7，《人物志・耆旧》
	咸丰	李文烜	《琼山县志》	卷22，《人物志・旌寿、耆旧》
	康熙	马日炳	《文昌县志》	卷7，《人物志・高逸附耆老》
	咸丰	张霈等	《文昌县志》	卷11，《人物志・耆旧》
	康熙	程秉慥	《乐会县志》	卷3，《人物志・耆旧》
	光绪	聂缉庆等	《临高县志》	卷14，《人物类・耆旧》

表2 明清时期广东(不含琼州府)长寿人口记载情况一览表

省区	编修时间	编纂人	地方志名称	卷及纲目
广东	道光	阮元	《广东通志》	卷325,《耆寿》
	光绪	戴肇辰	《广州府志》	卷138,《列传二十七·耆寿》
	康熙	胡云客	《南海县志》	卷13,《人物志·耆寿》
	道光	郑梦玉	《南海县志》	卷21,《列传·耆寿》
	同治	潘尚楫	《南海县志》	卷40,《列传九·耆寿》
	咸丰	郭汝诚	《顺德县志》	卷15,《表九·耆寿表》
	乾隆	任果	《番禺县志》	卷15,《人物·寿官》; 卷16,《列女·寿妇》
	同治	李福泰	《番禺县志》	卷50,《列传十九·耆寿》
	康熙	梁长吉增补	《从化县新志》	不分卷,《耆寿》
	康熙	申良翰	《香山县志》	卷7,《人物·耆寿列传》
	乾隆	暴煜	《香山县志》	卷7,《耆寿》
	道光	祝淮	《香山县志》	卷7,《列传下·耆寿》
	康熙	贾雒英	《新会县志》	卷13,《人物志·耆寿》
	道光	林星章	《新会县志》	卷11,《列传四·耆寿》
	同治	姜桐冈	《三水县志》	卷5,《眉寿》
	乾隆	刘庶拜	《清远县志》	卷10,《人物志·耆寿》
	光绪	李文烜	《清远县志》	卷12,《耆寿》
	道光	屠英等	《肇庆府志》	卷20,《人物·耆寿》
	道光	韩际飞	《高要县志》	卷21,《列传二·耆寿》
	光绪	陈志喆	《四会县志》	编7,《人物志·耆寿》
	道光	李沄	《阳江县志》	卷6,《人物志·乡贤·耆寿附》
	光绪	邹兆麟	《高明县志》	卷13,《人物·耆寿》
	道光	杨学颜	《恩平县志》	卷14,《人物·耆寿》
	道光	王文骧	《开平县志》	卷9,《人物志·耆寿》
	道光	徐香祖	《鹤山县志》	卷7,《人物中·耆考》
	光绪	杨文骏	《德庆州志》	卷12,《人物三·耆寿》
	光绪	杨霁	《高州府志》	卷47,《人物二十·耆寿》
	光绪	郑业崇	《重修茂名县志》	卷7,《人物志·耆寿》
	光绪	孙铸	《重修电白县志》	卷24,《人物九·耆寿》

续表

省区	编修时间	编纂人	地方志名称	卷及纲目
广东	光绪	敖式槱	《信宜县志》	卷7,《人物志十·耆寿五代同堂》
	光绪	彭贻荪	《化州志》	卷10,《人物志·耆寿五代同堂》
	光绪	毛昌善	《吴川县志》	卷8,《人物下·耆寿》
	光绪	喻炳荣	《遂溪县志》	卷10,《耆寿》
	宣统	王辅之等	《徐闻县志》	卷13,《人物志·寿民》
	同治	额哲克等	《韶州府志》	卷35,《列传·耆寿》
	同治	徐宝符等	《乐昌县志》	卷9,《人物·耆寿》
	嘉庆	谢崇俊等	《翁源县新志》	卷12,《列传·寿考》
	道光	余保纯等	《直隶南雄州志》	卷29,《列传五·耆寿》
	乾隆	郑炳等	《始兴县志》	卷12,《人物列传·耆寿》
	光绪	周硕勋等	《潮州府志》	卷30,《人物下·耆德》
	光绪	卢蔚猷等	《海阳县志》	卷41,《列传十·耆德》
	光绪	周恒等	《潮阳县志》	卷19,《列传·寿妇》
	乾隆	刘业勤等	《揭阳县志》	卷6,《人物志·耆寿》
	乾隆	萧麟趾等	《普宁县志》	卷7,《耆德》
	光绪	张鸿恩等	《大埔县志》	卷17,《人物志·耆德》
	光绪	吴宗焯	《嘉应州志》	卷25,《耆寿表》
	乾隆	葛曙	《丰顺县志》	卷6,《人物志·耆寿》
	光绪	刘溎年	《惠州府志》	卷40,《人物·耆寿表》
	乾隆	于卜熊	《海丰县志》	正集卷下,《耆寿》
	道光	张堉春	《廉州府志》	卷20,《人物·耆寿》
	道光	朱椿年	《钦州志》	卷9,《人物志·耆寿》
	乾隆	黄元基	《灵山县志》	卷11,《人物·耆寿》

表 3　明清时期广西长寿人口记载情况一览表

省区	编修时间	编纂人	地方志名称	卷及纲目
广西	康熙	张邵振	《上林县志》	卷下,《高年》
	光绪	周世德	《上林县志》	卷 8,《人物志·高年》
	乾隆	谢钟龄	《横州志》	卷 11,《人物志·高逸》
	光绪	戴焕南	《新宁州志》	卷 3,《人物志·耆寿》
	光绪	王錡绅	《宁明州志》	卷下,《人物志·耆旧》
	宣统	佚名	《明江厅乡土志》	不分卷,《耆旧》
	道光	英秀	《庆远府志》	卷 16,《人物志·耆逸》
	光绪	颜嗣徽	《迁江县志》	卷 4,《列传·耆寿》
	光绪	吴征鳌	《临桂县志》	卷 30,《人物志·寿民》
	道光	张运昭	《兴安县志》	卷 17,《人物二·国朝附耆寿》
	道光	程庆龄	《西延轶志》	卷 10,《耆老》
	康熙	单此藩	《灌阳县志》	卷 7,《人物志·耆寿》
	道光	萧煊	《灌阳县志》	卷 12,《人物二·男女寿》
	康熙	胡醇仁	《平乐府志》	卷 15,《人物·寿考》
	同治	蒯光焕	《苍梧县志》	卷 16,《寿考传》
	光绪	全文炳	《贺县志》	卷 5,《人物部·耆寿》
	嘉庆	高攀桂	《藤县志》	卷 16,《人物志二·耆寿》
	同治	边其晋	《藤县志》	卷 18,《人物志·耆寿》
	嘉庆	李炘	《永安州志》	卷 10,《人道部·耆硕》
	乾隆	陆焞	《昭平县志》	卷 7,《人物·耆寿、列女·耆寿》
	乾隆	邱桂山	《玉林州志》	卷 10,《人物·附耆寿》
	嘉庆	苏勒通阿	《续修兴业县志》	卷 6,《选举·耆寿》
	道光	孙世昌	《浔州府志》	卷 53,《传略八·耆寿》
	同治	魏笃	《浔州府志》	卷 22,《人物·耆寿》; 卷 23,《列女·寿妇》
	道光	袁湛业	《桂平县志》	卷 12,《人才·耆寿》
	光绪	易绍德	《容县志》	卷 19,《人物志·耆寿表》
	乾隆	张允观	《北流县志》	卷 8,《人物志·耆寿表》
	光绪	徐作梅	《北流县志》	卷 18,《人物·耆寿》
	乾隆	石崇先	《陆川县志》	卷 15,《人物·耆寿》
	乾隆	任士谦	《博白县志》	卷 12,《纪事·寿考》
	光绪	夏敬颐	《贵县志》	卷 5,《纪人二编·列女附寿妇》
	光绪	陈如金	《百色厅志》	卷 7,《人物·耆寿》
	光绪	羊复礼	《镇安府志》	卷 23,《人物志一·耆寿、寿妇附》
	道光	何福祥	《归顺州直隶志》	卷 7,《人物·耆寿》

地方志是行政区域政治、经济、文化等方面资料的记载，向来被赋予资治、存史、教化的功能，一些纲目的设置更是其时统治者政治意图的反映。古代将百岁以上长寿老人作为太平盛世的标志。古代长寿人口不多，明人蔡清尝言"盖尝以耳目所及，考之一乡数十家，或数百家中，求年七十者，指已不可多屈，信人生七十者稀矣。若八十者，或连数乡仅一二见。至九十者，则或阖一邑一郡所无闻"[①]，他的外祖母蔡孺人年过九十，身体尚健，他即称"兹岂非盛世之人瑞哉"[②]。清时，"以百岁题旌者，岁不乏人，可谓盛矣"[③]。明清时期，统治者为粉饰天下太平，强化德治宣传，常通过召见、赐宴等形式，优抚百岁老人。明代，"高皇帝诏诸耆老谒见，而昆山周寿谊居首，年一百十六岁，赐宴及钞币。天顺中，召京师人百四岁茹大中入见便殿，赐宴顺天府，赐冠带袭衣，命礼部尚书姚夔造其第贺之"[④]。康熙、乾隆时也曾在乾清宫举办千名以上长寿老人参加的"千叟宴"，一些年过百岁的长寿老人被视为"太平人瑞"，受到皇家封赏。[⑤] 正是这样的社会政治背景推动地方志纲目设置的变化，全国各地在修纂地方志的过程中，设立专门纲目记载高龄人口群体——"耆寿"，通过方志记载旌表，以引领社会风尚，弘扬社会敬老的传统美德。

更重要的是，对被内地文人著述描塑成"炎瘴之乡"、"早夭之地"的南方，"耆寿"无疑具有重塑南方乡土形象的现实意义和基础。因为即使是出于歌颂太平盛世的政治需要，也首先需要有真实的"耆寿"群体存在，地方志才能开列《耆寿》这样的专门纲目。从上表可以看出，以岭南地区长寿人口的记载，始自明正德年间唐胄所修《正德琼台志》，而他正是明代海南官绅的杰出代表，有长期在边地任职的经历，熟谙地边风土民情。入清之后，随着国家统一，社会趋

---

① (明)蔡清:《蔡文庄公集》卷3,《寿蔡孺人九十序》,《四库存目丛书》集部,第42册,济南:齐鲁书社,1996年,第665页下～666页上。

② (明)蔡清:《蔡文庄公集》卷3,《寿蔡孺人九十序》,《四库存目全书》集部,第42册,济南:齐鲁书社,1996年,第665页下。

③ (清)龚炜撰,钱炳寰点校:《巢林笔谈》卷5,《寿》,北京:中华书局,1981年,第113页。

④ (明)王世贞著,魏连科校注:《弇山堂别集》卷5,《盛事述五·高年人瑞》,北京:中华书局,1983年,第82～83页。

⑤ (清)许起:《珊瑚舌雕谈初笔》卷8,《千叟宴》、《寿民》,《续修四库全书》子部,第1263册,上海:上海古籍出版社,1996年,第596页上～下。

于稳定，长寿人口不断增多，成为地方志增列《耆寿》这样专门纲目的基础。有清一代，一些开明官僚在地方乡绅的推动下，组织专门修志人员，深入民间采访，搜集长寿人口资料，编制采访册，载入方志之中，不断参与重塑乡土形象。从康熙至宣统各朝，岭南各地方志所列《耆寿》一目的先后情况，一定程度上既反映长寿人口分布的大致状况，也体现南方各地乡土形象意识的觉醒。

第二，明清时期岭南各地出现百岁坊、人瑞坊等长寿文化纪念建筑。明清之际，朝廷将百岁老人称为“熙朝人瑞”，通过地方逐级上报，由皇帝发布诏书给予旌表与赏赐，除赐予绸缎、匾额等物品外，还赏银赐建牌坊，称“百岁坊”或“人瑞坊”。从史料记载看，百岁坊约在明代中叶出现，史称“弘治中，吾州毛弼年百岁，而孙澄状元及第，有司为盖人瑞状元坊；福建林知府春泽百岁时，有司为盖百岁坊”[①]。同时出现的有民间所称之“百岁第”，但数量较少。史称明人王让年一百岁，“父子兄弟德寿一门，乡闾慕之，榜居曰：‘百岁第。’”[②]作为官府旌表，具有较大地方影响的长寿标志——百岁坊与相关匾额，明清时在不少地区都曾出现。在福建南安和漳浦，“漳浦考翁林先生云林……南安公享年百有四，台使为竖百岁坊。……为竖百岁坊，与南安公后先济美”[③]；在浙江温州乐清县，“百岁坊凡四”[④]。被视为“瘴乡”的岭南地区，明清时期同样出现百岁坊之类的长寿文化纪念建筑，它们大多记录在各地方志的《坊表》、《列女》等目中。详见表4：

---

① （明）王世贞著，魏连科校注：《弇山堂别集》卷5，《盛事述五·高年人瑞》，北京：中华书局，1985年，第85页。

② （明）方瑜修：《南宁府志》卷8，《人物志·乡贤》，《日本藏中国罕见地方志丛刊》，北京：书目文献出版社，1991年，第468页下。

③ （明）毕自严：《石隐岩藏稿》卷2，《文一·贺纳言林先生九十序》，《文渊阁四库全书》集部，第1293册，上海：上海古籍出版社，1987年，第425页上。

④ （明）汤日昭：《温州府志》卷3，《建置志·坊表》，《四库存目丛书》史部，第210册，济南：齐鲁书社，1996年，第532页下。

表 4 清代岭南地方志所载百岁坊等长寿文化标识情况一览表

地区	百岁坊	人瑞坊	“熙朝人瑞”匾额
广州府	16	1	—
韶州府	7	—	1
潮州府	3	4	—
梧州府	2	—	—
肇庆府	—	1	—
惠州府	—	1	—
琼州府	1	—	—

数据统计来源:(1)(清)史澄修:《广州府志》卷 12,《舆地略四》;卷 36,《选举表五》;卷 65,《建置略五》;卷 119,《列传八》;卷 138,《列传二十七》;卷 145,《列女四》;卷 149,《列女八》,《中国方志丛书·华南地方》第 1 号,台北:成文出版社,1966 年。(2)(清)陈澧:《香山县志》卷 20,《耆寿》;卷 86,《古迹略四·坊表》,台北:学生书局,1965 年。(3)(清)阮元修:《广东通志》卷 172,《经政略十五》;卷 280,《列传·广州十三·明》;卷 307,《列女二·广州府·番禺》;卷 314,《列女九》,《续修四库全书》,上海:上海古籍出版社,1996 年。(4)(清)欧樾华:《韶州府志》卷 20,《建置略》;卷 35,《列传·耆寿》;卷 37,《列传·列女》,《中国方志丛书·华南地方》第 2 号,台北:成文出版社,1966 年。(5)(清)周硕勋:《潮州府志》卷 8,《坊表》,《中国方志丛书·华南地方》第 46 号,台北:成文出版社,1967 年。(6)(清)史鸣皋:《梧州府志》卷 4,《舆地志·古迹》,《中国方志丛书·华南地方》第 119 号,台北:成文出版社,1961 年。(7)(清)江藩:《肇庆府志》卷 8,《古迹》,《中国地方志集成·广东府县志辑》第 46 册,上海:上海书店,2003 年。(8)(清)明谊修:《琼州府志》卷 36,《人物志·耆旧》,《中国方志丛书·华南地方》第 47 号,台北:成文出版社,1967 年。

修建百岁坊、百岁表之类的长寿纪念建筑,需要一定的财力与文化支持,同时由于历代久远,一些长寿纪念建筑湮没无载,故上表反映的只是岭南长寿纪念建筑的基本概貌。从表中看,明清时类似百岁坊的长寿文化建筑多集中在经济较为发达的珠三角中心的广州府辖地,经济发展较为滞后的山区与民族地区,虽然也有长寿人口,但史籍较少记载相关的纪念牌坊。

第三,明清时期岭南地方官绅重视长寿文化遗址的保护与宣传。岭南地区的长寿文化遗址(如寿泉、寿溪)地名的出现,至少可以追溯至宋代。其时在古县(治今广西永福县城西),开始流传“喝廖家井水长寿”的传说。[①] 至明代

① 《舆地纪胜》载“廖家井,在古县仙乡观北,乡人传云东郭先生廖扶家丹砂井,一族数百口,饮此井水皆寿百余岁”,见(宋)王象之:《舆地纪胜》卷 103,《广南西路·静江府·古迹》,北京:中华书局,1992 年,第 3469 页。

时，这一传说的范围扩大，寿泉廖家井的位置开始在桂林府辖境内移动，这应该与具有历史书写能力的地方官绅有意的重述与传播有关。当时史料记载有两处：一是在兴安县，史载"廖家井，在兴安县，其水清浊中分，《抱朴子》云：廖扶家丹井，一族数百口，饮之多寿，有至百岁者"①。二是在永宁州（治今广西永福县寿城镇），曹学佺称"《方舆胜览》云东郭先生廖扶家有丹砂井，一族数百口，饮此井者，皆百余岁。按州东有岩名百寿，旧名夫子岩。宋绍定巳丑，知县史渭镌百寿字于石崖，盖指此也，今竖有《平古田碑》"②。今永福寿城镇东的岩壁上，史渭镌的"寿"字石刻至今仍存。其后在广西的岑溪、融县（今融水苗族自治县）也有类似的"寿泉"、"寿溪"传说遗址出现，如"葛井，县东山半，出泉喷水如珠流，不远仍入石窍中，在葛仙岩，又云在葛井村，水清冽，村人饮之多寿"③；"灵寿溪，在真仙岩内，其水穿岩而流。相传老子经此，以丹投水中，饮者多寿"④。广东则有"灵溪，在乐昌县东北五十里，源出灵君山下，与武水合流，溉田百余顷，水味甚甘，饮者多寿"⑤；"长命井，在县东小北丫村三里。《采访册》仁寿井在崇义祠内，居民饮此多寿云"⑥。南方长寿文化的历史遗存，本身含有赞誉此地山好水美之意，可视为明清时期岭南官绅在文化上重塑地方乡土形象的尝试。

---

① （明）李贤：《大明一统志》卷83，《广西布政司·桂林府·山川》，西安：三秦出版社，1990年，第1268页下。

② （明）曹学佺：《广西名胜志》卷2，《永宁州领县二》，《续修四库全书》史部，第735册，上海：上海古籍出版社，1996年，第42页上～下。

③ （清）金鉷修：《广西通志》卷14，《山川·梧州府·岑溪县》，《文渊阁四库全书》史部，第565册，上海：上海古籍出版社，1987年，第364页下。

④ （清）金鉷修：《广西通志》卷16，《山川·柳州府·融县》，《文渊阁四库全书》史部，第565册，上海：上海古籍出版社，1987年，第424页上。

⑤ （明）李贤：《大明一统志》卷79，《广东布政司·韶州府·山川》，西安：三秦出版社，1990年，第1219页上。

⑥ （清）史澄修：《广州府志》卷14，《舆地略六·山川五·香山县》，《中国方志丛书·华南地方》第1号，台北：成文出版社，1966年，第262页下。

三、寿星:明清时期南方百岁老人的空间分布

如前所述,自古以来,考察区域的人口寿命情况,被称为“人瑞”的百岁老人是重要的统计对象。明清时期,南方地方官绅修纂地方志,设《耆寿》等目,专记长寿人口,以期重塑乡土形象。因而有必要深入研究这些纲目。由于其时南方各地方志对《耆寿》等目的编入标准略有差异,如有的将五世同堂、年过九十等同样收入《耆寿》。为便于分析,笔者只对明清时期南方地方史志记载明确超过百岁的长寿人口的分布,进行必要的梳理,以期能从中找出相关的规律。南方地方志记载其时长寿人口的纲目,除前述《耆寿》等目外,尚有《列女》、《乡贤》、《仙释》等目。从明清时期的地方志记载看,岭南地区“人瑞”基本作如下分布。

海南岛地区。《正德琼台志》设有《耆旧》一目,专门记载那些年高德隆者。《杂伎》一目也记载了宋代儋州的长寿老人,“王肱,字君辅,家居儋城东。百三(旧志作四)岁犹童颜鹤发,人呼为百岁翁,一作王六翁,世传天文占星多验,苏轼甚重之”[①]。从海南地方志记载看,明代见之于史载的百岁长寿老人只有一位,即临高县的柯浩,史称他“性行纯朴,好善不倦,乡人有斗讼者,悲泣劝谕,人皆从之。生于元至元甲午,卒国朝永乐癸巳,享年一百二十岁”[②]。入清之后,海南的百岁老人数量大为增加,从清初至清中叶的道光年间,史志记载的共有 18 人,其中文昌和琼山两县的分布相对集中。详见表 5:

① (明)唐胄:《正德琼台志》卷 40,《人物五·杂伎》,《海南地方志丛刊》,海口:海南出版社,2006 年,第 825 页。

② (明)唐胄:《正德琼台志》卷 37,《人物二·耆旧》,《海南地方志丛刊》,海口:海南出版社,2006 年,第 764 页。

表 5　清代海南地区百岁老人一览表

姓名	籍贯	享年	史料记载情况
纪公	崖州	108	牵牛力穑，感恩知县金英遇于田间。
陈德齐	文昌	118	无疾而终，官给“百岁余秋”匾表其门。
陈仲九	文昌	113	齐眉难老，古来所稀。
陈仲九妻黄氏	文昌	107	
王宝钟妻吴氏	琼山	105	一百零三，耳目聪明，能步履。……乾隆十四旌。
吴宗美	文昌	113	国初，土寇扰攘，宗美有谋略，乡里多赖保全。知县何斌表其门。
文尔珍	万州	107	庠生，寿一百七岁。
林天桂妻王氏	临高	103	乾隆三年旌。
蔡子何妻莫氏	琼山	103	乾隆十九年旌。
高涵妻莫氏	琼山	102	乾隆四十一年旌。
彭某妻吴氏	临高	102	嘉庆十一年旌。
林某妻冯氏	文昌	101	五世同堂，嘉庆十二年旌。
林冢达妻冯氏	文昌	100	嘉庆十四年旌。
吴元辅	文昌	106	嘉庆十八年旌。
叶声祝	文昌	104	嘉庆二十一年旌。
王绍位	文昌	102	道光十三年旌。
王云魁	琼山	100	道光二十年请旌。
王某	澄迈	100	建百岁坊于新安都。

资料来源：(清)明谊修：《琼州府志》卷 36，《人物志・耆旧》、《人物志・耆旧附旌寿》，《中国方志丛书・华南地方》第 47 号，台北：成文出版社，1967 年，第 820～825 页。

珠江三角洲核心地区，明清时为广州府属南海县、番禺县、顺德县、东莞县、香山县、新宁县、新会县等地。明代地方史志对这一地区的百岁老人有零星的记载。史载“陈马骥，东莞人，年一百一岁。巡按御史檄惠州知府史立模给以冠带，颜其堂曰百岁堂”①。又载“黄章，顺德人，年近四十岁寄籍新宁为博士弟子，六十余岁试优补廪，八十三岁贡名太学。康熙己卯，入闱秋试，大书‘百岁观场’四字于灯，令其曾孙前导。同学之士有异而问之者，曰：‘我今年九

① (清)阮元修：《广东通志》卷 325，《耆寿》，《续修四库全书》史部，第 675 册，上海：上海古籍出版社，1996 年，第 610 页下～611 页上。

十九，非得意时也，俟一百二岁乃获隽耳。'督抚两官召见授餐，其饮啖俱过常人，各赠金帛遣之"[①]。根据道光《广东通志》有关记载，清雍正至道光元年间，寿命达到百岁以上的人口，南海县 35 人，其中男性 24 人，女性 11 人；番禺县 12 人，其中男性 7 人，女性 5 人；顺德县 20 人，其中男性 6 人，女性 14 人；东莞县 16 人，其中男性 9 人，女性 7 人；新宁县 16 人，其中男性 12 人，女性 4 人；香山县 15 人，其中男性 6 人，女性 9 人；新会县 14 人，其中男性 10 人，女性 4 人。

以肇庆为中心的西江中游地区，明清时为肇庆府属高要县、德庆州等辖地。这一地区的长寿老人，史料记载也有不少。史称"谢启祚，字泰申，号立山，高要人。乾隆五十一年膺乡荐，时年九十四，明年会试未第，钦赐翰林院检讨，迨一百二岁，一堂五代孙曾凡五十九人。朱太傅珪以闻，诏加编修衔赐寿'寓昌文匾'额"[②]。根据道光《广东通志》有关记载，清乾隆至道光元年间，百岁以上老人的数量，高要县 19 人，其中男性 13 人，女性 6 人；德庆州 11 人，其中男性 7 人，女性 4 人；开平县 17 人，其中男性 11 人，女性 6 人。

以今梅州为中心的梅江谷地。明清时为嘉应州，其下有长乐、兴宁、镇平等县辖地。清乾隆间，这一地区百岁老人不少。史称"梁奇辅妻陈氏，嘉应州人，乾隆十六年旌，年一百岁，子孙曾元凡二百二十七人，女孙不与焉"[③]。根据道光《广东通志》有关记载，清乾隆至道光元年间，仅嘉应州城就有 18 位百岁老人，其中男性 6 人，女性 12 人。

岭南西部的广西地区，明以来一些百岁老人的史料记载，主要体现在明清时期所修广西地方志中的《耆硕》、《耆寿》、《寿民》、《福寿》、《列女》、《隐逸》等篇目中。同样呈现出明代数量明显逊于清代的特点。

明代，广西百岁老人见之史载的不多，分布也极为零星。宣化（今南宁市），为南宁府治所在，有"王让（一说为邵思让），字伯礼，即生任广东番禺县县

---

① （清）阮元修：《广东通志》卷 325，《耆寿》，《续修四库全书》史部，第 675 册，上海：上海古籍出版社，1996 年，第 611 页上。

② （清）阮元修：《广东通志》卷 325，《耆寿》，《续修四库全书》史部，第 675 册，上海：上海古籍出版社，1996 年，第 611 页上。

③ （清）阮元修：《广东通志》卷 325，《耆寿》，《续修四库全书》史部，第 675 册，上海：上海古籍出版社，1996 年，第 611 页上。

丞……寿一百岁”[①]；苍梧县有百岁老人黎广德，“少以孝友闻，有志操，善颐养，寿百有三岁。……郡人皆呼之为百岁翁”[②]；灌阳县有“范刘氏，会湘桥明秀妻，一百零二岁”[③]；郁林直隶州有二，“吴惟谨，寿一百岁，有坊；邓曾氏，寿一百六岁……乡贤才鲁之妹”[④]。

明代广西所修方志有所散佚，且桂西民族地区为土司统治，记载相当有限。因此明代地方史志收录的百岁老人，或许并不能准确反映广西全境百岁老人的分布情况。入清之后，特别是改土归流之后，随着桂西地区纳入清朝的直接统治，地方志的修纂蔚然兴起，这为广西开展较为全面的百岁老人的分布研究提供可能。从清代广西地方史志记载看，百岁老人分布相对集中的地区如下。

桂东南玉林平原与浔江平原一带。据清光绪《郁林州志》与同治《浔州府志》记载，直隶郁林州辖境内共有23位百岁老人，浔州府则有26位。其时，浔州府辖境长寿者得到朝廷旌表的为数不少。乾隆五十二年(1787年)，“命各督府查明有身及五代同堂者加恩赏赉，时造册咨送军机处，共一百九十二户”[⑤]。

桂西的靖西高原一带，清时先后为归顺直隶州(治今靖西)、镇安府辖境。据当地方志记载，出现过的百岁老人共有12位。

桂东北的临桂县一带。有史可载的百岁老人共有3位。“雍正十一年，临桂县民梁一柱寿百岁，给银建坊”，嘉庆元年(1796年)时，“恩诏耆民赏给顶戴

---

① (明)方瑜修:《南宁府志》卷8,《人物志》,《日本藏中国罕见地方志丛刊》,北京:书目文献出版社,1991年,第468页下;道光《广西通志》载其“弼成邑政,能办累年未决之狱,县令重之,抚按诸司破格奖異,致仕归”,见(清)金鉷修:《广西通志》卷78,《乡贤·明》,《文渊阁四库全书》史部,第567册,上海:上海古籍出版社,1987年,第315页下。

② (清)金鉷修:《广西通志》卷85,《隐逸·明》,《文渊阁四库全书》史部,第567册,上海:上海古籍出版社,1987年,第419页下。

③ (清)萧煊修:《灌阳县志》卷12,《人物·女寿》,清道光二十四年(1844年)刻本,北京图书馆龙川书院藏。

④ (清)冯德材等修:《郁林州志》卷16,《人物传二·耆寿》、《百岁寿民》,《中国方志丛书·华南地方》第23号,台北:成文出版社,1967年,第195页上。

⑤ (清)魏笃修:《浔州府志》卷22,《人物·耆寿》,清同治十三年(1874年)刻本,第22页。

三百二十三人……国朝乾隆元年……至二百余人,尧舜之民多寿,信矣”。[①]

此外,红水河流域腹地与百色盆地,见之史载的百岁老人虽然数量不多,却有迄今为止史料记载最长寿的人口分布。其实,这一地区早有长寿人口活动的踪迹,史载“何邻,不知何许人,五代时寿百余岁,有道术,隐思恩之思邻山,后不知所适”[②]。清代最长寿的老人蓝祥,享年144岁,即生活于此,当地方志记载称“太平之世人多寿,不意遐荒见地仙。……土民有蓝祥,生长永定土司……历四朝多甲子,不识不知,寿而康,须眉壮貌无不古。……人瑞尤为史册。……后蓝祥于嘉庆十八年无病而逝,享年一百四十有四”[③]。百色厅的罗老布,享年135岁,是有史记载的第二长寿人,“生于乾隆十三年戊辰,迄今光绪八年壬午,齿凡一百三十有五,妻早故,二子亦没于嘉庆间,孙八曾孙十五元孙十,生历六朝,同堂四代……又各乡伏处得寿者多,韦箕胃年一百八,梁卜福年九十八,罗善章九十七”[④]。

结合清道光至光绪年间,两省地方志所载百岁老人分布情况,不难看出,两广地区的“人瑞”主要还是分布在北回归线经过的附近区域。

需要强调的是,不论是广东还是广西,一些百岁老人分布较多的地方,在史籍中却是“瘴气肆虐”的区域。如桂东南的浔州府、郁林州一带,历史上被称为“瘴乡”,明代还被视为“重瘴之地”。明人陈全之称“浔州瘴气殊盛,惟东平南县近梧州者稍舒可”[⑤]。清人闵叙在其《粤述》中记载道:“下至平乐、梧州及左右江,瘴气弥盛。早起氤氲,咫尺不相见,非至巳不见山也。”至于右江流域,历史上更是有名的毒瘴地区,清代一些史料称镇安府“地生岚瘴,民多疾

---

① (清)吴征鳌修:《临桂县志》卷30,《人物志三·寿民》,1963年石印本,桂林市档案馆藏,第269～270页。

② (清)金鉷修:《广西通志》卷87,《方伎》,《文渊阁四库全书》史部,第567册,上海:上海古籍出版社,1987年,第458页下～459页上。

③ (清)英秀修:《庆远府志》卷16,《人物志·耆逸》,清道光九年(1829年)刻本,第32页。

④ (清)陈如金修:《百色厅志》卷7,《耆寿》,《中国方志丛书·华南地方》第25号,台北:成文出版社,1967年,第127页。

⑤ (明)陈全之:《蓬窗日录》卷1,《寰宇·广西》,上海:上海书店,1985年,第44页。

病”[1];又称“粤西南宁、太平、庆远、思恩四府,土司杂处,瘴疠薰蒸,官斯土者,病亡接踵”[2]。其时岭南地方志对长寿人口的专门记载,体现出地方官绅尝试构建新的地方话语体系,重塑乡土形象的意图。

四、“瘴乡”与“乐土”:南方乡土形象的嬗变

明清以来,南方地区官绅在重塑乡土形象过程中,进行多方面持续不断的努力,但因缺少话语权与先进的传媒手段,加之南北间交流、了解不足,特别是固有观念的转变缓慢。故而,南方乡土形象伴随着南方内地化的不断发展,必然有一个嬗变的过程。明清时期南北方之间,“瘴乡”与“乐土”两套话语体系由并存到“瘴乡”的日渐式微,南方乡土形象的内地化才最终完成。

长期以来,内地文人视南方为“瘴乡”,其外在基础为炎热、卑湿的地理环境,这是客观存在,并不会因为经济文化的发展而改变。且南方凡病,皆称为“瘴”,因此北人畏瘴,主要是担忧染上疾病。故而北人对瘴产生厌恶与逃避心理,这可以理解。但内地文人的话语体系称南方为“瘴乡”,也是北人优越感的文化体现,并逐渐成为固有的思想观念。这样,在明清相当长的时期内,南北方之间出现“瘴乡”、“乐土”两套话语体系并存的现象。

自明以来,随着中央王朝统治的不断深入,南方广大地区持续得到开发,经济社会面貌发生巨大变化。靠近内地的粤北、桂东北地区以及条件优越的珠江三角洲地区自不必说,即使是僻远的海南、桂西民族地区,也得到一定程度的开发,文教亦得以兴起。道光年间的海南岛,“城中辏集,易于生息致富……乡落僻县,惟事田园”[3],城乡经济发展程度虽不平衡,但文教方面,“习

① (清)穆彰阿:《大清一统志》卷473,《广西省·镇安府·风俗》,《续修四库全书》史部,第623册,上海:上海古籍出版社,1996年,第325页上。

② 《清圣祖实录》卷124,康熙二十五年二月癸丑,北京:中华书局,1985年,第322页。

③ (清)明谊修:《琼州府志》卷3,《舆地·风俗》,《中国方志丛书·华南地方》第47号,台北:成文出版社,1967年,第61页上。

礼义之教，行华夏之风。……今衣冠礼乐，盖斑斑矣”[①]；道光时的归顺直隶州，“昔荒芜不治者，今无旷土，昔之草莱夹道，树木荫翳，遍地蔽天，今则剪伐殆尽。况生齿繁盛，村落错居”[②]，相比前述北人称的“民多疾病”[③]，已是另一番景象。

但南方经济社会的发展变化，并不能改变内地文人话语体系中视南方为“瘴乡”的思想观念。其时的私人文集、奏折等，对于南方烟瘴等记载比比皆是。明代广东提学佥事宋端仪，任职海南期间，“蛮烟瘴毒之地，靡不躬历，若琼崖诸州，远在海岛中，前此有九年仅一试者，君未及五载，已两涉鲸波矣”[④]；清人李绂称广西“当烟瘴之乡”[⑤]。其时内地所修地方志，也常有这样的记载。雍正《浙江通志》载“韩绍……字光祖，乌程人，隆庆辛未进士。……历藩臬备兵府江，地多箐棘，徭僮窃伏，烟瘴郁蒸，路绝行旅”[⑥]；乾隆《汾州府志》载梁天翔“授佥岭南广西道按察司事。岭海瘴乡，人多不怿于行，公毅然赴”，又称“岭海之南，蛇虺之窟，有来冷风，廓清瘴毒”；[⑦]道光《济南府志》载“刘颖，平原人……坐事谪广西北流主簿。北流瘴乡，多土目”[⑧]，“汪长龄，字西庭。……有政声，调番禺县，旋升万州收，僻处海外烟瘴之区，前代谪窜之所也”[⑨]；同治

① (清)明谊修:《琼州府志》卷3,《舆地·风俗》,《中国方志丛书·华南地方》第47号,台北:成文出版社,1967年,第60页上、62页上～下。

② (清)何福祥:《归顺直隶州志·气候》,《中国方志丛书·华南地方》第137号,台北:成文出版社,1967年,第55页。

③ (清)穆彰阿:《大清一统志》卷473,《广西省·镇安府·风俗》,《续修四库全书》史部,第623册,上海:上海古籍出版社,1996年,第325页上。

④ (明)张萱:《西园闻见录》卷45,《礼部四·提学·住行》,《续修四库全书》子部,第1169册,上海:上海古籍出版社,1996年,第229页下。

⑤ (清)贺长龄、(清)魏源等:《清经世文编》卷34,《户政九·条陈广西垦荒事宜疏》,北京:中华书局,1992年,第849页上。

⑥ (清)嵇曾筠:《浙江通志》卷168,《人物三·循吏二·湖州府》,《文渊阁四库全书》史部,第523册,上海:上海古籍出版社,1987年,第446页下。

⑦ (清)戴震:《汾州府志》卷29,《艺文三·少中大夫西蜀四川道肃政廉访司使梁公神道碑铭并序》,《续修四库全书》史部,第692册,上海:上海古籍出版社,1996年,第655页上、656页上。

⑧ (清)成瓘:《济南府志》卷52,《人物八·明·平原·刘颖》,《中国地方志集成·山东府县志辑》第2册,南京:凤凰出版社,2004年,第618页下。

⑨ (清)成瓘:《济南府志》卷53,《人物九·国朝·历城·汪长龄》,《中国地方志集成·山东府县志辑》第2册,南京:凤凰出版社,2004年,第634页下。

《苏州府志》载“宋思仁，字蔼若……补广西横州，调西隆州，州为极边烟瘴之地，民夷杂处”[①]。

然而，在以南方为“瘴乡”的话语体系之外，同时还存在着一套与之相对立，视南方为“乐土”的话语体系。乐土是人们理想中的环境优美、没有战争、安宁、祥和、幸福的家园。其时的史料中，有不少这样的记载。广东被称为“乐土”，主要因为富饶。明人称“风俗美恶，道里险易，自非亲历亦难周知。……广东偏安海岛，今多乐土”[②]；“广东在岭海间，古称乐土”[③]；“广东财货所出，旧称丰裕，固乐土也”[④]；“广东向称乐土”[⑤]。广西被称为“乐土”，主要依据是居民仁寿，知诗书。清代地方史志这样记载，“粤西山陬也，迹于前史，土薄而民稀。本朝定鼎以来，薄赋轻徭，休养百年，登斯民于仁寿之域，而无复夭札疵疠，宜乎烟火相望，鸡犬之声相闻也。既庶则富，与教相继而加秀者，敦诗书，朴者勤陇亩，俾之鼓歌乐土以飏我至治焉”[⑥]；桂西边地的万承州一带，“万阳，属太郡，询诸故老，夙称乐土”[⑦]。时人称海南为“乐土”的史料也较常见，大致体现在田土肥、地方宁、水土美、物产丰饶、民风质朴等方面。史称“海南之田凡三等……诚乐土也”[⑧]；“此地昔为暴区，今为乐土”[⑨]；“崖州地虽遥远，水土

① (清)冯桂芬:《苏州府志》卷89,《人物十六·长洲县》,《中国地方志集成·江苏府县志辑》第9册,南京:江苏古籍出版社,1991年,第336页上。

② (明)陈子龙等:《明经世文编》卷154,《夏东洲文集·议覆远方选法状草》,北京:中华书局,1997年,第1546页上。

③ (明)方孔炤:《全边略记》卷11,《腹里略》,《续修四库全书》史部,第738册,上海:上海古籍出版社,1996年,第590页下。

④ (明)高拱:《边略》卷5,《绥广纪事·议处广东举劾以励地方官员疏》,《四库禁毁书丛刊》史部,第72册,北京:北京出版社,1997年,第335页下。

⑤ (明)潘季驯:《潘司空奏疏》卷1,《巡按广东奏疏慎选民牧疏》,《文渊阁四库全书》史部,第430册,上海:上海古籍出版社,1987年,第4页上。

⑥ (清)金鉷修:《广西通志》卷30,《户口》,《文渊阁四库全书》史部,第565册,上海:上海古籍出版社,1987年,第741页下。

⑦ (清)金鉷修:《广西通志》卷108,《艺文·历朝·万承州重建城隍庙碑记》,《文渊阁四库全书》史部,第568册,上海:上海古籍出版社,1987年,第265页下。

⑧ (明)顾岕:《海槎余录》,台北:学生书局,1985年,第393页。

⑨ (明)唐胄:《正德琼台志》卷21,《海道·海寇》,《海南地方志丛刊》,海口:海南出版社,2006年,第470页。

颇善”①。明代著名史学家丘濬称：“琼郡自昔号称乐土，而以易治闻于天下也旧矣。盖以一郡独居海中，无比壤接境也，民皆安土，无流庸外徙也，冬寒不甚，无皲瘃堕指之苦，民不忧冻也；田岁再收，兼有山林川泽之利，民不阻饥也；奇香异木，文甲毻毳之产，商贾贸迁，北入江淮、闽浙之间，岁以千万计，其物饶也；风俗质朴，资性巽愞，乡无武断豪夺之家……凡此数者，皆他郡所无，有诚所谓乐土而易于治矣。”②向称“土弱瘴毒”的雷州，明时知州林凤鸣则称之为“海滨乐土”③。

这一时期两种看似相互对立的话语体系同时存在，反映的是南方官绅在没有掌握话语权的情况下，意图通过陈述事实引导内地民众转变原有观念，进而达到重塑南方乡土形象的目的。明代南宁知府方瑜称：“广西瘴毒之区……又近荒僻，以故士人来宦者，视如遗逐，苟延岁月，以望速代。由此而宠失者，往往有之。噫，有天命，有君命，不怿地而安之，尽吾之职而无愧于心，则随处皆乐土矣。”④当然，被称为“乐土”的地方，内地也有不少。对于久被视为“瘴乡”的南方而言，“乐土”称号的增多则有特别的意义，这是南方内地化发展过程中值得注意的方面。两种话语体系并存发展的结果，即“瘴乡”之说至清末之后日渐式微，表明南方内地化发展与乡土形象重塑基本完成。

余　论

南方乡土形象的演化与重塑，是社会多方面因素共同作用的结果。从内在因素看，地方官绅以地方志的修纂为载体，对重塑乡土形象起到重要作用；从外在因素看，对重塑南方乡土形象产生积极作用的，主要还是医疗技术水平

---

① (清)明谊修：《琼州府志》卷3，《舆地志·风俗》，《中国方志丛书·华南地方》第47号，台北：成文出版社，1967年，第62页上。

② (明)丘濬：《重编琼台会稿》卷12，《送琼郡叶知府序》，《文渊阁四库全书》集部，第1248册，上海：上海古籍出版社，1987年，第234页上～下。

③ (明)欧阳保：《雷州府志》卷3，《地理志》，《日本藏中国罕见地方志丛刊》，北京：国家图书馆出版社，1996年，第177页下。

④ (明)方瑜修：《南宁府志》卷6，《秩官志·分职》，《日本藏中国罕见地方志丛刊》，北京：书目文献出版社，1991年，第416页下。

的不断提高。

南方将疾病一概称为“瘴”，经过长时间持续反复的夸张渲染，内地民众自然对瘴怀有较强的恐惧与逃避心理。因此，克服对瘴的恐惧心理，前提必须是医学技术水平的不断进步与提高。人们的传统观念中，南方卑湿的环境是瘴气生成的地理基础，卑湿由南方所处的低纬度、地形地貌、气候等地理因素决定，古今皆然，无法改变，瘴（即疾病）的产生也就无法避免。特别是北人南下后，不服水土，短时间内难以适应冷暖变化较快的气候环境，所谓“人至南海烟瘴之乡则易疾病”①，故对南方乡土环境产生厌恶心理。至于染病是否导致死亡，主要取决于医术水平的高低，诚如古代医家所言“瘴疠未必遽能杀人，皆医杀之也”②。从这个角度看，在卑湿这样“恶劣”的环境无法改变的情况下，“南方瘴乡”话语不断式微的原因最主要是医学技术水平的不断进步与提高，预防、治愈瘴疾的能力得到提升。历代医家为治疗瘴疾，开展长期的探索，总结出不少专门治疗瘴疾卓有成效的药方，从宋人李璆的《瘴疟论》到明人郑全望的《瘴疟指南》莫不如此。明清时期，岭南出现医术高超的医士群体，一些人被称为“瘴乡国手”。海南“林富华，陵水人。平生诙谐乐善，以医济人，所治无不效。里邻乏药资者，富华捐施之。素为田司马宏祚所推重，称为‘瘴乡国手’。邑侯赵振铎赠额云‘学究灵枢’”③。

同时，岭南地区自古就是我国对外交往的前沿，明中叶以来，西学东渐，西医东传，岭南皆为首要的接收地，对带动这一地区的医术具有积极的作用。特别是一些抗菌消炎类药物的传入（如金鸡纳霜），带来更多有效的医药手段治疗像疟疾之类的烈性传染病。鸦片战争前后，我国开设教会医院和诊所。道光十五年（1835 年），美国医师伯驾（Peter Parker）率先到广东设立博济医院，之后日渐增多。据调查，至 1876 年，有教会医院 16 所，诊所 24 个；1897 年，教会医院为 60 所；1905 年，教会医院已达 166 所，诊所 241 个，教会医生 301

① （清）郑光祖：《醒世一斑录》卷 3，《物理·物随乎地》，《续修四库全书》子部，第 1140 册，上海：上海古籍出版社，1996 年，第 3 页上。

② （清）汪森：《粤西文载》卷 57，《论·瘴疟论》，南宁：广西人民出版社，1990 年，第 217 页。

③ （清）明谊修：《琼州府志》卷 36，《人物志·方伎》，《中国方志丛书·华南地方》第 47 号，台北：成文出版社，1967 年，第 826 页下。

人，分布于全国20余省。[①] 在这样的背景下，南方疾病的防治水平不断提高。与此同时，在岭南众多民间名医的努力下，医药保健逐渐深入广大百姓的生活，成为生活习俗的一部分。如岭南地区的凉茶、药膳的普及程度，全国罕有其匹。[②] 这样，医学的进步为南方民众战胜疾病、提高寿命提供坚实的保障，也对内地民众摆脱传统的对瘴的恐惧心理而转变观念具有重要作用。

另外，随着地理活动范围扩大，人们对南方乡土环境有更多的了解。长期以来，由于交通闭塞等，人们对南方尤其是民族地区的了解十分有限，对南方乡土的认识主要来源于内地文人的反复渲染与夸张性的描述，甚至是以讹传讹、毫无根据的传闻。随着中央王朝对岭南地区统治的深入，特别是改土归流的完成，原有地理与文化的隔阂逐渐被打破，大量汉族人口不断南迁，甚至深入珠江中上游的民族聚居区从事农矿业的开发，南方各地经济与文化得以发展，各民族关系持续交融，南方真实的乡土面貌为内地民众所了解。岭南各地人口长寿现象的不断增多，更有助于帮助人们破除原有的关于岭南“早夭”的思想观念。故清代中叶以后，越来越多的内地人口，“视瘴乡为乐土”[③]，携妻挈孥，徙往珠江中上游山区，不再理会内地文人描述的“瘴毒”、“瘴乡”。

事实上，随着医学的进步，明清以来南方的外来人口，并未染瘴大量死亡。相反，即使是以往“瘴毒”最烈之地，清中叶后，也是“户口日繁”，人口不断增多。如此，“瘴乡”的日渐式微，便成定数。

刘祥学：广西师范大学历史文化与旅游学院教授。

---

① 赵含森、游捷、张红编著：《中西医结合发展历程》，北京：中国中医药出版社，2005年，第5页。

② 沈英森：《岭南中医》，广州：广东人民出版社，2000年，第61页。

③ （清）林则徐等修：《广南府志》卷2，《民户》，《中国方志丛书·华南地方》第27号，台北：成文出版社，1967年，第54页上。

明永村藏族的垃圾观念与垃圾处理

——民族地区环境史研究的一种探索与尝试

曹津永

在传统社会,由于人们对自然资源和物质的简单使用以及自然环境对小规模非无机污染的自我净化能力,垃圾问题并未成为突出的环境问题而受到关注。进入工业社会,随着科学技术的不断进步和人类改造自然能力的提高,人类对自然资源物理集聚和化学转换式利用日益增多,生产出大量自然界无法自我消解的垃圾。随着人口不断增多,垃圾不断积累,引发一系列问题,甚至威胁人类生存。因此,垃圾的处置和消解以及由此导致的一系列问题逐渐受到环境史学者的关注。环境史学者开展垃圾问题研究有一定特点:其一是由于史料类别所限,传统史料中很难搜寻到垃圾处理方面的内容;其二是垃圾问题在很长的传统社会时期并未得到足够的关注,因而以近现代史料为主;其三是人口集中的地方垃圾问题较为凸显,故以记载城市的史料居多[①]。农村和少数民族地区的垃圾问题则是传统环境史研究甚少涉及的议题。

(一)少数民族地区垃圾处理问题的研究

垃圾问题的研究源起较早。19 世纪 50 年代,伴随着工业革命带来的大量垃圾,针对垃圾处理的研究和成果就已出现。国内垃圾处理的研究主要开展于改革开放之后,经济发展带来大量的生产生活垃圾,尤其是在城市。21 世纪以来,全球化的深入发展,农村也无法幸免,大量的白色垃圾在农村快速扩散。目前国内学界关于农村垃圾的研究,主要集中于两个方面:其一是从旅

① 参见毛达:《垃圾:城市环境史研究的一个重要主题》,《北京师范大学学报(社会科学版)》2008 年第 3 期。

游的角度探讨外来垃圾进入农村，不少学者提出旅游研究中垃圾问题的重要性；[①]其二则关注新农村建设视角下的农村垃圾污染和处理问题，尤其是垃圾的处理方式。目前的相关成果大多研究无害化处理农村垃圾的问题，[②]主要是环境、自然地理以及人文等学科，基本关注垃圾产生、来源以及农村垃圾现状，并提出解决途径和办法，诸如循环消耗、生物降解。[③]

人类学研究垃圾肇始于米德（Margaret Meed）对"洁净与危险"的认知人类学研究。随着垃圾问题日益困扰和威胁人类的生产生活，新近的国外研究成果逐渐增多，尤其是最近十年，研究成果呈现井喷发展之势。例如，摩尔的《全球化视野下的垃圾、贸易与地方政治》一文，以全球视野揭示与商品、服务等一样，人们也被垃圾所连接，指出全球化过程中垃圾与资本主义、不均衡发展、移民等问题的交织与关联，不仅仅是简单的技术问题，很多时候成为某些团体的政治能量和资本；[④]里诺的文章《变废为宝：密歇根垃圾填埋场上的空间政治》则把垃圾填埋场作为场域，试图分析不同背景的人对于垃圾的看法和需求。[⑤] 这些垃圾研究都不寻求解决问题的途径和方法，而是寻求不同视角的理解，具有启发性。

农村垃圾的研究，受传统学科界限的影响，民族学或生态人类学主要关注少数民族的农村地区，但就目前国内研究的情况看，这一方面的研究还比较少见。董艳琴的《云南农村垃圾处理模式探析——以三个少数民族村寨为例》，以生态人类学的视角分析云南三个少数民族农村垃圾处理模式，提出制度的缺失是农村垃圾处理存在问题的重要原因，并在生态人类学的基础上提出基

① 刘建峰、王桂玉、王丽丽：《旅游垃圾：旅游研究领域一个不容忽视的问题——以梅里雪山风景名胜区雨崩景区为例》，《旅游论坛》2009 年第 1 期。

② 这一研究是农村垃圾处理研究中成果最多的部分，此不赘述。

③ 参见张哲、刘融、张冰洋：《论我国农村生活垃圾处理的对策——基于中日垃圾处理之比较》，《安徽农业科学》2012 年第 10 期。

④ Sarah A. Moore，"Global Garbage：Waste，Trash Trading，and Local Garbage Politics，" in Richard Peet，Paul Robbins，and Michael Watts，eds.，*Global Political Ecology*，London：Routledge，2011，pp.133-143.

⑤ Joshua Reno，"Your Trash Is Someone's Treasure：The Politics of Value at a Michigan Landfill，" *Journal of Material Culture*，Vol.14，No.1，2009，pp.29-46.

于村民自身主导的、以本地循环为主的垃圾处理模式。[①] 李彪的《生态人类学视野中的水污染研究——以舒城县S村为例》，通过考察传统封闭的S村的水污染，提出农民接受现代生产、生活方式和保留传统意识之间的矛盾是造成该村水污染的根本原因，因而对农民自主环境保护意识的教育和宣传极其重要。[②] 张莉曼的《生态人类学视野下的农村环境污染问题分析》较为全面地分析农村的环境污染，虽然理论结合得较为生硬，但也属于生态人类学的范畴。[③] 除上述研究外，其余的与生态人类学联系都较少。总体上看，生态人类学视野下农村垃圾的研究仍然着力不足，目前的研究成果也都还处于简单探索的起步阶段。

本文以环境史理念和生态人类学视角，聚焦少数民族农村的垃圾观念与处理，不在于环境污染和化解消耗这些垃圾，而在于传统知识体系中的垃圾观念和处理方式变迁以及垃圾对于当地传统文化体系的冲击和影响。这种对文化体系的冲击和影响即便在生态人类学的研究中，也是以往垃圾研究很少关注的主题。在考察土著传统知识重要性与局限性的基础上，试图分析变迁中的少数民族社区如何在传统与现代兼顾的背景下解决垃圾问题。

(二)田野点明永村概况

"明永"藏语为"明镜"。[④] 明永村属云南省迪庆藏族自治州德钦县云岭乡斯农村委会，位于澜沧江上游西岸，梅里雪山脚下。目前全村51户共326人(2010年第六次全国人口普查)，包括明永一社和明永二社两个村小组。明永一社26户，村民称为明永上村；二社25户，包括村民口中的中村(10户)和下村(15户)。由于习惯上统称为明永，加之自1998年明永冰川旅游开发以来，两社一直公平合作参与发展旅游，因此本文所说的明永村，涵盖国家行政体系

---

① 董艳琴:《云南农村垃圾处理模式探析——以三个少数民族村寨为例》，昆明:云南大学，硕士学位论文，2012年。

② 李彪:《生态人类学视野中的水污染研究——以舒城县S村为例》，合肥:安徽大学，硕士学位论文，2011年。

③ 张莉曼:《生态人类学视野下的农村环境污染问题》，《常熟理工学院学报(哲学社会科学版)》2011年第3期。

④ 此为明永村民的解释。《德钦县地名志》也因其干热的峡谷气候而解释为"火峪盆"，但村民大多不认同这一说法。

划分的明永一社和二社。明永村基本属于纯藏族聚居的村寨，全村除个别因婚姻而来的其他民族的村民外，都是世居于此的藏族。1997 年，“香格里拉”落户迪庆之后，处于梅里雪山脚下的明永村，具有明永冰川的地理资源和旅游资源优势，开始发展旅游业。至今，旅游业已取代传统农牧业，旅游业收入已经成为村民收入的绝对主力。

明永村坐落在明永冰川旁，明永冰川藏语称“明永恰”（“洽”意为冰川融化之水），冰川从梅里雪山卡瓦格博峰下海拔 5500 米处，沿明永山谷蜿蜒而下，呈弧形铺展至海拔 2600 米的原始森林地带，冰舌延伸至海拔约 2650 米处，离澜沧江面仅 800 多米。明永冰川绵延 11.7 千米，平均宽度约 500 米，面积约为 13 平方千米。[①] 明永冰川是目前北半球海拔最低的冰川，也是纬度最低的冰川之一。垃圾处理问题事实上涉及明永村和明永冰川，尤其是明永冰川的污染。冰川虽然归梅里雪山景区管理局统一管理，但在传统认知中，明永村民始终都认为冰川属于明永村的范畴，故而行文中将二者一并讨论。

一、明永村藏族的传统垃圾观念与垃圾处理

（一）明永村藏族关于垃圾的观念

垃圾是指经过人的利用或价值判断之后，已经无用或剩余的已损坏无法使用的物品。藏语中，“垃圾”一词读作“古霞”[②]，其含义与汉语的本意比较接近，也是没人要或被人丢弃之物。藏族生活于青藏高原，生态脆弱，生存环境较为恶劣，总体的生计状况并不富足，生产的每一个环节都较难获取绝对的过剩，可以作为垃圾丢弃的剩余物品并不多。同时，藏族与生态紧密贴近，生命维持和发展所需物质直接从自然界获取，少去所谓现代“文明化”加工（茶叶应当除外），绝大部分游牧藏民的衣食来源于牧场和牲畜，辅以少部分的采集和狩猎；半农半牧藏民的衣食来源要复杂一些，能自己生产谷物（主要是青稞和

① 1998 年研究测量的数据。

② 云南藏区读音，香格里拉地区和德钦地区稍有差别，但差异不大。

小麦)、肉制品和乳制品,衣物则主要来自动物的皮毛。总体上,藏族整个生活状态处于人类与自然的动态平衡中。凡是来自自然且赖以生存的物质,都对人们生命延续有着极大的帮助,加之笃信藏传佛教注重来生的藏民在物质上的要求较低,因而传统上对于不能用、该丢弃的剩余物即现代意义上的"垃圾"的概念也较为模糊。

宗教生活中,垃圾不是用过剩余的不能用之物,而是因为某种原因被判定为"不洁"之物,不再使用从而剩余。这里涉及相对于垃圾的另一个概念"脏东西"。藏民的认知中,脏东西意味着不该碰,其可以是某种特定条件的物品,也可以是某种行为。"脏东西"同时也可能意味着某种"禁忌",这种禁忌大都与宗教有着紧密的联系。宗教生活中产生的垃圾主要不是剩余所致,而是因为触犯某种禁忌不能再使用。比如敬神的香,一旦被人有意或无意地跨过,就会被列入禁止使用的范畴。

传统藏族社会与现代社会截然不同,没有细菌、病毒等学说和概念,因此,物品遭到病毒、细菌等污染而被丢弃成为垃圾的情况较为罕见。一般而言,人们不把来自自然环境的污染(诸如灰尘)视为不洁,垃圾也就不会产生。藏民认为脏东西和自然界没有必然的联系,而是因为人不恰当地违反某种规矩或触犯物品使用的禁忌,这样产生的不洁之物才会不被使用而留存成为垃圾。换言之,藏民划分垃圾来源的标准是人的接触和判定,而非沾染来自自然界的所谓污染。

(二)明永村藏族传统的垃圾分类与处理

根据上述的垃圾的观念,明永村传统垃圾可以分为生产垃圾、生活垃圾和宗教方面的垃圾三部分。传统上并没有大量垃圾产生,因而垃圾的处理都是小范围以户为单位且主要依靠自然降解和消耗的方式。

日常生产中,明永村属于藏区典型的干热河谷农牧型生计模式,半耕种半游牧。耕种的土地分为三个部分:村子下面海拔最低的澜沧江河谷地带主要种植葡萄;村子周边的台地是主要耕作区,种植小麦、包谷等粮食作物;村子背后与对面山上的坡地管理较为粗放,种植豌豆以及喂养骡马的草料。另外,村里最重要的经济果木是核桃。村里几乎每家都饲养牛羊,发展旅游之后,每家都饲养骡马，现在少了一些[①]。耕种粮食作物产生的皮、秸秆等都属于牛羊消耗的原料，牛羊等牲畜排出的粪便则变成土地肥力的重要来源，这与传统中国农村的循环模式如出一辙。几乎没有多余的垃圾留存。

日常生活中，明永村藏民节俭朴素。建筑为取材于当地环境的藏式土掌碉房，虽然传统的是一楼关牲口，二楼住人，但在藏民的观念中这样与不干净并无联系。饮食比较盛行吃独菜，[②]即便有很少的剩菜也不够家里的藏猪果腹，因而衣食住行方面几乎没有垃圾产生。村寨路面有骡马等牲畜排出的粪便，一部分被人清扫，另外的则逐渐自行消失，这些都不是传统藏民认知的垃圾。

关于藏传佛教的宗教生活，村民们的说法是几乎没有东西或物品用剩后就要丢弃，唯一例外的就是被人的行为污染的敬献神灵的物品。煨桑等敬神遗留的物品，绝对不能随便处理，要放置于清洁干净的地方，或者将之洒于地里。这类与神有关的物品，没有使用完或使用后的转化物，具有福佑他物的特性，这种特性是宗教神圣性在日常生活中的延伸。藏民的观念中，这种福佑具有很强的普遍性，而且同样得到神力的加持。

由于传统上人口生存发展需要的物质能量直接取于自然，整个人类生态系统长期保持着微妙的平衡状态，因而即便有微量的垃圾，也都被环境自行消耗降解。环境的自我消耗是生态学的基本原理，传统上，即便明永村村民的宗教和日常生活产生一定量的垃圾，也在当地环境自我调节消耗的范围之内，故几乎没有产生所谓现代意义上的环境问题。

二、明永村的现代垃圾问题

（一）旅游发展带来的现代垃圾

明永村现代垃圾的入侵伴随着明永冰川景区的开发而不断加剧。1997

---

① 骡马少的主要原因在于明永冰川景区修通公路，电瓶车载客取代马驮游客上冰川。

② 源于笔者2009年、2013年和2015年多次的实地田野调查。

年以前，梅里雪山明永冰川不为外界知晓，只有少数的游客知晓冰川是景区的重要组成部分。从 1998 年开始，随着游客大量进入，明永冰川逐渐为外人所知，特别是直达村寨的公路修通以后，大规模的游客才踏足明永冰川。游客的大规模涌入带来大量的垃圾。这是明永接触现代垃圾的伊始。

明永村紧邻明永冰川，外来垃圾泛滥与景区发展密切相关，景区发展其实也是村民日益参与旅游发展的过程。1997 年以前，外来的游客很少，那时澜沧江西岸靠近明永一侧还未修公路，一般都是村民牵马到江边驮客人，从江边到村子，再到冰川。这一时期，由外地游客带来的垃圾微乎其微，几乎可以忽略不计。“香格里拉”落户迪庆之后，旅游业获得空前的发展，来自国内外的游客纷至沓来。有较为固定的游客之后，村里决定组织马队，后来公路修到村子，游客便可直接乘车到明永村，再从景区入口处选择步行或骑马上冰川，马队也随之发展壮大，直至 2009 年，全年每户载客次数超过 650 匹次。这一时期的游客数量激增的情况缺乏较为准确的统计数据，但通过明永村的载客数量统计可见一斑，此也是明永冰川景区垃圾大量激增、泛滥的时期。

2010 年，德钦县成立梅里雪山开发经营有限责任公司，全面接手梅里雪山景区的开发、保护和经营。2015 年 5 月，持续多年的牵马宣告结束，从景区入口处到冰川来回 17 公里的山路变成公路，梅里雪山开发经营公司每年补偿每户村民相当于牵马收入的费用，并投入运营电瓶车。① 但公路并未直抵太子庙冰川附近，只有全程的三分之二，余下接近冰川的三分之一则由游客自行徒步。小公路修建后，前三分之二路段的垃圾有所减少，但后三分之一路段仍然存在较为严重的垃圾问题。

1997 年“香格里拉”落户迪庆，对明永村的外来垃圾入侵是关键节点。最初，景区并没有垃圾搜集的措施，游客可以上冰川游玩，随意踩踏，②也可以把冰块带回家。随着游客的增多，大量垃圾滞留景区，冰川急剧消融，最末端部分也逐渐变黑。于是政府出资修建游览冰川的栈道，游客不能再到冰川随意走动，也设置垃圾桶，但是很多游客依旧乱丢垃圾，尤其是在接近冰川的栈道上，垃圾四处飘落，许多由于山势陡峭险峻而无法清理。与明永村齐名的雨崩

① 2016 年 5 月份最新得知的消息。

② 明永村村民大扎西和扎西尼玛提供并证实。特此致谢。

村也是因垃圾肆虐甚至遭中央电视台曝光。设置在路边的垃圾箱则因为清理不及时而随时保持满载,载客的骡马饥渴时则直接翻捡垃圾充饥,其中许多因误食塑料垃圾而曾导致严重的健康问题。据梅里雪山开发经营公司的估算,现在的明永冰川景区,每年的垃圾量超过150吨。

与此同时,明永村民在景区外围的投入和经营也带来不小的垃圾问题。明永村最初的客栈建在村里,供那时为数不多的游客住宿歇息,这些小家庭客栈都不具备规模,较为单一,产生的垃圾也不多。产生垃圾较多的是景区附近以及内部的经营。在最初牵马有一定收入后,几户善于经营的人家便贷款在景区入口附近建立现代化的酒店,有的则建起餐馆,甚至酒吧。一方面,澜沧江边到村子的公路还是土路,经常中断;另一方面,当时的旅行社等把明永冰川景点安排的时间较长,很多游客自然就有餐饮、住宿的需求和消费。于是大量游客的食宿产生大量的垃圾,酒店的下水系统也对明永河造成一定的污染。公路铺装后,德钦到明永的交通时间大大缩短,一般上午从德钦县城到冰川,不到中午就能返回,于是很多游客都选择返回县城,住在雪山景观更好的飞来寺。这样,游客产生的垃圾量日益减少。

另外,景区内经营导致的垃圾问题也不容忽视。景区内的经营主要有3户人家,在冰川旁边的太子庙附近。一方面,游客需要歇脚,补充矿泉水之类的物品;另一方面,牵马的村民也会歇脚消费,有时刚好用餐,因而3家小卖部经营各种小商品,也有简单的面条、炒饭之类的中餐。所有的商品都由马驮上山,价格稍贵于城里,但由于村民都认识,他们的消费并不高。这几家商店在景区内产生不少的垃圾,主要是食品包装、矿泉水瓶,以及剩余餐饮,而且这些垃圾都靠人背马驮才能带离景区,收理不及时或不完全都能直接增加景区的垃圾污染程度。

(二)村民生活方式改变产生的现代垃圾

明永村民生活方式的改变源于两个方面:其一是旅游业发展,每家每户收入都有很大的提高,有足够的资金从市场购买更多的食品和商品;其二是天气炎热加之受游客行为的影响,大量的现代软饮料深入当地藏民的日常生活中。笔者2009年9月和2013年7月在明永的两次调查都是夏季,气温较高,实地观察的情况是村民对现代饮料非常依赖,尤其是几乎每户都有冰箱,村民们特别钟情于冰镇的雪碧、可乐、果粒橙、冰红茶等“解暑佳品”。这些饮料逐渐取代传统的酥油、砖茶、红糖等,成为村民时尚而又受欢迎的送礼佳品。据统计和估算,明永村的白色垃圾从 2009 年开始增多,影响村民的日常生活,至 2015 年,每月有两车垃圾,全年产生的白色垃圾超过 100 吨。这种现代软饮料的盛行,会为以酥油茶、糌粑等为传统的藏族饮食文化体系带来何种影响暂且不论,却很直观地带来大量的白色生活垃圾,这些白色垃圾是传统的明永村及周边环境都不曾面对的。

另外,村民们由于收入增加而翻修或重盖房子。与传统藏式土掌碉房不同,由于如今翻修重盖缺乏传统盖房的木材,于是只能统一建成钢筋混凝土的藏式碉房。到目前为止,明永村几乎每一户都建起新房,有的把原来的房子拆除,有的则保留着原来的房子异地新修。新修房子意味着大量的现代建筑垃圾产生,还遗留一大批老房子的原材料垃圾。

三、现代垃圾的处置及其影响

游客和明永村村民产生的现代垃圾形成一系列的问题。一是垃圾的搜集运输问题。起初,村内的垃圾尤其是白色垃圾数量不多,村民就像对待传统的村内垃圾一样放任不管,但后来越积越多,已经严重影响生活,于是,村民们就自发收集后集中运到景区管理局附近。景区内的垃圾收集则工程浩大,景区管理局安排有专人收集运输垃圾。二是垃圾的处置问题。集中堆积显然不切实际,明永冰川景区入口处集中分布着酒店、餐馆等,以及几户人家,狭窄的空间无法容纳长时间堆放的大量垃圾;由于澜沧江干热河谷的特殊地貌,狭长的河谷地带没有足够的地理空间建设垃圾填埋场,填埋场的修建还要考虑风向以及对水源、土壤的污染等问题,距离澜沧江不足千米的明永村显然无法进行垃圾填埋;运到德钦县城处理现代垃圾是较好的选择,但是由于量大且路远,交通运输费比较昂贵,而垃圾的运送没有长期稳定的资金支持。因而,最终只有设法在明永村本地消耗垃圾。

(一)对明永冰川的影响

明永冰川自20世纪90年代末期一直在消退。村民们认为,冰川的消退与大量游客到来并乱扔垃圾有着莫大的关联。[①] 根据当地村民的讲述,冰川的大规模消融从1999年下半年开始,冰川前沿从海拔2660米向上缩进约200米,厚度从300多米变成150多米。莲花寺旁的冰川宽度从500米融化至350米左右。2006年,冰川已经退缩到归缅庙附近,退缩将近500米。村民们认为冰川每年的退缩速度约50米,有加快的趋势。2000年左右,大批游客进入明永冰川,为开发旅游资源,由当地政府主导,村民出工出力,在冰舌旁边修建观景台,当时,冰舌一直延伸到观景台的后方,[②]允许游客上冰川玩耍,还可以敲下冰块带走,后来被限制了。同时,为方便游客游览冰川,也减少对冰川的破坏,当地政府在1999年修建两段总长约1200米的栈道,但是老百姓很快就发现,靠近栈道一侧的冰川由于垃圾和游客多,消融得极其厉害。2009年笔者调查时,冰川退缩明显,站立于观景台上已经几乎看不到冰川,顺着冰河往里走,至少要300～400米才能走到冰舌附近。另外,冰川表面布满黑灰色的砂石,边缘还夹杂着随冰川冲积下来的树枝和树干。冰川水比较混浊,夹杂着大量的泥沙。

藏传佛教认为卡瓦格博的腹心地域是自然天成的胜乐金刚坛。明永冰川正位于卡瓦格博的怀抱之中,冰川在藏传佛教中是“圣宫殿”,意指不能被破坏的圣域。冰川的洁净必须要保证,否则会触怒神山,招致惩罚。当地人的观念中,冰川同时预示着世道的运势,冰川延伸则世道昌盛,冰川收缩则运势不利。大量游客带来的大量垃圾,使冰川处于“持续性的污染”中。不少游客还对着冰川和神山大喊大叫,诸如此类的不洁不敬之行为也会污染冰川进而触怒卡瓦格博神山。

---

① 这是村民们最为认可的说法。参见曹津永、宫珏:《差异、局限与传统视域的反思——云南德钦县明永村气候、环境的改变及村民的认知与应对》,《云南社会科学》2014年第5期。

② 笔者2009年8月15日至9月10日的明永田野调查,村民玛吉武所述。

明永冰川融水，即明永河水，被认为是殊胜的圣水，[①]能永远庇护这一地区的生灵。因而，外地来转经的人通常都会取这雪融之水，作为世间最美好的礼物，送给不能亲自来转经的亲人，以求消灾免难，得到护佑。当地人还把冰川水作为村庄与神山连接的纽带，人们通过冰川水的变化预知神山的心情，从而预测年时和灾异。冰川水洁净而大小适中，表明神山满意人们的行为，一切都会顺遂；冰川水污浊而又莫名变大，尤其是颜色变黑，则被认为是神山即将发怒要惩罚人类的预兆，此时村里必然要举行煨桑祈福或诵经祈福等活动，祈求神山原谅人们的错误行为，否则必然招致灾难。[②] 在大量的现代垃圾面前，明永河同样无法幸免。其从冰川绵延而下，穿过景区入口，从村寨下方蜿蜒而入澜沧江，由于明永村坐落于山间狭窄的谷地，两旁都是高山，明永河流经之地均是谷地中的地势最低处，因而村子是水流的汇聚之地。传统上，明永村较少产生生产生活污水，即便有少量的牲畜粪便，也都充当地里的肥料。大量游客进村后，一方面，景区入口附近明永河边专门开辟接待游客骑马之处，大量聚集的马和骡的粪便直接排入河中，尤其是在旅游旺季，每户每天 4 匹马长时间停留在此，即便堆积在附近的粪便也会被夏季的雨水冲进河中；另一方面，景区入口附近的餐厅和酒店，产生大量的生活污水，也不可避免地流入明永冰河中，造成不小的污染。

(二)对卡瓦格博神山的影响

卡瓦格博是藏区八大神山之首，当地传说中，卡瓦格博在藏传佛教传入之前的苯教时代名为“绒赞岗”[③]，是九头十八臂的凶煞神，被莲花生大士调伏后受居士戒，转变为法力巨大的护法神。人们认为绒赞卡瓦格博神威广大，凶悍无比，主宰着辖地内的冰雹、雷电、山川、洪水、雨雪、瘟疫、虫害等。一旦遇到

---

① 《圣地卡瓦格博秘籍》一书载：莲花生大师在卡瓦格博地区传教弘法时，曾亲自对这些雪融之水进行开光加持。参见斯那都居、扎西邓珠编著：《圣地卡瓦格博秘籍》，昆明：云南民族出版社，2007 年。

② 源于笔者 2009 年 9 月 8 日至 9 月 28 日在明永村的田野调查。

③ 《雪山之眼》一书解释为“三江流域的王者”。参见扎西尼玛、马建忠：《雪山之眼》，昆明：云南民族出版社，2010 年，第 3 页。

人类的不敬行为，他就会报复，施以灾害。人们对此深信不疑，[①]无人敢随意僭越。

垃圾污染冰川以及游客的不敬行为被认为会引起神山不悦，垃圾的集中处理则更加尴尬。如上文所述，明永村和景区的垃圾集中后，选择在明永村本地降解，2005 年，景区管理局在景区入口下方修建两处垃圾焚烧点，只能在此处理。但垃圾一经焚烧，冒出的黑色刺鼻烟气直冲云霄，这与煨桑等敬神活动产生的白烟完全相反，被认为是对冰川的莫大污染，是对神山的大不敬。村民们对此忧虑重重，时刻担心神山发怒，把灾难降临人间，却束手无策。

现代垃圾泛滥对明永冰川和神山的影响实质上是对明永村藏族文化的巨大冲击，神山信仰是藏民信仰中的重要组成部分，尤其是在卡瓦格博神山脚下，这种影响是对本地藏族传统文化核心部分的冲击。一旦造成实质性的影响，对当地传统文化体系造成的伤害将无法挽回。

持续多年后，2015 年初，梅里雪山开发经营公司在村里修建垃圾集中站，并派垃圾车运送垃圾，由村民志愿轮流装载垃圾。景区内部的垃圾收集等工作也由公司安排专人负责，集中从太子庙运下山后，公司派垃圾车运送至德钦县城集中处理。景区每年的垃圾量超过 150 吨。由此，明永村垃圾集中焚烧的大不敬行为成为历史，垃圾被集中到德钦县城利用现代的垃圾处理方式处理。但在明永，景区内和村内的各种现代垃圾每天仍然在源源不断地产生。

结　论

对于相关的任何学科，农村垃圾问题都是当前理论价值和现实意义极强的重要议题，生态人类学由于兼具人类学和生态学的学科特点，其在少数民族农村地区的环境和垃圾问题研究方面具有独特的学科视角、取向和价值，应当引起环境史学者足够的关注。

---

① 1991 年的梅里登山事件，当地人的解释是：登山开始至准备冲顶期间，卡瓦格博到西藏参加世界神山大会，对此并不知情，开完会回来，发现肩膀上爬着几个黑点，于是一吹，登山者就全都下去了。

在具体的社区，垃圾的可见影响是污染环境，这种污染在很大程度上会破坏当地环境，尤其是造成人居环境的急剧恶化，然而，不可见却更重要的影响是干扰和破坏当地传统文化体系。由明永村的案例可以看出，现代垃圾不仅对当地环境造成实质性的影响和破坏，更在传统文化体系框架内冲击神山和冰川的神圣性，也就是对于传统文化的信仰基础的重要冲击，同时伴随以游牧、酥油茶等作为典型特征的生活方式的消逝。垃圾作为现代文明的副产品，不仅仅是简单的象征符号，而是文化体系性的关键点，意味着传统文化的变迁乃至整体消逝。因而，生态人类学和环境史视野下的垃圾问题研究，应当在文明交流和遭遇的大背景中，对整体的文化体系互动给予足够的关注。

垃圾问题的研究中，如何看待传统知识是无法回避的话题。生态人类学乃至人类学的学科惯性思维中，土著的传统知识体系向来都是智慧和思想借鉴的重要宝库，诸如人类学气候变化的研究，最为重要的乃是希望从土著的传统生态智慧中，寻求解决应对气候变化的重要方法。这也是环境史研究的重要学科价值取向。然而，关于垃圾问题的研究，这样的惯性思维却可能成为实质上的缘木求鱼。换言之，希望从土著的传统知识中寻求解决和应对垃圾问题的智慧和方法，很可能无法取得预期的结果。明永村的现代垃圾给村民的日常生活带来困扰，给冰川和神山带来污染，以至于村民整天生活在面临神山惩罚的恐惧中，正是因为传统文化体系无法应对和解决现代的大规模垃圾问题，这一状况才持续，造成村民“文化上的心理恐慌”。直至外来的公司专人负责运走现代垃圾，这一局面和问题才得以顺利解决。土著传统知识的重要性在生态人类学近些年的研究中被提升到异常的高度。然而，面对现代文明带来的种种严峻的环境问题，传统知识体系的局限性很可能得以凸显，土著的应对往往较为乏力。生态人类学的视野中，就解决方法而言，如何将传统知识体系与现代文明社会相结合，是迫切而又难以解决的重要问题。

少数民族地区占据我国国土面积的很大部分，丰富多彩的民族文化是中华文化的重要组成，关注民族传统知识和传统生态文化，是环境史研究的重要论题。但囿于传统社会史料记载的缺乏，当前民族地区的环境史研究只能聚焦“有迹可循”的现当代变迁。毫无疑问，无论对于传统生态文化的挖掘和丰富，还是对于当今环境问题的借鉴和启示，这种变迁都有着重要的意义和价值。采用田野考察与史料相结合，借鉴生态人类学的理念，关注传统知识的重要性和局限性，在土著他者文化整体性的框架内思考人与环境的关系问题，应当是基于生态人类学传统学科理论和方法为少数民族地区环境史研究提供的重要理论和方法启示。

曹津永：云南省社会科学院民族文学研究所副研究员。

《万物并作:中西方环境史的起源及展望》译介*

韩昭庆

原书作者是耶鲁大学历史系的濮德培(Peter C. Perdue)教授,2012 年他受复旦大学“光华人文杰出学者讲座”项目的赞助,到历史地理研究中心做了四次报告。按照该项目要求,需要申请人在报告的基础上写成一本书,一方面记录下他们在复旦校园进行的学术思考,同时也让更多的学人能分享这一学术成果,以此为中国人文社会科学的繁荣发展做出一份贡献,这是本书的来历。

本书原名是“中西方环境史的起源及展望”,译者接受北京三联书店编辑的建议,为它补充了四字的标题“万物并作”。其出自《老子・第十六章》“致虚极,守静笃,万物并作,吾以观复”,意指世间万事万物按照自身规律一起生长、发展。

本书由序言、第一章西方环境史的起源、第二章中国环境史的兴起、第三章环境史研究的尺度、第四章环境史与自然科学以及结论构成。在序言里,濮教授给环境史下了定义——环境史是关注过去人类社会与自然界之间相互作用的历史学科,包括食物、矿物、能量和气候等各种资源以及他们与人类福祉之间的关系,还包括通过人类劳动转化自然物质维持生活的各种生产方式。当然,这也是马克思的核心论题,即任何形式的价值皆是人类劳动加工自然物的创造。故从这个意义上讲,马克思也是环境史学的理论奠基人。环境史研究的内容包括农业史、城市生态史、工业革命对环境的影响、医学史、环境技术史、环保运动史、环境思想和环境哲学、人类对自然界负有责任的伦理观等。提倡环境史研究应密切关注地质学、植物学、动物学和生态学等自然科学的新

* 本文另刊发于《原生态民族文化学刊》2019 年第 3 期,此为原文。

发现，以便了解独立于人类信念之外存在的自然本身运行的模式。在这一基础上反观人类社会形成以后环境变迁的新内容，才能揭示这些新内容的由来与机制，探明人类在其间究竟起什么样的正面和负面作用，也才能对人类社会存在的本质作出准确的学术定位。该书主要关注人类在自然界中的活动，尤其是近代及现当代的活动。

第一章考察肇始于古代，直至20世纪发展成为专门研究领域的西方环境史的学理脉络。环境史源自两个学派——法国年鉴学派和美国边疆学派。前者关注长时段的研究以及自然界对人类社会产生的制约，后者强调近代资本主义对自然界的不断改造以及由此引发的各种环境问题。本书着重介绍法国年鉴学派两位创始人布洛赫（Marc Bloch）和费弗尔（Lucien Febvre），及后世的布罗代尔（Fernand Braudel）的生平及作品，并介绍最近的年鉴学派代表人勒华拉杜里（Emmanuel Le Roy Ladurie）的作品。布洛赫有关历史研究的第一个原则是观察当代人生活的周边环境，以便提出有关过去的研究问题。布洛赫绝对不会把历史学者的工作与他现世的经验隔离开，而提出历史学者应该“倒着读历史”以解决历史的问题。濮教授认为布洛赫是历史地理结合农业史研究的创始人，同时批评布洛赫并未全面关注生态的问题——在他的描述中，土地、土壤和气候都是静止的元素，土地不会流转，动植物等生物体也未得到考察，自然界被看作约束，仅仅是人们为生计而艰难掌控的对象。年鉴学派的农业史学者们通常强调中世纪和近代早期自然施加于人类社会的强大约束力。勒华拉杜里的《盛宴与饥荒的年代》（*Times of Feast, Times of Famine: A History of Climate since the Year 1000*）是介绍长时段的气候变化对人类社会产生影响的先驱之作，研究近800年人类应对气候变迁的经验。

1920年，美国边疆学派创始人特纳（Frederick Jackson Turner）发表的《美国历史上的边疆》（*The Frontier in American History*）认为，不断向西部边疆地区的扩张运动中产生一个特殊的人群——美国人，他们崇尚进步、独立、不受社会习俗和政治法规约束的自由。不像年鉴学派那样强调自然力量对人类发展构成的约束，美国史学家们致力于赞扬资本主义的驱动力改变了地貌景观，继续开发自然资源服务快速发展的经济。直到20世纪60年代自然科学家卡逊（Rachel Carson）《寂静的春天》（*Silent Spring*）的问世，人们才关注工业和化学技术对自然秩序的破坏问题，催生美国的现代环保运动。该书还介绍当代美国环境史学家克罗农(William Cronon)、克罗斯比(Alfred Crosby)和沃斯特(Donald Worster)的作品,他们都明确地把对环境的关注当作中心议题。其中,克罗农的名作《土地的变迁:新英格兰的印第安人、殖民者和生态》(*Changes in the Land:Indians,Colonists,and the Ecology of New England*)认为,早期的资本主义发展方式并未导致大型工业生产的集聚,却促成土地利用方式的巨大改变。和揭示欧洲聚落与新英格兰土地利用的转型一样,克罗农的代表作《自然的大都市:芝加哥与大西部》(*Nature's Metropolis:Chicago and the Great West*)把资本主义的工业化和美国中西部土地利用方式的剧烈变化也联系到一起。沃斯特在《帝国之河:水、干旱与美国西部的成长》(*Rivers of Empire:Water, Aridity, and the Growth of the American West*)中,演绎了一个由政治驱动的有关垃圾、压迫、暴力和控制生活在这块土地上的自然与人群的故事。美国的边疆学派原来赞扬美国的富有,现在逐渐认识到自然施加于人类可持续发展的强大约束以及违背自然规律带来的危险。从这个角度看,边疆学派和年鉴学派的观点愈加趋同。尽管他们的研究在许多方面相互抵牾,但是都关注人类和赖以谋生的自然产物及其生活环境之间紧密的互动关系,为日后的环境史学者提供许多研究视角和方法。

第二章介绍中国环境史自帝国时期到近代的逐渐兴起。中国环境史有三个源头:第一种是自然史的学术传统,或者是把自然界当成文化产物重要组成部分的学术传统。人们可以在诗歌、园艺、游记和绘画等传统艺术中看到这一传统。他认为中国古典传统中的自然史始于神话传说中两个相异但互补的治理洪水的故事,即大禹治水和女娲补天,并以李时珍《本草纲目》和宋应星《天工开物》为例,说明人们对自然界进行深入实证研究的过程。第二种有关自然的资料则主要来自对边疆地带,尤其是对西北和中欧亚地区的游牧民以及西南山民的关注。从汉代司马迁《史记》对匈奴人的记述,到清代郁永河《裨海记游》对台湾,纪昀《乌鲁木齐杂诗》对新疆等地自然环境、当地人生产、生活方式的观察记录,都体现人们对边疆地区人与自然关系的认识。第三种有关环境史的书写形式是历史地理。从环境史学者的角度看,它有助于分析不同地理尺度。人类与自然在不同的空间尺度上相互作用,从像农田这样的地方尺度到稍大的河流流域、经济区域尺度,再到帝国甚至全球的尺度,历史地理是具体揭示历史时期不同空间尺度的人地作用的研究方法。不像社会学、人类学和经济学等许多其他社会科学，历史地理不需要征引西方理论，因为其自身悠久的沿革地理传统以及对地方文化的系统把握，使得其与西方环境史殊途同归。

本书单列一小节讨论禹贡学会与历史地理的关系。尽管许多讨论中国民族主义的作者都强调界定疆域和空间范围，但是绝大多数的人只是关注符号或者语言的使用，而不是通过历史地理的研究实现对具体疆域的合法声明。禹贡学会在清人研究的基础上，发展成严格依靠实证研究的学科。这门学科严格界定(历史上)中国的范围，引用帝国时期前人的说法，认为几乎包括 18 世纪末清朝最大的疆域，这个范围包括许多民族生活的地区。中国民族主义的独特性源自其过去漫长的帝国时代，在地理学家看来，这么长的时期构成他们宣称中华文明持续五千年历史的基石，这在世界上独一无二。帝国遗风在中国国家界定上的重要性使得历史地理成为讨论中国身份和疆域的重要元素。禹贡学会研究许多关于自然地理与中华民族特性关系的问题，包括政府权力的合法化、中央与边缘地区的关系、经济发展的推进、多民族性以及中国穆斯林的特殊性等。但是禹贡学会的根本目的是通过详细考证沿革地理，为国家疆域的主张提供支持。他们解决了将中国的统一根植于土地与文化之上以获得中华民族统一的紧要问题，并且为当代中国环境史的研究奠定基础。濮德培教授认为，拉铁摩尔(Owen Lattimore)在构建宏大理论的过程中，非但没把人类当成环境暴力的受害者，反而在主张边疆成就人类的同时，依然坚持也是“人类创造了边疆”。正是拉铁摩尔深刻地影响美国人对于欧亚大陆东半部地区的看法。也因为受他影响，当代的环境史学家才得以发现中国历代王朝启动的许多制度改革、文化取向调整和军事策略改进都与不同时期面对的边疆危机息息相关。

在濮德培教授看来，19 世纪中国在鸦片战争失败之后兴起的自强运动，从根本上改变了中国官员和学者对于自然的看法，他们不再寻求与自然合作，也不再出于科学和诗人的好奇或者地方管控的需要调查物产，而是必须迅速开采自然资源以抵抗西方帝国主义。自然可以像动物一样被驯服，而不是像敌人一样被征服，“向自然开战”的想法是晚近的命题。他把这一命题的提出归结于 20 世纪初中国政治的混乱。他认为，20 世纪不断在中国大地上加剧的战争，使得“向自然开战”的想法逐渐占据舆论高地。按照这种想法，自然成为人类为实现自身目的而需要战胜的陌生敌人。20世纪的强国在追求快速工业化的过程中，类似的武力征服手段对环境造成巨大的损害。直到20世纪最后10年，古典的生态思想才在中国复兴，人们开始理解可持续发展、自然的弹性以及与自然力量合作的重要性。类似理念的完善与健全，都会使得当前环境史研究取向获得一系列崭新的内容和逐步趋于鼎盛的和谐景象。

第三章考量权衡人地关系分析中的不同尺度选择的得失问题，濮德培教授系统揭示出环境史学者如何从地方、区域以及全球的视角考察各不相同的人地关系，再通过整合分析，以期探明以何种尺度展开分析，得出的结论更接近于事实的真相。书中明确注意到两个有关尺度定义的关键问题：一是如何界定研究区域的范围，又如何把他们与毗邻区域区别开；二是如何把一个区域、一种尺度上的事件与其他或大或小的区域和尺度的事件相联系，不同的空间层级如何以不同的方法解决边界及其相互关系。行政、经济以及文化的空间层级皆以不同的方式划分帝国或者国家的空间。以不同空间尺度进行研究可以定义为微观史（microhistory）、遥联（teleconnection）以及全球边疆的研究（the study of global frontiers）。这些研究方法首先都会选择一个小区，对之进行或长或短的时段研究，然后在分析这些区域的基础上总结更大空间范围中的历史过程。

本章他分别介绍一批微观史的经典著作，包括达恩顿（Robert Darnton）于1984年发表的《屠猫记：法国文化史钩沉》（*The Great Cat Massacre, and Other Episodes in French Cultural History*）、史景迁（Jonathan D. Spence）的《王氏之死：大历史背后的小人物命运》（*The Death of Woman Wang*）、孔飞力（Philip A. Kuhn）的《叫魂：1768年中国妖术大恐慌》（*Sowlstealers: The Chinese Sorcery Scare of 1768*）、萧邦齐（R. Keith Schoppa）的《九个世纪的悲歌：湘湖地区社会变迁研究》（*Song Full of Tears: Nine Centuries of Chinese Life around Xiang Lake*）以及濮教授本人发表的《尽地力：1500—1850年间的湖南政府与农民》（*Exhausting the Earth: State and Peasant in Hunan, 1500—1850*）对洞庭湖地区的讨论等。

荒政研究是遥联研究，灾害或许只会发生在某个小区域，但是它的影响会扩散到更大的区域，把不同的空间尺度联系到一起。本书重点探讨艾志端

(Kathryn Edgerton-Tarpley)的《铁泪图:19 世纪中国对于饥馑的文化反应》(*Tears from Iron*:*Cultural Responses to Famine in Nineteenth-Century China*)和戴维斯(Mike Davis)的《维多利亚时代晚期的大屠杀》(*Late Victorian Holocausts*:*El Niño Famines and the Making of the Third World*)对发生于 1876—1879 年的华北奇荒的考察。艾志端描述了导致山西饥荒的经济衰退的背景,主要关注江南地区的士绅和商人,以及英美全球救灾行动组织者的救灾工作,揭示全球救灾组织起更大的作用。她用饥荒以及国际合作救灾的故事当作讨论中西方文化解读自然灾害的方法,通过对这件事的考察,总结出中西方长久以来特有的强大力量和信仰体系,故利用文化而非定量的角度研究。戴维斯的研究与之形成鲜明对比,他认为灾荒的根本原因在于全球气候变化以及西方帝国主义于 19 世纪末对包括中国在内的全世界的破坏性影响。厄尔尼诺导致降水减少进而降低收成是一个原因,但是政府应对气候变化不力才是致使成千上万人挨饿的重要原因。英国在鸦片战争中极大削弱清政府的财力,使得政府无力救灾。因此,二人对导致饥荒的原因以及救灾行动效率方面的叙述天差地别,但是他们都利用创新的方法把华北饥荒与世界背景联系到一起。濮德培教授在肯定二人成就的同时,也看到他们的局限性,艾志端忽略物质的因素,戴维斯则把所有的罪过归咎于物质方面的影响和帝国主义造成的破坏,皆忽略对清朝官员的战略考虑。正是由于当时的清政府优先把更多的资源用于边疆国防,而不是华北地区基础设施的建设,才导致救灾物资不够。同时,因为道路交通情况很差,导致救灾物资无法及时运送到灾民手里,这场中国史上最严重的大饥荒才由此降临。

对全球史的研究,本书主要介绍理查德(John F. Richards)和斯科特(James C. Scott)的研究。理查德在《未终结的边疆:近代早期世界环境史》(*The Unending Frontier*:*An Environmental History of the Early Modern World*)中继承特纳的美国边疆开拓史的思路,但是把他的研究范围拓展到全球尺度。在理查德看来,资本主义扩张以及社会组织进化是导致边疆地区遭到破坏的两个根本原因。在濮教授看来,不应该仅关注国家和资本家的扩张,还应该关注原住民的回应,土著的抵抗能力很大部分要依靠他们生存的自然环境,因此两者反应也各不相同。他以斯科特的《逃避统治的艺术:东南亚高地的无政府主义历史》(*The Art of Not Being Governed*:*An Anarchist His-*

tory of Upland Southeast Asia)为例,介绍对生活在所谓“赞米亚”高原地区的人们与当地社会之间关系的系统分析。斯科特把生活在这些地区的人群看作是试图逃避和抵制国家政权的人,这种赞米亚社会的特点直到20世纪才消失。赞米亚的地理观以及对物流的关注,为联系中国近代史与世界各地提供新的研究方法。为此,濮教授建议可从商品史、食物史的角度重建超越语言、文化、地理和时间界限的全球环境史,分别介绍17—18世纪中俄之间的毛皮故事、18—19世纪云南普洱和福建武夷茶的生产和运销的故事、20世纪中日之间有关捕鱼的斗争,以及21世纪中国新兴的汽车工业等,这些都是不同空间尺度的环境史。指出环境史是地方的,也是全球的。

第四章提出联系环境史与自然科学进行研究的诸多创见。他指出,达尔文的进化理论显示成功的物种延续仰仗对生存环境高度的适应能力,并没有暗示暴力斗争是进化的基本途径,他本人也没有使用过“适者生存”的概念。但是他的理论被社会达尔文主义者误读误用,也被19世纪末处于危险状态下的中国人误译,认为人类社会像自然物种一样靠斗争决定存亡,并在20世纪中国民族主义理论的产生中起重要作用,然而当代有关自然选择和进化的理论并不支持这些观点。一方面,自然选择没有目的性;另一方面,进化的过程与结果不具可预测性。并以杀虫剂DDT的发明、利用并被禁止的过程分析进化史能够分析自然与人类活动的相互作用。本书也引入生态史的最新理论,其旨在系统理解较长时间跨度内人类与自然变迁的关系。可持续性和修复力是体现这种研究方法的两个重要概念。指出生态学家研究的关键问题是生态系统内物种的多样性和复杂性与这个系统的修复力或稳定性之间的关系。多数情况下,系统的生物多样性越强,它在遭受冲击之后的修复力就越强。这是因为,如果系统有多种生物,它们的抵抗力各不相同,干扰对于不同物种的影响程度也各不相同,这样干扰就会被分散,一些物种或许会死去,但是其他物种会抵抗这种冲击,这个生物群落从整体上还会或多或少按照原来的方式继续存活。如果只有很少的物种,它们的差别不大,那么同等规模的意外打击会摧毁所有生物,导致大灾难。人类社会经常会为养活更多的人口而培育少数作物,降低自然系统的多样性,以便提高它们的产量,但是历史显示,过度简化生产系统让它们在应对打击时更加脆弱。濮教授以发生在19世纪爱尔兰的土豆饥荒说明这个问题。

“适应周期”(adaptive cycle)最初由霍林(C. S. Holling)等生态学家于 20 世纪 70 年代提出。霍林尝试解释生态系统的周期如何在不同的稳定状态之间明显转变。生态周期有四个阶段。第一个阶段 r 阶段被称为“开发阶段”,这个阶段被描述为在空旷的地带,物种在互相竞争中迅速扩散,快速生长,比如草地。第二个阶段被称为“保持阶段”或者 K 阶段。这个阶段,增长减缓,利益得到保存,比如“顶级森林”。可以拓展应用这种生物生态的模式至人类经济中。对于经济学理论者而言,r 阶段描述企业家的活动,K 阶段则描述官僚的合并。但是随着自然或组织结构的整合,该系统的修复力会越来越差,即越来越容易受到外部冲击的破坏。之后,当灾难降临,如森林大火、干旱、病虫害,或者金融危机、财政危机和动乱,这个系统会转变到第三阶段“释放阶段”或 Ω 阶段,这是灾难性崩溃的阶段。经济学家熊彼得(Joseph Schumpeter)称之为“创造性破坏”(creative destruction),历史学家则称之为“改朝换代”。崩溃之后的第四个阶段是“重组阶段”或 α 阶段,在这阶段里,由崩溃释放的营养等物质回归,开始新一轮的生长阶段。先锋物种在被烧过的地方重新滋长,湖里长出新的植物,林草地也重新生长,一个新的阶段又开始了。这在某种程度上是元素的不同组合,或者是对以往过程的重复。中国传统有关王朝兴衰的理论与关注生长、维持、崩溃和重组的适应周期概念之间具有相似性,不同的是一个发生在生态系统,一个发生在王朝之间。适应周期当然源自自然科学,而非道德层面,但是它描述的基本模式却与王朝更替极为相似。

在濮教授看来,黄河的历史为这种适应周期的过程提供绝佳的例证,但是也提醒人们在考察黄河历史时,应加入人类为政治目的而故意引发决堤的事件,这些干预黄河流路的研究说明人类行为与长时段生态过程的影响不相上下。穆盛博(Micah S. Muscolino)的《中国的战争生态学:1938—1950 年的河南、黄河及其他》(*The Ecology of War in China: Henan Province, the Yellow River, and Beyond, 1938—1950*)、佩兹(David A. Pietz)的《黄河之水:蜿蜒中的现代中国》(*The Yellow River: The Problem of Water in Modern China*)以及张玲(Ling Zhang)的《河流、平原与政权:1048—1128 年北宋中国的一出环境戏剧》(*The River, the Plain, and the State: An Environmental Drama in Northern Song China, 1048—1128*)等三部著作分析黄河与人类相互作用的历史,其间便暗含上述的理念。

总之，本书讨论中西方环境史的发展过程，既强调它们的共性，也注意到受历史、地理和政治决策影响产生的地方性差异，并提倡向历史汲取经验。正如书中所言，一切历史都是当代史，都要回应今日关注的问题，尽管比前人具备更多的科学和技术知识，但是当代人并没有因此变得更有道德、更加善良。人类对过去的经验进行系统批判性研究，是所能持有的维护自然的唯一可行的依赖，所以濮教授认为，必须把过去的历史纳入将来对环境的讨论之中。

译者认为，本书通过开展中西长时段的比较分析，阐释环境史起源的中西方背景，其研究内容及研究目标，连同其推介的环境史写作思路和方法。由于有具体的案例，故具有很强的借鉴意义，是近年出版的有关环境史研究的查阅、征引指南。具体而言，本书有以下四个显著特点。

第一，视野开阔。本书采用中西比较的视角，参考近 120 种中英文献；从作者的学术背景看，他可以阅读 14 门语言，长期耕耘在世界史和中亚史的领域，具有渊博的知识、深厚的西方史学功底和中国史学基础。长期以来，语言阻碍对西方环境史的了解，尤其是除英语外的其他语种国家的环境史，本书重点介绍的法国环境史研究无疑对将来的研究有所裨益。

第二，利用实证分析法，内容丰富，体小而思精。作者从公元前四五世纪修昔底德和希罗多德这两位西方史学鼻祖的著作入手，一直到 21 世纪，深入浅出，选择性凝练介绍中西方环境史学者的著作、典型的事件和历史故事，对事件或研究进行提纲挈领的剖析，再评价其研究思路和方法。与以往充斥着枯燥理论、生硬词语和空洞伦理教条的环境史著作形成鲜明对比，本书有关环境史的理论建立在对鲜活案例进行实证研究的基础上，每个故事都隐含着丰富的经验内涵。

第三，独特的研究视角。书中提及许多耳熟能详的中国历史故事或者人物，原先很少会想到他们与环境史的关系，经过本书的启发，视野得到极大开拓。尤其是书中对历史地理在解决中国及中华民族的统一问题起重要作用的论述为以往学者所忽略；认可用霍林等生态学者提出的适应周期理论阐释历史时期黄河的变迁；指出环境保护并非源自西方，历史时期中国早已存在自发保护环境的非政府组织，但是他们力量太小，无法对付更加强大的组织；纠正以往对达尔文思想的误读，而强调偶然性在自然界和人类史中的重要性。上述观点都有耳目一新之感。

第四,逻辑结构严整,环环相扣、层层推进。第一章里,他从修昔底德和希罗多德都在著述中置入自然环境和自然力量对战争过程产生影响的内容入手,分析他们对环境问题的关注,认为为日后历史学者的分析确立分析框架。修昔底德记述了雅典与斯巴达之间的伯罗奔尼撒战争,受瘟疫的影响而陷入僵局。濮教授认为,修昔底德对疾病影响历史事件的较为详细的分析是环境史研究的突出例子,几乎包括环境史研究的所有主题。他描述了自然变化的过程及其对人类身体的影响,接着考察它对社会和心理的影响,并把这些影响与战争经过联系分析,通过这种方式,把生物、个体、社会以及军事的思考融入故事之中。

希罗多德则描述了公元前 513 年,当大流士试图入侵西亚(今乌克兰地区)的草原时,他遇到一群斯基泰游牧战士。希罗多德详细记叙斯基泰人的生产方式,以及他们的族群社会与草原环境之间的紧密联系,直接把他们的社会和心理特点与其居住的土地和生活方式联系在一起。和修昔底德一样,他解释了军事行动与环境因素冲突产生的结果。濮教授把希罗多德描述斯基泰人这一中亚区域史上最早的游牧民族与后来司马迁评论匈奴人进行比较,司马迁把与汉代打了一百多年仗的中亚地区匈奴人描述成无法被定居地区的军队战胜的移动的战士。这些有关定居帝国与游牧民族关系的分析显示出环境史与边疆史之间的紧密联系。通过考察生活方式截然不同的人群在相遇地区发生的冲突,可以理解特定的环境如何塑造社会、影响军队和经济。中西方边疆史学家皆提供大量的文献考察这些互动关系。上述两位历史学家都提到环境与集体心理和战争之间紧密的联系,随后濮教授介绍与他们持相同观点的后世两位历史学者的作品,分别是赫勒敦(Ibn Khaldun)和吉本(Edward Gibbon)。两人都著有关于帝国兴衰史的鸿篇巨著,非常关注草原游牧民族对定居帝国政权的影响。他们继承希腊史学家的古典传统,书写大尺度的世界帝国史,并把这种对自然的分析延伸到对中东和欧亚大陆的分析中。

人们生活在快餐文化、碎片化文化的时代,很少有人耐心细读大部头的著作,故学者介绍经典的过程显得尤为重要。学者如何通过自己的阅读理解,从冗长的原著中提取深邃的道理,言简意赅地让普通读者即刻明白并产生共鸣,甚至把书中的理念化为行动,是应该思考的问题。尤其是今天,当人口已超 65 亿,面临全球气候变化,资源匮乏与日日更新、需要耗费更多资源的生活方式构成尖锐矛盾的时代，思考人作为自然的组成部分，个体、组织应该采取的行为，无疑是环境史的核心话题。习近平同志在2018年5月召开的全国生态环境保护大会上强调，生态文明建设是关系中华民族永续发展的根本大计，并指出，推进生态文明建设，必须坚持人与自然和谐共生，坚持山水林田湖草是生命共同体，要全方位、全地域、全过程开展生态文明建设。译者认为，环境史学者也应责无旁贷，从历史的维度丰富我国生态文明建设的内容，那么，这本书无疑可提供一种写作的范式。

当然这本书也有一些瑕疵。虽然作者可以阅读14门语言，但是书中直接引用的语言主要为英文、中文和法文；在介绍中国环境史研究方面，也很少引用中文的研究，而是大量引用英文的著述；在介绍西方其他地区的研究时，同样存在这方面的问题。此外，他深受拉铁摩尔的边疆学派影响，强调边疆视角在环境史研究中的地位，但是当运用这套理论研究中国时，这样的视角可能会存在一些问题，因为中国与美国开拓边疆的历史有本质性的区别。将两者等量齐观，其间必然存在着不容忽视的文化偏见。类似的情况尚存于书中一些论述，需要引起读者的注意，但瑕不掩瑜，这是一本予人启迪的至简环境史。

韩昭庆：复旦大学历史地理研究中心教授。

评鲍克特《密花石栎:美国西海岸硬木环境史》*

周 飞

鲍克特(Frederica Bowcutt)于 1996 年获得加州大学戴维斯分校环境史学博士学位。她在该领域颇有建树,2001 年开始以美洲密花石栎为研究对象撰写系列论文,终于 2015 年推出处女作《密花石栎:美国西海岸硬木环境史》(*The Tanoak Tree:An Environmental History of a Pacific Coast Hardwood*)。鲍克特现为长青州立大学(Evergreen State College)教授,研究主攻环境史、植物学。

全书共分八章,以"美丽的树"、"橡子"、"树皮"、"杂草"、"硬木"、"疫情"、"景观"和"合作"为题,密花石栎为线索,展现美国西海岸原住民的生活状态以及白人进驻后双方的对抗与合作。讲述美国西部开发史的同时,折射出许多延续至今的社会问题。

第一章引出美丽的密花石栎。密花石栎虽然种类丰富,但在全球分布极为有限,主要在美国西海岸的加州北部和俄勒冈州西南部。早在 1889 年,它就引起人们的重视,被应用到建筑领域,林务官认为在缺少硬木的北美海岸线,密花石栎有很高的经济价值。随后它的美学价值日益凸显,在小型城市花园布局中的作用尤为突出。它在春天、夏天、秋天盛开,但果实两年之后才成熟;通常高约 47 米,即便遇到干旱、霜冻和火灾,也会顽强地恢复生长。其不仅对原住民意义重大,对于动物生存亦如此。果实造福很多动物,不仅有熟知的啄木鸟、松鼠、野猪和野生火鸡,还有罕见的斑尾鸽、骡鹿和加州灰熊。

第二章讲述密花石栎的果实。每年 10 月是平原地区密花石栎的收获季节,海拔高些的要到 11 月才能采摘。密花石栎树龄超过三十岁后,果实数量

---

* 本文原载《全球史评论》2018 年第 1 期,此为修改稿。

便会急剧增加，果实形状很像榛子，却比榛子大许多。这果实是原住民最喜爱的食物，但后来的移民不仅将原住民的领地视为禁脔，对于他们的品味更不以为然，认为当地鲑鱼才是最佳美味，双方分歧由此开端。原住民在收获前要举行为期五天的隆重仪式，祈求植物之神赐予大丰收。果实富含的多酚类化合物具有抗氧化作用，因此不仅可以制成香甜坚果粉作为主食，还能抑制干咳、改善口腔状况、预防心脑血管疾病甚至降低癌症发病率。果实由于外壳坚硬，既有效避免真菌和昆虫攻击，也有利于长期保存。因而，其不仅是美味的主食，还是畅销的药品。

第三章叙述密花石栎的社会经济史。每年5—7月是密花石栎树皮收割期，成年树皮至少有1.27厘米厚，因而被广泛地应用于皮革制造。早在18世纪末，西班牙人就用它的树皮与牛皮混合制造皮革。加州并入美国版图后，白人提炼树皮中的精华成分，生产耐磨皮革。到1866年，仅旧金山地区就有约五十家同类企业，销售额超过百万美元。此外，由于密花石栎硬度可靠，在美国西部的铁路建设和家居装饰方面同样大放异彩，很多商界名人发覆于此。与驴车、马车、帆船和蒸汽船等交通工具相比，窄轨铁路尽管运费不菲，但顺利地将密花石栎销往其他城市。产品一度远销夏威夷甚至中国。然而考虑到密花石栎面临绝迹危险，无计划的砍伐很快被叫停，加上生产效率低下，该产业逐渐凋敝，众多从业者流离失所。

第四章围绕密花石栎的经济价值。19世纪80年代，林业部系统考察各种树木的经济价值，州际公路的出现使得陡峭山地上的北美红杉和花旗松映入人们的眼帘，它们不久就取代密花石栎在铁路建设和家居装潢方面的地位。林业局开始考虑根除密花石栎，因为它与经济价值更高的花旗松和北美红杉存在生存竞争关系，有研究显示，密花石栎面积每增长50%，花旗松便下降37%。无数密花石栎被火和除草剂清除，有的仅是为给运输其他木材让出道路，而被拖拉机与卡车无情地碾压，仿佛变成大森林的地板。1962年，卡逊(Rachel Carson)《寂静的春天》(*Silent Spring*)问世，指出不加区分地播撒化学药品不仅对昆虫和植物，甚至对人类都有很大的危害。然而密花石栎依旧无法改变被清除的命运，毕竟就经济价值而言它已然不是明星树种了。

第五章从历史角度探讨密花石栎的未来。地理大发现伊始，英法等国就砍伐大量橡树制造船只。1664年，伊夫林(John Evelyn)《森林论》(*Sylva*, *or, A Discourse of Forest Trees, and the Propagation of Timber in His Majesties Dominions*)提到，橡木制成的木炭被广泛用于冶炼，引发人们对过量砍伐森林的担忧。但人类仿佛并未从中吸取教训。19 世纪一些法国农民与政府联合获取薪柴和其他森林资源，最终导致粮食安全受到严重威胁，政权也因此几度更迭；爪哇地方政府与民众因为林权问题，对立延续至今；虽然杀死密花石栎的除草剂的危害已经为美国人熟知，但林农和社区居民对于除草剂的反应早已今不如昔。考察后，人们认为密花石栎虽然可以制作地板、家具、纸浆和工业生物燃料，但高昂的生产成本是它在市场中的最大瓶颈。于是构想出以政府补贴和环保慈善相结合，为密花石栎找到新出路，即有限度开发，并将长有密花石栎的森林建成退休人士的住宅或者私人农场。此举取得巨大成功。

第六章尝试解读密花石栎死亡的主要原因。植物病理学家经过分析，认为它的死亡主要源于一种疫霉属病原体，这种病原体使水分快速减少而导致机体死亡。美国动植物卫生检疫局通过监管州际苗圃贸易，力求防止疫霉属病菌扩散到美国的其他地区，但是仍然不能阻止其他州的树木因其大量死亡，比如在美国东南部，抵抗能力较差的红橡树、榆树最先死亡。这对橡树园的生产和传统的林业贸易构成巨大威胁，很多部落损失不小，国家公园也成为受害者，普通家庭的园艺景观更是深受其害。疫霉属致病菌的巨大危害给防治工作带来很大困难，政府、专家、林主、居民都在竭尽全力解决这一问题。联邦林业局使用草甘膦、灭草烟、物理移动和切割的办法预防和消除，各州建立高危地区预防机制，均收效甚微。

第七章强调土著居民利用林火有效管理密花石栎的生态景观，以及白人由轻蔑到学习的过程。美国西海岸植物深受象鼻虫和小卷蛾困扰，就密花石栎而言，至少有一半的果实被它们破坏。原住民采用放火焚烧植被进行预防。长此以往，这种做法成为文化习俗，具有神圣的仪式感。白人则不认同，认为此举极大地浪费土地资源。双方争执使得原来就紧张的关系达到极点，冲突频频爆发，白人杀死印第安人，印第安人势单力薄，只能杀死白人的牲畜进行报复。1852 年，国会批准在北加州建立全国第五个印第安人保留地，原住民依然凭借采摘和狩猎所获的野生食物生存。1858 年，政府明令禁止原住民采用传统的施火方法进行生产，但生态景观却出现急剧恶化的现象。针对这种情况，著名生态学家利奥波德(A. Starker Leopold)提出新的管理思路，即建议要像原住民那样，以林火利用替代林火控制，从而保持生态平衡及恢复原始景观。

第八章展现双方就保护密花石栎冲破思想藩篱。原住民意识到白人的先进管理方式有可取之处，所以开展与非政府组织合作，建立防火安全委员会，以防止意外山火。他们还与加州大学戴维斯分校和伯克利分校合作，学习如何使用磷酸钾防止密花石栎感染疫霉属致病菌。经过百余年等待，利奥波德的设想得以实现，美国林业局、印第安人事务局、国家公园管理局和加州公园及休闲地管理局联合开展研究，论证计划火烧的科学性，并逐渐实施。此外，政府推出森林管理计划，建成红木国家公园及州立公园，有计划地保护密花石栎等植物；研究机构采访部落长老，口述史的成果成为重要的文化遗存。客观上，仅依靠林火利用无法挽救密花石栎的命运，但正因双方以此为契机展开的密切合作，密花石栎才最终得以生存，美丽的景观得以重现。

作者充分运用不同学科专家的看法，阐释问题角度全面。作者尽管具有历史学和植物学的深厚功底，但仍向生态学家、环境学家、林业工作者、政府官员等人请教，获得大量一手调查资料，以植物学和历史学为主，兼顾生态学、博物学、民族学、景观学、经济学、生物学、化学、政治学等，让各学科充分发言，使读者了解密花石栎及其与人类社会的关系。本书与贝纳特(William Beinart)和科茨(Peter Coates)合著的《环境与历史：美国和南非驯化自然的比较》(*Environment and History*: *The Taming of Nature in the USA and South Africa*)相比，森林中安静的密花石栎取代草原上奔放的野牛和大象，同样坚持以小见大的原则，但讨论的范围不仅限于狩猎、农业、森林、国家公园和环境主义，反映出殖民主义扩张对环境的恶劣影响，以及黑人和白人之间的斗争。本书以密花石栎为线索，历史地讲述加州和俄勒冈州进驻白人与原住民发生的斗争、妥协和合作，不仅生动地描绘出一部美国西海岸开发史，而且对于不同人群与环境史的关系研究也是很好的补充，对于解决种族和产业协调发展问题具有现实的借鉴意义。

值得进一步讨论的是，加州和俄勒冈州拥有无数种树木，密花石栎的脱颖而出略显突兀。从植物属性方面看，有很多未解之谜却未向读者呈现；从经济价值角度看，可将其放置于大的历史背景下以提升讨论高度。书中提及密花石栎远销夏威夷和中国，却没有深入展开，讨论基本限于西海岸的两个州。在美国境内的密花石栎贸易中，甚至在中美两国的密花石栎贸易中一定有很多精彩故事发生，这对于全世界读者尤其中国读者是个很大损失。书中提到政府部门经过考察研究后认为，建立国家公园和自然保护区是保护密花石栎等植物的最优选择，但并没有进一步追问：国家公园和自然保护区建立之后，密花石栎的生存状况就绝对安全吗？事实上，尽管密花石栎等植物被有序地保护，但无法像世外桃源一样与人类隔绝。另外，很多章节的叙述不是以时间顺序排列，如第五章讲述“社区林业”时，先提及 20 世纪 90 年代的部分市场行情，之后是 1974 年成立的工厂在 2002 年倒闭，随后又回到 20 世纪 90 年代学者的评价，最后跳跃到 20 世纪 80 年代的服务公告等，读者只能不停地“跳跃”。根据考证，北美密花石栎至少有 3300 万年的历史，作者虽然简述其由来，掌握化石包含的标本以及文本资料，但仍无法准确地判断出它的由来以及变化。且针对病原体的出现并没有从科学上提出预防方法、检测手段和医治办法。当然，较少描述自然景观也是本书的遗憾之处。

总之，该书以小见大为读者勾绘出一部真正的生态环境史，并兼顾社会发展的方方面面，精彩迭出但又让人意犹未尽，值得学习和反思。

周　飞：渤海大学马克思主义学院讲师。

资源与开发

自然物种、消费风尚与技术工具的成长动力

——6—12世纪中国水力磨坊扩张动因探论*

方万鹏

水磨以制粉为主要功能，是中国北方地区最为典型的水力加工机械。① 若以小麦制粉为例，水磨则堪称世界性工具，在北半球中纬度麦作种植地区均扮演过重要的历史角色，在中世纪及前近代社会的中亚、西亚、欧洲史上都留下浓墨重彩的一笔。② 除加工小麦获取面粉外，水磨在其他制粉领域亦可发挥作用。当其与中国若干特别的自然物种消费利用结合时，水磨作为技术工具所衍生的技术形态和关涉的社会经济问题较之世界其他地区更为特殊、复杂。

水磨在中国的起源时间尚无定论，从文献记载角度看，大致在南北朝时期得到初步发展。③ 5世纪末，祖冲之"于乐游苑造水碓磨，世祖亲自临视"④。水碓磨出现在皇家园林并引来帝王的观赏，说明水磨尚处于"物以稀为贵"的

---

* 本文原载《中国农史》2019年第2期，有微调。

① 水磨又称水硙，与水碾的形制较为接近，工具机分别为石磨盘和石碾，在传统时代尤其是唐宋时期常以碾硙并称，甚至有称谓指代互相混淆的情况。一般来讲，水碾的实际使用不及水磨普遍，本文的考察范围拟将水碾一并收入，在具体论述过程中通常以水磨统称，个别地方则遵从相应史料的称谓记载如水碾硙、水硙，特此说明。

② 水磨问题在西方学界颇为盛行，形成不少颇具代表性的学术创见和学术积累，如[法]马克·布洛克著：《水碾的出现及其胜利》，康乐译，《年鉴史学论文集》，台北：远流出版公司，1989年，第35～69页；Jean Gimpel, *The Medieval Machine: The Industrial Revolution of the Middle Ages*, New York: Penguin Books, 1976; Adam Robert Lucas, "Industrial Milling in the Ancient and Medieval Worlds: A Survey of the Evidence for an Industrial Revolution in Medieval Europe," *Technology and Culture*, Vol.46, No.1, 2005, pp.1-30; Michael Harverson, "Watermills in Iran," *Iran*, Vol.31, 1993, pp.149-177.

③ 方万鹏：《关于水磨在中国起源的文献记载考辨——从〈晋书·褚陶传〉的一则辨误谈起》，《中国典籍与文化》2017年第1期。

④ (梁)萧子显撰：《南齐书》卷52，《祖冲之传》，北京：中华书局，1972年，第906页。

阶段，应未规模化利用，至少在江左地区如此。6 世纪初期，北魏崔亮于洛阳附近“张方桥东堰谷水，造水碾磨数十区”[①]。又有东魏高隆之在邺城“凿渠引漳水，周流城郭，造水碾硙”[②]。从数量和延续使用“造”字看，水磨有一定发展，但规模尚不能称大。至 8 世纪中后期，唐代关中的水磨因妨碍农田水利，唐廷先于广德二年(764 年)三月，“拆京城北白渠上王公寺观硙碾七十余所”，又于大历十三年(778 年)正月，“坏京畿白渠八十余所”。[③] 到 11 世纪末，宋哲宗绍圣四年(1097 年)，官方兴复元丰水磨茶法，在“长葛、郑州等处京索、湨水河增磨二百六十一所，且用汴水，极为要便”[④]。仅增修一项即多达 261 所，加上增修前的基数，可见规模之巨。那么，从 6 世纪至 12 世纪的 600 年间，水磨作为技术工具的成长动力是什么呢？

回顾前人研究，关于 6—12 世纪水力磨坊及其相关问题的研究论著颇多，对于水磨的成长动力问题亦有揭橥，大略体现在三个方面：其一，就水磨与小麦的关系，代表性研究莫过于西嶋定生《碾硙寻踪——华北农业两年三作制的产生》一文，[⑤]西嶋定生揭示碾硙普及并为时人所重是小麦大面积种植、消费利益所致，水磨作为碾硙之一种，其成长动力自然也归于此；其二，就碾硙与小麦之外的其他谷物、油料作物关系，那波利贞关于中晚唐时期敦煌地方佛教寺院碾

① (北齐)魏收撰：《魏书》卷 66，《崔亮传》，北京：中华书局，1974 年，第 1481 页。

② (唐)李延寿撰：《北史》卷 54，《高隆之传》，北京：中华书局，1974 年，第 1945 页。

③ (宋)王溥撰：《唐会要》卷 89，《硙碾》，上海：上海古籍出版社，2006 年，第 1924～1925 页。

④ (清)徐松辑：《宋会要辑稿》《食货三之三三》，北京：中华书局，1957 年，第 5335 页。

⑤ [日]西嶋定生著：《碾硙寻踪——华北农业两年三作制的产生》，韩昇译，刘俊文主编：《日本学者研究中国史论著选译》第 4 卷，《六朝隋唐》，北京：中华书局，1992 年，第 361～362 页。卫斯关于西嶋定生的针对性商榷也值得重视，虽然两位学者关于小麦大面积种植的时间存有分歧，但是都充分肯定旋转石磨与小麦加工的关系，即小麦种植与消费利用的普及是推动水磨发展的重要动力，参氏著：《我国汉代大面积种植小麦的历史考证——兼与日西嶋定生先生商榷》，《中国农史》1988 年第 4 期。此后关于敦煌、黄河中下游地区的碾硙、饮食等问题的研究中，对此问题亦有论述，可参姜伯勤：《唐五代敦煌寺户制度》，北京：中国人民大学出版社，2011 年；梁中效：《唐代的碾硙业》，《中国史研究》1987 年第 2 期；王利华：《古代华北水力加工兴衰的水环境背景》，《中国经济史研究》2005 年第 1 期；高启安：《唐五代敦煌饮食文化研究》，北京：民族出版社，2004 年；郝二旭：《唐五代敦煌地区的面粉加工业》，《中国经济史研究》2011 年第 1 期；方万鹏：《水硙与北宋开封的粮食加工》，《中国农史》2013 年第 5 期。

硙经营的研究以及就梁户问题的考论，对碾硙的加工对象亦有论及；[①]其三，就水磨与茶叶的关系，前人关于北宋水磨茶法的研究亦有涉及。[②] 综观前贤诸论，应当说问题的基本面相都有揭示，其不足在于重点阐发与水力磨坊相关的社会经济问题，缺少对水磨的正面考察，对技术工具本身的关注和论述不足，以致忽视问题的若干历史面相，甚至产生认知偏差和错误。比如，水磨加工小麦除获取面粉用以制作面食外是否还有其他重要用途？水磨加工油料作物在敦煌之外的其他地区情况如何？研究者对水磨茶法的梳理非常清晰，但加工茶叶之水磨的技术形态如何？都需要在前辈学者努力的基础上作出新的考察。

一、水磨与小麦

小麦作为自然物种进入中国历史并真正融入日常生活并非一蹴而就。王利华认为，“中古时代麦作不断发展，并在唐代中期以后逐渐上升到与粟并驾齐驱的地位，成为华北居民的半年粮，这无疑是这一时代华北粮食生产结构的一次重大调整”[③]。曾雄生亦指出，“小麦在五千年前的新石器时代就已进入中国，而面食的出现却是在距今二千多年前的战国时期，真正把面食普及到大众中则是在一千多年前的唐宋时期”[④]。小麦的消费用途主要表现在两个方面：一是制成面粉用于各种面食，二是造曲酿酒。关于水力磨坊制粉用于面食

① ［日］那波利贞：《中晚唐時代に於ける燉煌地方佛教寺院の碾磑經營に就きて（上、中、下）》，《东亚经济论丛》1941 年第 1 卷第 3、4 号，1942 年第 2 卷第 2 号；《梁户考》，原载《支那佛教史学》1938 年第 2 卷第 1、2、4 号，后收入氏著：《唐代社会文化史研究》，东京：创文社，1974 年，第 269～394 页。

② 华山：《从茶叶经济看宋代社会（上）》，《文史哲》1957 年第 2 期；［日］古林森広：《北宋の水磨茶専売について》，《明石工業高等専門学校研究紀要》1969 年第 6 号，第 17～30 页；周荔：《宋代的茶叶生产》，《历史研究》1985 年第 6 期；黄纯艳：《宋代茶法研究》，昆明：云南大学出版社，2002 年，第 206～216 页；粘振和：《论北宋水磨茶法》，《成大历史学报》2014 年第 47 号，第 1～28 页。

③ 王利华：《中古华北饮食文化的变迁》，北京：中国社会科学出版社，2000 年，第 73～74 页。

④ 曾雄生：《从“麦饭”到“馒头”——小麦在中国》，《生命世界》2007 年第 9 期。

所需，无疑是其最主要的成长动力，前人论述颇丰，不再赘述，兹就后者作一探论。

作曲是酿酒的第一步。曲药通常以小麦为原料，需先将小麦粉碎，加入水和母曲进行搅拌。关于磨与小麦作曲的关系，《令义解》注称“碾硙，谓水碓也。作米曰碾，作麯曰硙”[①]。虽然注解的前半部分错视碾硙与水碓为一物，但其后半部分将碾和硙的功用分别定义为作米和作曲则有一定道理。

《齐民要术》和《北山酒经》是反映6—12世纪造曲的两部重要文献。虽然《齐民要术》成书于6世纪中期，但是“唐代酿酒投料的比例基本沿袭《齐民要术》所载的北朝酿酒法”[②]。王利华归纳《齐民要术》所载酿酒之法，发现“就作曲用料来说，前8种均用小麦加工制成，仅白堕曲1种以粟作成；这说明当时华北酒曲加工的主要原料是小麦”[③]。李霖、叶依能总结《北山酒经》中有关造曲的记载，称“按制法不同，把曲分为罨曲、风曲及(醁)曲三类共13种。其中以小麦为原料的5种，用大米的3种，米麦混合的4种，麦豆混合的1种”[④]。由此可见，小麦在作曲的粮食作物中占据重要地位，其加工成曲则需要磨参与完成。

唐人造酒，有官榷也有民酿，水磨有官营亦有民营，不过囿于材料，未能发现两者之间关系的蛛丝马迹。相较之下，北宋的记载就颇为明朗。包伟民指出，“宋朝酒法，以官酿官卖的官酒务以及民酿民卖的买扑坊场制二者为主体”[⑤]。北宋酒颇有利于北宋财政，“在征榷诸利入中仅次于盐利”[⑥]。酒利所得，除在特殊的时期间有收归部分以上供外，大部分时期都留充为地方经费。酿酒造曲需要磨制大量小麦，史料所见，一种是采用买扑的方式，将这些磨制小麦的任务分配给民间的硙户；另一种方式是利用官水磨由官方磨制。以仁

① 兹据日本元治元年(1864年)近藤芳树所撰《标注令义解校本》，参[日]经济杂志社:《国史大系》第12卷，《令义解》卷1，《职员令·主税寮·碾硙》，东京:株式会社秀英舍，1900年，第41页。

② 王赛时:《唐代酿酒业初探》，《中国史研究》1995年第1期。

③ 王利华:《中古华北饮食文化的变迁》，北京:中国社会科学出版社，2000年，第248页。

④ 李霖、叶依能:《我国古代酿酒技术的发展》，《中国农史》1989年第4期。

⑤ 包伟民:《宋朝的酒法与国家财政》，《传统国家与社会(960—1279)》，北京:商务印书馆，2009年，第119页。

⑥ 包伟民:《宋朝的酒法与国家财政》，《传统国家与社会(960—1279)》，北京:商务印书馆，2009年，第118页。

宗朝为例,《宋会要辑稿》载天圣八年(1030年)秦州路造曲事宜,称:

> 仁宗天圣八年四月,陕府西转运司言秦州路岁造曲用麦数万石,止合于在州及近郊水硙户分配变磨,其就仓请领并纳面时,颇多邀滞搔扰。今据硙户八十余人状,愿细扑官水硙五盘,所收数纳官,只乞官自变磨应副。知州张纶寻已施行,兼纶差通判程贲于州界侧近度地形安便处增修水硙,得永宁寺西官柳林中可修立水硙一□,悉不妨占居民地土水利。令并旧官硙应副中变磨合用曲麦外,亦可量出租课,添助军须。乞降敕处分。从之。[①]

这则材料颇具代表性,反映磨制曲麦的两种形式,先是由"在州及近郊水硙户"承担,但因领麦、纳面等环节"颇多邀滞搔扰",遭到硙户即水磨经营者的抵制,继而由知州张纶增修官水磨、并旧官磨五轮合磨。张纶具体增修几盘,因字有脱漏无法确定,不过增修之后,官水磨不但能够完成数万石的磨曲麦任务,"亦可量出租课,添助军须",可见数量或非少数。

仁宗皇祐间,晁仲衍知怀州,"郡境有沁水,创碾硙借水势岁破麦数千斛,以给榷酤。先是,掾吏苦出纳道劳,辄议均麦于民,率众力以供,咸吁嗟不敢诉郡。君下车,亟召掾吏曰:'太守所以便民也,今掾吏顾劳民自便邪。'乃出教,趣使复水利"[②]。晁仲衍就任之前,郡境本有利用沁水设置的水碾硙以加工小麦"以给榷酤",但是掾吏不愿承受"出纳道劳"之苦,遂将要加工的小麦摊派于民,民众敢怒不敢言,待晁氏莅任方才重新恢复水力加工。所以,创设水磨满足官酿所需小麦之加工任务亦成为地方官德政的表现。

至和二年(1055年)二月,韩琦知相州。嘉靖《彰德府志》称:"宋至和中,忠献韩公瀹渠入城,又于城西北隅傍壕制二水硙,岁命酒官造曲,几三千石,以

---

① (清)徐松辑:《宋会要辑稿》,《食货八之三三·造水硙》,北京:中华书局,1957年,第4951页。

② (宋)王珪:《华阳集》卷50,《墓志铭·提点京东诸路州军刑狱公事兼诸路劝农事朝散大夫行尚书祠部员外郎充秘阁校理上轻车都尉借紫晁君墓志铭》,清文渊阁四库全书本。

纾民劳。"[①]所谓"几三千石",相州的造曲任务较之秦州似乎要轻松许多,是故韩氏借渠设硙二轮即可满足加工需求。志称水硙修治者韩琦"建亭水滨,作诗刻石,欲为郡者游其地,思嗣其功"[②]。这一点在韩氏的相关诗作中得到印证。《安阳集》卷8称:"谁言智者不兼仁,请看新渠激硙轮。本为酒材宽物力,更饶春月乐乡民。……父老他年传故事,可忘修禊起兹辰。"[③]同书卷13称:"一渠遐引直千金,对激双轮用智深。本务爱民除岁患,且非为政有机心。"[④]又有卷18称:"昔嗟官曲岁劳民,尝引新渠激硙轮。若念经营存爱利,肯从隳朽贵因循。……已作州人游观地,即期同俗乐芳辰。"[⑤]这三首诗的共同之处在于,都有关切水硙修建之目的,如"本为酒材宽物力"、"本务爱民除岁患"、"昔嗟官曲岁劳民",所谓"宽物力"、"除岁患"、"岁劳民"等都表达韩琦修建水磨之目的——既要完成官方的造曲任务,又可纾解乡民之劳,近似于前秦州、怀州的做法。

凡材料所及,兹举三例,在北宋榷酤的大背景下,其他州县亦可能有类似作为。除此之外,就民酿民卖而言,从前述秦州路水硙户、相州掾吏劳民等现象看,民间利用水磨加工小麦造曲用以酿酒亦当在理。

二、水磨与茶叶

晚唐杨晔《膳夫经手录》称:"茶,古不闻食之。近晋、宋以降,吴人采其叶煮,是为茗粥。至开元、天宝之间,稍稍有茶,至德、大历遂多,建中以后盛

① 嘉靖《彰德府志》卷1,《地理志第一之一·高平渠》,天一阁藏明代方志选刊本,第45册。

② 嘉靖《彰德府志》卷1,《地理志第一之一·高平渠》,天一阁藏明代方志选刊本,第45册。

③ (宋)韩琦撰,李之亮、徐正英笺注:《安阳集编年笺注(上)》卷8,《律诗四十二首·上巳会城北新硙》,成都:巴蜀书社,2000年,第336页。

④ (宋)韩琦撰,李之亮、徐正英笺注:《安阳集编年笺注(上)》卷13,《律诗二十三首·双硙》,成都:巴蜀书社,2000年,第470页。

⑤ (宋)韩琦撰,李之亮、徐正英笺注:《安阳集编年笺注(上)》卷18,《律诗三十二首·再葺双硙》,成都:巴蜀书社,2000年,第608页。

矣。"[①]论者多据此条材料，认为茶饮在中国北方地区的流行是在唐代中后期。陆羽在《茶经》中称"饮有觕茶、散茶、末茶、饼茶者"[②]。明人丘濬梳理唐宋以降成品茶叶形态之演变，称："唐宋用茶，皆为细末，制为饼片，临用而辗之。唐卢仝诗所谓'首阅月团'、宋范仲淹诗所谓'辗畔尘飞'者是也。《元志》犹有末茶之说，今世惟闽广间用末茶，而叶茶之用遍于中国，而外夷亦然，世不复知有末茶矣。"[③]

基于相近的茶饮习俗，唐宋制茶的基本工序亦颇多重合之处。唐代的工序是"采之、蒸之、捣之、拍之、焙之"，尔后将茶饼"穿"、"封"完成包装，宋代在唐代五道工序的基础上变为六道，是为"采茶、拣茶、蒸茶、研茶、造茶、焙茶"。[④] 茶饼作为成品茶叶，在具体饮用时又需再次碾磨，宋蔡襄《新刻茶录》记称，"碾茶先以净纸密裹捶碎，然后孰碾"[⑤]。由此可见，所谓饼茶与末茶，两者在一定程度上互为一体，即制作茶饼时需要先将茶叶捣烂、研磨成末，饮用时又需将茶饼捣烂、细细碾磨，方可供煮饮用，示意如下：

蒸、捣、研　　　　拍、造、焙　　　　捣、碾、磨

(采摘、挑拣)茶叶 ——→ 茶末Ⅰ ——→ 茶饼 ——→ 茶末Ⅱ

臼、碾、磨Ⅰ　　　　　　　　茶臼、茶碾、茶磨Ⅱ

可以看到，将茶制成茶末分别存在于茶叶生产环节和消费环节，两者对于茶末的制成要求及其所利用的工具不同。在第Ⅰ阶段，也就是生产阶段，需要处理大宗的茶叶量，使用较大尺寸的捣臼、碾、磨等工具；第Ⅱ阶段，消费饮用阶段，是比较精致的处理方式，所使用的茶臼、茶碾、茶磨体型较小，多为风雅

---

① (唐)杨晔：《膳夫经手录》，清初毛氏汲古阁抄本。

② (唐)陆羽撰，沈冬梅校注：《茶经》卷下，《六之饮》，北京：中国农业出版社，2006年，第40页。

③ (明)丘濬：《大学衍义补》卷29，《治国平天下·制国用·山泽之利下》，清文渊阁四库全书本。

④ 沈冬梅：《茶与宋代社会生活》，北京：中国社会科学出版社，2007年，第9页。

⑤ (宋)蔡襄：《新刻茶录》，参《中国古代茶道秘本五十种》第1册，北京：全国图书馆文献缩微复制中心，2003年，第242页。

之物。关于这些工具的研究,以往论者[①]聚焦的多是社会上层,其技术形态常以袖珍、精致著称,如图 1～3 所示。[②] 民间食茶则不可能如此讲究,家家自备茶碾、茶硙,是故加工制粉环节多是由售茶铺户磨制完成,磨盘尺寸较大,动力有人力、畜力,为满足大宗消费,亦可能使用水力。

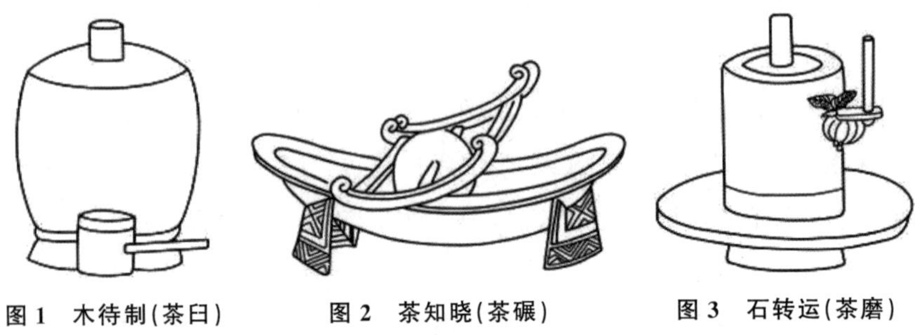

图 1　木待制(茶臼)　　图 2　茶知晓(茶碾)　　图 3　石转运(茶磨)

那么,水磨茶所使用的水磨形态如何？与一般加工粮食的水磨有无区别？其加工介入的究竟是生产环节还是消费环节？由于直接材料的缺乏,研究者多引用《王祯农书》论述水磨与磨茶的关系,因为王祯提到水转连磨系其在江西所见,专供磨茶之用,即从字面关联看,将水磨与磨茶明确结合的材料仅此一处,故为学者讨论所重。兹征引如下:

> 水转连磨,其制与陆转连磨不同,此磨须用急流大水,以凑水轮。其轮高阔,轮轴围至合抱,长则随宜,中列三轮,各打大磨一盘。磨之周匝,俱列木齿,磨在轴上,阁以板木,磨傍留一狭空,透出轮辐,以打上磨木齿。此磨既转,其齿复旁打带齿二磨,则三轮之力互拨九磨,其轴首一轮,既上打磨齿,复下打碓轴,可兼数碓。或遇天旱,旋于大轮一周列置水筒,昼夜溉田数顷。此一水轮可供数事,其利甚博。尝到江西等处见此制度,俱系茶磨,所兼碓具用捣茶叶,然后上磨。若他处地分间有溪港大水,仿此轮

① 相关研究有[日]青木正儿:《中华名物考(外一种)》,北京:中华书局,2005 年,第 107～108 页;沈冬梅:《茶与宋代社会生活》,北京:中国社会科学出版社,2007 年,第 52～77 页。类似研究颇多,兹不尽举。

② (宋)审安老人编绘:《茶具图赞(外三种)》,杭州:浙江人民美术出版社,2013 年,第 8、10、12 页。

磨,或作碓碾,日得谷食可给千家,诚济世之奇术也。[①]

图 4 水转连磨图

王祯描述的水转连磨,是一种高度复杂的机械结构。于制茶而言,其巧妙之处不仅在于三轮互拨九磨,加工效率很高,还在于轴首一轮可兼拨碓具,先由碓具捣茶叶,再将捣好的茶叶上磨,磨成末茶。从技术实现的可能性上看,水转连磨既可以参与茶叶的生产环节,亦可能出现在消费环节。但是,江西作为茶叶在南方的重要产地,王祯此处的描述显然更接近于青茶"采"、"蒸"之后的研磨环节,所以,将其界定到生产环节当更为准确。

那么,能否用元人的水力茶磨推演宋人的水力茶磨?对此,既往研究不乏探讨。华山提出,"宋代所用的水磨是否即王祯所见的水转连磨?""王祯著作'农书'的时候,上距北宋末年已有二百多年,在这样长的岁月里,水磨可能有所改进"。[②] 王家琦则明确地将水转连磨与北宋的水磨茶之水磨相联系,称"那时期制茶,都是把茶叶捣碎,碾成末,压制成饼(当时名贵的茶有'龙团'、'凤饼'的名称)然后饮用,所以使用水磨。水转连磨是很重要的发明,虽然古书没有详明的记载,可以推断是和那时期的制茶手工业工人有关"[③]。周荔与

① (元)王祯撰,缪启愉、缪桂龙译注:《东鲁王氏农书》农器图谱集之十四,《利用门·水转连磨》,上海:上海古籍出版社,2008 年,第 612 页。

② 华山:《从茶叶经济看宋代社会(上)》,《文史哲》1957 年第 2 期。

③ 王家琦:《水转连磨、水排和秧马》,《文物参考资料》1958 年第 7 期。

王家琦的看法比较接近，他认为："用水力为动力的碾磨磨出的茶叶，叫'水磨茶'。水磨用于茶叶加工，是茶叶焙制工序中生产工具的重大革新，凡有江、河之处，均可置水磨。用水磨碎茶，较之用杵臼的人工捣茶，可以提高劳动效率、节约人力。茶叶的成本必然降低而质量更有保证。……王祯所见江西等处茶磨当与宋之茶磨相承。"[①]

要之，三位学者对于水磨参与制茶的工序和功用的认知一致，即水磨用于碾碎茶叶，将其定位在生产环节。至于王祯的水转连磨与北宋的水力茶磨是何关系？华山保持审慎，王家琦和周荔则认为两者沿袭相承。笔者比较赞同华山的意见，水磨固然可以参与茶叶的生产，但是北宋水磨茶所用之水磨当多是单轮磨，而非这种复杂的水转九磨。王祯特意强调在江西等处见此转磨，就说明即使到王祯的时代，这种磨仍未到普及、习以为常的程度，此处的水转九磨兼及碓具的设施是高度复合装置，从设计的角度，具备技术实现可能性，但具体到社会实践，绝大部分水磨应该还是一个水轮驱动一扇磨盘。

但是，水磨磨茶的问题并非就此得以解决，还有一个重要的悖论在于，如果水磨设在产茶区，其参与茶叶生产完全可行，但是北宋的水磨茶法始于京师，茶商怎可能千里迢迢将半成品茶叶从南方送至京师完成生产环节？所以，问题的关键在于，水磨既然可以参与茶叶的生产和消费两个环节，那么官方所谓的水磨茶法当是在消费环节用于磨制末茶才合乎情理。

水磨茶兴起于宋元丰年间，《宋史·食货志下》称：

> 元丰中，宋用臣都提举汴河隄岸，创奏修置水磨，凡在京茶户擅磨末茶者有禁，并许赴官请买，而茶铺入米豆杂物揉和者募人告，一两赏三千，及一斤十千，至五十千止。商贾贩茶应往府界及在京，须令产茶山场州军给引，并赴京场中卖，犯者依私贩腊茶法。诸路末茶入府界者，复严为之禁。[②]

这条材料可谓是元丰水磨茶法的基本纲领，其核心要义有三：其一，要求茶商入京贩茶，保证生产末茶的原材料；其二，禁止其他诸路末茶进入京师及

① 周荔：《宋代的茶叶生产》，《历史研究》1985 年第 6 期。

② （元）脱脱等撰：《宋史》卷 184，《食货志下》，北京：中华书局，1977 年，第 4507 页。

府界，在京茶户禁置私磨磨茶，官方垄断末茶市场的货源；其三，严格规范茶铺的销售行为，如有掺杂米、豆杂物的情况，募人告赏，保证官茶的质量和信誉。除此之外，这段材料也传递了另外两个信息：其一，水磨茶实施以前，在京及府界的茶户便置私磨磨制末茶出售；其二，除京师府界外，全国其他诸路应有多处均可生产末茶。

如前所论，与上层达官权贵、文人雅士“吟诗不厌捣香茗”、“黄金碾畔绿尘飞”等闲情逸致不同，社会上的绝大多数食茶者不可能人人坐拥精致的碾磨茶具，所消费之末茶多由茶户、茶铺加工完成，是故茶铺才有掺杂米豆粉末的机会。所谓元丰水磨茶法，其实是把茶叶在消费环节的碾磨加工工序收归官方，进而划定地分，利用水磨这一高效率的制粉工具大宗生产末茶并售卖给销茶散户，以达到垄断市场、谋取利润的目的。[①] 当然，有一点必须明了，京师的官府可以使用水磨，京师的铺户自然亦可，其他诸路同样如此，只是其可行与否要视官方的政策而定。

元丰七年（1084 年），都提举汴河隄岸司奏称：“近日据府界诸县茶铺等人户赴司陈状，为见在京茶铺之家请买水磨末茶货卖，别无头畜之费，坐获厚利。其府界茶铺系与在京铺户事体一般，乞依在京茶铺人户例，赴水磨请输，归逐县货卖，及依在京茶法，禁止私磨茶货。”都提举汴河堤岸司上奏的主要目的就是扩大水磨茶的市场份额。水磨茶的既定实施范围仅限于京师，但是不久之后，开封府界诸县的铺户看到京师铺户营销官水磨茶获利颇多，便要求将水磨茶的实施范围扩大至府界诸县。为劝说神宗准允扩大地分，隄岸司还详细分析个中好处，比如，对于售茶铺户和社会大众而言，“其内外茶铺人户各家，免雇召人工养饲头口诸般浮费，及不入末豆、荷叶杂物之类和茶，委有利息。其民间皆得真茶食用，若比自来所买铺户私磨绞和伪茶，其价亦贱”[②]。由此可见，在官营水磨茶实施之前，各铺户大多自行磨茶，所用多为畜力磨，自然有头

---

① 关于水磨在茶叶生产、消费环节的定位问题，可参吴茂祺等：《宋代的水磨茶生产》，《茶叶》2014 年第 1 期。作者亦主张将其放在消费环节，但该文关于水磨的起源时间、水磨茶起源时间的推论、宋代水磨的形制、水磨茶的规模和实际市场份额、水磨茶与《闸口盘车图》的关系等基本问题的认识，存在较多明显的史实判断错误，这是本文所不能苟同的。

② （宋）李焘：《续资治通鉴长编》卷 346，神宗元丰七年六月，北京：中华书局，1983 年，第 8303～8304 页。

畜之费，改为赴官买茶，头畜之费自可省却，即使不再掺和末豆、荷叶杂物，仍有利息。当然，对于食茶大众，不仅可得真茶食用，而且价格也更低。

官方实行水磨茶法，即便仅限京师及府界一地，但由于人口众多，消费需求量亦可称巨，需要设置水磨的数量自然也很多。神宗元丰六年（1083 年）二月，都提举汴河隄岸司奏称："丁字河水磨，近为浚蔡河开断水口，妨关茶磨。本司相度通津门外汴河去自盟河咫尺，自盟河下流入淮，于公私无害，欲置水磨百盘，放退水入自盟河。"[①]修置水磨以百盘计，可见其规模之大。此后，水磨茶法虽有兴废，但在绍圣、崇宁、政和等年间历有更置，其规模甚至一度扩大至京师府界诸路，规模之大在文首已有史料征引，兹不赘述。

至于民间磨茶户使用的加工工具，应该是既有畜力磨，如前文提到的头畜之费，亦有水磨。崇宁四年（1105 年）正月，罢官营水磨茶，"召磨户六十户，承认岁课三十万缗，每月均纳。一切条禁，并依酒户纳曲钱法。磨户卖茶，并以旧茶场地分为界。水磨应均节水势，令汴河都大使臣依旧主管，任满无阻滞者，减磨勘三年；住滞者科罪"[②]。虽然招募民户磨茶的办法实行时间并不长，但从水磨茶应均节水势的要求看，此处所谓的六十户磨户，至少有相当部分应该是使用水磨磨茶。

此外，关于水磨在茶叶生产环节的应用，因史籍阙如，很难作出翔实分析。不过，近年来学界有一种意见值得重视、讨论。2004 年，陈文华在江西婺源上晓起村发现制造于 20 世纪 50 年代的水力捻茶机，《农业考古》专门刊文介绍水力捻茶机的工作原理如下。

"从流经村中的大溪边开一小渠，小渠修有用木板制成的简易两道闸门，平时闸门关上，当要制茶时，开启第一道闸门，溪水进入小渠，形成有冲力的水流，流经一段距离后再打开第二道闸门，湍急的渠水落入一个地势更低进水口，具有很大冲力的渠水进入作坊的水道后，驱动涡轮、带动皮带、传动室内炒茶锅中的铁铲翻炒茶叶，完成杀青过程。经过杀青的茶叶再放入同样是用水力驱动的捻茶机中揉捻。捻茶机是四个用木头做成的圆桶，上面用木砧镇压

① （宋）李焘：《续资治通鉴长编》卷 333，神宗元丰六年二月，北京：中华书局，1983 年，第 8027 页。

② （宋）杨仲良：《宋通鉴长编纪事本末》卷 137，《徽宗皇帝 · 水磨茶》，宛委别藏本，第 2308 页。

茶叶以形成压力，下面的木板上刻有磨齿，当四个木桶转动时茶叶会和下面的木齿磨擦而将茶叶揉捻成形，比手工捻茶工效提高了几十倍。揉捻完的茶叶再放入炒茶锅中炒干，再放入水力带动的烘茶机中烘焙，毛茶就制作好了"①。

文章征引王祯关于水转连磨的记载，认为"在元代王祯的记述中，我们已可以看到上晓起水力捻茶机的踪影……王祯在江西广丰山区亲眼见利用水力推动木质联磨，碾磨茶叶，制作饼茶。由此可知，利用水力带动机器制茶的历史悠久，这是中国农业文明的智慧成果"②。

无独有偶，其实李约瑟(Joseph Needham)在《中国科学技术史》(*Science and Civilisation in China*)中已经记载过展出于1958年北京农业机械展的水力捻茶机，与婺源上晓起的实物遗存颇为类似，图注称："利用和改进中国传统风格的手工技艺和工程技术来适应当前的需要，1958年北京全国农具展览会展示了一些结构设计。图为一台由小型立式水轮带动的茶叶卷揉机[Anon.(18)，第5部分，第50号]。4个扁圆形的滚轮共同固定在一个长方形的框架上，经盘形凸轮的传动使它们在栅栏上旋转，垂直的主传动杆偏心地安装在凸轮中心。茶叶由斜槽供入，落进栅栏中。"③

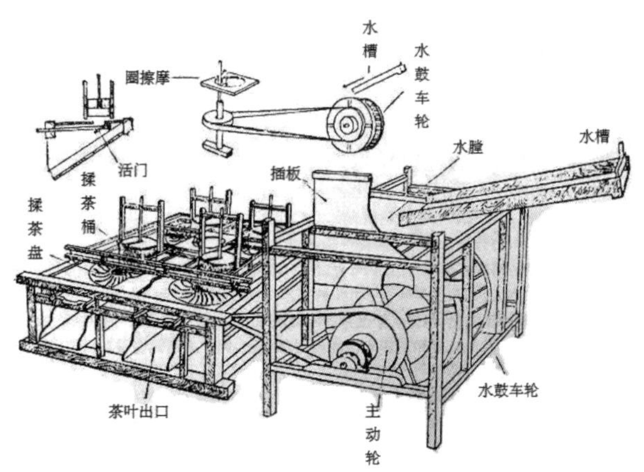

图5　水力捻茶机

① 农考：《论婺源县上晓起村水力捻茶机的遗产价值》，《农业考古》2012年第2期。

② 农考：《论婺源县上晓起村水力捻茶机的遗产价值》，《农业考古》2012年第2期。

③ [英]李约瑟：《中国科学技术史(第四卷)：物理学及相关技术(第二分册·机械工程)》，北京：科学出版社、上海：上海古籍出版社，1999年，第186页。

由是观之,水力捻茶机和水转连磨虽然同为利用水力加工茶叶的机械,但是两者的传动装置和工具机明显不同。前者的传动装置是凸轮和皮带,后者则是木质轮轴和齿轮,但这并不是问题的关键,核心在于水转连磨的工具机应是石质磨盘,目的是制粉,水力捻茶机的工具机则是木质的砧和圆桶,目的是揉捻。所以,前引文字为建立水转连磨与水力捻茶机的联系,将王祯所见水磨解释为木质联磨似有不妥。

诚然,王祯的记载中,水轮、轮轴包括磨盘周匝之轮齿均为木质,但作为工具机的磨盘不太可能是木质。王祯之所以反复强调要用急流大水、溪港大水驱动水轮,就是因为水转连磨较之普通水磨、水转二磨,需驱动更多的石磨盘,驱动力自然要大大增强,若为木质,九盘之重恐不及石质一、二盘,即使加上数个齿轮传动中的动力消耗,又何须异于常态之水流水力呢?如前所论,基于加工目的的明显差异,从水转连磨到水力捻茶机的机械形态变化,其实是中国茶饮自北宋以降至明清由末茶到叶茶转变的缩影,两者在机械原理和设计思路上或有所传承,但并非一物。

三、水磨与油料作物

西汉至元的千余年中,除动物油脂外,中国的油料作物基本以外来物种芝麻和本土的大麻、荏子为主。[①] 成书于6世纪的《齐民要术》,对这三种作物的油料品性已有非常清晰的认识和评价,其称:“荏油色绿可爱,其气香美,煮饼亚胡麻油,而胜麻子脂膏。麻子脂膏,并有腥气。然荏油不可为泽,焦人发。研为羹臛,美于麻子远矣。又可以为烛。……荏油性淳,涂帛胜麻油。”[②]至宋代,尤其是南宋,随着油菜、大豆等作物种植的发展,菜籽油、豆油出现于饮食习俗之中。[③]《宋会要辑稿》称“油醋库,在建初坊。掌造麻、荏、菜三等油及

① 韩茂莉:《历史时期油料作物的传播与嬗替》,《中国农史》2016年第2期。

② (北魏)贾思勰撰,缪启愉、缪桂龙译注:《齐民要术》卷3,《荏、蓼第二十六》,上海:上海古籍出版社,2006年,第212页。

③ 杨计国:《宋代植物油的生产、贸易与在饮食中的应用》,《中国农史》2012年第2期。

醋，以供膳局"[①]。关于宋人烹饪对油料的依赖，沈括在《梦溪笔谈》中谈道："如今之北方人喜用麻油煎物，不问何物，皆用油煎。"

油料作物的榨取，一般来讲，有舂捣法、压榨法、磨榨法、水代法等。[②] 无论何种榨法，多是利用物理原理，其大致流程是先利用杵臼、石磨等工具将油籽破碎，再用油樑挤压出油，或如水代法利用油水分离的特点取油。以历史后期应用较为广泛的磨榨法为例，为提高出油率，又可在榨油环节抑或工具方面作出改进，逐步形成炒、磨、蒸、榨四个基本程序，具体来讲，先将油籽在锅中炒干，然后上磨磨细，再用热水蒸，最后用油樑挤压完成出油。由此可见，磨是榨油不可或缺的重要一环，而当有大宗油籽需要加工时，水磨作为高效率的加工工具参与其中，无论从提高效率抑或从降低成本的角度看，都合乎情理。

那波利贞《梁户考》一文考察敦煌营事榨油的梁户，梁户所用的磨籽工具——碾硙当中即有水硙，敦煌文书亦有相应记载。P.2187 号《敦煌诸寺奉使衙帖处分常住文书》记称"在寺所管资庄、水硙、油樑，便同往日执掌任持"。又 S.1947 号背《唐咸通四年癸未岁(863 年)敦煌所管十六寺和三所禅窟以及抄录再成毡数目》中有"东河水硙一轮，油粮一所"。再如 P.3391 号《丁酉年(937 年)租用油梁水硙契(稿)》称"丁酉年二月一日立契，捉油樑户、硙户二人某等，缘百姓田地窄窭珠捉油樑水硙，取看一周年，断作油樑硙课少多。限至年满，并须填纳"。[③] 相形之下，敦煌以东的黄河中下游地区有关水磨参与榨油的记载则很少见。

《宋史·食货志下》记北宋税收称："自崇宁以来，言利之臣殆析秋毫，沿汴州县创增镇栅以牟税利。……名品琐碎，则有四脚铺床、榨磨、水磨、庙图、淘沙金等钱，不得而尽记也。"[④]此处的榨磨可说明磨确实参与榨油，但很难将其与并列的水磨结合作过多的解读。相比之下，《金史·食货志》所载金章宗明

---

① (清)徐松辑:《宋会要辑稿》,《食货五二之三》,北京:中华书局,1957 年,第 5700 页。

② 王星光、宋宇:《魏晋至隋唐时期油脂生产与应用探研》,《中国农史》2017 年第 4 期。

③ 唐耕耦、陆宏基编:《敦煌社会经济文献真迹释录(第二辑)》,北京:全国图书馆文献缩微复制中心,1990 年,第 31 页。

④ (元)脱脱等撰:《宋史》卷 179,《食货志下》,北京:中华书局,1977 年,第 4362 页。

昌六年(1195 年)二月事则清晰地指出水磨油榨的现象,其称:

> 六年二月,诏罢括陕西之地。又陕西提刑司言:“本路户民安水磨、油栿,所占步数在私地有税,官田则有租,若更输水利钱银,是重并也,乞除之。”省臣奏:“水利钱银以辅本路之用,未可除也,宜视实占地数,除税租。”命他路视此为法。①

所谓油栿又称“油樑”,是压榨油籽出油的重要工具。这条材料揭示油榨与水磨的联系,同时还包含另外两个信息:一是水磨经营需要交纳水利钱银,二是所谓“命他路视此为法”,也即不仅陕西路有水磨、油栿安设,其他路亦有。易言之,这条材料虽为反映 12 世纪前后黄河中下游地区水磨用于油榨的唯一材料,但其潜在地揭示出水磨油榨现象在文字记载缺乏的背后却可能普遍存在。

余　论

元人胡行简有诗《题笃御史所藏阎立本〈水磨图〉》云:

> 混沌昔初辟,玄黄奠两仪。大化自摩荡,万古常如兹。往圣大有作,妙斡天地机。观象斯制器,饮食恒所资。双轮硺山石,激水相推移。阴阳分动静,元枢系坤维。神功邈不测,画手能传之。绣斧下霄汉,披图慰所思。愿言运亭毒,庶拯斯民饥。②

阎立本所绘《水磨图》今已不得见,但是这首兼具哲思意味和写实关照的题画诗却道出一个基本事实——“观象斯制器,饮食恒所资”,即水磨乃饮、食

① (元)脱脱等撰:《金史》卷 47,《食货志》,北京:中华书局,1975 年,第 1050～1051 页。

② (元)胡行简:《樗隐集》卷 1,《五言古诗》,清文渊阁四库全书本。

恒资之器。由于阎图失传，所以上海博物馆现藏的一幅以五代、北宋官营水力磨坊为主题的图卷便被认为是现存最早的水力磨坊图。[①] 艺术是时代的写照，水力磨坊主题画卷在唐宋的集中出现正是该时期在水力磨坊发展史上特殊地位的反映。

要之，人类社会一切文明成就的取得都必须以一定的自然资源和获取利用自然资源的技术工具作为基础。6—12 世纪，中国社会经历了从南北朝的大分裂到隋唐的大一统，再到五代十国的大分裂与北宋的再整合，历史进程可谓波澜壮阔，但是历史的复杂性从来不会因为经国大事的耀眼夺目而趋于单一，掩映于其背后、人们对于基本生存资源的获取利用及其反映在饮食习俗、消费风尚领域的变迁同样颇具革命性意义。首先，作为外来物种的小麦，在经历漫长的“磨合期”后，完成由粒食向粉食的转变，粟、麦并重的作物种植与消费利用格局在北方地区得以确立；其次，饮茶之风日盛，饼茶、末茶构成了其时成品茶叶的主要形态；再者是对油料作物的榨取和利用增加。以上诸项消费风靡，对所关涉自然物种的处理加工尤其是庞大的制粉需求，成为水力磨坊在中国社会重要的成长动力。

方万鹏：南开大学历史学院讲师。

① 郑为：《闸口盘车图卷》，《文物》1966 年第 2 期。

明清赣抚河口平原河湖水文环境与圩堤水利的发展

晏雪平

赣抚河口平原指赣江与抚河汇入鄱阳湖时所形成的冲积平原，主要包括南昌、新建、进贤三县，为江西最重要的河流冲积平原之一，亦是江西最重要的农业区之一。此区河湖纵横，圩堤成为保障农业开发最重要的水利形式。明清农田水利问题一直以来都是学界研究的热点，其中对于明清农田水利兴修方式转变的研究又是其中的核心问题之一。相关研究基本认为，由于明清地方政府财政的逐渐削弱以及地方乡族自治传统的逐渐形成，农田水利兴修的主体由官方逐渐转向民间。①

赣抚河口平原圩堤水利的发展总体上虽也经历官修到民修的转变，但其过程更为复杂。除受政府财政状况的影响外，河湖水文环境对这种转变也产生深远影响。在河湖水文环境变迁的影响下，此区圩堤兴修除官民转变外，也伴随着圩堤发展由下游而上游、由外圩向内圩的转变，即所谓内拓型圩堤系统的形成。内拓型圩堤系统的形成又进一步对兴修主体的官民转变产生决定性影响。同时，随着清代中后期水旱灾害的加重，大量圩堤的兴修与重建又采取借帑兴修、派官督理的办法，地方政府借此又重新介入地方水利的兴修之中。圩堤兴修中的官民关系，出现新的模式。赣抚河口平原圩堤发展的复杂事实，要求将分析的视野进一步放大，将该区河湖水文环境的变迁纳入圩堤兴修历史的考察。

① 相关代表性研究有如，郑振满：《明清福建沿海农田水利制度与乡族组织》，《中国社会经济史研究》1987 年第 4 期；张建民：《试论中国传统社会晚期的农田水利建设——以长江流域为中心》，《中国农史》1994 年第 2 期；钞晓鸿：《清代汉水上游的水资源环境与社会变迁》，《清史研究》2005 年第 2 期，不一一列举。

一、圩堤发展概况

赣抚河口平原为“水乡泽国”，农业“恃堤以为命”，明清时期，人们对于濒河湖地带的农业拓展，更是以圩堤为开发的主要手段。历史时期，赣抚河口平原农业防洪工程多种多样，见于记载的有圩、堤、垱、闸、水门等。就其位置而言，有位于沿河地带的，有位于诸类中小湖泊周围者，有位于濒鄱阳湖地带的。历史时期，鄱阳湖农业防洪水利工程逐渐发展，不同时期表现出不同的特点。

但是，明清相关方志对于圩堤等防洪工程的记载或语焉不详，或照抄旧志，大多不是真实情况的反映。即便是所谓“查勘”所得圩堤水利情况也与事实有相当大的差距，乾隆初年，陈弘谋《请兼委佐杂督修圩堤详》一文就对当时查勘所存在的问题进行批评：“窃以此等圩堤，民间按田派修，历有成例。地方官果肯实力经理，何致复有残缺被冲之事，良由州县印务殷繁，多不能亲诣各乡遍加查勘，逐处督修。凡奉行修筑，不过责令圩长业户报一地名，具一甘结，造册申覆。其实圩堤之果否完固，地方官既未经临勘。小民勤惰不一，无官督率，彼此观望，不肯实力修筑，以致骤遇大水，尺寸冲决，全圩受淹，以保卫民田之要务，竟成簿书应答之故套，殊负宪台谆谆檄行之意。”①这就对统计造成很大的困难。但是笔者以为，统计方志中出现的圩堤仍有必要，通过分析各代方志中数据的变化仍然可以揭示当时水利兴修过程中出现的一些变化（见表1）。

表1　明清时期赣抚河口平原农业圩堤兴修表

单位：所

县别	古额	弘治	嘉靖	万历	康熙	乾隆	道光	同治	光绪
南昌	—	63	—	十四年：138 三十六年：185	—	十四年：112 十五年：132 三十五年：106 五十九年：34	—	151	官圩：89 民圩：226

① （清）陈弘谋：《培远堂文檄》卷11，第11页b～12页a，《陈榕门先生遗书》，民国三十三年（1944年）广西省乡贤遗著编印会铅印本。

续表

县别		古额	弘治	嘉靖	万历	康熙	乾隆	道光	同治	光绪
新建		12	41	—	十四年:174 三十五年:116	+9	84	49	7	—
进贤	数目	1	—	6	十六年:9 四十八年:8	+8	—	19	19	—
	圩长(丈)	—	—	2800	14369	—	—	—	—	—

资料来源:嘉靖《进贤县志》、万历《新修南昌府志》、康熙《南昌郡乘》、康熙《新建县志》、康熙《进贤县志》、乾隆《南昌府志》、乾隆《南昌县志》、乾隆《新建县志》、道光《南昌县志》、道光《新建县志》、道光《进贤县志》、同治《南昌府志》、同治《南昌县志》、同治《进贤县志》、同治《新建县志》、光绪《南昌县志》、光绪《进贤县乡土志》等(简明起见,版本、卷、页信息从略)。

说明:表中数字前带"+"则为此期新增圩堤之数。表格中的数字并不一定代表当时圩堤的实际总数,只是此时期方志中记载的数字。此外,清代中期以后,赣抚河口平原各县出现大量的联圩或者大圩,其都包含子圩或内圩,为统计方便,只计联圩、大圩,不计子圩、内圩。

(一)南昌

南昌县明代有三次大规模的官修圩堤活动,弘治十二年(1499 年)祝翰与万历十四年(1586 年)范涞、何选的两次修筑,分别是 63 所、138 所。万历三十六年(1608 年),知县樊王家在十四年修筑的基础上,修圩 185 座,达到明代修圩的最高潮。此三组数字是当时官修圩堤的数目,民修之圩堤并不见记载。上述数字基本反映赣抚河口平原官圩兴建的规模与过程。

清代圩堤数字则较为复杂,乾隆年间的四组数字不是当时圩堤的全部数量。乾隆十四年(1749 年)之数字乃是知县顾某"因水患告警,奉文勘修新修圩堤一百一十二所"[①],而乾隆十五年(1750 年)、三十五年(1770 年)两组数据则是乾隆年间查勘所得,这其中既有民圩也有官圩。乾隆五十七年(1792 年)、五十八年(1793 年),"连年大水,冲刷过甚",五十八年,知县徐午"躬亲履勘,详请拨项、捐廉、广劝,如法修筑,加高培厚,盖房守护,又分别险易极力补

① 乾隆《南昌县志》卷 5,《水利》,《中国方志丛书》据清乾隆十六年(1751 年)刊本影印,台北:成文出版社,1989 年,第 4 页 a。

苴”,所修圩堤达 34 所。① 乾隆年间的圩堤兴修都有“履勘”或“勘修”的记载,可见其不完全是创置,很大一部分是修复或改扩建前代圩堤。其所涉及范围也不仅仅是官圩,民圩也有一部分列入官方查勘的范围。

同治《南昌县志》所载圩堤是经过详细查勘的结果,该志记曰:“圩堤乃政治之大端,重民食者不可不急讲,旧志只于某年某月某公发帑修筑,下广列圩名,有仅载空名,不载坐落者,有载坐落不载高宽长短丈尺者,有并载丈尺而于全圩仅登三分之一者,而且都图名目前后互异,连编累牍阅之茫然。兹将合邑全圩近日筑成、勘定、都图丈尺、离城若干里、编次入册者,按都图先后备录之。而历代名公撰记则各附各圩名目之后,俾阅者开卷了然,而于前志所列空名重复差异不可考证者一概删之,总期朗人心目,不致烦闷云耳。”②同治方志所载圩堤更注重实际情况,因此其中应该也包括部分民圩。同时,圩堤数目与万历年间对比,有明显减少。但是,圩堤规模却有增大,众多小圩合并为大圩或联圩,例如有所谓十三圩者,志载曰:“十三圩者合附近大积、甘谷、乐成、东壉、都关、常丰、杨林、大熟、昆芦、尧家埠、吴家埠、娄家埠、熊家捍十三圩为名也,自道光辛卯,洪水冲决大口湖,患口宏深,不能修复春夏泛涨,处处波累,各圩屡圮屡修,亦屡修屡圮,壬寅经生员余炳元、徐灏等邀各圩长会议,将大口湖患口,置圈外自东壉圩晏公庙起由鸭婆洲至故废之常丰圩新玲头止,又由新玲头而禾洲封岸,而下聂而上聂而马龙潭至新建之坝塘止,从新修筑,顺水避风,众议佥同,各圩共捐钱二千串,禀请邑侯程劝捐议叙,共成六千串有零,刻期兴工,癸卯告竣。”③还有大有圩,分为二十四字号,分段修筑,该圩旧额 2800 余丈,而据光绪《南昌县志》统计其圩长已达 3493 丈,增加 600 余丈。④ 清代圩堤虽在量上减少,但在质上却取得重大进展。清代中后期的“联圩并捍”是出现此种现象的主要原因。

清代圩堤记载与明代相比最大的区别在于,大量民圩出现。除乾隆志出

① 道光《南昌县志》卷 3,《水利》,清道光二十九年(1849 年)刻本,第 42 页 b。

② 同治《南昌县志》卷 3,《建置志下》,《中国方志丛书》据清同治九年(1870 年)刊本影印,台北:成文出版社,1989 年,第 24 页 a。

③ 道光《南昌县志》卷 3,《水利·续增》,清道光二十九年刻本,第 1 页 a。

④ 光绪《南昌县志》卷 6,《河渠中》,《中国方志丛书》据清光绪三十三年(1907 年)刻本影印,台北:成文出版社,1970 年,第 3 页 b。

现大量民圩外，同治志中所载亦有民圩，光绪《南昌县志》则干脆将该地区圩堤分为官圩、民圩二种。其记曰："初建筑者堤皆滨河，后乃有加于筑于内者，或径数百丈或周回一二里，以滨河者为外郛，决于外犹可抢筑于内也，间收其利，增相仿筑。迨经倾圮，相缘请帑，官府患帑之弗克给，乃以载诸旧册者为官修之圩，续增者为民修之圩，民修之圩准其立案，官不勘估不给帑培修。……兹据县册乃以官圩、民圩，按五乡分别载之，以其近而实也。"[①]其记官圩 89 所，民圩 226 所。到清末，该地区民圩数目已经超过官圩，其规模虽大多不及官圩，但大者亦周回一二里。

总之，清代南昌县圩堤发展特点表现为三个方面：(1)官修圩堤无论是创建还是补葺，大多都是在明代所修圩堤的基础上进行，创置渐少；(2)清代中后期的联圩并捍运动背景下，同治以前圩堤数量显著减少，但单个圩堤规模增大；(3)清代民圩逐渐出现于方志的记载中，意味着民圩在赣抚河口平原逐渐而成为该区圩堤发展的主体，开始受政府的重视。此外，清末南昌地方政府开始凭借借帑兴筑、分年摊还的办法，重新介入地方圩堤兴修。[②] 这其中反映的深层次问题，值得重视。

(二)新建

万历《新修南昌府志》记载新建"古额"水利中有圩堤 12 所，著名的赵家围也在其中，为该县最早的圩堤。新建县修圩事业在明代有三个高潮，一是弘治十二年，修圩 41 所；二是万历十四年，修圩 174 所；三是万历三十五年(1607年)，大水圩坏，补修圩堤 116 所。三次修圩，有的修补前代，有的新筑，万历十四年的新筑较多，万历三十五年则多为补筑。

康熙《新建县志》中有关该县圩堤的记载，比万历《新修南昌府志》多出 9 所。乾隆年间之数据乃当时借帑修筑圩堤的数目。道光年间的数据乃道光二十八年(1848 年)夏大水，知县崔登鳌、彭宗岱先后发帑银 22469 两修补圩堤的数目。同治年间的数据则源于"同治七年知县李寅清偕邑绅借款重修，八年

① 光绪《南昌县志》卷 6，《河渠中》，《中国方志丛书》据清光绪三十三年刻本影印，台北：成文出版社，1970 年，第 1 页 a。

② 参见同治《南昌县志》卷 3，《建置志下 · 水利》，《中国方志丛书》据清同治九年刊本影印，台北：成文出版社，1989 年。

补修,县李寅清董其事"[①]。

新建县有关圩堤的记载可以说明以下问题:其一,明代弘治、万历年间出现的修圩高潮,反映的可能是向湖区开发的高峰的到来。其二,清代新建县有三次官方的大规模修圩行为,主要是修补前代圩堤,创建则少,反映出清代圩堤修筑是在明代基础上的发展。清代官方修圩活动的规模远不如明代为大,这可能反映的是官圩修筑基本结束,民圩大行其道。其三,清乾隆以后,新建县出现三次规模较大的圩堤修复活动,原因基本都与大水冲绝有关,而借帑兴筑圩堤的措施极有可能是洪灾加重情况下,解决地方圩堤修复工大难支的重要办法,反映的是政府、地方民众在地方圩堤兴修中的新格局。

(三)进贤

进贤县诸方志对于水利圩堤的记载不太详细,为数甚少。以明代而言,仅从其圩堤数目言之,确实增长较慢,但其圩堤长度从嘉靖至万历年间,却增加5倍余,其时应该是进贤县圩堤修筑的高峰期。

至清代,康熙年间进贤县圩堤增加8所,道同年间则达到19所。仅从圩堤数目上说,从康熙至道同年间,进贤县圩堤数目只增加2或3所。进贤县相关县志中圩堤的数目甚少,这显然与进贤县地方河湖水文环境不符。

翻检史料,方志中出现此种情况的原因可能有二:其一,明清时期众圩联成一体,总以一名。修建于万历年间的进贤县丰乐圩就有子圩48条。[②] 万历年间,进贤县圩堤虽只有9所,但是圩长却有14300余丈,平均每圩长达近1600丈,其规模即使与南昌、新建二县之圩堤相比亦不遑多让。其二,进贤县区所筑之圩堤多为民间自主修筑,官方对此勘查较少,方志往往只记载规模较大的圩堤或者官修圩堤,众多小型圩堤或私修圩堤不为县册所载。据方志引县册言:"至逼近鄱湖地势较低之处,每遇春夏阴雨连绵、河湖水涨即被漫溢,向于较低之处设有圩堤以资捍卫,历系民修官督,内于乾隆三十一年、四十九年及嘉庆九年因民力不支曾经详蒙借帑修筑,其余民间一切河渠陂堰均系居

① 同治《新建县志》卷12,《舆地志》,《中国地方志集成》据清同治十年(1871年)刻本影印,南京:凤凰出版社,2013年,第12页b。

② 道光《进贤县志》卷5,《建置·水利》,《中国地方志集成》据清同治十年刻本影印,南京:凤凰出版社,2013年,第10页b。

民农隙自行培修疏浚，岁底民为勘明结报（县册）。”[①]进贤县圩堤多为私修，私圩结报也未见有强制手段，且县册往往多年未经更新，其不入方志记载实属正常。但可以确定的是，明代嘉靖、万历及清代康熙年间进贤县官修圩堤的两个高潮以后，官修圩堤基本停滞。结合上述县册所言，康熙以后进贤县圩堤水利是以民修为主。

综观明清时期赣抚河口平原历史时期圩堤事业的发展，一方面，此时期赣抚河口平原圩堤事业全面展开，但其发展并不同步。以南昌、新建二县而言，官修圩堤在明代就进入全面发展时期，其高潮出现在弘治、嘉靖、万历年间，由此基本上奠定该区后世官修水利发展的格局。而明代进贤县圩堤发展却远远不及上述二县，其发展的高峰一直延续至康熙年间。

另一方面，清代中期，赣抚河口平原圩堤有过恢复发展，其中南昌、新建二县在乾隆年间，圩堤兴修经历了一个高潮。但是此期水利发展并没有质的变化。迄至嘉庆、道光、同治年间，这种情况才有所改变，其农业开始全面发展。其表现在：(1)圩堤绝对数量、圩堤总长度都有增加。表 1 中，南昌、进贤二县在同治年间的圩长均远远超过前代。(2)大量分散的小圩逐渐合并成大圩、联圩，往往十几个小圩合成一个联圩。因此在统计数字上出现清代同治年间圩堤数量反不及明代为多的现象。(3)官修圩堤在清代创置逐渐减少，而民间修圩事业开始蓬勃发展，民圩在清代中期以后大量涌现。清代中后期借帑筑圩的政策实际上为民修圩堤解决部分资金问题，同时使得地方圩堤兴修格局产生新的变化。

二、河湖水文环境与内拓型圩堤系统之形成

明清以来赣抚河口平原圩堤修筑并非一蹴而就，经历了一个发展过程。本节以南昌县圩堤兴修为例，通过分析该地区圩堤分布的时空特点，在某种程度上还原该地区圩堤的兴修过程，揭示河口平原农业发展的模式。

---

① 道光《进贤县志》卷 5，《建置・水利》，《中国地方志集成》据清同治十年刻本影印，南京：凤凰出版社，2013 年，第 11 页 a。

方志所载南昌县圩堤大多记有方位，为分析其时空特点提供依据，从明代至清代同治年间，其乡、都情况并无太大的变化。南昌县所属乡都有南昌乡、灌城乡、长定乡、南乡辖、归德乡、钟陵乡、东乡、西乡、北乡。其中，钟陵乡位于章江（赣江自象牙潭至扬子洲段，下同）下游，即扬子洲境。归德乡位于赣江南支与抚河交汇之处，亦是河流下游。南昌乡位于铁线港与黄溪渡以下赣江中支之间。东乡位于抚河上游，即中洲境，合熪附近。忠孝乡左据抚河，右濒青岚湖。西乡与北乡分别位于章江上、下游，即市汊与万家洲附近。长定乡、南乡、乾封乡介于南昌东南诸河港与抚河之间，灌城乡近城。① 光绪年间，乡都分布则有改变，仅分五乡：东、南、西、北、中乡。西乡位于南昌城南部的章江与诸内河港之间。北乡位于赣江南支与赣东中支之间即铁线港与黄溪渡河之间，下至滁槎。东乡位于令添洲以下抚河流经地区，位于南昌县治西北方向，属抚河下游，抚河在此与赣江支流、青岚湖水相汇而入鄱阳湖。南乡与中乡位于武阳渡、朱坊、莲塘一带，介于抚河与万舍河之间。② 明清时期南昌县圩堤时空分布可见表2。

表2 明清时期南昌县圩堤时空分布表

单位：所

时期 \ 乡 都	灌城乡	长定乡	南乡	钟陵乡	南昌乡	归德乡	忠孝乡	乾封乡	东乡	西乡	北乡
	1—9,73	40—45	45,48,51—56	10—15,74	16—21	21—23	28—39	24—27	57—59	60—66	45—50
明弘治十二年	—	—	6	13	14	6	2	2	2	8	11
明万历十四年	5	2	1	40	34	7	3	14	3	13	16
清乾隆十五年 I	—	3	1	3	2	2	—	—	—	5	30
清乾隆五十八年 II	—	—	—	5	7	5	—	1	—	4	9
	—	—	—	16521	16116	9229	—	1375	—	6763	15994
清同治年间 III	2	5	11	18	15	8	4	12	10	36	29
	1685	220+	14587+	30645	31939	10949	2020+	31632+	5120	24473+	26722+

资料说明：此表根据同治《南昌县志》、道光《南昌县志》、乾隆《南昌县志》、康熙《南昌郡乘》、万历《新修南昌府志》等（简明起见，版本、卷、页信息从略）绘制，乾隆十五年以前的

① 同治《南昌县志》卷首，《南昌疆域水道图》，《中国方志丛书》据清同治九年刊本影印，台北：成文出版社，1989年。

② 《南昌县志（1986—2004）》，北京：方志出版社，2006年，第11页。

记载只有圩堤数目而无圩堤之长度，但是从其圩堤数目上也大致能够复原该地区的圩堤分布。同治时期之圩堤长度只有个别记载缺略，其基本不影响结果。

Ⅰ：乾隆十五年的数字乃呈报新增之圩堤。Ⅱ：乾隆五十八年大水，圩堤冲刷过甚，徐午躬捐廉修筑。此条第一行为圩堤数，第二行为圩堤的长度，单位为丈。Ⅲ：此条第一行为圩堤数，第二行为圩堤的长度，单位为丈。

表 3　光绪年间南昌县圩堤分布表

单位：所

乡别 / 圩数 / 圩别	东乡		西乡		北乡		南乡		中乡	
	数目	围长（丈）	数目	围长（丈）	数目	围长（丈）	数目	围长（丈）	数目	围长（丈）
官圩	10	26374	51	43944	26	43440	2	1582	0	0
民圩	42	35408	57	15619	79	5555	31	15928	17	1886
总计	52	61854	108	59563	105	48995	33	17510	17	1886

资料说明：此数据来源于光绪《南昌县志》，其圩堤的记载来源于县册，虽然县册与事实可能会有一定的出入，但是大致能作为参考。此外，民圩围长并不是每条圩堤都有记载，此处所列数据并不完全。此表南乡民圩多分布于南昌东南之“三江口所分支河之上流”。参见光绪《南昌县志》卷 6，《河渠中》，《中国方志丛书》据清光绪三十三年刻本影印，台北：成文出版社，1970 年，第 1 页 b。

根据表 2，位于赣江两侧的南昌乡、钟陵乡、西乡、北乡及位于抚河上下游的乾封、忠孝、东乡、归德是该地区圩堤比较集中之地。从表 3 可以看出，位于赣江两侧的西乡、北乡与位于抚河之侧的东乡也是圩堤比较集中之区。表 2 中的长定、灌城、南乡及表 3 中的中乡、南乡的圩堤则比较稀少，此几区位于高阜地带，对于圩堤依赖不强。分析该时空表可以发现农业开发的以下四个特点。

(一)由下游至上游

对比历代圩堤的分布变化，还可以发现，这种沿河湖筑堤的模式并非同时发展，其经历了从河流下游扩展至上游的过程。以表 2 而言，位于章江上游的西乡从明万历至清同治年间，比例逐期上升。据表 3，光绪年间，西乡官民圩数量及总围长都已经超过位于下游的北乡。

光绪《南昌县志》对于该变化曾做过解释：“……河源尽而流狭，正派数分，支流歧出，初不为患，厥后河日淤而堤日增，堤增而河益淤，害乃不可胜穷矣。初滨河之上流者以水之消涨易犹未有堤，迨下流之堤逼河不得疾行，而害及上流，势亦不得不加建焉。迄今全境四达殆无无圩之田，夫与水争地本非良策，河深淤浅、暴涨易盈，然已逼水归河，成棋布之势，治斯土者甚毋以其策下漫为高论或玩视之。”①河流上流本无需圩堤，而至下游圩堤修建，河流不畅，洪水积潦难消，自然回溯，致使上游也必须以圩堤备水患。

以人类趋利避害的习性推断，农业开发初期，汛期上游水势易消，下游无圩堤则不能成田，此期上游农业肯定比下游发达。当上游地区农业开发饱和以后，人们不得以向下游拓展，这就是明代弘治以来对于章江与抚河下游的圩堤开发，河流下游地区的开发由此进入高潮。但此之后，下游地区的圩堤逐渐完善，致使河流日益排水不畅，上游地区开始遭受越来越严重的水患。康熙十五年(1676 年)，地方呈报圩堤，位于章江上游的北乡与西乡呈报圩堤 35 处，占此次呈报的绝大部分，上游圩堤修筑全面展开。位于章江上游西乡境内的螺蛳港的形成及螺蛳港垱的修筑便是下游河水倒灌上游地区的明证。乾隆时陈弘谋在《修螺蛳港垱檄》中对此河之形成过程与原因进行分析：“……而南螺蛳港源系通行旱路，向止小沟并非江水正流，因沟内地势深洼，江水冲决遂成河形，会入抚河地势较高不能畅流而南，故江水一入螺蛳港至风雨亭即倒漾，而南由富仓安乐两圩直抵市汊一带，日久不消，俱被淹没，是赣江以西抚河以东一带十余邨每年受患皆螺蛳港决口之故。”②此檄提到，螺蛳港乃赣江第三汊支流决口成河，其最大的原因是该河段及其下流河段河床的抬升，水流不畅，洪水暴发，导致决口成河。此河虽成，河面虽宽，其泥沙淤积却非常严重，“其中深者不过一二处，皆浅沙”③，此河向南倒灌抚河支港，但由于抚河支港地势稍高，河水无所归乃倒漾于市汊一带，酿成洪灾。乾隆年间，江西巡抚陈弘谋于此修筑螺蛳港垱，意图阻止章江南流，但由于章江自身排水不畅，迫水南流，垱屡修屡圮，“国朝乾隆七年，巡抚陈宏谋题请动项于港口建筑堤垱，功未竟旋塌。八年议再筑，四越月竣工，动用公项银一万一千九百四十两有奇，

---

① 光绪《南昌县志》卷 5，《河渠上》，《中国方志丛书》据清光绪三十三年刻本影印，台北：成文出版社，1970 年，第 1 页 a。

② (清)陈弘谋：《培远堂文檄》卷 14，第 11 页 a，《陈榕门先生遗书》，民国三十三年广西省乡贤遗著编印会铅印本。

③ (清)陈弘谋：《培远堂文檄》卷 14，第 11 页 a，《陈榕门先生遗书》，民国三十三年广西省乡贤遗著编印会铅印本。

并回庵一所。九年江涨堤复决……乃议于石坝之外更筑草坝，石坝横亘二十八丈，高一丈九尺，底宽十丈，面宽三丈，草坝长二十丈二尺五寸，高二丈四尺五寸，底面俱宽八丈，共计银三千六百九十二两零。”①该垱前后修筑费用达一万五千余两。其后，嘉庆十四年（1809 年），此垱又遭冲塌，江西巡抚先福奏云：“……嘉庆十四年正月初五至初八等日，狂风骤雨，山水陡涨，该洲堤岸冲卸，风水相激，坍倒仓廒二十间。”②河湖水倒灌在清末有加强的趋势。南昌县圩堤的开发经历从上游到下游再回到上游的过程，该区由圩堤兴修以及河床抬升等问题而致的河水排泄不畅及湖水倒灌是造成此种由下游向上游发展特点的主要原因。③

（二）由外而内、由单圩至联圩、由官修到民修——内拓型水利开发模式的形成

据上文，清代后期，河口平原联圩越来越多，所谓联圩就是大圩内再修子圩，大圩防江，子圩防涝，且大圩被冲决的情况下，子圩可备不时之虞。子圩的出现乃湖区农业开发深化的结果。大圩为低地开发最初的水利工程，此类圩堤一般是在早期修筑，濒江而设，修筑较困难，且多为官修。子圩则是大圩确立后，为民众逐渐加筑，用于保证圩内农业垦殖。光绪《南昌县志》对于大圩与子圩的修筑过程及其关系有所叙述：“初建筑者堤皆滨河，后乃加筑于内者，或径数百丈或周回一二里，以滨河者为外郛，决于外犹可抢护于内也，间收其利，增相仿筑。”④据此，官修之圩多为濒河之圩，其为先建，民修之圩则为子圩、内圩，为后建。明代弘治、万历年间所修之圩都为官修，为南昌县之最早圩堤，因

---

① 乾隆《南昌县志》卷 5，《水利》，《中国方志丛书》据清乾隆五十四年（1789 年）刻本影印，台北：成文出版社，1989 年，第 2 页 b～3 页 a。

② 《嘉庆十年七月二十五日江西巡抚先福奏》，水利电力部水管司科技司、水利水电科学研究院编：《清代长江流域西南国际河流洪涝档案史料》，北京：中华书局，1991 年，第 581 页。

③ 有关此区河床抬升及湖水倒灌问题，笔者有专门论述，可参看晏雪平：《明清时期鄱阳湖区河湖之演变——以赣抚河口平原为中心》，《江西师范大学学报（哲学社会科学版）》2015 年第 2 期。

④ 光绪《南昌县志》卷 6，《河渠中》，《中国方志丛书》据清光绪三十三年刻本影印，台北：成文出版社，1970 年，第 1 页 a。

此大型的濒河圩堤可以说在明代已经奠定基础。而至清代,除乾隆年间几次大规模的圩堤修复外,官方大规模创筑圩堤活动比较少见。民修之圩则逐渐增多,多为在明代濒河大圩之内而建,为子圩。表3所示光绪年间圩堤情况,位于东西两河之内的东乡与南乡的民圩的长度已经远远超过官圩,这正是民圩在东西两河之内大规模发展的明证,较晚修筑之圩多为民圩,官圩向民圩的转变实际上反映清代末年圩堤修筑重心由濒河地带向平原腹地的转移。

农业圩堤的修建循着由外而内展开,农业经济在此过程中取得发展。由表3可知,清代同治、光绪年间,民圩的数量与规模已经非常庞大,完全超过官圩,这标志着湖区农业开发的深入。只修大圩并不能保证圩内农田的完全垦殖,只有在大量子圩、民圩修筑以后,低地农业开发才真正成熟。由明至清,水利事业由官修到民修的转变实际上是圩堤兴修由大圩、外圩向子圩、内圩的转变。多数子圩、内圩规模小、工费轻,民间能够负担,这也是此时期地方圩堤由官修逐渐转向民修的重要原因。

更为重要的是,圩堤由外而内的发展模式实际上与河口平原受鄱阳湖南侵的趋势影响而发育缓慢有密切的关系,相关研究已经证实这一点。[①] 其中最具有代表性的即进贤县北山地区的变迁历史。进贤县北濒鄱阳湖的北山地区,地势平衍,受鄱湖南侵危害最重。康熙《进贤县志》载:"北山,邑治北一百里,滨鄱湖四周皆水,其土平衍……"[②]而道光《进贤县志》载:"北山,邑治北七十里,在二十七八九都滨彭蠡四周皆水与天无际,其土平衍。"[③]从康熙至道光年间,北山为鄱阳湖所迫,其湖岸线南推三十余里。又康熙《进贤县志》载:"北山据古宫亭湖之阴,衍袤广博,横亘数十里,云林参错虋,为郡之藩屏。"[④]而道

① 谭其骧、张修桂:《鄱阳湖演变的历史过程》,《复旦学报(社会科学版)》1982年第2期;项亮:《鄱阳湖历史时期水面扩张和人类活动的环境指标判识》,《湖泊科学》1999年第4期;许怀林:《江西历史上的经济开发与生态环境的互动变迁》,《农业考古》2000年第3期;晏雪平:《明清时期鄱阳湖区河湖之演变——以赣抚河口平原为中心》,《江西师范大学学报(哲学社会科学版)》2015年第2期。

② 康熙《进贤县志》卷2,《建置志一》,《中国方志丛书》据清康熙十二年(1673年)刻本影印,台北:成文出版社,1989年,第12页b。

③ 道光《进贤县志》卷2,《舆地·山川》,清道光四年(1824年)刊本,第4页a。

④ 康熙《进贤县志》卷2,《建置志一》,《中国方志丛书》据清康熙十二年刻本影印,台北:成文出版社,1989年,第12页b。

光《进贤县志》载："幅员广运，径以十余里计，围以三十里计。"[①]从康熙至道光年间，北山地区已经由当时的横亘数十里缩小成径以十余里计，其为鄱湖所侵的程度可以想见。方志云："北山当钟陵迤北，本大泽乡，川汭径复，滔淡何哉？有所谓山者，盖天地是聚于高，归物于下川，以导气泽，以钟美，每能产化嘉材，固彭蠡西南隅之平壤滨蠡，皆夷隰似砥，灌莽荡漾，廓惝而虚，第用白圭堤捍之法，障外浸不入，岁登宜稻，岁不登一望苍烟，白苇而已。"[②]由于鄱湖南侵，此地灾害频仍，农业开发完全依赖于圩堤的建设。光绪《进贤县乡土志》载："二十九都，在二十八都之东北，东贯芦花河，北枕八字脑，而西介田西（二十八都），东南之龙山，往昔巡司之所驻也，北隅为北湖而与东湾湖相连，水涨为一，水落为二……都方不馀里，而湖据地面之半……田赋下下，水荒而草宅，春强半犁，夏终鱼飧，农多归业于渔、樵，户口难占，第指辛丑之灾赈簿为据，而逃之靡定。"[③]受水害的威胁，此处耕作困难，居民只能作出弃耕从渔、樵的无奈之举，户口逃逸严重。鄱阳湖的这种南侵趋势在很大程度上造成赣抚河口平原后期的圩堤农业只能循着内拓型方向转移，即向河口平原腹地转进。

清代，官修大圩、外圩创置越来越少，这实际上反映该圩堤开发在空间上已经基本结束向外拓展。而官修大圩、外圩在规模、质量上的提高以及大量民修子圩、内圩在此时期的出现却正好反映该区水利发展内拓型特点的形成。该区圩堤水利发展模式由外拓型向内拓型的转变实际上又与上文所言赣抚冲积平原的缓慢发展密切相关，缓慢发展的冲积平原无法提供更为广阔的空间支持该区农业向沿河湖地带的拓展。相反，鄱阳湖南侵趋势却使该区圩堤受到越来越严重的水患威胁。在此，河湖水文环境的特点决定了赣抚河口平原圩堤开发的模式。

综上，受鄱阳湖区河湖水文环境变迁的影响，赣抚河口平原圩堤农业的发展形成内拓型的发展模式：其一，从着重修筑下游圩堤到上、下游圩堤并重；其二，从明代修筑濒江大圩、外圩为主到清代中后期修筑内圩、子圩为主。

---

① 道光《进贤县志》卷 2，《舆地・山川》，清道光四年刊本，第 4 页 b。

② 同治《进贤县志》卷 3，《山川》，《中国地方志集成》据清同治十年刻本影印，南京：凤凰出版社，2013 年，第 4 页 b。

③ 光绪《进贤县乡土志》，《图说・二十九都》，民国九年（1920 年）石印本，无页码。

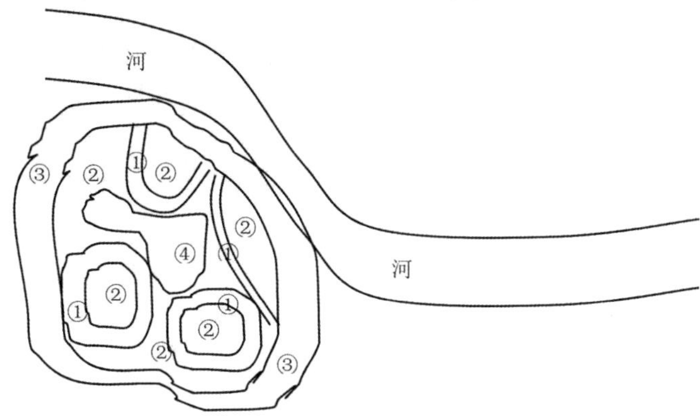

图 1　南昌县低地圩堤农田系统示意图

图解:①子圩、内圩;②圩田;③大圩、外圩;④湖、塘

三、内拓型圩堤系统兴修方式的转变

以前文论述可知,赣抚河口平原圩堤分为官圩与民圩两类,“初建筑者堤皆滨河,后乃加筑于内者,或径数百丈或周回一二里,以滨河者为外郛,决于外犹可抢护于内也,间收其利,增相仿筑。迨经倾圮相缘请帑,官府患帑之弗克给,乃以载诸旧册者为官修之圩,续增者为民修之圩。民修之圩准其立案,官不勘估,不给帑培修,实则有滨河创筑者亦有即旧册所载之废圩改建者,亦有关系官修各圩之利害者,亦有较官修各圩广数倍者,皆置不问,虑其例一开而陈请之纷纭也。故有官圩、民圩之目,官圩之册详存藩署,民圩之册惟县署存之”①。官圩载之旧册,有案可察,而民圩是旧册不载,后世私人创筑的圩堤。官圩一般以官帑培修,民圩则不勘估、不给帑。官圩、民圩的区分并不以圩堤大小或重要性与否为转移。

但是,在河口平原水利圩堤兴修的实态中,官修还是民修实际上并不完全以上述官圩、民圩为转移。官圩有可能转变成民修,而民圩也有可能受到官方

① 光绪《南昌县志》卷 6,《河渠中》,《中国方志丛书》据清光绪三十三年刻本影印,台北:成文出版社,1970 年,第 1 页 a。

的资助。学术界对于水利派费的研究大多倾向于认为水利兴修有从官费到民费的转变趋势。但是以赣抚河口平原圩堤兴修看,情况则更为复杂。不但官圩与民圩在派费的转变上有着各自不同的特点,而且圩堤岁修与灾时大规模修筑也存在着区别。

(一)官圩大修

该类圩堤大修费用早期由官方全额经办、全权负责。至后期,此种制度越来越难以维持,全额官修逐渐转变成部分官修或完全民修。南昌县大有圩之修建史即为典型。该圩修创于明代弘治年间,由知府祝瀚"发大粟七百石"筑成。隆庆初,该圩崩圮,屯田使龚大器捐二百金修复。俄水决西关,丁刺史应璧发粟百石以葺。俄又将圮,万历中周刺史良臣护之石,凡八十金。万历十四年春大雨,至于夏四月湖江海相接,圩浮若线闸,沉若窦势,且决东闸。万恭乃大伐石锢东之所未理者,及西之理而未坚者,及版之腐而易溃者,费仅四十金耳。康熙五年(1666 年),李明睿复修之。"康熙十三年,大有圩又坏,郡守诸公保宥、邑令王公养濂则恨疾苦上闻之晚也,既得报即各捐俸为倡,选干员董之,本圩相劝计亩出赀,圩长领其事,又得行僧六颖、六素为之广募,时多好义乐施者,工讫有成"。[①] 至此,大有圩由官建转而变为计亩出赀。至同治年间,该圩已经完全照亩摊费,"堤则归民修,向有章照亩摊费,摊工编列二十四字号,各圩长各承各段,以专责成"[②]。照亩摊费已经制度化。从大有圩修筑史看,康熙五年以前,此圩大修都由官府出资,间有民间捐助。而到康熙十三年(1674 年)以后,此圩修筑官方已经基本不出资,转变成官绅士民捐助为辅,照亩出资为主。进贤县丰乐圩创筑于明代弘治年间,至万历时已经"按总圩之产均派民夫,修筑其私圩"[③],已经完成官圩民修化的转变。但是清代仍然存在着比较大规模的官方修圩事件,以南昌县而言,乾隆十四年,知县顾某因圩堤

---

① 同治《南昌县志》卷 3,《建置志下》,《中国方志丛书》据清同治九年刊本影印,台北:成文出版社,1989 年,第 27 页 b～29 页 a。

② 同治《南昌县志》卷 3,《建置志下》,《中国方志丛书》据清同治九年刊本影印,台北:成文出版社,1989 年,第 26 页 a～b。

③ 同治《进贤县志》卷 5,《建置·水利》,《中国地方志集成》据清同治十年刻本影印,南京:凤凰出版社,2013 年,第 9 页 b。

为水冲塌过甚，勘修、兴修圩堤112所；乾隆五十八年，知县徐午兴修圩堤34所。新建县则在道光年间由知县崔登鳌、彭宗岱先后发帑银22469两修补圩堤49所。这说明，清代赣抚河口平原圩堤官修并没有完全消失，在某些时期还呈上升态势。但是官修圩堤行为在各县却有轻重之别，南昌、新建二县在明清时期官修圩堤的行为显然比进贤县更为频繁，原因除该地区水灾较为频繁外，其为省城所在地也是重要原因。

(二)民圩大修

民圩在一开始修筑时就以民间自创为主，遇到大规模的兴筑以及遭受重大灾害等，民众无力修复，官方可能会提供一定的资助。一般而言，民间修圩，其经费来源有三：

第一，地方上官绅士民的捐助。捐助修理基本上都是因为某些圩堤工大难支，用于助修，不是经常性的政策，“不得援以为例”。同治年间，南昌县之万家洲圩在劝捐修复后修订的章程中就提道：“金家湾圩堤系各圩之首，今因工程浩大苦恳各乡绅士劝捐修筑坚固，堤以后照依旧章，戠附近邻邑众姓户人等按亩修理，不与捐户干涉。”[①]民修圩堤款项之捐助往往产生于民修无力，官无帑钱的情况。光绪《南昌县志》记载：“光绪丙子，有浙商捐赈巨款因摊给民圩以工代赈，后如遇重灾辄拨官圩尾数按三成给之，辛丑拨赈银一千两给之，盖有别款则提以为补贴培修之。”[②]地方上绅民捐修圩堤不是制度性措施，但其作为民修圩堤的一项辅助性经费来源对于该地区圩堤的修筑还是起到非常重大的作用。

第二，利益原则。即民众按受益田亩派费出夫，可称为“随田派费”、“按亩出夫”制。大型的圩堤工程一般是分段、分字号兴筑。南昌之大有圩就分成二十四字号，分段派费兴筑。此制到清代时已经制度化，是地方圩堤修筑经费的主要来源。坐落于十四都兼十五都之孙家洲的安泰圩，“康熙年间禀官兴筑……作为护垱公议：子圩之田永不承塘亦不派费，东西二路计田二千五百

---

① 同治《南昌县志》卷3，《建置志下》，《中国方志丛书》据清同治九年刊本影印，台北：成文出版社，1989年，第60页b。

② 光绪《南昌县志》卷6，《河渠中》，《中国方志丛书》据清光绪三十三年刻本影印，台北：成文出版社，1970年，第1页a。

余，按亩派筑，分段派守，内有石闸一道，在公所西北，同治三年，县主黄公勘修立案"[①]。该圩为民圩，按亩派费兴筑，但是其闸则由官方所筑，民圩亦可以受官府之资助。建昌县之"廖坊圩，古廖家汊县东二十里，四围皆水，宋嘉平间淦国英卜居其洲，明嘉靖戊申，淦北湖少峰等计田三千履亩出税，筑圩以行道"[②]。随田派费修筑圩堤还有公修与私修之别，南昌之大有圩，其修筑旧章中提道："……而堤则归民修，向有章照亩摊费，摊工编列二十四字号，各圩长各承各段，以专责成，每岁秋收后各号圩要夫集费自行培固，是谓私修，倘洪水骤涨救护不及被水冲决至二十丈外，无面无脚是为患口，工程浩大独力难支，合圩照亩派费修筑，但被决之字号加倍出费，以为修守不力者戒，告竣后仍归该号圩长承管，是谓公筑。"[③]圩堤遇小患则各修各段，大患则集合全圩之力集体修筑，是为私修与公修之制。但是随田派费制在遇到大的圩堤崩圮时往往承担不起巨额费用，只能借助于劝捐或者借帑兴筑。万家洲圩在咸丰年间崩圮过甚，劝捐修筑便是一例："咸丰癸丑春洪水泛滥，万家洲堤决数百丈，计亩捐筑未竟工，而夏秋复决至是患愈急，而筑愈不容缓也。圩长有难色，其地瘠而民贫，则纠费难，其工大而责重，则任事之人难，爰哀恳于邑绅潘君凤庐、万君聘庐李君端白，曰：是堤之兴也，利不在一时，而在百世，其废也害不在一处，而在四乡，今此不修后将胡底，诸君唯知国赋民命之所关重也，又以向有旧章不敢越俎，贻后世累，颇有难意而恳者词益切，情益哀，咸愿诣大宪具结，后不为例……乃为请于府给示劝捐，委员监筑。"[④]

第三，官方助款、监修。上文所言，民圩多为后起之圩，其修筑相对容易，对于人力、物力的要求不如前期大圩或官圩高，其为民间自筑与自身的特点一致。官方在正常情况下并不干涉此类圩堤的修筑。但正如前文所言，民圩"有滨河创筑者，亦有即旧册所载之废圩改建者，亦有关系官修各圩之利害者，亦

---

① 同治《南昌县志》卷3，《建置志下》，《中国方志丛书》据清同治九年刊本影印，台北：成文出版社，1989年，第36页a。

② 同治《建昌县志》卷1，《地理志·水利》，《中国方志丛书》据清同治十年刊本影印，台北：成文出版社，1989年，第33页b。

③ 同治《南昌县志》卷1，《建置志下》，《中国方志丛书》据清同治九年刊本影印，台北：成文出版社，1989年，第25页a。

④ 同治《南昌县志》卷3，《建置志下》，《中国方志丛书》据清同治九年刊本影印，台北：成文出版社，1989年，第59页a～b。

有较官修各圩广数倍者"[①]。有些民圩的重要性与修筑的困难性都可与官圩相埒,其修筑并不是民间力量能单独胜任的,在某些情况下还需要官方的辅助。最常见的情况是大型水灾爆发,圩堤冲圮过甚,民间无力修复,必须官方赞助。清代乾隆年间,南昌、新建二县的多次修筑圩堤实际上都是这种情况下以工代赈的产物。乾隆七年(1742年),陈弘谋《饬委督修民圩檄》载:"南新二县,圩堤工程浩大,民力难修者,已据司详,委员查估,现在已报兴工。其工程无多,原应责令民修,但须一本坚固,方可捍卫田庐。今动帑之工,已经派各员督修。其余民修之堤,或有心力不同,或工段不均,动多观望,现据士民纷纷具呈,若无员督修难免仍前草率。又贻后患,仰司官吏立即饬委进贤县县丞黄锡蒲、丰城县县丞王鑲星飞赴省,委员当同该圩士民,公同派定,设法修筑,悉照南昌县所详条规办理。"[②]政府在某些情况下对于民圩不但提供经费,而且还派员监修,克服民间修圩心力不同、动多观望的弊病。

(三)借帑修圩

清中后期以后,河口平原出现借帑兴修民间圩堤的新制度。坐落于南昌县十九都之集成圩就是借帑兴修,志载:"同治七年戊辰冬,邑刘养素方伯代借库钱六千串兴筑,旋被水冲塌。己巳,复请大宪发帑钱二千一百六十四串四百文修复。"[③]以同治《南昌县志》记载,该地区在咸丰、同治年间,共借帑兴筑圩堤达27处之多。新建县从乾隆年间起就有借帑修筑圩堤的记载,其借帑修圩之数目前后达92所。进贤县民圩安福垱也在乾隆三十一年(1766年)、四十九年(1784年)及嘉庆九年(1804年)三次借帑修筑。

以江西巡抚刘坤一之奏折来看,同治年间借帑修圩的规模则更大,该折曰:"……嗣据先后禀覆,饬据藩司于厘金项下陆续借给南昌县钱叁万伍百陆拾叁串贰佰文;新建县钱四万柒千捌佰四拾串壹佰捌拾玖文,鄱阳县钱壹万叁

① 光绪《南昌县志》卷6,《河渠中》,《中国方志丛书》据清光绪三十三年刊本影印,台北:成文出版社,1970年,第1页a。

② (清)陈弘谋:《培远堂文檄》卷15,第4页b,《陈榕门先生遗书》,民国三十三年广西省乡贤遗著编印会铅印本。

③ 同治《南昌县志》卷3,《建置志下》,《中国方志丛书》据清同治九年刊本影印,台北:成文出版社,1989年,第38页b。

千叁佰伍串陆佰壹拾伍文；余干县银陆千两；星子县银四千两；建昌县钱壹万伍千贰佰陆拾串文；德化县银壹万贰千捌佰伍拾叁两柒钱柒分捌厘，除动用抚恤案内余剩银贰佰两外，实借银壹万陆佰伍拾叁两柒钱柒分捌厘。德安县银四千贰拾陆两，瑞昌县银壹千伍佰两俱转发各堤绅董业户具领，仍委员督催兴工修筑，据报于二三四五等月告竣收□，分年缴还，结状呈送。”[①]基本上鄱阳湖区各县都有借帑之事，其费在一万余两以上，对该地区水利事业的兴复具有重要的意义。

借帑修圩借官帑修堤，堤成之后照亩摊费，分年缴还，虽本质上还属于民间负担修筑费用，但其与之前纯粹的民修不同，可以短时间集中更多的资金用于圩堤大修。这实际反映民间自负圩堤修筑费用的不足，即如若圩堤修筑工程过大，短时期内，相关受益农户无法负担较为庞大的修筑费用。而借帑则可在短期内集中资金，又减轻负担。同时，这种借帑修圩制度惠及面显然比“详请官帑”更为广泛，不但包含官圩，也包含民圩。借帑修圩制度实际上还反映清末水利兴修过程中官民间信贷制度的建立，是水利兴修制度中新的尝试。更为重要的是，借帑修圩制度的施行主要集中于清代中后期，即河口平原圩堤水利发展的后期，随着圩堤工程日益完善，湖区水文环境也愈发恶化。

18 世纪中叶以来，该区水灾有明显加强的趋势，其中大水灾即 1 级在 19 世纪更是如此。上述多数借帑修圩活动也确实与大灾之后圩堤修复有直接关系。水灾的加重，意味着圩堤兴修强度的加大与维修费用的提高。民间修筑圩堤力量小、资金少，难以负担大工的弱点充分暴露。此时官方在财政上也难以再给予更大的无偿资助，借帑修圩制度作为一种折中办法则能够较好地克服上述困难，保证此区圩堤系统的完整。因此，清代中叶以来，河口平原借帑修圩制度其实是在该区河湖水文环境恶化的背景下形成的。

---

① 同治《建昌县志》卷 1，《地理志 · 水利》，《中国地方志集成》据清同治十年刊本影印，南京：江苏古籍出版社，1996 年，第 35 页 a～b。

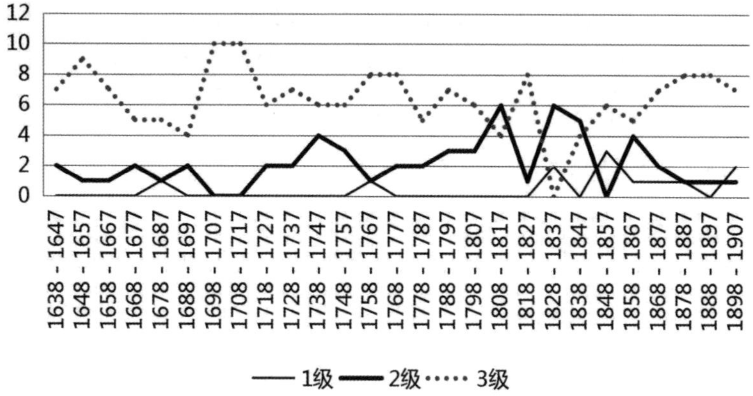

图 2　清代赣抚河口平原水灾示意图

资料来源：上海、江苏、安徽、浙江、江西、福建省（市）气象局与中央气象局研究所合编：《华东地区近五百年气候历史资料》，1978 年；水利电力部水管司科技司、水利水电科学研究所编：《清代长江流域西南国际河流洪涝档案史料》，北京：中华书局，1991 年；《鄱阳湖研究》编委会：《鄱阳湖区自然和社会经济历史资料选》，南昌：江西科学技术出版社，1985 年；明清时期赣抚平原各县地方志。

说明：本文对水旱灾害的统计，沿用《华东》的做法，将水旱灾分为 3 级。1 级：夏季持续时间较长的降水或跨季度连续降水、强烈大暴雨成灾、大范围大水灾，沿海数次飓（台）风雨成灾等；2 级：春秋单季的持续降水、局地大水等；3 级：无水旱灾伤记载或农业丰稔。旱灾则为 4 级与 5 级，此处略去。

（四）岁修

圩堤日常的维修养护，即所谓“岁修”。明清时期，无论是官圩还是民圩，其岁修之费多为民间自筹，间有官方为之置买田产用于维修，但是越到后期，费用越倾向于民间自理。南昌县万公堤在平时修筑就“置有堤内早田四亩七分，晚田十二亩五分，每年收租以作小修之费。北段堤自合熩后万起至熊田邨止。长六百零七丈，建有新桥石闸，是为北闸，置有早田六号计种十二亩一分，秋地三号计种六亩五分，每年收租作看守堤闸人工食，又咸丰十年范观澜、曲江兄弟捐早晚田七号计种十一亩九分归新闸户收租作岁修条漕之费”①。坐落于南昌县五十五都的若渚社坛垱，“咸丰三年，霪雨水涨，倒塌过甚，经南州

① 同治《南昌县志》卷 3，《建置志下》，《中国方志丛书》据清同治九年刊本影印，台北：成文出版社，1989 年，第 53 页 a。

团练局拨若渚本郫捐输团费募修，嗣后每岁小修均照亩派费”[①]。坐落于南昌县三十八都朱坊圩，嘉庆二十一年（1816年），生员朱金瑞倡捐筑成，而其逐年修补，则由业户每亩捐谷二斗五升，佃户每亩捐工一，立案垂久。[②] 进贤县之丰乐圩则建社仓于圩上，以社仓之盈余作为守圩之备。作为官圩的大有圩平时维护费用与民圩费用一样，都是照亩摊派。[③]

总体而言，赣抚河口平原圩堤水利兴修方式在明代主要以官修为主，此期，政府组织多次大规模的圩堤修筑活动，基本奠定后世圩堤系统的基础。此时期所筑圩堤实际上多为濒江或濒湖之圩，即为上文所言之大圩，此类圩堤修筑规模较大，且由于该类圩堤濒江或湖，修筑比较困难，实际上造成当时圩堤修筑必须以官修为主。清代，民修圩堤大量涌现，如南昌县民修圩堤在光绪年间已经完全压倒官修圩堤而成为该地区圩堤的主导。民圩为后世所修之圩，是在前代官圩、大圩的基础上修筑，其规模一般较小。因此，其对人力、物力的要求并不如濒江大圩为高，这是清代此类圩堤能够为民间自修的根本原因。

但是，上述情况不可一概而论，圩堤官修还是民修与该地区圩堤开发阶段性特点以及该区河湖水文环境又有着相当密切的关系。清代官方参与修圩实际上也出现过两个高峰，其一是在乾隆年间，其二是在同治年间的借帑筑圩。以前者而言，国家经济状况良好，能够提供比较充足的经费用于地方水利的兴筑。后者借帑筑圩实际上反映的是官、民两方面在财力都不足的情况下面对日益增长的圩堤修筑费用的折中方案。必须指出，清代官方兴修圩堤都是在地方遭受大水灾，无力修复圩堤时发生，这与17世纪中叶以来该区水灾渐次加重的背景相符。同时，借帑修圩制度的形成反映出民修圩堤制度自身存在的不足，需要政府力量在某些情况下给予辅助，政府力量与民间力量在水利兴修过程中是互补的。

进而言之，学界有关明清时期水利兴修费用来源的研究大多认为存在从

---

① 同治《南昌县志》卷3，《建置志下》，《中国方志丛书》据清同治九年刊本影印，台北：成文出版社，1989年，第49页a。

② 同治《南昌县志》卷3，《建置志下》，《中国方志丛书》据清同治九年刊本影印，台北：成文出版社，1989年，第46页a。

③ 参看徐谋也等人控傅翼联隐筑案，见同治《南昌县志》卷3，《建置志下》，《中国方志丛书》据清同治九年刊本影印，台北：成文出版社，1989年，第30页a～32页b。

官修到民修的转变过程,官方逐渐退出农田水利兴修领域,而由民间自筑。但是以明清以来赣抚河口平原看,此种过程显然复杂得多,也曲折得多。就其圩堤大修而言,清代圩堤修筑既存在民间圩堤的大量兴起,也存在官方圩堤的大规模兴筑。清末的借帑筑堤并不能笼统地认为其由官向民的转化,这里面实际上发生更为复杂的水利兴修过程中官民信贷制度的建立,官方并没有完全退出民间圩堤修筑,从广度上讲其影响还更大。对圩堤岁修而言,其一开始就是民间自主筹费,官方对此其实关注不多,水利岁修制度中所谓官民转化的趋势并不明显。

以赣抚河口平原圩堤水利发展的经验而言,圩堤兴修方式在某种程度上是以其规模大小、所需经费多寡为转移的。河口平原开发早期,大规模的圩堤兴修必须借助国家的力量进行组织与经费的筹措,民间力量在此时期附属于国家。然到平原开发中期,大量出现的内圩、子圩则是在原有大圩基础上的配套工程,其修筑相对容易,对于人力、物力的要求并不如大圩为高。这正是清代中前期以后圩堤兴修民间化趋势的重要原因。而到河口平原开发后期,水利兴修方式越来越受制于该区河湖水文环境恶化的影响。河口平原日益严重的泥沙淤积、洪涝灾害所导致的圩堤使用寿命短、容易冲决的状况使该区圩堤建设越来越趋向于建立大型的联圩工程,大量经费的需求、更为复杂的组织管理是民间力量所无法胜任的。这实际上决定地方水利兴修重新呼唤国家力量,清末借帑兴筑、派员督修制度的出现便是国家力量重新介入的表现。相对于将国家力量与民间力量对立的看法,笔者更愿意认为圩堤兴修过程中官民力量实际上相互补益。所谓官修、民修实际上与一区一定时期自然环境、社会状况相关,不能一概而论。

晏雪平:江西师范大学历史文化与旅游学院副教授。

山水相接处，矿工与船户

——清前期湘中地区的煤磺外运与宗族建构*

陈　瑶

一、从唱太公仪式说起

笔者在《清代湖南涟水河运与船户宗族》一文中考察了湖南湘乡涟水河道上以运输为主业的船户的历史。清乾隆年间，湖南商贸繁荣之时，涟水上有六七千只倒划船，装载煤矿及客货，秘密走私硫磺。明代后期直至民国年间，涟水河道长期为陈氏、邓氏和潘氏三个宗族把持。三姓充当埠头，负责管理各埠船户，为官府转运漕粮，共同垄断河道的商旅运输和捕鱼权。① 其中陈氏，因其宗祠建于白沙洲，大多数族人也居住于此，在湘乡当地被称为白沙（洲）陈氏。笔者在翻阅《白沙陈氏必元房谱》等几部白沙陈氏房谱时，发现这些族谱都收录一篇必清公的行状。必清公为陈氏迁湘三世祖，其溺水身亡成为水神的生平引起笔者的兴趣。《白沙陈氏必元房谱》（下房谱）中的《必清公行状》全文内容如下：

> 必清公，讳醇白，应寿公第二子也。幼遇异人，授以道术，善驱逐精邪，常往来七都山田湾同埠等处。明景泰二年五月二十一夜，成江出蛟，平地水涌数尺，公溺于恩子口。母龙氏终日哭泣，死之第七日示梦云："吾

---

* 本文为国家社会科学基金项目“清至民国长江中游木帆船航运业研究”（18BZS146）的阶段性成果之一。

① 陈瑶：《清代湖南涟水河运与船户宗族》，《中国经济史研究》2017 年第 4 期。

母无庸哀号,男以归水府正神矣,有梅四、李三为将,护卫男身。若思觅男,可铺稿荐于潭市潭湾河边,男随相见。"比醒,具告家人,次早如梦所托之言,公果浮出,面色如生。由恩子口至潭市泝流三十里,吁!非公之神通广大,何以若是!公早岁为盐船舵长,谢世已三年。一日,洞庭波涛大作,船沉无数,公有故人船脱去舵柄出没波际,别船见公坐艄,耀武扬威,船获无恙,晚间泊岸,相与谓曰:如某船陈某,好舵长也。因为具述所见,其人忆公先年曾为舵长,归久未面,骇甚,及至中湘,方知已去世,心益异之。后载总督某往广西,经洞庭,见波浪甚险,述公曾在渠船显灵一事。请焚香礼公,移时浪静风恬。总督后奏明朝仁宗皇帝,封为靖江王。本朝顺治十八年七月初八日,公体族元生云须刊像,族人因刊公像,奉祀至今。大江盐舵亦无不绘公之遗像者。①

白沙陈氏族人大多是在涟水从事水运的船户,必清公被认为是这个宗族中唯一一位成为水神的先祖。这篇行状中提及的地点全部分布在涟水、湘江及洞庭湖等湖南湘江水系沿岸。行状主要讲述必清公溺水成神的过程及其显灵、被朝廷敕封和被族人、江河船户供奉的传说。各房族谱关于必清公神话故事的内容大同小异。诸多版本的白沙陈氏族谱的齿录中,关于必清公的记载大多如此:"醇白,字必清,一名道清,晚通仙术,敕封靖江王。明永乐十三年乙未八月初十日寅时生,景泰二年辛未五月二十一日吉时没,葬潭台十都大坪区易氏祠前。"②此外便无其他。这些族谱文献中记载的信息,包括通仙术、敕封靖江王以及必清公生卒年月日和葬处,一直流传和保存在白沙陈氏族人的日常生活和家族仪式中,至今依然鲜活地深藏融合在陈氏族人的文化基因里。

白沙陈氏族人生活在湖南湘乡涟水沿岸的白沙洲等村镇,另外有一房支较为特殊,他们聚居在靠近山区的娄底市小碧乡双联窑上村,笔者多次到访白沙洲和小碧窑上。大多陈氏族人家里厅屋都摆设有神龛,一些家庭神龛上供奉着陈君道清公神位或陈君道清神像,有的家庭神龛上还供奉其他与陈君道

---

① 《白沙陈氏必元房谱》卷首上,《必清公行状》,清宣统元年(1909 年)世德堂刊本,美国犹他家谱学会藏缩微版,第 1 页 a~2 页 b。

② 《白沙陈氏必元房谱》卷 1,《迁湘祖德禄公派下齿录》,清宣统元年世德堂刊本,美国犹他家谱学会藏缩微版,第 3 页 b~4 页 a。

清公一样“身具法术”[1]的祖先神像。据时年 80 岁的陈氏族人陈新开说，陈道清就是白沙陈氏族谱上写的三世祖必清公，必清公有法术咒语，可以在山里放排行船，被朝廷敕封为靖江王。[2] 每年农历八月初十日是陈君道清太祖生日，白沙陈氏宗族的子孙会在家中举办唱太公仪式，庆贺陈道清公生辰。

现居于窑上村的白沙陈氏族人为上房后代望房的一支，是十世祖纹祯公的后裔。窑上陈氏族人陈志泽，于 2017 年农历八月初九至初十日请新化县师公在自己家中举行唱太公仪式。唱太公仪式主要在陈志泽家的厅屋里进行。仪式开始之前，陈氏族人将本家供奉的神像请到厅屋的神台上。神台上供奉着十余尊木雕神像。据陈志泽说，其中有陈道清、陈良中、陈法虎等。他说：“道清太祖是个船官长，法力相当大，我们小碧陈姓有事就请示他。陈良中、陈法虎是窑上法力大的人，是上团山[3]打猎，我们是打猎的华字辈，也是潭市陈家族。”[4]

陈志泽的表述引人深思，窑上陈氏房支既拜祭窑上法力强大的陈良中、陈法虎，也是潭市陈族的后代，拜祭水神必清公。问题是，窑上陈氏族人，怎么会既是供奉水神祖先必清公的涟水船户陈氏的一支，又是深居山地小碧乡、先祖以打猎为生的山区人群？窑上陈氏房支自称纹祯公后裔。据族谱记载，纹祯，兴晃公次子，明崇祯九年（1636 年）生，清康熙五十八年（1719 年）殁，寿八十四岁，葬三十七都七区王家冲石灰冲。纹祯公由十都潭市崇庆寺葛山屋场初迁三十九都心田骡巳冲，次迁三十八都石龙区挖耕垅，三迁今居王家冲窑上。纹祯公其父兴晃公，明万历十九年（1591 年）生，崇祯十四年（1641 年）殁，年五十九岁，葬今十都潭市油蕨坳，公由望山湾迁今十都崇庆寺葛山屋场。纹祯公之

---

① 在内河行船的船户常被认为有法术，能够帮助他们在水上平安顺利地行船，湖南当地称其“神打点打”。类似的传说故事，笔者在湘江流域的湘潭、湘乡等各个码头都有听说。

② 据 2017 年 8 月 12 日笔者于湖南省湘乡市潭市镇白沙洲村陈新开老先生家访谈。据陈老先生自述，他 1938 年出生于湘乡县潭市镇白沙村，在白沙陈氏祠堂读过几年书，20 世纪 50 年代开始从事船运业，会唱水路歌，曾整理一篇水路歌的文字稿，讲述从涟水上游行船至湘江，再进入长江到上海的全程。

③ 指“上中下三洞梅山”，即新化梅山信仰。亦可参见吕永昇、李新吾编著：《“家主”与“地主”：湘中乡村的道教仪式与科仪》，香港：香港科技大学华南研究中心，2015 年。

④ 据 2018 年 9 月 4 日笔者与陈志泽微信访谈。

子良旺、良用、良忠,孙秉树、秉珍、秉黄等基本落业三十七都王家冲。[①] 至今三百余年,纹祯公后裔已在小碧乡周围十余里之内传承十多代子孙。那么,在纹祯公时代,也就是清前期,这个宗族的各房族人到底经历了什么?为解答这些问题,笔者尽力搜集地方文史资料、方志、《湖南省例成案》以及白沙陈氏各房诸修房谱[②]等,结合田野考察的口述资料,下文将综合分析清前期湘中的山区矿产开发和外运及其背后的经济利益、政府政策等因素如何影响白沙陈氏宗族的建构过程,探讨白沙陈氏宗族的建构又如何契合自然资源开发的历史进程,展现自然资源的开发与地方社会经济变迁之间的互动关系。

二、湖南磺矿的分布与开采

在湘乡地方志中找到窑上这个村子比较困难,由于窑上村现属小碧乡,笔者在同治十三年(1874 年)刊刻的《湘乡县志》中查找小碧及族谱中提到的三十九都、三十八都和三十七都王家冲等地名,最终找到三十七都小碧桥及相关地图。小碧桥,位于白沙洲村所在的潭(头)市沿涟水往上游的娄底市之北,靠近山区,清代属于湘乡县丰乐三十七都。由此可以判断,陈氏宗族族谱所载纹祯公迁徙的地点和过程很大程度上并非虚构。

小碧窑上村所属的湘乡县三十七都,以及纹祯公初迁的三十九都、次迁的

① 《上湘白沙陈氏支谱》卷 7,《德禄祖五代孙望公派下齿录》,民国三年(1914 年)颍川堂刊本,湖南省娄底市娄星区郊外水塘埔村陈家组陈时生藏,第 4 页 a、第 8 页 a、第 10 页 a～b、第 12 页 b～13 页 b。

② 目前笔者已发现白沙陈氏宗族族谱共 6 种,皆是刊印房谱或手抄世系。其中编纂时间最早的,是陈氏十五派嗣孙启基(字亨临,行六)纂录的世系,手抄本,湖南省湘乡市潭市镇白沙洲村陈华强家藏。其次是刊印于 1864 年的湘乡《上湘陈氏家谱》(广房谱江字号),星聚堂刊本,湖南省湘乡市潭市镇白沙洲村陈氏家族藏。第三种是 1909 年刊印的湘乡《白沙陈氏必元房谱》(下房谱),世德堂刊本,美国犹他家谱学会藏缩微版。第四种是 1914 年刊印的湘乡《上湘白沙陈氏支谱》(上房谱),颍川堂刊本,湖南省娄底市娄星区郊外水塘埔村陈家组陈时生藏。第五种是 1925 年刊印的湘乡《白沙陈氏续修支谱》(爵房谱),树德堂刊本,上海图书馆家谱阅览室藏洲字号一套,美国犹他家谱学会藏称字号一套,残本不全;另有湘乡县陈华藏本,亦残缺不全。第六种是 2004 年刊印的《窑上陈氏支谱》(上房望房纹祯公支谱),湖南省娄底市娄星区小碧乡陈氏宗族藏。

三十八都，很少出现在官方文献中，目前笔者仅在《湖南省例成案》中发现一条史料，且十分关键。据《湖南省例成案》记载，乾隆三十五年(1770年)，湘乡县知县贾世模亲自巡查产磺山场，逐一堵塞封禁，并向上级报告其调查结果，这份详细的调查报告保存了下来。其称，湘乡县"一线溪河，但上通安化县产磺各山场，及卑县二十一都、二十六都、三十三都、三十四都、三十五都、二十五都、十八都、三十七都、三十八都、三十九都、四十一都、四十二都、四十四都，在在重山叠岭，出产煤炭，应听民间开采，以资炊爨。窃恐产煤矿内间或夹有磺砂，稍察未周，即有奸民在于深山穷谷、人迹罕到之中私炼私煎，且恐奸民乃见陆路要隘等处尚有兵役巡查，难以透漏，而见水路并无总卡丁役盘诘，即由煤炭、米谷等船偷带，亦未可定"[①]。湘乡知县的这份报告是在他亲自勘察产矿山区的实地调查的基础上写成，内容十分翔实。其中暴露出三个重要信息：第一，包括三十七都、三十八都、三十九都在内的湘乡县和安化县山区出产煤炭和硫磺，历来任由民间开采；第二，乾隆年间，政府封禁磺矿，但两县煤矿中夹杂磺矿，民众仍旧私自炼磺并走私磺矿；第三，走私磺矿主要通过水路，由运销煤炭、米粮的船户私自偷运，即经由涟水外运。

据已有研究，湘乡、安化二县是清代湖南出产煤炭最多的，也最早开发硫磺矿场。二县煤矿的特点是夹产硫磺，采煤者往往将硫磺矿"私煎转卖"以图利。为严禁硫磺的私采私卖，乾隆朝以前，二县的煤矿一直处于封禁政策之下。据巡抚高其倬奏，乾隆初年，民间开采煤炭的呼声日高，至乾隆二年(1737年)，二县煤矿经官方准许开采，伴生的硫磺矿由官府查收管理。[②] 白沙陈氏的纹祯公正是在封禁时期由十都进入矿区三十八都、三十九都，及至最终落业三十七都，族谱中所谓"挖耕垅"，以及最后定居的"窑上"村名，似乎都与采矿

① 《湖南省例成案·兵律关津》卷11，《湘乡安化二县封禁磺矿将河下总卡撤除无凭稽查恐奸民藉挖煤名色潜匿深山私煎磺斤由煤炭米谷船私运出境请总卡免其撤除仍饬该县选差丁役严行查察》，日本东京大学东洋文化研究所刊本影印件，香港科技大学华南研究中心藏，第44页a～b。下文省略版本信息。

② 中国人民大学清史研究所、中国政治制度史教研室编：《清代的矿业》，北京：中华书局，1983年，第464～467页；林荣琴：《清代湖南的矿业：分布·变迁·地方社会》，北京：商务印书馆，2014年，第89～90页。

有关。[①] 纹祯公子孙继续居住在窑上，应亦以采矿为生，这可能是他们拜祭上团山打猎的祖先的原因，因为采矿活动主要在山区进行，需要身具法术的山区神明的保护。由此可见，白沙陈氏纹祯公一支在清前期前往磺矿最为集中的矿区并世代定居，很有可能成为山区的矿工，以采矿为生。

同治《湘乡县志》梳理了清代湘乡县内矿厂相关政策的变化。乾隆二年，湖南巡抚题准"长沙府之湘乡县出产硫磺，所有炼出磺斤，二八抽税，余磺给价收买，存贮官库，以备本省各营及邻省赴买之用。其例，定湘乡磺价每百斤脚银四两三钱一分七厘五毫，归还成本，年终咨部核销。各营配造火药，每年需磺七千余斤，每百斤照定价银解司，饬局给发"。乾隆十六年（1751 年），巡抚题准"积磺已多，将磺矿暂行封禁"。乾隆五十二年（1787 年），"题准将磺矿暂开，旋复封禁"。[②] 乾隆年间长期实行封禁磺矿，其后则出台时禁时复的矿产管制政令。嘉庆八年（1803 年）复行开采磺矿，九年（1804 年）封禁，十年（1805 年）续开部分磺矿，十三年（1808 年）封禁；道光二年（1822 年）开采，三年（1823 年）封禁，十七年（1837 年）复开，十八年（1838 年）封禁，二十七年（1847 年）部分复开，随后封禁；咸丰八年（1858 年）部分复开，其后又封禁。[③] 其中，最重要的时间节点是乾隆二年的开禁采磺。这次开禁，官方确立湘乡县产出的磺矿，以交税和价买的方式全部收归官库。事实上，民间私自炼磺的活动在官方时开时禁的政策反复下，获得一定的空间。

对于湘乡、安化二县的煤磺矿区，湖南各级官员发现"煤炭船户夹带私磺，多在产磺之处"，于是通过亲自勘察、派拨巡役稽查和立册清查山主、窑头等方式管理，试图杜绝私自制磺。乾隆二十六年（1761 年），湖南驿盐长宝道亲勘矿区，了解矿区的具体情形："安化窑孔联络不繁，防闲尚易，湘乡窑孔甚多，错落数十余里，稽查最难，而山径旁杂，水便舟楫，则两地之情形略同，且工丁聚

---

① 煤矿之峒往往名之为"窑"。参见温春来：《清代矿业中的"子厂"》，《学术研究》2017 年第 4 期。

② 同治《湘乡县志》卷 5 上，《兵防志一》，长沙：岳麓书社，2009 年，第 189 页。

③ 同治《湘乡县志》卷 5 上，《兵防志一》，长沙：岳麓书社，2009 年，第 189～190 页。亦可参见中国人民大学清史研究所、中国政治制度史教研室编：《清代的矿业》，北京：中华书局，1983 年，第 464～467 页；林荣琴：《清代湖南的矿业：分布・变迁・地方社会》，北京：商务印书馆，2014 年，第 86～90、100～101 页。

集，良歹易淆。”[①]窑孔即煤窑，煤窑即私产硫磺之处。私炉煎磺，“日则磺气四达，夜则火光冲耀”，极其容易被巡役发现。其后，湘厂委员湘乡县县丞沈之浦、安化委员娄底巡检江廷撰被驿盐长宝道派往清查窑孔，下令“凡有开出磺砂，一概收贮官厂，无许丝毫透漏，俾山主、窑头无从藉公营私，而私煎可杜”。湘乡县窑孔繁多，各地相距较远，湘乡知县详请，“分设三厂，添拨巡役六名，现在湘、安各厂收贮，巡缉俱属得宜，可冀私煎之源塞而私贩自绝”。除此之外，要求二县知县和委员查取矿区山主、窑头、锄挑等人的姓名、年貌、籍贯，登记册籍，若有藏奸私煎之形迹，“散夫有犯，责成山主窑头，山主窑头有犯，责成委员，委员疏纵，责成湘、安二令”，层层把关。[②] 这次稽查的报告，直接反映乾隆年间湘乡和安化两县矿场的数量和矿工的情况：“湘乡原报煤窑九十八孔，水淹石阻，停开三十八孔，已取造另册备案。今册报现开六十孔，共山主二十一名，窑头六十名，锄挑等夫共四百三十三名。安化现开窑孔七处，山主七名，窑头七名，锄挑等夫七十七名。俱系各该县土住农民，并无招聚异籍工丁情弊，且核每孔人夫多不过十一二名，稽查尚易。”[③]由此可见，湘乡县山区矿场的窑孔数量和矿工人数都比安化县多，参与开矿的山主、窑头、锄挑人夫皆为湘乡县本地农民，这些最早进入矿区的矿工中间，很可能就有白沙陈氏纹祯公及其后裔。

三、《湖南省例成案》中的磺矿外运

上文所揭，纹祯公及其后裔在湘乡县三十七都开采煤磺矿，不免参与走私磺矿；煤磺矿外运主要通过水路，私贩的磺矿则由运销煤炭、米粮的船户经由涟水偷运出去。涟水是湘江的支流，总计约长 225 公里，总体水势平坦，为湘乡与湘潭联络的重要河流，沿岸经过杨家滩、富田、娄底、谷水、羊古、杏子铺、

---

① 《湖南省例成案·兵律关津》卷 8,《湘安二县产煤山场设卡稽查夹带磺砂差役拿获照数之多寡分别奖赏》,第 30 页 b。

② 《湖南省例成案·兵律关津》卷 8,《湘安二县产煤山场设卡稽查夹带磺砂差役拿获照数之多寡分别奖赏》,第 31 页 a。

③ 《湖南省例成案·兵律关津》卷 8,《湘安二县产煤山场设卡稽查夹带磺砂差役拿获照数之多寡分别奖赏》,第 33 页 a～b。

侧水、十里石、潭市、湘乡县治、石潭、姜畲、沿湘河店、湘河口等处到达湘潭，通行民船，货运以煤及杂货最多。[①] 涟水河道时宽时窄，一些地方滩险水急，需要多年经验的船工指导才能安全行船运货。

清前期，涟水船运的主要货物是湘乡、安化二县出产的煤矿和米谷。乾隆年间反复无常的开放、封禁煤磺开采的政令，促使磺矿成为涟水船运偷漏和私贩的高利润产品，民间采煤者往往同时私煎偷卖硫磺以获利。根据乾隆三年(1738年)五月初七日湖南布政司张璨的详文内容，湘乡、安化煤船出境，私贩磺矿，磺矿“贩至汉口，价获数倍”，是以，民众想方设法夹带偷运。其时，长沙县令详称，“若煤炭船只夹带硫磺于内，从湘乡由湘潭，日则顺水直下，夜晚湾泊亦在沙滩无人烟之处，至黎明彼即开船，且此等煤船，每日装运络绎不绝，保无夹带其间？又不便差役拦截搜扰，若按照失察之例参处，在宪台亦不胜其繁矣”。可见，地方官员虽明知私运，却难以稽查与惩处。湘潭知县发现该地多有上游土产硫磺夹带经过，走私的办法可谓花样百出，“从前夹带之法，或混入货包，或装入酒坛，或船造夹底，或打通楠竹、装入扎排。而最奸者，将磺封钉棺内，贩徒披麻著白，扮作孝子。或以妇女盛饰坐船，作士宦家眷过往形状，将磺暗收衣厢之内。此等若非先踊确线，官役亦不敢混拿。”[②]从如此多的夹带招数亦可窥见湘乡船户想尽一切办法走私磺矿，这与磺矿在汉口等大商埠价值不菲紧密相关，也是磺矿开采旋开旋禁政策导致的结果。

乾隆年间，巡抚数次饬令相关府州县提出缉拿私贩私磺的办法。其中一种是在运输路线上设卡差役稽查堵缉。湘潭县与湘乡接壤之湘河口、下摄司、张公石之水路三处，又陆路与湘乡接壤之瀛湖桥、石羊铺、阜陀市三处；宁乡县与安化接壤之垅田、横冲、三田湾、司徒岭四处，水路与安化接壤之锦德观一处，与湘乡接壤之石螺山一处，再陆路与安、湘交错之烟坡冲一处；益阳县陆路与安化接壤之马家塘，水路与安化接壤之寺里河；邵阳县陆路与湘乡接壤之界岭、新宁、临湘、太平、三溪、大坡、尖山等处；新化县陆路与安化接壤之花桥、黄柏界二处；湘乡县与湘潭、宁乡、邵阳、安化水陆接壤之处，陆路与衡山接壤之

---

① 《中国实业志·湖南省》，上海：实业部国际贸易局，1935年，香港中文大学图书馆藏缩微版，第10编第4章，第36(癸)页。

② 《湖南省例成案·兵律关津》卷10,《禁止私贩私磺条规》，第5页b、第7页a～b、第8页a。

香花坪、双江口，与衡阳接壤之八坵田、永伏桥；再有各厂运煤下河之杨家滩、高车二处及县城望春门河下。[①] 地方官员认为这些地点都应设卡差役，协同保甲互相稽查巡缉。

另一种稽查之法便是强调由从事河道运输的船户入手，责令地方官设立塘卡塘兵，派遣县役，督促船总和埠头使用照票和循环册等制度管束船户。[②] 乾隆二十六年，地方官员就提到应该严密稽查涟水运输煤炭的船只，“查湘、安二县河道窄狭，大船难以驾驭，止可小船往来，装煤不多，若夹带磺斤，非桶盛则篓贮，甚易败露。当挑煤下船，厂员及该县严督巡役，勤谨查察，到卡时，役保亦即认真诘明，无则放行，不许藉端留难。若有盘获及贿放情弊，赏罚俱照前议。并饬煤炭到行，有来自湘、安者，令行户一体察明有无磺斤，如敢狥隐，查出一并重究，如此则煤船不至夹带矣”[③]。这些严查重究的办法出台，反而说明当时煤船夹带磺矿、贿赂巡役保甲放行的情况较为普遍。乾隆三十五年，湘乡知县贾世模称，湘乡县出产煤矿的各个山场，即有奸民私炼私煎，而见水路并无总卡丁役盘诘，即将磺矿交由运输煤炭、米谷的船只偷带。[④] 从各级地方官员的调查和报告看，涟水船户很可能长期扮演当地煤炭和硫磺搬运的主力军，不仅承包官办矿产的运输，而且从事私贩偷运。白沙陈氏宗族是这个从事涟水河运的船户群体中的主要成员。

四、白沙陈氏宗族的建构过程

白沙陈氏宗族祭祀必清公这位水神祖先，是由于族人大多为从事涟水河运的船户。据白沙陈氏族谱的记载，白沙陈氏一派祖德禄公，明永乐年间由吴

---

① 《湖南省例成案·兵律关津》卷 8，《湘安二县产煤山场设卡稽查夹带磺砂差役拿获照数之多寡分别奖赏》，第 31 页 b～32 页 b。

② 《湖南省例成案·兵律关津》卷 10，《禁止私贩私磺条规》，第 20 页 a～21 页 a。

③ 《湖南省例成案·兵律关津》卷 8，《湘安二县产煤山场设卡稽查夹带磺砂差役拿获照数之多寡分别奖赏》，第 39 页 b～40 页 a。

④ 《湖南省例成案·兵律关津》卷 11，《湘乡安化二县封禁磺矿将河下总卡撤除无凭稽查恐奸民藉挖煤名色潜匿深山私煎磺斤由煤炭米谷船私运出境请总卡免其撤除仍饬该县选差丁役严行查察》，第 45 页 a。

西太和邑迁湘，落籍于湘乡县三十二上都斗盐猿猴冲，殁葬于此。二世祖孝弥，明洪武十六年（1383 年）生，正统十三年（1448 年）殁，附葬父母冢。第三世，醇意生于永乐十二年（1414 年），殁于成化二十二年（1486 年），葬益阳；醇白，永乐十三年（1415 年）生，景泰二年（1451 年）殁，葬潭台十都大坪区易氏祠前，即必清公；醇达，生于宣德二年（1427 年），殁于弘治十二年（1499 年），葬十都大坪区马头山；醇交，生殁葬失考；醇旦，生于宣德七年（1432 年），殁于弘治六年（1493 年），葬于益阳八里桃花港；醇蓉，生殁葬失考。德禄公下第二代和第三代的殁葬地点相距甚远，有的葬在潭市，有的葬在益阳，这与陈氏在明代前期居迁不定相关。迁潭三世祖下房必元公、上房必诚公和中房必通公在明代中叶承领湘乡船差为主要营生，之后才基本稳定地在湘乡安居发展。[①]

目前所见，陈氏宗族最早进入官方记载是乾隆二十二年（1757 年）。该年八月，湖南署理布政使暨按察使夔舒上奏，议请全省水次各府州县上奏船户和渔户情况。全省各州县范围内的河道情况各不相同，或为通衢大埠，或为山间溪河，各州县官员上禀本地船户和渔户的具体情况和管理方式。湘江流域长沙府、衡州府和永州府各州县都上奏详文。[②] 其中，时任湘乡县知县柳秉谦称：

> 卑县地方，一线溪河，滩多水浅，并无大船，止有倒划船，装载煤炭以及客货，往来三埠，不下六七千只。且查卑县历来并无船行，止有版籍，邓福、陈王七、潘道清三姓充当埠头，每埠设立户首一名，房役六七名，挨管散埠船只。前任李、徐两令，虽俱编号给照，但恐船多人刁，或有遗漏，卑职现在饬令邓埠头编列湘乡天字几号，陈埠编列湘乡地字几号，潘埠编列湘乡人字几号，分别稽查，每船船尾仍用粉底红圈黑字，大书船户姓名，并令各埠头造具船户水手姓名、住址清册，逐一验明，给予牌照，以杜隐漏私载之弊。其一切农渔小船亦俱逐一挨查，饬令补编，容俟编查完竣，另文造册申赍外，缘奉饬议，合将管见所及并现在查办缘由具文申覆。[③]

① 《白沙陈氏续修支谱》卷 2，《必通公行略》，民国十四年（1925 年）树德堂刊本，上海图书馆家谱阅览室藏，第 5 页 a～6 页 a。

② 陈瑶：《明清湘江河道社会管理制度及其演变》，《中国经济史研究》2016 年第 1 期。

③ 《湖南省例成案・兵律关津》卷 12，《一切大小船只编列号次于船稍粉书州县村庄船户姓名缮给印照以凭查验》，第 24 页 a～25 页 a。

实际上，这次清查的结果，是官方承认涟水船运由邓、陈、潘三姓船户垄断，三姓埠头承担官府漕粮运输及其他人员物资的运输工作，换取垄断涟水水运的权力。白沙陈氏宗族也在这次清查之后，重新制定族内应役的规则。[①]

陈氏宗族的部分族人直至解放后，仍从事船运工作。前文提到的白沙洲村陈新开老先生就是一位老船工，他向笔者提供了陈氏船户代代相传的涟水水路歌的文字版，其中最前面的一段是唱从涟水上游一直行船到潭市的水路路程，内容如下：

> 兰田开船石码山，八坝乌鸡并塘滩。撞钟打鼓胡田寺，鸡鸡鸭鸭棒鹭滩。
> 乌乌黑黑包元山，喷喷香香韭菜滩。杆子坝来出河口，秤石滩来架浆走。
> 娄底市来高车滩，黑石边来把船湾。死牛滩来百路湾，请问谷水湾不湾。
> 七里塘来八里磬，一十五里猫公坝。猴孙过路是腊滩，羊角列列皂壳滩。
> 腊月落雪雪加度，篙子一响鸬鹚滩。风伏胡讲响如雷，好比神仙下凡来。
> 带好帽子穿好衣，水府庙内还神鸡。还了愿信不要急，斗盐潭里好修息。
> 许了愿信不要怕，下面有个观音石。杏子铺来三洲滩，五子石来棕树滩。
> 新打斧头是光口，春秋取味鲢鱼滩。左一湾啊右一湾，甘贤有个木皮滩。
> 六月好过鲤鱼滩，鲤鱼滩来出柴卖。小小生意下洋滩，洋滩石玉水又深。
> 长桥滩上打背工，乌风斗暗河加步。哀子煮饭熟潭湾，撞钟打鼓咨佛寺。
> 篾织灯笼邓氏渡，油罗倒了滑石滩。六月口干并茶湾，石零口来水又回。
> 火烧砖瓦是窑头，窑头渡子不渡河。潭市有个观音阁，跳米包盐不上坡。
> 跑起来来包起盐，一板浆来摇西田。[②]

这段水路歌提到的小地名，依序分布于涟水沿岸。其中，娄底市是湘乡县三十七都、三十八都、三十九都连接涟水河的地点，换言之，纹祯公及其后裔在

① 陈瑶：《清代湖南涟水河运与船户宗族》，《中国经济史研究》2017 年第 4 期。

② 2017 年 8 月 12 日由陈新开老先生提供。陈新开是陈氏宗族硕果仅存的会唱水路歌当过船工的老人家，他说水路歌是驾船的时候唱的，不是所有船工都会唱。平时船工在码头休息时会聚在一起唱歌，把各自到过的地方唱出来，各自综合这些信息改编成歌词，并非歌词中出现的所有码头和地点，唱水路歌的船工都到过。水路歌还有另一个场合会演唱，即船工的丧礼，船工丧礼的一个环节便是用水路歌的形式把亡人到过的地点唱一遍，以表哀悼。

这些矿区开发的煤磺矿，先由小河运到娄底，再由娄底走涟水运输到湘江，顺水输出湖南。这条水路是白沙陈氏船户族人历来熟悉的运道。

陈氏宗族的宗族活动较为活跃的时期，正是清前期。康熙四十六年（1707年），陈氏家族置买白沙洲祠堂地基。乾隆元年（1736 年），户首黄中奉主入祠致祭。乾隆十七年（1752 年），祠堂寝室遭水圮倾，日升等人修葺一新。乾隆三十二年（1767 年），淐裔、东奏、孔友、华国、湘衡、添任等置田，并以其余资建前牌坊。其后，宗祠的捐资续修和维护以及在祠堂中祭拜祖先的活动，一直持续进行。到同治十三年，曾经参加湘军的陈彝爵为捐置祭田撰序，记录此时族众捐资置田，制器物，添造和补葺斋厨、账房、廊舍、戏台等。[①]

白沙陈氏族谱的编修，也由乾隆年间发轫。乾隆二十七年（1762 年），陈氏族中有似玉公尚璨为墨谱之录。上房谱中收录的最早的谱序是一篇题为《旧谱序》的文章，此文署名十三派嗣孙尚璨[②]，为爵房后裔，该谱序落款时间为“乾隆二十六年壬午孟春月”（经查证，壬午年为次年，即乾隆二十七年）。中房爵房谱中亦收录此文。尚璨的这篇谱序中，与陈族本身历史相关的仅有一句“迄明初，我始祖德禄公自吴省太和郡来湘，卜居旧三十二上都，历再传，遭明季兵灾播迁靡常，一居益阳桃花港，一居是邑潭市白沙洲，于今二十余代”[③]，其余都是空洞之词。这句话虽内容较为疏漏，但应是乾隆年间留下的最早的宗族源流文字记录。

可见，正是白沙陈氏创建祠堂、设立祠堂祭祖仪式、编修墨谱的康熙末年至乾隆初年，纹祯公一支离开十都潭市，前往矿区。实际上，纹祯的先辈也并非长期居住于潭市。前文已揭，纹祯之父兴晃公（第九派），崇祯十四年殁葬十都潭市油麻坳，但他是由望山湾迁居十都崇庆寺葛山屋场。[④] 纹祯之祖式较

---

① 《白沙陈氏必元房谱》卷首上，《祠堂祭田序》，清宣统元年世德堂刊本，美国犹他家谱学会藏缩微版，第 6 页 b～7 页 a。

② 尚璨，字似玉，号璞斋，清康熙四十年（1701 年）生，乾隆二十九年（1764 年）终。《白沙陈氏续修支谱》卷 5，《文元公派下齿录》，民国十四年树德堂刊本，上海图书馆家谱阅览室藏，第 32 页 a。

③ 《上湘白沙陈氏支谱》卷首上，《旧谱序》，民国三年颍川堂刊本，湖南省娄底市娄星区郊外水塘埔村陈家组陈时生藏，第 1 页 a～b。

④ 《上湘白沙陈氏支谱》卷 7，《德禄祖五代孙望公派下齿录》，民国三年颍川堂刊本，湖南省娄底市娄星区郊外水塘埔村陈家组陈时生藏，第 4 页 a。

(第八派),明嘉靖四十年(1561年)生,清顺治二年(1645年)殁,寿八十五岁,葬今十都油蔴坳。纹祯之曾祖芙恩(第七派),明嘉靖十九年(1540年)生,万历二十一年(1593年)殁,年五十四岁,葬失考。[①] 再往上辈追溯,六世祖万晁公、五世祖望葬处亦失考。[②] 笔者认为,可能是纹祯公祖父式较一代来到十都潭市,加入白沙陈氏宗族,世系连接忠让一房,是故,纹祯之祖式较可能是上岸居住的第一代。

事实上,白沙陈氏宗族一直是开放性的宗族,不少族人因为外出不知归葬之处,还有一些族人是以养子的身份加入到宗族中。族谱凡例规定,“抚他族异侄及随母子者,例垂别谱,是编概入正录。惟于承抚父母下书子某,不书生子,表上书某子,不书长次字样。此亦不别而别之义”[③]。白沙洲村陈华强家收藏的十五派嗣孙启基纂录的手抄本世系即如此记录,如其所示,记录为“子”的启宁、启璧葬在外,很可能是养子,记录为“长子”的启基则为亲生子。[④]

族谱的其他部分,也对这种养子写入族谱的现象有所披露。光绪十三年(1887年),湘乡县令清查河埠事务,发现弊端丛出,要求陈氏宗族整顿河埠公务。陈氏族人陈彝爵与族人商议,改为雇役承办,经费由合族准备,立公田以保障,撰写《河埠公田记》,在族谱中刊印公布。这篇文献透露,陈氏族人历来以养子承当船籍之役,导致外人入族,“族既苦于籍之为累,则以养子承乏,祝祭于祊,与宗支无异,岁月已久,莫可穷诘”,“雇役难借他人,承嗣许立异姓,族规不立,宗法云亡”,陈彝爵认为,此次改革不仅是整顿河埠的管理和应役,亦为敬宗收族计,废除养子入谱的族规。[⑤] 最近白沙陈氏宗族的修谱公告中,修

---

① 《上湘白沙陈氏支谱》卷7,《德禄祖五代孙望公派下齿录》,民国三年颍川堂刊本,湖南省娄底市娄星区郊外水塘埔村陈家组陈时生藏,第3页a~b。

② 《上湘白沙陈氏支谱》卷7,《德禄祖五代孙望公派下齿录》,民国三年颍川堂刊本,湖南省娄底市娄星区郊外水塘埔村陈家组陈时生藏,第1页b;《上湘白沙陈氏支谱》卷1,《德禄公派衍五代齿录》,民国三年颍川堂刊本,湖南省娄底市娄星区郊外水塘埔村陈家组陈时生藏,第13页a。

③ 《上湘陈氏家谱》卷首上,《凡例》,清同治三年(1864年)星聚堂刊本,湖南省湘乡市潭市镇白沙洲村陈氏家族藏,第4页a~b。

④ 十五派嗣孙启基纂录的世系,未知年份手抄本,湖南省湘乡市潭市镇白沙洲村陈华强家藏,无页码。

⑤ 《白沙陈氏必元房谱》卷首上,《河埠公田记》,清宣统元年世德堂刊本,美国犹他家谱学会藏缩微版,第1页a~5页b。

谱理事会仍然公布称“上门女婿、养子、继子等白沙陈氏人员一律登录入谱”[①]，可见这种文化基因的传承相当根深蒂固。

传统时代，允许养子登记入谱的原因大概是为实现和维持对涟水水资源和河道运输的垄断权力。当地有说法称，陈氏宗族的人丁数量不足以完全控制涟水河道，他们采取的办法是增加人口和分段管理。为此，外姓、流浪者和孤儿都可以改为陈姓，入族上谱，当地人称其为“虾公子夹野子”。[②] 白沙陈氏宗族的这种建构机制，使得纹祯祖父式较一代在清初加入陈氏宗族成为可能，也是其契合当地煤磺资源开发需求的社会策略。

结　论

回到本文最初所提的问题：窑上陈氏族人，为何既是供奉水神祖先必清公的涟水船户陈氏的一支，又是深居山地小碧乡、先祖以打猎为生的山区人群？纹祯公所处的清前期，族人到底经历了什么？综合以上分析，可以得出一些阶段性的结论。笔者初步认为，纹祯公一支是清初从纹祯的祖父式较一代整合进白沙陈氏宗族，接受必清公水神信仰，到纹祯迁居矿区时，将必清公信仰带到山区，由于纹祯及其后裔在矿区开采煤磺，便祭祀在山区有法力的神明，所以才形成现在看到的形式独特的唱太公仪式——在必清公诞辰仪式上同时祭祀水神必清公和山神陈良中、陈法虎。矿工和船户在陈氏宗族建构过程中整合到一个社会组织中，一方面，纹祯公及其后裔从事开采煤磺矿的工作；另一方面，白沙陈氏的船户族人则负责将煤磺矿产运输出去。这一社会运作机制形成的关键时间节点是康熙末年到乾隆初年，生动地反映出地方社会因应当地自然资源、朝廷政策和市场需求的行动能力。

靠山挖矿的矿工与倚水运输的船户，由于身处社会底层又缺乏文字书写传统，历来为世人忽视，或以农耕社群的视角打量比较，研究成果较少。以水

---

① 湘乡潭市白沙陈祠族谱续修理事会：《会议纪要通报》，2018 年 6 月 9 日微信记录。

② 陈国球：《涟水陈埠“霸捕”史话》，《潮音》2016 年第 11 期。

上人群为例，早期调查和研究水上人偏重追溯其族属。近年关于华南沿海的疍民、浙江的九姓渔户、长江中游河湖渔民的研究，一方面，侧重探讨官方控制和管理渔户的制度及其运作实况；另一方面，一些学者力图摆脱岸上视角之成见，通过实地考察和深度访谈，搜集渔民自身书写的文字，观察渔民的生计方式、社会组织、仪式传统等诸方面，以此为基础站在渔民的角度记录和讨论水上人的生活模式。① 更具理论启发的研究则将“水上人”、“渔民”、“疍民”理解为族群标签，认为这些承载着社会价值观的身份符号是地方人士制造并在复杂的地方政治和经济资源竞争中使用的文化工具。② 本文较为生动地展现出山水交接之处，历史时期的矿工和船户的生产生活、神明信仰及其背后的社会运作机制。矿工和船户人群虽身处社会底层，文化知识较为浅薄，但仍可在生活环境逼仄、制度限制紧压之处发现他们生存能力之旺盛。由此个案可见，回到历史现场理解历史中具体人群的生活，需要站在他们的立场，综合考察其所面对的自然环境、社会经济和制度政策等诸多方面的因素，获得同情之理解的历史解释。

陈　瑶：厦门大学历史系副教授。

---

① 参见萧凤霞、刘志伟：《宗族、市场、盗寇与蛋民——明以后珠江三角洲的族群与社会》，《中国社会经济史研究》2004 年第 3 期；梁洪生：《捕捞权的争夺：“私业”、“官河”与“习惯”——对鄱阳湖区渔民历史文书的解读》，《清华大学学报（哲学社会科学版）》2008 年第 5 期；梁洪生：《从“四林外”到大房：鄱阳湖区张氏谱系的建构及其“渔民化”结局——兼论民国地方史料的有效性及“短时段”分析问题》，《近代史研究》2010 年第 2 期；贺喜：《从家屋到宗族？——广东西南地区上岸水上人的社会》，《民俗研究》2010 年第 2 期；陈瑶：《靠岸：清前期湘潭鼓磉洲罗氏与渔户之凑聚成族》，黄永豪、蔡志祥、谢晓辉主编：《边缘社会与国家建构》，台北：稻乡出版社，2017 年，等等。

② 参见萧凤霞、刘志伟：《宗族、市场、盗寇与蛋民——明以后珠江三角洲的族群与社会》，《中国社会经济史研究》2004 年第 3 期。

从互生到共兴:民国晚期江汉平原的垸与市镇

——以湖北省松滋县为考察中心*

吕兴邦

在区域史研究领域,江汉平原的垸①、市镇②长久以来都是学界热点。但仔细考较相涉成果,前者多从宏观视角探讨超然于无数有地理单元意义的"垸"之上的经济发展、环境损复、社会变迁等事项;后者则多脱离具体自然环境而提取符合"市镇"这一经济概念的对象加以专门分析。更接近于历史实相的可能情形是:市镇大多数时候是垸这一地理、社会细胞内部的核心组成部分,两者互生共兴,不可缺一。将其结合进行综合考察,对丰富相关领域的研究皆有裨益。最近学界借助科学方法已经在聚落空间、民居形态等方向推进了相关研究,③但限于具体细致历史信息的缺乏,对垸与市镇在经济、水利、社会等微观关联的揭示仍显不足。本文将利用民国晚期松滋县的系列基层政府档案,结合相关材料,对上述议题展开案例式讨论。

---

* 本文原载《古今农业》2019年第1期,此为修改稿。

① 关于垸的具体介绍及学术史,可参见拙文:《江汉平原的堤垸水利与基层社会(1942—1949)——以湖北省松滋县三合垸为中心》,《古今农业》2011年第1期。

② 此区域的市镇史研究状况,可参见任放的系列论文:《二十世纪明清市镇经济研究》,《历史研究》2001年第5期;《明清长江中游地区的市镇类型》,《中国社会经济史研究》2002年第4期;《明清长江中游市镇的管理机制》,《中国历史地理论丛》2003年第1辑,等等。

③ 参见肖飞、杜耘、凌峰等:《江汉平原村落空间分布与微地形结构关系探讨》,《地理研究》2012年第10期;鲁西奇:《长江中游的人地关系与地域社会》,厦门:厦门大学出版社,2016年,第204～208页;方盈:《堤垸格局与河湖环境中的聚落与民居形态研究——以明清至民国时期江汉平原河湖地区为例》,武汉:华中科技大学,博士学位论文,2016年,等等。

一、垸与市镇的互生

长江出三峡后，于今湖北省宜都市枝城镇以下，江面渐阔，水流变缓，南北两岸，堤垸遍兴。由宋元及于明清，因之而生发的农业发展，曾一度使两湖地区拥有“湖广熟，天下足”的美誉。与农事并行的商业，得水道便捷之益，也蒸蒸日盛。一时垸区市镇林立，百物琳琅。位处枝城以下、长江南岸的松滋县，相对于江汉平原腹地的诸县，开发向晚，且经1870年大洪水冲击至民国时期，经历了堤垸毁坏—复兴的过程。[①] 正因此故，恰好提供了一个较为切近的观测垸与市镇关系的社会区间。1937年出版的《松滋县志》曾对同治大洪水之前县境的商业盛况津津乐道：

> 松滋亦上下通津也。长江万里而遥，蜀舶东下，吴帆西上，估客有无贸迁，连樯接舳，必停泊于斯。而朱市以下，滨江阛阓，各有内河以通货贿。善贾者越堤易鹢舠，一叶轻驶，布帆安稳，一邑之中，西则竹园市，南则磨盘洲，东北则新场、涴市，回环往复，道皆四达；远而言之，由是越公、石，历安、华，或泛洞庭，以及吴、越、闽、广，惟其所适，转移之间，推行尽利。在道光壬辰以前，川渎安澜、民殷物阜，商旅鳞集。如朱市之棉，草坪之丝。夏秋数月间，取值约百万缗，虽沙津、汉渚，无得而逾焉。[②]

其时，县北滨江大堤完整，民众主要以防御县南几条山溪的洪水为主。大堤以内，有两条主要内河。一为起于朱家埠以东，流经竹园寺、张家湖、新江口、磨盘洲而入洞庭湖，时称竹园寺河；二为采沙河，起点在古时荆江南岸“九穴十三口”之一的采穴口旧迹附近，沿温家潮、大观桥、西岗尾、沙道观、米积台入公安县境。[③] 两条内河之间有很多小水道相连，形成密集的水道网。在一

① 关于1870年大洪水对松滋县堤垸系统及经济社会的影响，笔者将另文专讨。

② 民国《松滋县志》卷2，《舆地·堤垸》，1982年，第20页。

③ 邓和平：《松滋河的形成及对经济的影响》，中国人民政治协商会议松滋县委员会文史资料研究委员会编：《松滋文史资料选辑（第二辑）》，1987年，第119页。

些水陆交通的节点或沿河重要码头,人群聚集,商业兴起,逐渐在竹园市、磨盘洲、新场、涴市、朱市、草坪等地形成大大小小的市镇。由于缺乏切实细致的材料,暂时无法猜测当时垸与市镇的具体关系。不过从朱市、涴市一直占据沿江大堤(即官堤)堤身的例子推测,很多垸的垸堤上要冲之处应该逐渐发育出或大或小的市镇。

1870 年新口形成至此后的三十余年间,松滋低乡的垸经历了一个复兴的过程。至民国中后期,垸区内垸堤上的市镇也渐次复兴。主要的市镇与垸的对应关系为:培兴垸—朱家埠—枝松众城垸(为两垸共一市);永福垸—老城镇;永丰垸—天星市—义兴垸;西大垸—新江口镇;上星垸—新场;大同垸—涴市;采穴垸—采穴;江松太保垸—米积台;大同垸—沙道观;永和垸—邓家嘴。[①]

笼统地讨论市镇与垸孰先孰后产生可能一时无解,或者说两种情况在具体的历史境遇中都有存在。公安、江陵、松滋三县交接处的米积台,据当地人称原名为“汨鸡台”。清咸丰末年,曾是荒湖一片,湘鄂等地的商旅常在此看到很多“汨鸡子”(作者自注:当地水鸟,可能为野鸭的一种)在湖中一块地势较高的土台上栖息。同治初年,有猎人捕杀这种水鸟,收获不菲,名声不胫而走。后猎人、商旅多在此台上歇脚,逐渐定居,发展成为重要的中转集市,周围的荒地也被辟为良田。至 1915 年,松滋河东支干堤筑成,该市镇所在的江松太保垸才正式合围。后因商旅聚集日多,一度大米(产自湖南)贸易兴盛,故改称“米积台”。从该市镇的历史看,因为最初的土台“四郊水泛台不泛”,并无水患之忧。[②] 故其所在的江松太保垸要晚于米积台的出现,而且垸很大程度上是因市而生。

长期为县府驻地的新江口镇,该镇商会与所属西大垸修防处之间对各自出现的先后次序各执一词。西大垸修防处认为:“窃本垸之创始,于民前十年。当全堤工程形将完成之期,乃有各商民依据堤身,建筑房屋,频年发展,而始有

① 据 1946 年《松滋县堤垸平面图》所示,还有一些小的市镇图中没有标明。参见松滋民国档案(以下简称“松民档”)张 7-98,松滋市档案馆藏。

② 熊展:《松邑门户米积台》,中国人民政治协商会议松滋县委员会文史资料研究委员会编:《松滋文史资料选辑(第五辑)》,1991 年,第 1～2 页。

命名,今日之新江口商场是也。"[①]新江口镇商会会长则反驳道:"窃查本镇街道之沿革,统系毫无堤防之市场。"[②]两者都找不出完全有利于己方的依据,其目的只在寻找彼此推诿水利负担的证据。

无论是因垸成市还是因市成垸,市与垸更可能是一种互生关系。垸最大的经济功能在于生产丰富的农产品,而市镇最大的功用在于为垸民间及垸民与外界的物质交换提供媒介。江松太保垸的米积台在日寇进犯之前的30余年间,有很多湖南、沙市、宜昌的商人到此设栈收购棉花,三合垸和长寿垸所产的"八宝"棉花一度在上海市场打开局面,最盛时《申报》上每日有其牌价。稍后崛起的湖北黄州商人成为米积台最大棉花行业商帮。[③] 商家们在将垸内棉花运出的同时,向湖南、武汉、宜昌等地购进大米及各种日用百货,满足垸区民众的需要。1928年,县境三个最大的市镇——新江口、沙道观、米积台一年的输出输入品就达数百万元(如表1。其中X代表新江口;S代表沙道观;M代表米积台)。可以看出,由垸内向外输出最多的为棉花,深处垸区的沙道观、米积台两埠甚至输出价值超一百万元。输入垸区者主要为生活必需品,以食盐、布匹绸缎和煤油等为大宗。整体而言,输出物的总价值略高于输入者。这种贸易对流让垸与市镇的关系日趋紧密。

表1 1928年松滋三个主要市镇输出输入货物价值表

市名	输入货物(万元)											输出货物(万元)					
	食盐	糖类	烟类	纸烟	布绸缎	煤油	机器面	米粮	药材	广货	总数	棉花	大豆	小麦	棉籽	油饼	总数
X	16	2	3.6	2	20	1.6	0.4		0.2	0.8	46.6	40	2	0.8	0.4		43.2
S	32	4	5	6	36	3.6	1	38	0.5	1.5	127.6	120	6	0.4	6	0.8	133.2
M	11	3.2	8.4	17.6	7	3	1.6	11.2	1.4	1	57.6	100	3	0.8	6		109

资料来源:民国《松滋县志》卷3,《职业·生活状况》,1982年,第242页。

---

① 西大垸民堤修防处致县长刘琦呈文《为呈诉本垸整修新江口街堤建筑矶头历来经过详细痛苦情形祈鉴核由》,1947年6月16日收到,松民档4-1-104,第199页,松滋市档案馆藏。

② 新江口商会会长文少龙致县长王开荣呈文《呈为私人意气用事危害贫民生计动藉修防大堤利诱威胁企图泄其私忿谨屡呈下情俯祈鉴核迅予制止以维公共交通而全贫民生命由》,1949年4月18日收到,松民档赵乙-572,第60页,松滋市档案馆藏。

③ 熊飞:《米积台的"黄帮"商号》,中国人民政治协商会议松滋县委员会文史资料研究委员会编:《松滋文史资料选辑(第五辑)》,1991年,第82~83页。

很多垸每年修防，一些紧要物资（如办公用的笔墨、煤油等，水利工程需用的石灰、碎石、木材）均由各商栈代购或赊购，不少档案中可见其与修防处的交易凭据。[①] 还有一种“石客”，专门为各修防处提供运送碎石或磐石的方便，但需要修防处用现金或棉花（后期物价飞涨，多用棉花）支付。长寿垸在1947年2—4月，大量购买碎石，早先所挪借的皮棉“均已随时贱售，付给石客矣”。[②] 福泰垸修防处也曾因整修矶头之机，“指派本处副主任龚人贵、堤董卢华昌、堤保黄信臣等分途向沙道观采购椿树，在月凹子购买湖柴”。[③] 由于挪垫机制普遍存在，加之市镇商人大量在垸内买地出佃，很多有钱人农、工、商三栖，成为修防会议中的“垸绅”。他们于年初向所在的垸出借经费或实物，然后在秋收后向修防处索要本息，从中赚取不啻于常规商业所能获得的利润。全美垸的修防主任王荫华在1938年3月22日竟以家境贫寒为由，直接向县政府呈文称将去武汉售卖修防处征收的棉花，希望政府选择贤能继任。[④] 更有甚者，天王堂垸的修防主任本籍为湖北黄冈，在松滋县做生意已久，抗战结束后因为商业凋敝，竟向县府提出将返乡不回。[⑤] 由此可见，市镇的主体——商人群体对垸区各项事务的介入之深。他们甚至极有可能普遍通过以财力及声望“渗入”垸内最重要的水利组织——修防处中，继而将年度的水利运作商业化。

二、市镇的水利责任

在经济维度，市镇往往居于一垸中社会“食物链”的优势位置，但在无法逃

① 如长寿垸于1948年12月15、24日就曾从位于新江口镇的两家商行代购到煤油等修防物资。参见松民档4-1-172，松滋市档案馆藏。

② 《松滋县长寿垸修防处会议记录》，1947年6月4日，松民档4-1-97，第151页，松滋市档案馆藏。

③ 福泰垸民堤修防处致县长朱英培呈文《为呈报加修各大矶头工程浩大并付款甚巨各情形乞核备由》，1946年5月18日，松民档4-1-42，第230页，松滋市档案馆藏。

④ 全美垸修防处主任王荫华致县长刘琦《签呈》，1948年3月22日，松民档4-1-103，第151页，松滋市档案馆藏。

⑤ 天王堂垸修防主任周仲书致县长罗道学呈文《为回乡省亲归期遥远经多数垸民同意恳另派杨甫轩接充以专责成由》，1948年2月26日，松民档4-1-38，第59页，松滋市档案馆藏。

脱的洪水压力下，同样需要面对共同体的水利责任，围绕责任的履行，市镇与垸(修防处)有合作亦常有纷争。

市镇往往占据交通便利之地，尤喜欢在垸堤附近“落脚”(垸堤堤面都是交通要道)。一般情况下，市镇附近垸堤的堤面被当作“街心”，而河堤在岁修和防汛时，需屡屡增加高度，即需每年填筑“街心”。工程带来的不便使得市镇居民非常反感，常设阻碍。长此以往，一垸之中，其余的堤段越来越高，市镇的主要街道相对愈形低洼，成为防洪的隐患。市镇与垸的修防处常常因此而产生纠纷。1946 年 11 月，古乐乡的涴市在战后规划重修街道时，就为此深感不便：

> 窃我涴市一镇，住濒长江，为县东北门户，兼绾南北江拒(枢)纽，开辟于清初之际，在古为涴市驿，颇称繁荣。迨鼎革以还，轮船驶行，及松涴路古乐乡汽车公司成立，乃帆樯连壁，车马盈途，形成水路之便，举凡湘西及邑内行旅之欲东下武汉，西上巴蜀，北往荆襄者，并出入土产货物等项，靡不经由此地。因此往来辐辏，百贾云集，商场逐渐发展，而地方之经济文化活跃情形，亦大有一日千里之势，几为吾县市场之冠。惟惜依堤为街，街为堤圄，近以江岸崩矬甚厉，河流紧逼，江心日以淤高，而堤身亦累积增加，以致沿街屋宇，俱形低洼，甚至因堤至压迫而倒塌者，颇复不少，即现有力之家，虽经设法升修，则数年后，必如前状，以干堤岁修工程，有加无已，此天然环境使然，遂贻我市人子孙无穷之害。[①]

依堤为街的涴市，街心高出垸内平面三米以上，形成不小的坡度，于商业的顺利进行多有所碍。如果像其他堤段一样正常逐年加修，街心两旁的房屋势必会被河堤遮住视线，“街心必与簷齐，不免有妨碍市民住居问题”。为使垸与市镇和谐共存，古乐乡营建委员会提出的解决办法就是“迁移街道，拆除房屋，澈(彻)底加修”旧街心曾占据的堤段。此处无法得知涴市的该方案最后是否实现，即便曾真正推行，所遇到来自市镇内商民的阻力也必定很大。

遇到如涴市同样的问题时，米积台商会的策略似乎更加高明。经过与所

---

① 《松滋古乐乡营建委员会建设新涴市计划草案》，1946 年 11 月，松民档 2-1-685，第 59 页，松滋市档案馆藏。

属的大同垸及江松太保垸两个修防处多次筹商,并在县长刘琦亲临勘验指示两垸修防处后,于 1947 年 11 月,放弃该市街心所在的老堤,向河心处前移约五百米,另挽新堤一座。岂知次年,大同、太保两垸春修时,竟恢复旧态,不去培筑新堤而是继续加高老堤。米市商会大惑不解,只得向县长朱英培呈文,希望令饬两垸培修新堤。呈文指出培修新堤的多种好处:(1)老堤外有堰塘二口,势成一弯月形,曲折湾转,堤身甚长。担土培修须取土于新堤之外的江边,取土不易。与新堤直接可在河边取土相比,效率为 1 ∶ 20。(2)老堤紧接市镇,妨害商场发展。且受天然形势限制,无法加高培厚,影响公共防洪安全。(3)培修新堤可以保护以前不受垸堤保护的老堤外的居民。[①] 所谓一举三得。这一游说在逻辑上确实无懈可击。县长在文后的批示中很自然站到市镇一边。在此,太保垸修防处的目的也很明显,其修堤时舍近求远、舍易求难的原因在于想从米积台商会获得足够的实际利益,以减轻全垸的水利负担。同年 5 月 19 日,在县政府的说合下,商会前理事长贺能钧,老堤街代表袁希伯、罗雅清、黄桂卿等与太保垸修防处正副主任赵朗轩、曹栋臣,江陵松滋两县地绅王书青、张骏伯、杨苹青、谢寿棠等双方数十人签订移堤合约。其核心内容就在于确定米积台商会可以给出的实际价码:“由米市商民出备法币二亿元,交与太保垸作购买碎石和培修新堤专款。”由太保垸主任赵朗轩领导的修防处负责培修新堤,“双方各执一纸,永远遵守不逾”。即从法律程序上确认新堤由太保垸修防处接收。[②] 字面上数字的兑现需要时间和耐力,不能确定二亿元法币是否转入太保垸修防处账下。但 1948 年 5 月 28 日召开的太保垸第二次堤务会议中,修防处又提出“全垸士绅议决,另建矶石一座,碎石三十旱方,杉木椿料五十大根。朱市商会代表贺能均等负责购办”的要求。[③] 从要钱到直接

---

① 松滋县米积台商会致县长刘琦呈文《为呈恳分令大同太保两修防处克日培修本镇新堤以重公共安全由》,1948 年 4 月 23 日,松民档 4-1-155,第 208 页,松滋市档案馆藏。

② 松滋县米积台镇商会致县长王开荣呈文《为呈恳令饬江松太保垸修防处遵照法令履行契约培修本镇新堤保障国赋民命由》,1949 年 1 月 4 日,松民档 4-1-49,第 107 页,松滋市档案馆藏。

③ 江松太保垸民堤修防处致松滋县长刘琦呈文《为遵令移建新堤废除老堤情形暨拟定办法祈鉴核备由》,1948 年 6 月 8 日,松民档赵乙-514,第 42 页,松滋市档案馆藏。“方”、“旱方”、“水方”都是量词,指一立方米,但由于密度不一,重量则不一。当地人为免称重麻烦,故以“水”、“旱”称之。

要求对方购办物资，可能是受到当时异常的通货膨胀之影响。

从索要移堤经费到加修矶头，太保垸修防处的胃口似乎越来越大。1948年的最后一天，该垸召开年度的“结束会议”时，又有垸绅代表老调重弹，一则怀疑以后是否每年培修新堤，二则指出取土挖压[①]等造成的补偿经费问题“似应由米市商会负责”。相应地，米市商会的针对性辩解则饶有趣味。除重述新堤培修将较老堤培修更省时省力和有利于市镇商业及街道展拓外，着重强调新旧垸堤之间多出来的面积“既可建筑房屋，繁荣市场，复可种植稻棉，增加生产”。对要求提供挖压补贴，回绝得至为曲妙。米积台移堤案的最终结果是双方相互扯皮，县府在1949年的多事之秋根本再无力量调解，只得有俟来日。

无法向前或向后移动堤线的是新江口镇所属的西大垸堤段。1946年6月16日，西大垸修防处称对面的三合垸所属之小垸——复兴垸新修一座大矶头，将松滋河河水逼射而来，对堤脚的冲刷加大，十分危险。修防处召开多次会议决定加修新江口街心所在堤段。由于地势原因，新江口街心难以像米积台一样前后移堤，故有矛盾重现。修防处一方造出声势，以修防事关国赋民命，希望将新江口街心占据堤身的商户房屋全部拆除（如表2）。这毫无疑问遭

表2　松滋县新江口镇占据堤身应拆商户住屋表

房主姓名	租佃人姓名	应拆让间数	废墙间数
李秀谷	自住	瓦屋二栋六间	
益利厚	李生记	瓦质后屋三间	
周明记			三间
赖和济			二间
文同泰	杨万顺	瓦质后屋一间	
文同泰	魏和顺	瓦质后屋一间	
文同泰	泰丰	瓦质后屋一间	
文同泰	自住	瓦质后屋二间	
李秀谷	杨佩记	瓦质后屋一间	
袁大生	赵泰兴	瓦质后屋一间	

资料来源：《西大垸修防处新江口街堤占据堤身房屋应拆房主姓名册》，1946年8月14日，松民档4-1-104，第90页，松滋市档案馆藏。

① 垸堤的岁修或抢险过程中，往往需要大量土方，取土时则会对农地或屋基等处造成人为破坏，是为“挖”的方面。填土时同样会埋压某一区域。修防处一般会对受损方提供利益补偿。相关档案中常以“挖压”二字概称。

到房主和商号的双重反对,代表市镇利益的商会首先介入。商会认为应该学习别垸经验,另想他法,收垸市共兴之效。经过各商会重要成员及修防处垸绅的多次商议,决定如法炮制,在新江口上罐匠楼地方也建矶头一座,将对岸逼射而来的水流抵消掉。不过最重要的问题是筹措修建大矶头的经费。按照旧习,"历年推进岁修时,新江口商铺即予津贴夫工粮款,以作为妨害修筑之补济"。后在1944—1946年,"因镇垸情形之变迁,改津贴妨害本垸修筑之夫工粮数,采购碎石,丢铺镇江寺门首之矶头及李秀谷门首之堤坡,以资保护街堤"。① 其用意至明,新修矶头需采购碎石的花销应由新江口商会一力承担。最后双方达成协议,修筑矶头所需的土门(取土挖压的补偿经费)和碎石二百水方由新江口商会负责采购,柴椿土工由西大垸修防处提供。1947年3月,西大垸修防处通过事先挪垫,已将矶头修筑工程完成"十分之八"。此一阶段,新江口商会因经费问题仅交碎石"十余方"。拖延的态度引起对方不满,西大垸修防处通过呈文县政府令饬新江口镇商会迅速交齐余下矶石。同年4月14日,商会召开会议,决议"本年度暂购矶石一百水方,其价款由各房主担任十分之六,各商号担任十分之四",按照房产价值及管业状况平均摊派(如表3)。

表3 松滋县新江口镇房主、商号担缴矶石费配额清册

单位:国币元

房主	商号	配额	商号	配额	商号	配额
魏焯甫	积昌和	60000	同泰	10000	熊福兴	20000
赵承会		30000	同义	10000	裕丰	20000
黄继皋	黄玉泰	80000	艾同兴	5000	同安	70000
福庆	汉和	50000	杨清泉	10000	王鹤龄	50000
周云程	镇华	30000	新松	5000	怡和详	70000
熊爱周	庆华	30000	三益	10000	袁大生	150000
卓文德	同复兴	80000	永益	10000	建成	60000
杨登甫	同德文	80000	复兴顺	20000	候同兴	5000
周详记		60000	福生	10000	同昌	70000

① 西大垸民堤修防处致县长刘琦呈文《为呈诉本垸整修新江口街堤建筑矶头历来经过详细痛苦情形祈鉴核由》,1947年6月12日,松民档4-1-104,第200页,松滋市档案馆藏。

续表

房主	商号	配额	商号	配额	商号	配额
熊砥峰	裕盛昌	70000	李兴盛	10000	吴宽记	20000
熊义记	吉丰祥	80000	李仁记	20000	覃松茂	10000
熊恩波	正兴蔚	80000	黄兴昌	20000	张玉记	10000
熊道记	合兴	80000	大昌	15000	袁东森	5000
熊月波	恒升裕	100000	复泰和	10000	胡庆记	5000
黄达贵	协兴公	60000	恒福	15000	冉源泰	20000
致和园	兴顺园	70000	潘洪顺	10000	周善记	5000
文少龙	苏大兴	80000	吴明记	5000	周明记	20000
徐高峰	王兴发	20000	陈义兴	5000	唐蔚记	5000
卞清华		30000	春香齐	10000	张裕记	10000
邓美廷	刘彩记	10000	张和记	10000	同荣	70000
文少龙	魏成春	80000	胡玉堂	10000	文同泰	150000
熊华峰	大新	100000	胡兴顺	20000	华孚	10000
熊华峰	杨利盛	60000	胡兴昌	10000	全福昌	5000
熊华峰	老宝庆	30000	李承记	10000	天庆	10000
文少龙	何福记	45000	万顺和	15000	董玉和	10000
文少龙	周荣记	45000	福禄斋	20000	承福	10000
熊厚山	老同凤	70000	周兴发	20000	胡春永	10000
熊厚山	雄厚记	100000	钰茂和	10000	黄兴发	10000
熊厚山	成寿记	60000	刘恒兴	10000	刘源盛	20000
戴吉庵	董信记	40000	泰顺和	10000	永顺源	20000
戴吉庵	老宝华	40000	同兴盛	10000	艾长洪	5000
万发记	张利顺	60000	锦新	5000	丰年	10000
万发记	鼎丰升	50000	复华	20000	幀祥	5000
万发记	李耀记	50000	公益	10000	自力	10000
邓美廷	协成	30000	永安	40000	聚禄	10000
邓美廷	万春益	30000	同兴	15000	胡松茂	5000
邓美廷	川味香	40000	全明昌	40000	江兴发	50000
王鹤龄	刘鸿泰	50000	黄义顺	10000		
王鹤龄	泰丰	50000	吉庆长	10000		

续表

房主	商号	配额	商号	配额	商号	配额
刘明章	大华	70000	吉庆祥	10000		
张南谷	美新	60000	邓云昌	20000		
胡蔚然	胡庆昌	800000	合记	30000		
袁玉卿	大兴隆	80000	积昌和	15000		
张南谷	易洪盛	70000	赵永会	10000		
文少龙	熊福兴	70000	汉和	10000		
文少龙	王堂记	30000	镇华	40000		
王德馨	裕丰	40000	胡长兴	5000		
王德馨	同安	50000	庆华	100000		
王鹤龄		80000	同复兴	70000		
黄玉珍	怡和详	100000	同德大	20000		
晋丰		10000	周详记	10000		
袁彩章	袁大生	1000000	裕盛昌	5000		
天禄	建成	80000	吉丰祥	70000		
候大元	候同兴	20000	正兴蔚	70000		
万树棠	同昌	80000	合兴	20000		
吴宽记		80000	恒生裕	150000		
覃章猷	覃松茂	40000	协兴公	10000		
覃章猷	泰和	40000	兴顺园	10000		
袁谦泰		40000	兴顺和	10000		
谭永盛		40000	苏大兴	5000		
冉甘泉	冉源泰	80000	卞清华	5000		
李大兴		400000	刘彩记	5000		
益利厚		40000	大新	100000		
益利厚	张玉记	30000	杨利盛	20000		
袁东森		40000	老宝庆	5000		
袁东森	王丹记	20000	何福记	5000		
袁恒茂	胡庆记	40000	周荣记	10000		
周善记		40000	老同凤	10000		
周明记		70000	雄厚记	150000		

续表

房主	商号	配额	商号	配额	商号	配额
唐蔚记		40000	董信记	10000		
张清泉	张裕记	60000	老宝华	4000		
赖和济	萧玉记	30000	张利顺	10000		
赖和济		30000	鼎丰升	5000		
文少龙	杨万顺	40000	李耀记	5000		
文少龙	张和记	30000	协成	5000		
文少龙	魏和顺	40000	万春益	10000		
文少龙		40000	川味香	10000		
文少龙	同荣	80000	刘洪泰	15000		
文少龙	文同泰	100000	泰丰	10000		
袁松声	大生立	80000	大华	70000		
李秀谷	蔡华孚	60000	美新	40000		
谢永兴	合记	600000	胡庆昌	20000		
谢么姑	金福昌	40000	大兴隆	70000		
袁松声	赵太兴	40000	易洪盛	5000		
合计						7580000

资料来源:《松滋县新江口镇商会会议记录》,1947 年 4 月 15 日,松民档 4-1-104,第 154～158 页,松滋市档案馆藏。

此次摊派的对象包括 82 户屋主,121 户商号。其中大户文少龙、熊厚山等人都是商会中的主要代表,熊月波一度为新江口镇实力最为雄厚的商户。商人讨价还价的习性使得向西大垸修防处交付碎石一拖再拖。最初达成的"1946 年末之前须先交一百方,1947 年春再交余下额度"的协议被延至 1947 年 5—6 月才得到部分执行。"该商会理事会熊明峰专一滑稽支吾,藐玩层令。其担任之矶石二百水方,经本垸一再函电催交,当面再四交涉,现竟先复共交矶石七十七水方余。迄今尚欠一百二十余水方"。修防处早在此前的 4 月 5 日已将矶头建完,新江口镇商会的如意算盘打得很成功。修防处的回击包括两个方面:一是要求县府令饬新修矶头归商会保管,其潜在的意图在于让后者负维修之责;二是借夏汛将至的机会,继续追讨余下的一百二十余方矶石。在呈文中,修防处再一次强调镇垸为相互依存关系,批评商会和前县长罗道学的不负责任：

> 查此矶头之建立，纯系由于各占据堤身商铺一时难以拆让，并为避免本垸填筑街心起见。故县商会理事长文少龙，于本垸第一次堤务会议提议之同时，不独关于本垸及新江口之安危，实亦湘澧公安各垸之屏障也。似此至公至大之公益事业，并地属县治咫尺，该商会长竟如此不负责任，而罗前县长竟不予以制裁。①

继任县长刘琦很快下令新江口镇商会履行协议。1947 年 8 月 22 日，理事长熊明峰终于代表商会将余下的矶石全部交付西大垸第二董保事务所。持续近两年的修矶博弈终于画上句号。纵观该案，商会为保存既有的街心，肯定不惜代价，修建新矶的设想也是商会会长文少龙最先提出的。之所以一再拖延交付矶石，很可能在于对修防处贪墨之风有所耳闻。因此在矶头真正修好后，新江口商会很快交付了余数。

垸与市镇的水利矛盾并未就此终结。以文少龙为代表的质疑者群体后来受到修防处的"刁难"。由于新江口街心所在堤段的地势仍然要低于垸堤的其余堤段，岁修和防汛时成为险工。1949 年春，西大垸在民国最后的一场春修中，借口无处取土，将文少龙住屋的坮(台)基作为取土点。防修处提出，要保护台基安全，需用"十余石"谷子作为折价。② 勒索意味已很明确。垸镇的矛盾既交织着直接的水利问题，也关涉潜在的经济利益。很多时候成为垸内士绅群体内部纠纷的重要原因。

与垸内从事农业耕作的地主—佃农关系相仿，市镇内的屋主与租客也会在承担水利责任的具体方式上产生纠纷。横跨永丰垸与义兴垸的天星市由一座桥梁连接木天河两岸，是松滋丘陵与平原交接地带的重要市镇。在分担所

① 西大垸民堤修防处致县长刘琦呈文《为呈诉本垸整修新江口街堤建筑矶头历来经过详细痛苦情形祈鉴核由》，1947 年 6 月 12 日，松民档 4-1-104，第 200 页，松滋市档案馆藏。

② 新江口商会会长文少龙致松滋县长王开荣呈文《呈为私人意气用事危害贫民生计动藉修防大堤利诱威胁企图泄其私忿谨屡呈下情俯祈鉴核迅予制止以维公共交通而全贫民生命由》，1949 年 4 月 18 日收到，松民档赵乙-572，第 60 页，松滋市档案馆藏。

属之垸岁修和防汛的土方和堤费时，义兴垸修防处与天星市从事工商业的租客产生分歧。租客代表萧和兴等呈称：

> 窃查本县各垸各市堤工，皆由地主、房主担负做堤纳费，从无累计。住屋佃户情事，不论何市镇均可查考（如新江口、胡家场、米积台、沙道观、朱市等市住户，皆不做堤，不完土费）。惟天星市少数刻薄房主，则独开恶例，竟勒派小本谋生之住户做堤纳费，一倡百和。遂使穷苦住户重受剥削之苦。须知地主既收租稞，就要负完纳钱粮的责任。房主既收租金，就要负做堤纳费的责任。种田佃农不能于完稞外，再替地主担任完粮。即住屋佃户不能于纳房租外，再替房主担任做堤。此乃天经地义。今天星市房主竟如此对佃户重加负担，岂非例外剥削？[①]

按照惯例，农业耕作的主佃间在承担水利义务时采取的是类似“业食佃力”[②]的方式，这一做法被推广到从事工商业的主佃关系中，应属符合政府法令及民间习惯的措置。义兴垸修防处要求佃屋商户做堤纳费的理由在于：

> 自民国二十年大水溃破街头，该市被险，全系佃户妨害垸民。有鉴于此，决议放弃该市，另做新堤。若照老堤复修，应做街心，每年三尺。若街心做土三尺，该市房屋仅成废用。故经袁少芳从中召集垸商会议，顾全两方利害，决定垸堤由街后做堤，堤宽一丈。由佃户负责做土纳费，至今十五年矣。未变原议。倘一但由房主负责堤防，万难保全。该佃户心怀不良，不顾垸民生命，每年毁挖堤身，以作脚屋厕所之便。[③]

---

① 天星市镇佃户萧和兴等16人联名致松滋县长罗道学呈文《为天星市房主违法勒派佃户做堤例外刻薄公恳怜情作主严禁剥削以恤佃户由》，1946年5月26日，松民档4-1-120，第108页，松滋市档案馆藏。

② 滨岛敦俊从明代后期江南农村土地所有制结构变化出发，细致探讨了地主与佃户之间在水利权责层面发生的变动。指出“业户提供工食（或折价），佃户提供劳力”的业食佃力制度为这一时该区域社会的深刻变化。参见氏著：《业食佃力考》，陈柯云译，李范文等主编：《国外中国学研究译丛（2）》，西宁：青海人民出版社，1988年，第123～163页。

③ 义兴垸修防处致县长罗道学呈文，1946年6月22日，松民档4-1-120，第112页，松滋市档案馆藏。

1931年的大水导致义兴垸溃决，失险原因是街心堤段过低。[1] 垸与市镇的妥协结果是新协议的产生，即在街心之后另外做堤，佃户负责全部土方与费用。设立这一制度，目的还可能在于防止租客因事不关己而产生潜在的毁坏堤身行为。修防处称这一习惯已沿袭十五年左右，其间并无异议者。县府的裁决也偏向修防处，接连在天星市各租客的呈文后批示依照原议案施行。佃户们试图祛除“恶例”的决心丝毫没有动摇，于1946年9月1日和次年3月10日、6月27日三次向县政府呈文，要求义兴垸修防处仿效全县其他市镇承担水利义务的办法，取消对租客做堤纳费的要求。并暗示市镇的繁荣源自租客的增加，提高租客的经营成本，实际上对垸与市镇的发展均为不利。“譬如说有天星市一个码头，就才有屋宇，有了屋宇之后，才有人来向其佃屋居住、谋生。否则[俗云]东不成西可就”[2]。县政府随后给出折中方案，“房主负土费之责，佃户(租客)负代催代缴之责”，已经很接近“业食佃力”的通例。人数上占有绝对优势且已享受十多年不做堤纳费利益的房主们显然一副绝不理睬的态度，被诸如此类的日常矛盾搅得晕头转向的县政府最后只得无限期搁置此案。在情与理、历史记忆与现实利益的多重纠葛中，房主与租客就承担水利责任一事似乎永远无法跳出短视的怪圈。

小　结

垸与市镇的关联以往未引起学界的足够重视，可能一则因为两个领域存在着相异的学术进路，二则由于有关某个垸的细致微观材料不易得见。垸与市镇无论其产生时间孰先孰后，两者间实为共生关系。垸内的农业生产为市

---

① 在垸堤堤身或临近处建造房屋，常常会导致该段堤面稍低，一遇洪水，该处极易溃决。溃决后，往往于旧屋基处形成深潭。笔者在1998年长江大洪水中，曾亲身经历过此种险情的产生过程，可见即使到现代社会，类似情形仍是江汉平原堤垸区域必须面临的水利难题。

② 天星市佃户萧和兴等16人联名致县长罗道学呈文《呈为申复天星市房主违法勒派佃户做土纳费例外刻薄恳祈鉴核仍祈怜情作主出示严禁剥削以恤佃户由》，1946年9月16日，松民档4-1-120，第115页，松滋市档案馆藏。

镇的繁荣提供物质保证；市镇充当垸民间、垸与外界间物资、文化、信息等的交流渠道。由于挪垫制度的广泛运用，市镇在垸内的水利运作中作用重大，从资金的筹集到物资的购买都有所体现。市镇的街道大都占据堤身，给垸的修防带来很大不便，垸与市镇的水利矛盾由此而生。解决的办法在于让市镇承担一定的水利责任，一般以摊派新修矶头费用的方式实现。市镇里的屋主与租客（商户）也因具体的水利负担分配常起纠纷。垸与市镇在经济、水利、社会权力等层面的频繁纠葛恰恰证明两者在面对堤防外洪水压力下的共同体本质。

吕兴邦：西华师范大学历史文化学院副教授。

气候与灾害

吉林乌拉地区异常气候与灾后重建

——以乾隆十六年宁古塔将军满文文书为中心*

庄　声

清朝入关以后，在盛京和宁古塔地区分别设有昂邦章京，以此管理东北各地的军政事务。康熙初期，又相继分设宁古塔和黑龙江将军衙门。康熙十五年(1676年)，宁古塔将军衙门移驻吉林乌拉，于是宁古塔将军也称为“吉林乌拉将军”或“船厂将军”；乾隆二十年(1755年)以后，基本上固定称为“吉林将军”。吉林将军是吉林地方最高军政长官，统辖所有地方事务，下设吉林、宁古塔、三姓、伯都讷、阿勒楚喀等副都统衙门，分管各管辖区军政事务。

清朝初期，为防灾、减灾建立了比较完善的雨雪粮价及农业收成奏报制度，这种制度一直延续到清朝末期。①

因此，有关雨雪粮价类的档案，在中国第一历史档案馆馆藏《宫中档》、《军机处录副奏折档》等档案中占有数十万件之多。其中，乾隆十六年(1751年)闰五月十三日吉林乌拉将军傅森的奏报文书，也提到雨雪粮价等相关问题。本文以中国第一历史档案馆藏宁古塔将军傅森上任以后的满文文书为中心，结合《黑龙江将军衙门档》(满文)、《宁古塔副都统衙门档》(满文)、《珲春副都统衙门档》(满文)以及《内阁大库档案数据库》等档案文书，②分析吉林乌拉地区因气候变化所引起的自然灾害，及其灾后重建等相关问题。

* 本文全文原载《台湾师大历史学报》第60期，2018年12月，第39～78页。原稿中引用的满文档案内容及地图皆省略。本研究得到国家社会科学基金项目“清代满文档案东北盛京地区生态环境变迁资料翻译与研究”(17BZS090)资助。

① 陈金陵：《清朝的粮价奏报与其兴衰》，《中国社会经济史研究》1985年第3期，第63～68页。

② 本文引用的满文档案数据，凡未出版或未建置数据库者，皆作者直接翻译为汉文。

一、驻防将军对灾害的因应

吉林乌拉将军傅森(*fusen*),生年不详。康熙五十四年(1715年)五月,为乾清门侍卫。雍正三年(1725年)正月,时任一等侍卫的傅森被授为正白旗蒙古副都统。同年四月,调任浙江杭州左翼汉军副都统。五年(1727年)二月,改任浙江杭州右翼满洲副都统。自雍正十一年(1733年)十二月至十二年(1734年)十月,任浙江乍浦副都统,为都统衔。十二年十月,升任浙江杭州将军。乾隆八年(1743年)九月,任命为黑龙江将军衙门将军。十四年(1749年)四月,调补到西安任将军职。十六年四月,奉调至吉林乌拉,于同年闰五月到任。[①] 二十年十二月,被任命为兵部尚书,兼镶白旗蒙古都统。二十二年(1757年)正月,补授正黄旗领侍卫内大臣;二月,又调任为吏部尚书;八月,因吉林将军任命者萨喇善还未赴任,故署理吉林将军事务。二十四年(1759年)六月,因母逝世,赐银一千两。二十六年(1761年)正月,署理左都御史;七月,令在京总理事务。自三十年(1765年)正月起,因体弱多病,已行走艰难,故未管理都统事务,改授内大臣。三十二年(1767年)六月,内大臣三等轻车都尉傅森逝世,赐银一千两,谥号“恪慎”。傅森历任侍卫、副都统、将军、尚书、内大臣等职,其间分别担任黑龙江、西安、吉林乌拉等地的将军,历时12年,其中在吉林乌拉将军衙门任将军一职达4年(参见附录)。

乾隆十六年五月,傅森接到任命后,便起身前往吉林乌拉赴任,到任时便依例向乾隆皇帝奏报沿途考察情况:“奴才傅森谨奏,为奏闻事,今年五月二十日,奴才傅森恭请训旨,于二十二日离京城沿途观察,山海关小麦已秀穗,大麦已始熟,诸色粮食长势皆良。自山海关望去,至盛京所属中安堡种植粮食,虽不如山海关内种植之粮食,然并非极差。自中安堡至巨流驿站,二百里内低洼之田有积水。巨流至盛京,各粮食长势皆良;盛京至吉林乌拉地方,小麦、大麦长势良好,已始秀穗,各生长之粮食俱耕耘。初八日,到上任处观察,本年雨水

---

① 关于傅森闰五月赴任吉林将军的记录,《黑龙江将军》一书中误写为九月。参见孙文政主编:《黑龙江将军》,哈尔滨:黑龙江教育出版社,2013年,第70页。

调匀，围城耕种之小麦、大麦已过半秀穗，各粮食已处于耕耘样。奴才我查粮食之时价，一仓石为一两三钱五分银两出粜。为平抑物价，现钦遵宠命拿出粮仓之粮，较时价降低出粜。蒙圣主之福，雨水调匀，各粮食长势良好，粮价未上扬。然秋收几处青黄不接之际，呼兰城粮食尚未送到，尚不知时价之涨跌。此时雨水调匀，小麦、大麦已丰收，若粮价下跌，奴才傅森与副都统松阿里一同协商观望生计，考虑旗人、庶民之利益，如需办理，将即刻另行上奏请旨。谨此奏闻。”①

傅森于五月二十二日从京城出发，从山海关经盛京，并于闰五月初八日前抵达吉林乌拉，到任后即将沿途观察到的环境、粮食生产以及物价等情况奏报。通过傅森的奏折得知，山海关到盛京之间的中安堡所种粮食的生长情形不如关内好；中安堡到巨流驿站之间，则有二百里的积水低洼田。据《盛京吉林黑龙江等处标注战绩舆图》绘制记载，中安堡在广宁县以东三十里处，②位于广宁站和小黑山站之间，③离盛京城三百里，也是朝鲜燕京使臣上天朝的必经之路，因此在燕行日记中频繁出现。巨流驿站(*jurhuju giyamun*)，在《乾隆十三排图》中汉文标注为“朱尔呼朱站”，其以东位置的河流标注为“巨流必拉”；④《康熙皇舆全览图》(汉文木刻版)中则标注为“朱儿呼朱驲”，其以东位置的河流标注为“巨流河”，⑤该河即为辽河。

---

① 《吉林乌拉将军傅森奏报赴任日期及沿途雨水粮价折》，乾隆十六年闰五月十三日，《军机处满文录副奏折》，中国第一历史档案馆藏。新将军到任以后，均有公文通报分属机构，其中“通报珲春协领的札文”满文档案译汉如下：“正白旗亚毕纳牛彔披甲阿克楚卡伦来文。副都统衙门致珲春协领札文，将军衙门来文为知照事。新任将军于闰五月初八日到吉林乌拉，初九日接任，为知照事来文。为此知照札文，六月初七日。”参见《宁古塔副都统衙门为知照新任将军接任日期事致珲春协领札文》，乾隆十六年六月初七日，中国第一历史档案馆、中国边疆史地研究中心、吉林延边朝鲜族自治州档案馆编：《珲春副都统衙门档(二)》，桂林：广西师范大学出版社，2006 年，第 468 页。

② (清)和珅奉敕撰：《大清一统志》卷 44，《锦州府二》，《景印文渊阁四库全书》第 474 册，台北：台湾商务印书馆，1983 年，第 7 页 b。

③ 《盛京吉林黑龙江等处标注战绩舆图》，大连：满洲文化协会，1935 年。

④ 《乾隆十三排图》，汪前进、刘若芳编：《清廷三大实测全图集》，北京：外文出版社，2007 年，《八排东一》。

⑤ 《康熙皇舆全览图》(汉文木刻版)，美国国会图书馆藏。巨流河相关研究，参见黄普基：《明清时期辽宁、冀东地区历史地理研究：以〈燕行录〉资料为中心》，上海：复旦大学出版社，2014 年，第 118～136 页。

据《满汉合璧清内府一统舆地秘图》的记载，清代从山海关到盛京之间共设置12个驿站，[①]分别是山海关、凉水河站（*liang sui ho giyamun*）、东关站（*dong guwan giyamun*）、高桥站（*g'eo kiyoo giyamun*）、小凌河站（*siyoo ling ho giyamun*）、十三山站（*sisan šan giyamun*）、广宁站（*guwang ning giyamun*）、小黑山站（*siyoo he šan giyamun*）、二道井站（*er doo jing giyamun*）、白旗堡站（*be ci pu giyamun*）、巨流河站（*jurhuju giyamun*）、老边站（*fe jase giyamun*），全程790余里。[②] 盛京到吉林之间共设置11个驿站，分别是懿路站（*ioi lu giyamun*）、高丽堡站（*g'eo li pu giyamun*）、开原站（*k'ai yuwan giyamun*）、蒙古峪站（*monggo holo giyamun*）、叶赫站（*yehe giyamun*）、赫尔苏站（*hersu giyamun*）、阿勒丹额墨勒站（*altan emel giyamun*）、伊巴丹站（*ibatan giyamun*）、苏瓦延站（*suwayan giyamun*）、伊勒们站（*ilmen giyamun*）、搜登站（*seoden giyamun*）等，[③]全程820余里（参见图1）。

傅森的报告特别提到呼兰城粮食尚未送到一事。呼兰地方在齐齐哈尔城东南八百十七里处，属于黑龙江将军衙门管辖，"雍正十二年设城守尉驻防，乾隆八年新设有站"。[④] 有关呼兰城粮食运送的具体内容，在乾隆十六年三月初四日黑龙江将军傅尔丹（*furdan*）奏报的文书中有所提及："乾隆十三年前，齐齐哈尔、黑龙江、布特哈地方连续三年收成一般，存储仓粮极少。蒙受主恩，十四年、十五年，黑龙江地方皆普遍丰收，故兵丁上年借贷粮皆酌情偿还入仓，依

---

① 《满汉合璧清内府一统舆地秘图》，1929年，京都大学吉田南综合图书馆藏。

② 奉天西至山海关站道，六十里至老边站（亦名旧边寨），四十里至巨流河站广宁县界，七十里至白旗堡站，五十里至二道井站，五十里至小黑山站，七十里至广宁站（按：广宁县城东南五十里，有盘山驿，明时设驿于此，今废），八十里至十三山站锦县界（按：锦县东北一百十四百里有闾阳驿，明时置驿于此。本朝初设佐领官驻防，后移置十三山站裁闾阳驿），五十四里至小凌河站，五十四里至高桥站，六十二里至宁远站宁远州界（按：宁远城西南有曹庄、高岭二驿。明时设驿，今废），六十二里至东关站，六十三里至凉水河站，七十五里至山海关。以上各站额设驿马五十匹。参见（清）阿桂修：《钦定盛京通志》卷33，《关邮》，《景印文渊阁四库全书》第501册，台北：台湾商务印书馆，1983年，第16页a～17页a。

③ 山海关到吉林乌拉之间各驿站汉译，均参考自《盛京吉林黑龙江等处标注战绩舆图》。另据《宁古塔纪略》记载，盛京到吉林乌拉之间的驿站有：驿路站、高丽站、开原站、棉花街站、野黑站、黑而素站、大孤山站、一巴旦站、双羊河站、衣而门站、苏通站。参见（清）吴桭臣：《宁古塔纪略》，长春：吉林文史出版社，1993年，第94页。

④ （清）阿桂修：《钦定盛京通志》卷32，《城池四》，《景印文渊阁四库全书》第501册，台北：台湾商务印书馆，1983年，第6页a。

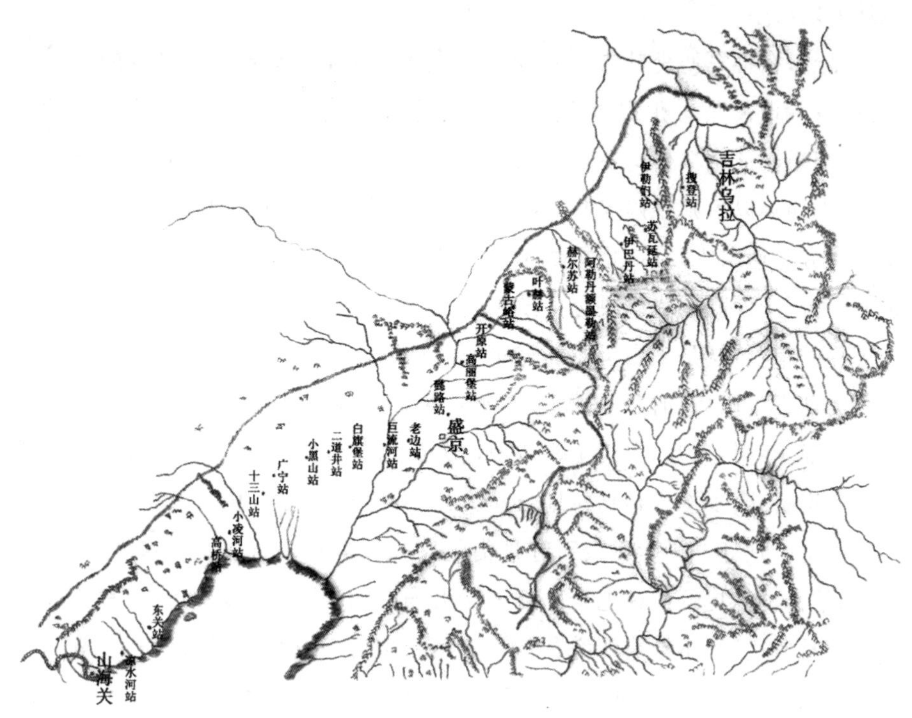

图 1　山海关经盛京至吉林乌拉驿站图

资料来源:《满汉合璧清内府一统舆地秘图》,1929 年,京都大学吉田南综合图书馆藏。

照请求,不能还粮者,以官价上缴银子。墨尔根、呼兰地方采买粮食入仓。现,齐齐哈尔、黑龙江、墨尔根、呼兰等地方,共储米一万两千六百余石,储粮二十五万四千六百余石,奴才亦才放心。去年,临界吉林乌拉地方雨水涨发,田地粮被冲,闻米粮价涨。若有自吉林乌拉到我居民处购米粮者,可酌情卖给,不可停止。若附近吉林乌拉陆续来人,我亦留心并详加追问:伊等米价有无减少,卖出多少。告知:现吉林乌拉米一大石卖九两银,上冬季地冻时,分卖者多;现正春季地溶泥泞,出售者少。自三月初十日至田地耕种季节,逐渐减少出售者,以致青黄不接,因米价又涨,买粮贫人更是窘迫。奴才傅尔丹蒙厚恩,吉林乌拉界线相连,怎敢忽视米价逐渐涨势之情形。现,吉林乌拉米售出价已涨,且已青黄不接,对穷民实更无利益。查得,齐齐哈尔城与吉林乌拉水路相连甚远,因呼兰水路较近,动用吉林乌拉现有运粮船,领取储于呼兰之一万石粮,照齐齐哈尔官价,以三石五斗四升卖一两二钱银,粮价降低将有利吉林乌拉地方之人……”①

显然，在将军傅森赴吉林乌拉就任的前一年，该地区发生严重的洪涝灾害，以致出现粮食危机，因此向黑龙江将军衙门请求援助。透过傅尔丹的奏报，可知黑龙江将军衙门各辖区在乾隆十三年(1748年)以前的粮食生产非常一般，十四年以后则普遍丰收，因此才有所储备。乾隆十五年(1750年)，吉林乌拉地方遭遇水灾以后，将军傅尔丹主动多方打听灾情，得知该地出现粮食危机与粮价上涨现象，所以决定援助粮食10000石。由此可知，前述傅森奏报提及等待的粮食，就是来自黑龙江将军衙门辖下呼兰城的援助粮。

灾情发生以后，时任吉林乌拉将军卓鼐(*jonai*)非常积极地调配各处粮食。乾隆十六年五月，大学士领侍卫内大臣忠勇公傅恒(*fuheng*)等奏:“臣观卓鼐等奏折，去岁按吉林乌拉地方旗人户口，至今岁七月供给借粮，民人照例按月赈济。现计二千七百余石籽种借给官兵，其中，多有奴婢户口者，因购得呼兰、伯都讷沿界低价粮七千二百五十九石，皆已供给该地人口粮，故无需复赈济。秋收之际，不至凄惨穷苦。青黄不接之际，粮价则逐渐高昂，一仓石粜一两二钱银。如黑龙江地方一大石计与四仓石相等，吉林乌拉地方一大石粮，则值四两七钱余银，米一大石九两五钱余银。吉林乌拉仓粮之二万五千五十石，其中为平抑时价，减四钱处理，五千石粮出粜，黑龙江地方一万石粮运送后，其五千石填补出粜之粮数，剩余五千石，会同将军傅尔丹商议，渐次以时价贱粜之。……再查奏文:吉林乌拉所属各地仓储粮中，伯都讷仓粮有二万五余石，三姓仓粮有二万五千四百余石，已敷用，无需办理。然，今年虽宁古塔仓贮粮内无需提供给糊口官参刨夫，还剩余九千八百八十余石粮，使用虽不至拮据，可略多备存。”②将军卓鼐积极为灾后旗民借贷粮食和籽种，部分官员亦自行到附近采买低价粮食。当时吉林乌拉库存粮食有25050石、伯都讷有25000余石，三姓有25400余石。由于物价攀升，因此拿出吉林乌拉5000石的库存粮食，按低于市价4钱出售，以此抑制粮价。黑龙江将军衙门援助的10000石粮食运到以后，一半用于填补粜缺额粮食，一半则计划继续以低价投

① 《黑龙江将军傅尔丹奏吉林乌拉等地因遭水灾米价昂贵请将呼兰仓储粮运至彼处平粜事》，乾隆十六年三月初四日，《军机处满文录副奏折》，中国第一历史档案馆藏。

② 《大学士领侍卫内大臣忠勇公傅恒等奏议吉林乌拉地方粮价及赈济事》，乾隆十六年五月，《黑龙江将军衙门档》，黑龙江省档案馆藏。

放市场出售。

吉林乌拉地区水灾发生以后，黑龙江将军衙门也非常关注其灾情及粮价趋势。傅尔丹称奏："查得，齐齐哈尔一大石相当于四仓石，京城四袋。往年齐齐哈尔歉收时，分卖给旗人米粮三石五斗四升为一两二钱，米价加倍定为二两四钱。奴才我等将呼兰地方粮给吉林乌拉地方，出售给旗人，若以齐齐哈尔旗人价以外之价卖给，圣主对旗人一视同仁，甚觉不至意，故以齐齐哈尔地方定价售出，为此具奏。……该类粮食曾以一石二钱五分价购买，现，以原购买价每石加价一钱五分，计为四钱，具奏乞主恩。现，吉林乌拉米粮价较先上涨，米价一大石已到九两六钱，小米价一大石已到四两八钱，首先尽快将粮食运走，为伊等众人受益，现将我处运粮船匀出十艘，先装二千四百石粮助运，此事已与宁古塔将军卓鼐议行。"①由此可知，傅尔丹对吉林乌拉粮价攀升趋势也有所掌握，主动采取措施，及时解决该地的粮食危机。不仅如此，双方为此事也曾有沟通："我等二处边界接壤，彼此依靠接济。闻上年尔等地方田粮被水，米价高昂，我等衙门将前年呼兰地方籴贮之一万石粮给吉林乌拉地方。照齐齐哈尔地方官价，卖与旗人接济。等因，具奏。现，我等将此粮运送至汝等地方。查得，因我等齐齐哈尔地方船只皆遣去墨尔根地方运籴之粮，故汝等遣船到呼兰地方将粮运走。所给粮为前年收籴之新米，将督促运到，望彼处旗人受益。虽我等船只无闲运粮，若不协助搬运，将会拖久，故暂停我等十艘呼兰地方船只到墨尔根地方搬运粮食，先助载二千四百石粮送之，余粮汝等运走。"②可见黑龙江将军衙门积极主动地协助吉林乌拉运载 2400 石救济粮，剩余的 7600 石粮食，则建议吉林乌拉将军衙门自行运输。

然而，对于吉林乌拉而言，要运走 7600 石粮食困难重重。据将军卓鼐上奏请旨："现吉林乌拉粮价逐渐高昂，谨奉恩旨，为平抑粮价，欲先拿出吉林乌拉仓贮五千石粮，较时价减少四钱，一仓石八钱出粜。黑龙江地方送来一万石粮后，填补原五千石，渐将五千石较时价贱卖。现，动用黑龙江地方船只送来二千四百石粮后，一仓石照黑龙江定价，欲以四钱卖出，将七千六百石粮运至

① 《黑龙江将军傅尔丹奏报吉林乌拉粮贵先运至二千余石大米以资接济事》，乾隆十六年五月十三日，《军机处满文录副奏折》，中国第一历史档案馆藏。

② 《户部咨文黑龙江将军为黑龙江呼兰地方米石赈济吉林乌拉事》，乾隆十六年闰五月，《黑龙江将军衙门档》，黑龙江省档案馆藏。

吉林乌拉。查得,吉林乌拉地方船有五十艘,照例十年期船只皆销毁更新,五年期船只大修处理,若没动用并不小修。现有船只皆有八至九年,我等奴才将此船只尽力督促修理三十艘,三次送来,选出能官陆续起身,依粮之数目去取,此类粮皆取来后,将二千六百石粮依黑龙江定价为平粜时价卖出,将余五千石粮填补吉林乌拉卖出之粮。为运粮所动用修理船只等物,运输完毕后皆报告所属部院,照例注销。”[①]因此,需要修理破旧的 30 艘运输船,否则无法调配呼兰地方提供的援助粮。

虽然黑龙江将军衙门是以救助的名义提供援助粮,但是是有偿的,故而将军们为如何订定援助粮价格而意见分歧。“查得,现吉林乌拉地方粮价,值一仓石一两二钱”,所属将军卓鼐奏曰:“吉林乌拉仓粮内拿出五千石粮,较时价减卖一仓石八钱。”[②]黑龙江将军傅尔丹则称:“船厂上年被灾粮贵,请将呼兰粜贮粮内拨一万石水运至船厂,按时价稍减粜卖。查前任船厂将军卓鼐,奏请拨船厂仓粮五千石,照时价酌减,每仓石八钱粜卖。今呼兰拨运一万石,除归还船厂五千石外,该将军等请照黑龙江所定每仓石四钱粜卖,但所拨粮虽系丰年收籴,以四钱出粜较原价固增,而视船厂时值每石一两二钱,已减三分之二。现在若照八钱,未免少昂,四钱又似太贱。臣等酌议前项运至粮,交八旗协领、佐领等,均分卖给旗人,自与市集粜卖者有间。”为了不影响吉林乌拉地方灾后旗民的生活与防止物价攀升,朝廷接受傅尔丹的建议,同意应照时价折中,“每仓石以六钱粜卖,应用运船三十只,令上紧赶办,派员分三次拨运,工价事竣报销”。[③] 吉林乌拉地区水灾发生以后,米价 1 大石已经涨到 9 两 6 钱,而其他谷物 1 大石也涨到 4 两 8 钱;1 大石等于 4 仓石,也就是每石分别涨到 2 两 4 钱和 1 两 2 钱。反观当时齐齐哈尔的米价 1 石大约为 7 钱,其他谷物为 3 钱 5 分,显然比吉林乌拉地方便宜很多。而黑龙江将军衙门以 6 钱卖给吉林乌拉。

值得注意的是,援助粮调运之后,并非要送到吉林乌拉,而是计划暂存在

---

① 《户部咨文黑龙江将军为黑龙江呼兰地方米石赈济吉林乌拉事》,乾隆十六年闰五月,《黑龙江将军衙门档》,黑龙江省档案馆藏。

② 《户部咨文黑龙江将军为黑龙江呼兰地方米石赈济吉林乌拉事》,乾隆十六年闰五月,《黑龙江将军衙门档》,黑龙江省档案馆藏。

③ (清)庆桂等修:《大清高宗纯皇帝实录》卷 390,乾隆十六年闰五月癸酉,台北:新文丰出版社,1978 年,第 14～15 页。

三姓副都统衙门处。乾隆十六年三月十六日，将军卓鼐奏言:“吉林乌拉、伯都讷、三姓、拉林等地仓中皆有粮食。然，宁古塔官仓余粮为九千八百八十石，虽然使用此粮食不至凄惨，可应储备充足。若借得呼兰地方一万石粮，自水运送至三姓地方，暂且存储于仓中。若明年有使用之处，自三姓集于宁古塔，易于水运，且不耽搁使用。等语，奏到。将此情况行文致副都统衙门，查清此一万石粮明年运送之处或需用之处，加紧送之。”①然而乾隆十五年六月到七月间，吉林乌拉将军衙门辖区内发生大面积水灾事件，受灾地区包括宁古塔、拉林、伯都讷、三姓、珲春等地，各地灾后秋收粮食收成三分到七分不等，②而珲春地区的灾情最为严重。③

东北三地水资源丰富，水路运输较陆路尤为发达。其中，松花江是黑龙江的支流，呼尔哈河则是松花江的支流，这些河流正好经过吉林乌拉、呼兰、三姓、宁古塔等地，河流的畅通为水路运输提供了便利。④ 当时利用水路运输的运粮船只有米船、浆船两种，“若计一艘米船载二百七十五石，一艘浆船载一百七十五石，一次可用四十艘船运载一万石粮食。……四十艘船装一万石粮食，遣八名官员，每艘船十三名兵撑驾，共派出五百二十名兵撑驾”⑤。黑龙江将军衙门为吉林乌拉运送 2400 石粮食，主动调配了 10 艘运粮船，剩余的 7600 石粮食，吉林乌拉衙门则自己准备 30 艘运输船。由此推知，两处的运粮船都可以装载近 275 石粮食。运输粮食时，口袋等材料是必备的物品，借由档案记载，可以估算出所使用的口袋等数:“为搬运呼兰地方六千石粮食，动用二十艘船只运粮，用一万五千个袋子装粮，每袋可装四斗粮食，同时使用一百六十张

① 《吉林乌拉将军咨文宁古塔副都统衙门呼兰地方借粮船运三姓事》，乾隆十七年三月二十日，《宁古塔副都统衙门档》，中国第一历史档案馆藏。

② 《吉林乌拉副都统松阿里奏闻吉林乌拉等处农作物收成情形并米石时价事》，乾隆十五年八月二十六日，《军机处满文录副奏折》，中国第一历史档案馆藏。

③ 庄声:《清代珲春地区洪涝灾害与赈灾政策:以乾隆十五年灾害为例》，《中国历史地理论丛》2018 年第 3 辑，第 16～25 页。

④ 《吉林乌拉将军傅森奏闻吉林所属各地米粮时价事》，乾隆十七年三月二十五日，《军机处满文录副奏折》，中国第一历史档案馆藏。

⑤ 《吉林乌拉将军永兴奏闻船厂白都纳之米谷运至齐齐哈尔由》，乾隆十四年三月初九日，《军机处满文录副奏折》，中国第一历史档案馆藏。

席子,使用系口袋麻三十八斤。”[①]虽然搬运的不是同一批粮食,但是可以估算吉林乌拉为了搬运呼兰地方援助的10000石粮,大概用了25000个口袋、200多张船上铺垫的席子以及50斤左右系口袋用的麻。黑龙江将军衙门和吉林乌拉将军衙门毗邻,遇到灾荒之年,均互相支持以解决欠粮问题,[②]将调拨的粮食以较低价投入市场,遏制哄抬物价现象的发生,也发挥稳定社会秩序和恢复生产的作用。

二、受灾情形与灾区重建

乾隆十五年七月十日,吉林乌拉副都统松阿里(*sunggari*)上奏,曰:“今岁五月二十五日,吉林乌拉所属地方降雨,小麦、大麦已秀穗,各粮终耕之处已奏闻。此后,于六月初一日降微雨,初二日至初六日降雨,十九日降微雨,二十一日至二十八日连阴雨。虽松花江江水涨,尚可。七月初一日至初三日,又连降三昼二夜不间断之雨,入江支流皆涨,水已退。初三日未时,忽然遇水,自城西门外流入到城北门处溢水,经城北三根脚处绕城墙而流,因继续溢水,奴才我即刻领官兵堵各地溢水之处,然水势强,江沿边俱溢水,三条穿城流水与城北流水会合。洪水于初四日,自辰时开始退水,初六日才现河坎,未能救助城内水中旗民,然惊恐之际,也有到北山寻高处避难被救者。此次洪水,三面城墙皆倒塌,城五门中之二门被水倒塌。城内之永宁仓、八旗义仓、理事同知管仓虽被水,储藏之粮未湿。但城西门外,河边四十间太平仓中,储藏旗民粮仓被洪水冲之,十间墙每面均已倒塌,粮被冲。二十间仓三日内被六七尺水淹,水已浸透,储藏粮之旁边、下面已湿。中、上部粮未湿透,故尚有干透之日。城中

---

① 《户部咨文黑龙江将军为运粮开销禀报事》,乾隆十六年六月二十四日,《黑龙江将军衙门档》,黑龙江省档案馆藏。

② 大学士等议准,黑龙江将军傅森奏,齐齐哈尔、黑龙江、墨尔根、呼兰等处被灾,计墨尔根、呼兰二处所贮米石,可敷一二年之用,齐齐哈尔一年所用,不敷米二万五千石,黑龙江不敷米五千石。现已动粮价银,委员往吉林采买,每处各五千石,齐齐哈尔尚不敷二万石。请照雍正十年(1732年)之例,将吉林、伯都讷二处存仓米谷,用吉林运粮大船,拨送二万石,交齐齐哈尔存贮备用。参见(清)庆桂等修:《大清高宗纯皇帝实录》卷328,乾隆十三年十一月辛酉,台北:新文丰出版社,1978年,第38～39页。

之洪水穿过将军衙门大门、二门，已到厅房处。水虽已到城中银库、监牢、门司，三拜唐阿、众兵衙门房、同知地方监牢等处，然房屋未塌。将军所居之官屋、奴才我所居之房屋、八旗二房、校舍，理事同知、通判、巡监等所居之官房、旗民所居之房屋等处，被水一二尺至六七尺不等。被水旗人房屋，冲毁或倒塌之处二百十七间，墙面被水浸塌之处四百四十五间，冲塌民房二百十一间。官用五十只船虽未被冲毁，然官屋中储藏之旧船，以及船上用品等物均被水淹。被水仓粮之数，船上用品各物，无力立刻查清，将交于官吏详细查明。被水绕城之田丝毫未剩，居住于沿江边以及河川处官员之房屋、田地，旗民之房屋、田地，官庄壮丁耕种之田地，为上交义仓耕种之田地等，多处被水淹。因江水之洪水皆大，村庄道路无力立刻修通。减少之人数，冲毁之田地、房屋之数，无法立刻查清，奴才我将八旗协领、管民之理事同知、官庄之官、水手之官皆尽速派遣到各路，查明各路管辖地区众人中被救人数，冲毁房屋、田地之数，立刻给房屋损毁以及冲毁者调剂住处。将陆续办理之处，具奏请旨。据查吉林乌拉地方被水前，小米一仓斗五六十银出粜，洪水后价升至一斗一钱二三十银，其他粮价亦升。现，各粮虽升，被水湿粮多出粜，暂且粮价不至甚贵，然遇灾旗民内自立兴起者，因没米而受困，无法预测粮价是否上涨。奴才我观之，储藏于太平仓被湿粮之外，因仓上部粮有干透之日，湿粮不可长久放于一处，应立刻交于八旗协领，将这类未被水湿透干燥粮，给遇灾不继口粮者，一个月计仓二斗，到秋收之际，如借给口粮三个月不继，存储于八旗义仓之四万余石粮，已存储于永宁仓，用三万余石粮中供给办理外，且交付理事同知即刻办理。我等遇灾口粮不继穷民，存储于同知官仓中之七千余石粮，照例每人借贷一个月口粮米。借所当借，至秋收未被水田各粮还收几分，可否供给旗民口粮之处，切合实际情况着观察其生计，详虑不至受苦之地。奴才松阿里消尽力之念头，核办之处另请旨具奏。故，吉林乌拉我等灾情之趋势，暂且供给口粮之事，先谨奏闻。”①

从松阿里的奏折可知，吉林乌拉在六至七月近两个月时间内降雨不断，降水天数达到 18 天，七月三日终于引发洪水。他们即刻率领官兵堵截洪水缺口

---

① 《吉林乌拉副都统松阿里奏闻吉林地方水灾情形粮价上涨及赈济灾民事》，乾隆十五年七月初十日，《军机处满文录副奏折》，中国第一历史档案馆藏。

处，可是强大的水势还是冲开三个穿城而过的缺口。城内将军、旗民、通判、校舍、粮仓等房屋，都被一二尺到六七尺不等的洪水淹没，因而导致众多房屋、部分城墙和城门出现坍塌。仓库内的粮食，更是不同程度地被洪水浸泡并湿透，遂出现粮食短缺和粮价攀升情形。松阿里为实时解决粮食危机，另提出救灾方案。七月二十五日的谕旨中称道："据船厂副都统松阿里奏称，今年六七两月船厂地方阴雨连绵，江水涨溢，该处城内城外旗民房屋舍、田亩，以及仓粮俱被水淹，人亦间有被伤者。朕闻之深为轸念，恐被灾之后粮价腾贵，或致乏食，着照松阿里所请，将被灾乏食户口，于彼处仓储内先借给三月口粮，民人着动用该同知所管仓粮，按照人口散给一个月，有应行借给亦准其借给，仍交松阿里、立柱办理。此外有再应接续散给之处，作何筹办，方令不致失所，并将被伤人数、漂没房间、地亩数目一面即行详查，应如何悉心筹划、妥协办理之处，着速行具奏，该部知道。"①可见，朝廷对此次灾害也非常重视，同意松阿里的救灾方案，督促副都统继续详细调查并将之上报。

针对遭到不同程度破损的城门和城墙修缮事宜，大学士兼理工部事务的史贻直于乾隆十五年十一月十八日具题，曰："吉林叽喇地方本年柒月初叁日，因水泛涨，将城门贰座，并叁面城墙被水冲坏之处，于本月初拾日业经奏闻，臣随派工司协领金齐贤查看倒坏城垣、门墙去后。今据协领金齐贤呈称，职亲至倒坏城墙处查看，周围叁面土筑城墙共壹千肆百伍拾壹丈，城门伍座内，东、北两门倒坏等情。臣随交工司佐领邓廷英、驿站章京五尔胡纳、骁骑校张宗善等，将修理倒坏城垣门墙需用工料价银详细估计去后。据佐领邓廷英等呈称，修筑前项城门贰座、土墙壹千肆百伍拾壹丈，并流水洞贰座叁丈贰尺，需用石料、砖瓦、木植、灰斤、铁钉、匠工、车价等项，俱按工部定例，照依现今时价据实估计，共需银壹千玖百拾陆两玖钱捌分贰厘玖毫，逐一分晰造具汉字细册呈递等情。臣查，修理前项城门贰座，筑打叁面土围墙共壹千肆百伍拾壹丈，需用

① 中国第一历史档案馆编：《乾隆帝起居注（九）》，乾隆十五年七月二十五日乙丑，桂林：广西师范大学出版社，2002年，第250页。另见《户部奏据宁古塔将军卓鼐将吉临叽喇等处被水人等各按被灾轻重分别借给口粮并给与房价银查照各处情形酌议具奏前来臣等谨胪列条款按款核议恭呈御览》，乾隆十五年十月，"中央研究院"历史语言研究所：《内阁大库档案数据库》，登录号：159339-001；（清）庆桂等修：《大清高宗纯皇帝实录》卷369，乾隆十五年七月乙丑，台北：新文丰出版社，1978年，第14～15页。

物料估计银数,俱与工部工程定例相符相应,照依佐领邓廷英等呈递细册,另造汉字细册谨题,伏乞皇上,敕下该部详查题覆。俟命下之日,臣钦遵在于本衙门库存粜谷银内动支,兴修工竣之日,将用过银两数目造具细册,照例咨送工部核销,为此谨题请旨。"[①]嵩嘎礼即副都统松阿里,从题本中可知吉林乌拉城的城墙及城门损坏坍塌情况非常严重。

吉林乌拉城有内城、外城,在内外城之间还挖有壕沟。由于该城南临松花江,城墙只有东、西、北三面,内城墙以松木建造,外城墙则是夯土墙,该城东北各设两个门,西边设一个门。[②] 此次洪水由西门流入城内,然后由北门流出,并与城外流水会合,因为水势强大,所以外城三面土墙和东、北二门均倒塌。派往调查时,官员根据损坏情况进行统计:三面土墙的坍塌面积为 1451 丈,另有洞口为 3 丈 2 尺,大致估算修缮城墙和城门需要 1916.9829 两银子,这些费用均在衙门库存粜谷银两内支出。

与此同时,城内居住的将军房屋也遭受严重的破坏,据船厂将军、红带子傅森等疏称:"查得,船厂将军居住房共玖拾玖间,前项房屋因年久,又于乾隆拾伍年被雨水淋漓,现今正房柒间,柱木俱各糟朽倾圮,头停瓦片脱落;草厅房伍间,再厅房两边草房拾肆间,墙垣闪裂,茅草糟朽,俱各渗漏;周围院墙板柱亦被水冲,又兼雨水淋漓糟朽,相应修理,臣等随派协领佟海、萨思太等估计去后。"工部派遣专人对损坏情况进行详细的调查,提出修缮计划:"前项房贰拾

---

① 《大学士兼吏部尚书兼理工部事务史贻直题覆吉林船厂地方城门二座城墙三面并流水洞二座被水冲坏应准修理至所需银两准其在于该衙门库存粜谷银内动支》,乾隆十五年十一月十八日,"中央研究院"历史语言研究所:《内阁大库档案数据库》,登录号:050013-001。

② 吉林城,东西北三面植木为墙,高八尺,北面二百八十九步,东西二面各二百五十步,南临混同江,门五,外有土城,东西亦依河岸,周七里有奇,本朝康熙十二年(1673 年)筑。参见(清)和珅奉敕撰:《大清一统志》卷 45,《吉林一》,《景印文渊阁四库全书》第 474 册,台北:台湾商务印书馆,1983 年,第 3 页 b。吉林,城在奉天府东北八百余里,旧名船厂城。康熙十二年,副都统安珠瑚监筑。南临松花江,东西北三面竖松木为墙,高八尺,北面二百八十九步,东西二面各二百五十步,每面一门,城外周围有池,外有土墙为边,边墙东西亦依河岸,周围七里一百八十步。雍正五年(1727 年),于境内增设永吉州。乾隆十二年(1747 年),奉裁,改设理事同知,今存土城,西仍一门,东与北各二门。参见(清)阿桂修:《钦定盛京通志》卷 31,《城池三》,《景印文渊阁四库全书》第 501 册,台北:台湾商务印书馆,1983 年,第 1 页。

陆间内见新粘补，将草房改为瓦房，应于旧房砖瓦、木料内拣选堪用者应用外，周围院墙从前俱系土筑，因雨水淋漓，不能经久，改为果松木板墙。今前项板柱亦被水冲，又兼雨水淋漓糟朽；此项院墙，若仍照从前筑打土墙与成做板墙，因系果松板柱，雨水易于糟朽，仍不经久，必致每年粘补修理。此项院墙作为石基，上面砌砖拿顶成造，必能坚固。查有移建太平仓余剩砖块估价变卖。等因，具奏，由部覆准在案。今将前项变价砖块成砌院墙作为石基，上面砌砖拿顶成造，必能坚固。今将前项房屋应添瓦片、土坯、木植、灰石、铁钉、匠工、壮夫、车价等项，俱照部定工程做法，照依现今缓价逐一分晰，详细估计共需银壹千叁百拾玖两叁钱捌分贰厘柒毫贰丝伍忽，等因，呈递前来。臣等查得，修理前项官房应需银两，乾隆柒年原任将军鄂弥达等具奏，俱于本处变谷银内动支应用，等因，奏准在案。今臣等衙门变谷银两不敷应用，将此项工程应用银壹千叁百拾玖两叁钱捌分贰厘柒毫贰丝伍忽，在于盛京户部领用。今协领佟海、萨思太等呈递，见新粘补修理房贰拾陆间，周围院墙砌砖等工，应需物料银两数目，俱与工程定例相符相应，将前项工程应用一切物料银两数目，分细造具细册，咨送工部查核外，另造汉字细册，谨题。俟命下之日，臣等钦遵，另行派员，在于盛京户部领银兴修，俟工竣之日，造册咨送工部核销，为此谨题。”[①]可知将军在城内居住的房屋共有 99 间，其中损坏最严重的 26 间房屋中，正房为 7 间，草房为 19 间，其柱子、墙垣也都出现不同程度的糟朽及闪裂；除此以外，院墙也出现不同程度的坍塌。虽然将军宅院围墙的土墙早已改建为木板墙，但是常年被雨水淋漓，所以也不够坚固，故建议以石头为地基，墙改砌砖墙，草房改建瓦房。对建筑物的损坏程度以及所需工料，也都逐一进行了预算，并汇报上级部门。工部根据上报情况，指示如果出售粮食银两不够购买所需工料，可以在盛京户部领用工程款 1319.382725 两银子。

关于“余剩砖块，估价变卖”和“变谷银两”的后续办理，“查太平仓余剩旧砖，经该将军于乾隆拾柒年肆月内题，估移建永宁仓地方案内声明，俟次年拆卸仓厫时，将旧砖变卖银两数目另行报部，在案。……该处变谷价银不敷应

---

① 《大学士兼吏部尚书兼理工部事务史贻直题覆修理船厂将军傅森住房及周围院墙据册开请销银照现行做法按例核算所用工料有浮多之处应令核减照数催追还项报部》，乾隆十九年（1755 年）三月初七日，“中央研究院”历史语言研究所：《内阁大库档案数据库》，登录号：075959-001。

用，请在盛京户部库内领用，应准其在于盛京户部库银内动支，仍将给过银双方入奏销册内报部查核……于乾隆拾捌年陆月贰拾伍日题，本月贰拾柒日奉旨……随派员在于盛京户部支领银两外，臣等查得，修理前项官房、周围院墙奏请后，于柒月初壹日随派协领佟海、卓尔托泰，参领王玉麟、佐领邓廷英、四品官张玉春、骁骑校衔萨尔口等建修去后，今于拾月初肆日，据协领佟海等呈称：'修理瓦正房柒间拆毁见新，修理草房拾玖间改为瓦房，粘补修理周围院墙捌拾柒丈伍尺用砖成砌，于柒月初壹日兴工，玖月贰拾捌日工竣。修理前项房屋成砌院墙，将太平仓旧房子砖块、木料、砖瓦、铁钉内拣选堪用者应用外，添用过瓦片、木植、灰斤、铁钉、匠工、车价等项，俱照依工部颁行工程则例，照依现今缓价，节省银伍两贰钱伍分柒厘。再，周围院墙旧有板柱上下槛变卖得银拾陆两伍钱贰分，二项共银贰拾壹两柒钱柒分柒厘，缴回原项外，实用银壹千贰百玖拾柒两陆钱伍厘柒毫贰丝伍忽，造具细册呈递前来。'臣等随派协领吴三保查验去后，今据该员呈称：'职亲临工所，将修过工程逐一详查，成造房屋檐高、面阔、进深丈尺间数，周围院墙高厚丈尺，用过一应物件所需银两数目俱各相符，并无浮冒捏饰等情，出具钤盖关防甘结呈递前来。'"[①]修缮将军宅院工程于七月一日动工，九月二十八日竣工。整体工程修理 7 间瓦房，19 间草房改建为瓦房，同时对周围 87.5 丈院墙也进行加固，工料都来自拆除太平仓的旧木料、砖瓦、铁钉等。工程款差额上节省 5.257 两，又出售院墙旧板柱，得银 16.52 两，所以总工程款在 1319.382725 两预算的基础上，实际用款为1297.605725 两银子，节省 21.777 两的工款。

施工时，工部派专人到现场监督工程；竣工后，又派专人进行工程验收工作，验收官员对实际工程量与支出费用未提出质疑。但是，在核对款项细目后，指出："查修理将军住房贰拾陆间，周围院墙捌拾柒丈伍尺，据册开共请销银壹千贰百玖拾柒两陆钱伍厘柒毫贰丝伍忽，臣部照现行做法案例核算，所用工料有浮多之处，应减去银伍拾陆两肆钱伍分捌厘陆毫，实准销银壹千贰百肆拾壹两壹钱肆分柒厘壹毫贰丝伍忽。所有核减细数在于副册内注明，发还该

① 《大学士兼吏部尚书兼理工部事务史贻直题覆修理船厂将军傅森住房及周围院墙据册开请销银照现行做法按例核算所用工料有浮多之处应令核减照数催追还项报部》，乾隆十九年三月初七日，"中央研究院"历史语言研究所：《内阁大库档案数据库》，登录号：075959-001。

将军，将前项核减银两在于原承办官名下，照数催追，还项报部。其节省并旧料变价共银贰拾壹两柒钱柒分柒厘，该将军既称缴回，原项应无庸议，并知照户部可也。臣等未敢擅便，谨题请旨。”①亦即发现总工程结算应该比实际报价少用56.4586两，所以认为工程总价应该为1241.417125两。可见工部以一丝不苟、细致入微的工作态度，对每一个环节流程都确实掌握。

除将军宅院外，通判衙署房屋等也遭到不同程度的破坏。从将军傅森引述理事通判达崇阿呈文可知，吉林乌拉理事通判职，系于乾隆二年（1737年）增设，初无衙署；乾隆六年（1741年），始购买民人一甲十一间房屋并补修，又增建厅房三间。大门房一间给通判居住，通判衙署正房五间、书吏房三间，皆购民人旧房，“现，年久且去年七月因降水过多，被水浸泡烂倾倒坏，应拆除重修之事约略计算，于乾隆十六年闰五月二十一日记册呈工部。查得，乾隆五年五月内由我处奏称：自此以后，将各省文武官员衙门照仓库之例，记案交代，若稍有漏坏之处，应立即委托该属官员修缮。若确实年久以致倒坏，定拆除大修，如使用过多银两，照城墙之例该属总督、巡抚，详查上奏之后，可始施工等事，已记录在案”。傅森据以题报，曰：“通判现居之衙署为乾隆六年购民人之旧房屋，若每年有些许漏烂坏之处，实时整修。去年七月因雨水较多，又年久房旧，被水浸泡倾斜到坏无法补修。除此八间房屋可常用旧物外，以通判衙署正房五间、书吏房屋三间应增木料等物，由工部增订价银及租银，按工事之例，照依现今时价，据估计共需银一百八十一两八分七厘六毫一丝三忽八微五纤。通判衙署并不办理钱粮之事，为此事所需之银，动用同知收得马畜杂税之银两内呈递，等情。臣谨查该通判衙署正房五间、书吏房屋三间，于乾隆六年购民人之旧房，若每年有些许漏烂坏之处，实时交付该属通判整修。去年因雨水较多，又年久房旧，被水浸泡倾斜倒坏不可补修则为实。现若不拆除修理，倒塌之后花费将更多，相关钱粮之事，非臣我私自带去之事，照例估计造汉字细册谨奏，伏乞圣主明鉴，敕下该部详查，文到之时应始行事，行事之后照例造细册

---

① 《大学士兼吏部尚书兼理工部事务史贻直题覆修理船厂将军傅森住房及周围院墙据册开请销银照现行做法按例核算所用工料有浮多之处应令核减照数催追还项报部》，乾隆十九年三月初七日，“中央研究院”历史语言研究所：《内阁大库档案数据库》，登录号：075959-001。

该部核销，为此谨奏请旨。”[1]该衙署既因房屋年久，加上在此次水灾中受损严重，官员们意识到若不及时进行拆除修缮，以后修理将增加工程修缮费用。此项工程据估算所需费用为181.8761385两银子，因通判衙署不办理钱粮事宜，所以计划在同知马畜杂税银两内支付。

三、灾民的安置与赈济

异常气候会导致自然灾害发生，其最大的受害者，莫过于担负生产劳动主力的民众。乾隆十五年夏季发生的洪涝灾害，对吉林乌拉的旗民造成沉重的打击，有赖官方援助。据查核乾隆十五年七月船厂地方被水情形，以及将军卓鼐对灾民的处置措施，略为：“冲去乌喇（*ula*，江之意）附近河沿居住纳粮民肆百玖拾贰户，地贰万陆千玖拾壹亩，草房贰千伍百伍拾捌间。再，离河稍远已冲未冲地亩统计冲没肆分，尚余纳粮民肆千柒百贰拾柒户，地贰拾贰万捌千柒百陆拾叁亩，伤损民肆拾玖人。查赈济例载，被灾民人粮石不能接济者，即行赈济壹月口粮，被灾拾分之房地、粮石、什物俱被冲没。极贫民人，于拾月初贰日起至来年正月叁拾日止，赈济肆个月。其次贫民人自拾月初壹日起至拾贰月叁拾日止，赈济叁个月。地亩谷石统计余剩肆分，其被灾陆分民人内粮石不能接济粮食者，于贰月初壹日起至叁拾日止，赈济壹个月。冲去民人（□□），本人力能盖造不许外，实在无力盖造、无栖止者，每间各给银伍钱。今本处被灾民人粮石不能接济者，即动用该同知所管仓谷，照例大口给谷叁仓斗，小口给谷壹斗伍升，赈济壹月口粮。交与该同知办理外，仍令该同知将民人户口地方，逐一详查，被灾分数分晰散赈。其伤损民人，除有人认去外，无人认者，该同知已经料理，等语。查，定例各该地方倘遇水旱灾伤，一面提报情形，一面遵委大员亲行查勘。先发仓粮及时赈济，又加赈定例内开，被灾陆分者，极贫加赈壹个月；被灾拾分者，极贫加赈肆个月，次贫者加赈叁个月，大口日给米伍合，小口减半，等语。今既据该副都统松阿里等，将乌喇、河沿远近居住被水民

---

[1] 《吉林乌拉将军傅森题报吉林乌拉修理理事通判衙署情形事》，乾隆十六年八月二十七日，《内阁满文题本》，中国第一历史档案馆藏。

人查明，极贫、次贫分别加赈具奏，均与例相符应照所奏办理，仍将赈过户口谷石各数分晰，提报户部核销，所需谷石在于该同知所管仓谷内动给。其冲没(□□)房并伤损民人，既据分晰，酌量支给，均毋庸议，仍令转饬该同知等，据实确查，按户散给，务使灾黎均沾实惠，毋致失所。"[①]居住在松花江沿江附近，需要上交粮食的民人为492户，他们的田地26091亩、草房2558间均被此次洪水冲走，据估算受灾损坏程度达到十分；离河稍远居住，受灾程度六分的为4727户，田地为228763亩，遇难者为49人。将军衙门视民人受灾程度，给予不同的物资援助：将灾民分为极贫和次贫，极贫者即受灾程度达到十分，赈济4个月口粮，次贫者赈济3个月口粮；粮食收成达到四分、受灾程度为六分的灾民，赈济1个月口粮。赈济粮来自同知仓中的储备粮食，大人赈济3斗，小孩则减半为1.5斗。此外，无力修缮房屋的每间补贴5钱。

理事同知阿扬阿(*ayangga*)奉命调查居住在沿江附近的受灾人数，据以分派赈济粮的数额，档案保留十分详细的纪录，兹整理如下表：

表1 吉林乌拉城民人受灾户数及救援物资

<table>
<tr><th rowspan="2">灾户分类
人户与赈济</th><th colspan="2">受灾十分户</th><th colspan="2">受灾六分户</th><th rowspan="2">优先接济户</th><th rowspan="2">合计</th><th rowspan="2">备注</th></tr>
<tr><th>极贫</th><th>次贫</th><th>总数</th><th>极贫</th></tr>
<tr><td>户数</td><td>258</td><td>214</td><td>4727</td><td>1548</td><td>432</td><td>—</td><td>1.受灾十分之户，总计492户，除20户依亲不计外，其余472户，依极贫、次贫分类，每户均有补助。
2.受灾六分之户，总计4727户，补助其中极贫者1548户。
3.优先接济户即口粮不济之户，照例即先散给一个月口粮。</td></tr>
<tr><td>赈济月数</td><td>4</td><td>3</td><td colspan="2">1</td><td>1</td><td>—</td><td>—</td></tr>
<tr><td>大口(人)</td><td>1050</td><td>891</td><td>—</td><td>5098</td><td>1805</td><td>8884</td><td>大口每月领粮0.3石。</td></tr>
</table>

① 《大学士领侍卫内大臣忠勇公傅恒等，题为遵旨察核前船厂将军卓鼐请销赈济受灾贫民口粮等项动用谷银事》(满汉合璧)，乾隆十六年闰五月二十一日，《内阁满文题本》，中国第一历史档案馆藏。

续表

灾户分类 人户与赈济		受灾十分户		受灾六分户		优先接济户	合计	备注
		极贫	次贫	总数	极贫			
小口(人)		493	434	—	2928	856	4711	小口每月领粮 0.15 石。
领粮(石)		1033.2	646.35	1439.25		669.9	3788.7	情愿领粮者,动用同知所管仓贮粮石散给。
领银	实粮(石)	522.6	350.85	529.35		—	1402.8	1.离城住远,粮石不能运到,情愿领银者,照时价折给银两,时价粮1石折银0.5两。 2.动用同知所收乾隆十五年马畜杂税银散给。
	折银(两)	261.3	175.425	264.675		—	701.4	
房屋受灾情形		1.被水冲决之房屋共2558间。 2.能己力盖造者、冲决房屋一半仍余一半者,具未给银粮。 3.实在无力盖造、无处栖止者136户,共497间房屋,每间照例散给银5钱。				总计散给银248.5两。		动用同知所收乾隆十五年马畜杂税银散给。

数据来源:《大学士领侍卫内大臣忠勇公傅恒等题为遵旨察核前船厂将军卓鼐请销赈济受灾贫民口粮等项动用谷银事》(满汉合璧),乾隆十六年闰五月二十一日,《内阁满文题本》,中国第一历史档案馆藏。

根据阿扬阿调查得知,受灾程度达到十分的民人,492户中的20户投靠亲戚,将剩余的472户划分为极贫和次贫灾民户,救济他们3个月或4个月的口粮。十月一日至十二月三十日,需要接济3个月的为214户,其中大人891名,小孩434名,大人每名每月给粮3斗,小孩则减半;十月一日[①]至正月三十日,接济4个月的为258户,其中大人1050名,小孩493名。受灾程度达到六分的为4727户,其中极贫有1548户,其中大人5098名,小孩2928名,则给予自十二月一日至三十日1个月的口粮。此外,还有432户为口粮不济之户,其中大人1805名,小孩856名,也接济他们1个月的口粮。这些灾民因离城居住,远近不同,有情愿领取粮食者和情愿领取银两者之别。因此,情愿领取粮食救济的灾民所需救济粮为3788.7石,情愿领取银两的灾民将赈济粮1402.8

① "十月一日"之记载与前段引文中的记录有一天的差异,为十月二日至正月三十日,推测是档案抄写者的误抄。

石折算成银两为 701.4 两，且另给 136 户受损的 497 间房屋每间补贴 5 钱，共 248.5 两银子，以上救援物资均从同知管库中支出。

在赈济灾民口粮以及银两的同时，官方依定例实施减免钱粮和缓征的措施："吉林乌拉民人遭十分灾害，如二万六千九十一亩田地，应收钱粮为七百二十二两二钱二分，地丁钱粮为五十九两七钱。又，遭六分灾害，如二十二万八千七百六十三亩田地，应收钱粮为五千九百二十三两五钱六分，地丁钱粮为五百二十三两八钱。查得，依定例，直隶省地方，现受灾十分，钱粮免七分，若六分，免一分。若受灾十分，当年缓征，钱粮可分三年征收。若受灾六分，钱粮可分两年征收，以纾民力。若开垦水旱田地坍塌、被冲、积沙或者尽是沙子，征赋赦免，等语。吉林乌拉遭十分灾害的民众，地丁俱七百八十一两九钱二分银钱粮，其中计免七分，免五百四十七两三钱四分四厘钱粮，将此照例豁免，应征三分为二百三十四两五钱七分六厘钱粮，今年始照例分三年征收。遭六分灾害，地丁俱六千四百四十七两三钱六分钱粮，其中计免一分，免六百四十四两七钱三分六厘，将此照例豁免，应征五千八百二两六钱二分四厘钱粮，今年始照例分二年征收。靠近江、河、小河，被水塌陷、尽是沙子，不可耕种田地，为七千四十三亩，应征一百九十两六钱钱粮，据该同知觉罗阿扬阿清查，不可耕种事为事实，故应特免征收，并签契约进呈。"[①]可知受灾程度达到十分的田地为 26091 亩，达到六分的为 228763 亩，面积与前段引文提到的数额基本相同，其受灾程度不同，相应的优惠政策也有不同。受灾程度达到十分者，可免交七分，即减免 547.344 两，其上交三分的钱粮数为 234.576 两；受灾程度达到六分者，则免交一分，即减免 644.736 两，其上交九分的钱粮为 5802.624 两。至于借贷的粮食，分别按照受灾程度，依例缓征两年或三年。

灾后，官方不仅妥善安置民人，旗人也得到相应的补偿和救助。据协领、参领、同知等查明，"来春民人于耕种者地亩之时，无口粮籽种人等，照例借给口粮籽种，旗人耕种地亩内高阜地方虽有一分有余，现在所收粮石按口计算，自来年正月起，粮石不继者九千一百五十名口，自二月起不继者七千四百九十四名口，自三月起不继者七千五十六名"，将军卓鼐等请"将现在吉临吼喇八旗

① 《吉林乌拉将军卓鼐题报吉林乌拉等处田亩被淹及应免地丁钱粮数目事》，乾隆十五年十一月初三日，《内阁满文题本》，中国第一历史档案馆藏。

鸟枪营，打牲乌喇兵丁口粮不敷之二万三千七百名口，各以不继之月起，每名口以二仓斗计算，至来年七月正，共需粮二万四千一百十八石八斗。此所需粮石，于八旗兵丁义仓粮一万六千六百十八石八斗接续借给，仍不敷粮七千五百石，于永宁仓内存贮粮石内，动粮七千五百石借给。前项借给粮石，遵照十二年所降恩旨，亦勒限三年还完。再被水房地，除虽被漂没，余剩一二间可居住之家四千一百四十一户外，房地尽被漂没，实无房屋居住之五百四十户，漂没房屋二千七百四十间，每间给银伍钱之例计算，需银一千三百七十两，于本处库内收存税银内动支。其水灾被伤之七十八人内，现在与红白事务应得恩赏银两除给过银两之十五人，家奴五人毋庸赏给外，未得恩赏银两之旗人三十三名，台站、官庄之二十五名，从前俱系应得恩赏银两之人，仰恳皇上天恩，将未得恩赏银两之旗人三十三名，较披甲等白事赏银之数酌减，每名赏银六两，台站、官庄之人二十五名亦行裁减，每名赏银四两计算，应赏银二百九十八两，于赏给红白事务利银内动支"。[①]

自发生水灾以后，不仅旗、民面临粮食不足问题，吉林乌拉将军衙门的八旗鸟枪营等 23700 名兵丁亦复如此，截至乾隆十六年七月，总共需要接济 24118.8 石粮食，必须在八旗义仓内抽调 16618.8 石，永宁仓内抽调 7500 石进行接济；至于借贷的粮食，则按乾隆十二年施行的三年分期的办法偿还。[②] 此外，被水 4141 户旗人的房屋，除一两间还能居住以外，540 户中的 2740 间房屋基本无法居住，故每间房屋补助 5 钱，与给民人的数额相同；旗人每月救济粮食为 2 斗，则与民人大口 3 斗、小口 1.5 斗不同。旗人遇难者共 78 人，除 15

---

① 《户部奏据宁古塔将军卓鼐将吉临叽喇等处被水人等各按被灾轻重分别借给口粮并给与房价银查照各处情形酌议具奏前来臣等谨胪列条款按款核议恭呈御览》，乾隆十五年十月，"中央研究院"历史语言研究所：《内阁大库档案数据库》，登录号：159339-001。该文书的部分满文内容亦见于《吉林乌拉将军卓鼐题为降旨赏恤吉林乌拉等处田亩被淹旗人谢恩事》，乾隆十五年十二月初九日，《内阁满文题本》，中国第一历史档案馆藏。

② 据将军阿兰泰等奏称，三姓、吉林地方，本年雨水连绵，所有官员、兵丁及官屯义仓濒河地亩，多被淹浸等语。此虽系一隅偏灾，但官兵地亩歉收，米谷未免不敷，着交该将军等，按被灾轻重，借给口粮，以资接济。其支借谷石，若令于来秋偿还，未免力有未逮，可与从前所借谷石，俱着分作三年陆续交纳，至本年应交官屯义仓谷石，着查明豁免。再吉林官屯田地，内有被水者，其应交谷石，亦一体查明豁免，该部即遵谕行。参见(清)庆桂等修：《大清高宗纯皇帝实录》卷 301，乾隆十二年十月丁丑，台北：新文丰出版社，1978 年，第 5～6 页。

人另行恩赏银两以及 5 名家奴无须赏赐外，其余 58 人分别赏赐抚恤金 4 两或 6 两，所需银两则动用衙门红白事务赏支应。

结 语

总而言之，借由将军傅森的奏报文书，吉林乌拉地区在乾隆十五年的夏季遭受重大水灾，遭遇粮食严重短缺危机。前任将军及副都统在灾情发生以后，实时将灾情上报中央，按照中央的指示，妥善安置灾民、积极解决缺粮问题，并向黑龙江将军衙门请求粮食援助。其实，黑龙江将军也在随时关注着吉林乌拉发生的灾情和物价波动，且与宁古塔将军积极沟通，主动调拨船只搬运以提供援助粮。这些以较低价格购得的援助粮投入市场后，有效遏制粮价的攀升。

此次洪涝灾害发生以后，根据相关部门的灾后统计，受穿城而过的洪水影响，城墙、城门以及将军和旗、民房屋等，都出现多处坍塌，城内外田地受灾情况更是严重。清朝政府对于需要救济的户数、人数以及修缮房屋等，都进行初步预算，并执行补贴灾民住房和抚恤金等救灾方案。同时，为确保灾民居有定所，先按受灾程度将户口划分为极贫户和次贫户，将田地分为十分或六分的灾害等级，再依受灾级别提供救灾物资以及相应的徭役赋税减免。因此，这些措施对灾区的社会稳定、灾民的正常生活以及农业生产的恢复等，发挥出重要作用。

附录

傅森将军履历表

（康熙五十四年—乾隆三十二年）

康熙五十四年五月
乾清门侍卫傅森。
雍正三年正月
一等侍卫傅森，为正白旗蒙古副都统。
雍正三年四月甲午
调正白旗蒙古副都统觉罗傅森，为浙江杭州左翼汉军副都统。

续表

雍正五年二月
调浙江杭州左翼汉军副都统觉罗傅森，为浙江杭州右翼满洲副都统。
雍正十一年十二月
加浙江乍浦副都统觉罗傅森都统衔。
雍正十二年十月
升浙江乍浦副都统觉罗傅森，为浙江杭州将军。
乾隆八年九月
黑龙江将军员缺，着傅森调补。
乾隆十四年四月
谕军机大臣等，降旨将傅森调补西安将军，所遗黑龙江将军员缺，即以傅尔丹补用。
乾隆十五年十二月戊子
兵部议准给事中丽柱奏称，宁古塔将军，移驻船厂，其宁古塔止有副都统一员驻扎。
乾隆十六年夏四月辛未
吉林将军卓鼐改杭州将军，以永兴代之。乙酉，永兴褫职逮问，吉林将军卓鼐降调，以傅森代之。
乾隆十六年闰五月
傅森赴任吉林将军职。
乾隆二十年十二月
以吉林将军傅森为兵部尚书，兼镶白旗蒙古都统。
乾隆二十二年正月
正黄旗领侍卫大臣员缺，着兵部尚书傅森补授。
乾隆二十二年二月
吏部尚书员缺，着傅森调补。
乾隆二十二年八月丁卯
萨喇善着授为吉林将军，萨喇善未到之先，着傅森前往署理将军事务。
乾隆二十四年六月己巳
尚书傅森之母故，着加恩遣散秩大臣一员，带领侍卫十员往奠茶酒，并赏银一千两治丧。其镶白旗蒙古都统印务，着果亲王暂行署理。
乾隆二十六年正月癸亥
永贵现在出差，傅森，着署理左都御史。

续表

乾隆二十六年七月辛丑
傅森,着在京总理事务。
乾隆三十年正月
傅森年迈,着不必管理都统事务。
乾隆三十年十一月乙酉
吏部尚书傅森,宣力有年,齿臻耆耋,现以患病请假,行走维艰,着授为内大臣。
乾隆三十二年六月
内大臣傅森,在内廷行走多年,今闻溘逝,朕心深为悯恻,着加恩赏银一千两治丧,仍派散秩大臣一员,带领侍卫十员奠醊。
乾隆三十二年七月己卯
予故内大臣三等轻车都尉傅森,祭葬如例,谥恪慎。

数据来源:(清)马齐等修:《大清圣祖仁皇帝实录》,台北:新文丰出版社,1978年;(清)鄂尔泰修:《大清世宗宪皇帝实录》,台北:新文丰出版社,1978年;(清)庆桂等修:《大清高宗纯皇帝实录》,台北:新文丰出版社,1978年。

庄　声:东北师范大学历史文化学院教授。

灾害、气候与政治:光绪初年吐鲁番及其周边地区的蝗灾与应对*

张　莉　陆昱君　李屹凯

近年来,灾害史的研究越来越多元化,除继续关注长时段灾害序列的重建与分析、灾害与社会应对外,逐渐重视灾荒史与社会史、文化史、政治史以及环境史的交叉研究。[①] 光绪初年中国华北地区的灾荒受到多方面的关注。[②] 环境史学者在更大的空间尺度上探讨此次灾害事件,艾志端(Kathryn Edgerton-Tarpley)注意到当时西北战局、东南的现代化潮流对华北饥荒的影响;戴维斯则将之放在全球气候变化以及资本帝国主义扩张的框架下叙述;濮德培(Peter C. Perdue)指出,光绪初年清政府做出边疆国防优先的政治选择,亦是需要注意的方面。[③] 以上研究都是以华北地区为焦点,那么光绪初年灾害发

---

* 该文原刊于《中国历史地理论丛》2019 年第 2 辑,此为底稿。

① 高国荣:《环境史视野下的灾害史研究——以有关美国大平原农业开发的相关著述为例》,《史学月刊》2014 年第 1 期;郝平、行龙、夏明方等对谈,韩祥整理:《中国灾害史研究的现状与未来》,《发展导报》,2016 年 8 月 26 日;夏明方:《从灾害史到环境史,从环境史到生态史》,搜狐历史,2017 年 8 月 18 日,http://www.sohu.com/a/165587929_523172,访问日期:2018 年 10 月 30 日。

② 何汉威:《光绪初年(1876—1879)华北的大旱灾》,香港:中文大学出版社,1980 年;赵矢元:《丁戊奇荒述略》,《学术月刊》1981 年第 2 期;李文海、周源:《灾荒与饥馑 1840—1919》,北京:高等教育出版社,1991 年,第四章《"丁戊奇荒"前后(1875—1890)》;夏明方:《也谈"丁戊奇荒"》,《清史研究》1992 年第 4 期;李文海:《中国近代十大灾荒》,上海:上海人民出版社,1994 年;[美]艾志端著:《铁泪图——19 世纪中国对于饥馑的文化反应》,曹曦译,南京:江苏人民出版社,2011 年;郝平:《丁戊奇荒:光绪初年山西灾荒与救济研究》,北京:北京大学出版社,2012 年。

③ [美]艾志端著:《铁泪图:19 世纪中国对于饥馑的文化反应》,曹曦译,南京:江苏人民出版社,2011 年,第 105 页;Mike Davis, *Late Victorian Holocausts: El Niño Famines and the Making of the Third World*, London: Verso, 2002;[美]濮德培著:《万物并作:中西方环境史的起源与展望》,韩昭庆译,北京:生活·读书·新知三联书店,2018 年,第 170 页。

生的区域空间到底有多大？华北地区的灾害事件是否与其他地区的灾害事件，尤其是新疆地区的灾害事件，有空间上的关联？不同区域尺度灾荒的发生、灾害与气候的关系、灾害与政治局势之间互动是怎样的？这些问题都值得进一步的思考和探究。

目前有关清代以来新疆灾害的研究，主要利用《清实录》、第一历史档案馆藏档案、地方志、已经出版的清代历朝档案等，从宏观上构建整个清代新疆各类自然灾害的时空分布，指出从乾隆到道光时期、光绪十年(1884 年)新疆建省至清末这两个时间段内，中央政府对新疆发生的灾害及其救助措施都非常重视，形成一套报灾到救灾的应对体系。① 这些研究已经注意到光绪初年新疆发生的蝗灾，但仅仅涉及蝗灾发生次数的统计，并未深入涉及蝗灾发生的过程、蝗灾的气候背景、蝗灾应对与当时政治局势的互动等问题。

《清代新疆档案选辑》主要为光绪、宣统年间吐鲁番直隶厅的衙门档案，共计 91 册，5800 余件，属于十分难得而丰富的地方性第一手史料。② 其中，有关光绪初年新疆各地蝗灾的发生、救灾措施的制定、吐鲁番地方基层的报灾救灾措施的实施过程等留下了丰富的档案，极大地弥补了目前中央政府档案中有关此事件记载的缺失。因此，本文在细致整理和分析《清代新疆档案选辑》中有关档案的基础上，从环境史的角度出发，通过分析和确认光绪初年新疆蝗灾的发生范围与受灾程度，讨论此次蝗灾发生的气候背景，解读蝗灾救治程序和具体操作过程中折射出的边疆政治管理体系的变动趋势。

---

① 殷晴、田卫疆主编：《历史时期新疆的自然灾害与环境演变研究》，乌鲁木齐：新疆人民出版社，2011 年；阿利亚·艾尼瓦尔：《从清代文献看清政府对新疆的救济》，《清史研究》2011 年第 2 期；阿利亚·艾尼瓦尔：《乾隆时期新疆自然灾害研究》，《中国边疆史地研究》2011 年第 3 期；阿利亚·艾尼瓦尔：《清代新疆报灾程序初探》，《中央民族大学学报(哲学社会科学版)》2013 年第 4 期；阿利亚·艾尼瓦尔：《清末新疆的蝗灾与政府应对》，《民族研究》2018 年第 4 期；张付新、张云：《清代光绪、宣统年间新疆荒政述论》，《云南民族大学学报(哲学社会科学版)》2015 年第 2 期；冯玉新：《清代新疆自然灾害初探》，《历史教学》2009 年第 22 期；胡刚：《清代天山北路地区自然灾害时空分布研究》，西安：陕西师范大学，硕士学位论文，2016 年；韩璐：《清代新疆灾害成因及对策研究》，《边疆经济与文化》2010 年第 10 期；韩璐：《初探清政府在新疆的救灾政策》，《新疆地方志》2011 年第 1 期。

② 中国边疆史地研究中心、新疆维吾尔自治区档案局合编：《清代新疆档案选辑》，桂林：广西师范大学出版社，2012 年。

一、蝗灾的发生过程及其气候背景

同治三年(1864 年)以后，陕西、甘肃、宁夏、新疆相继陷入动荡，整个西北局势堪忧，新疆尤甚。中亚浩罕国的军官阿古柏趁机入侵天山南北，俄国出兵占领伊犁河谷，遂使清朝在新疆的统治体系分崩离析。同治五年(1866 年)，左宗棠接任陕甘总督，带领湘军征战西北。到光绪初年，西北战事未平，华北饥荒又起。左宗棠在进军西北的过程中十分关注各种灾情的发生，以免导致严重后果。① 目前所见档案史料中，可知光绪初年吐鲁番及其周边地区蝗灾的发生过程和致灾程度。

(一)飞蝗蔽天：光绪初年吐鲁番及其周边地区的蝗灾

光绪二年(1876 年)，左宗棠麾下的大军重新控制新疆东部的哈密、巴里坤一带，此时奏报中提到“南路今岁旱蝗为灾，收成歉薄”。② 由于当时新疆尚处于动乱之中，没有留下更多的文字记载，无法得知当时蝗灾造成的损失程度。次年，左宗棠陆续收复吐鲁番一带，进而控制天山南北地区。从目前中国第一历史档案馆所藏档案及《清代新疆档案选辑》的遗留史料中可知，光绪初年内地山东、河南、山西、陕西等地发生严重蝗灾的同时，西北地区的甘肃和新疆等地也有蝗虫滋生，“飞蝗蔽天”。③

光绪三年(1877 年)秋季，陕甘总督左宗棠奏报，新疆镇迪道所属地方因当年夏季少雨，蝗蝻滋生，捕除未尽，农业收成受损：“迪化州属被灾约四五分，绥来县属被灾约为五六分，昌吉县属之呼图壁地方被灾尤甚，已饬令管道州委员查验实在情形，分别散给赈粮籽种，以恤灾黎。……古城、吐鲁番及关内之

---

① 高中华：《试论左宗棠的荒政思想及其边疆救荒实践》，《中国边疆史地研究》2005 年第 3 期；廖达兴：《左宗棠荒政实践研究》，兰州：西北师范大学，硕士学位论文，2014 年。

② 《搜剿窜贼布置后路进规南路折》，光绪二年九月十七日，(清)左宗棠撰，刘泱泱校点：《左宗棠全集·奏稿六》，长沙：岳麓书社，2014 年，第 505～508 页。

③ 陕甘总督左宗棠《奏报甘肃新疆各属蝗蝻并秋成情形事》，光绪三年八月初四日，中国第一历史档案馆录副奏片，档案号：03-7068-036。

镇番县，虽据报飞蝗蔽天，仅啮湖草未伤禾稼。”[①]这段记载说明，当时天山北麓镇迪道所属的迪化州（今乌鲁木齐市周边）、绥来县（今玛纳斯县和沙湾县范围）、呼图壁（今呼图壁县）等地因蝗被灾，灾情程度在四分到六分不等，古城（今奇台县）和吐鲁番地方虽未成灾，却也发现大量的蝗虫，需要小心应对。

光绪四年（1878 年），新疆仍有蝗灾发生。当年八月，喀库善后局奏请“续发汉蒙民人六月分赈粮六万余斤，应准如所请办理，其被虫灾较甚极贫户口仍准续赈”。[②] 即当年喀喇沙尔（今焉耆地区）、库车一带发生蝗灾，6 月份发放赈济粮 6 万余斤。此外，允许向受灾较重的极贫人家续发救济粮食。同年九月，镇迪道道员周崇傅奏报“关外各处又经报，飞蝗过境，臣仍通饬捕治，近据安西、镇迪两道所属地方文武及库车、喀喇沙尔、吐鲁番各防营陆续禀报，捕掘焚压，为数甚多”[③]。可见，当年嘉峪关外各地“飞蝗过境”，库车、喀喇沙尔、吐鲁番等地均有蝗虫害稼，当地官兵通力合作，积极捕蝗防治。另外一条档案史料记录了这次蝗灾中吐鲁番地方的损失：“光绪四年分，被蝗伤损禾苗，民欠未完额征夏秋京石粮三百三十九石四斗一升七勺，市石粮一千三百九十九石三斗九升三合五勺，民欠地课银三百六十一两九钱九分二厘五毫。”[④]据已有研究可知，当年吐鲁番应征收额粮为 684 京石有余，租粮为 3005 市石有余，地课银为 2379 两有余。[⑤] 可是这一年吐鲁番地方因蝗致灾，共欠额粮 339 京石有余，欠租粮 1399 市石有余，欠地课银 361 两有余，其中所欠额粮、租粮数量占到应征田赋数量的 50%之多，所欠地课银占到 15%。可见，光绪四年吐鲁番户民因蝗致灾损失比较严重。

---

① 陕甘总督左宗棠《奏报甘肃新疆各属蝗蝻并秋成情形事》，光绪三年八月初四日，中国第一历史档案馆录副奏片，档案号：03-7068-036。

② 《督办新疆军务大臣左宗棠为喀库善后局续发赈粮事之批文》，光绪四年八月初二日，《清代新疆档案选辑》第 7 册，桂林：广西师范大学出版社，2012 年，第 221 页。

③ 《镇迪道就甘肃关外飞虫过境幸未成灾事札吐鲁番厅》，光绪四年九月二十七日，《清代新疆档案选辑》第 7 册，桂林：广西师范大学出版社，2012 年，第 231 页。

④ 《吐鲁番厅就呈报查明历年实在民欠银粮各数目清册事申镇迪道文》，光绪九年九月二十四日，《清代新疆档案选辑》第 9 册，桂林：广西师范大学出版社，2012 年，第 222～223 页。

⑤ 赵文涛：《恢复与重建：晚清吐鲁番的土地清丈、整理田赋和农业发展》，西安：陕西师范大学，硕士学位论文，2017 年，第 23 页。

光绪五、六两年(1879—1880 年)，新疆天山北麓的镇迪道各地普遍受到干旱和蝗灾的影响，迪化州、镇西厅、阜康县、昌吉县、绥来县、呼图壁等地都因蝗灾被豁免应征额粮，少则 20 余石，多则达到 200～400 余石。直到光绪七年(1881 年)，蝗灾灾情才有所缓解，仅有镇西厅(今巴里坤地区)有蝗灾豁免税粮的记录①。此外，吐鲁番、喀喇沙尔、乌什等地均报有飞蝗出现，但未造成严重的农业损害。②

因此，从光绪三年到光绪六年，天山北麓的各州县地区及吐鲁番、库车一带因干旱而引发了一场范围较大的蝗灾。光绪三年，"飞蝗过境"，干旱和蝗灾主要造成天山北麓的乌鲁木齐、玛纳斯、呼图壁周边地区的粮食歉收。光绪四年，蝗灾波及范围较大，天山北麓地区以及喀喇沙尔、库车、吐鲁番一带均受蝗灾，其中吐鲁番地区的蝗灾较为严重，仅未完成的额粮和租粮就达到当年应征数目的 50%。光绪五六年，干旱和蝗灾持续发生，主要造成天山北麓各州县普遍的粮食歉收。但是，应该注意到这次蝗灾虽然导致粮食歉收，但并未导致大范围的饥荒。

(二)光绪初年西北蝗灾的普遍性及其气候背景

进一步整理档案史料发现，与新疆相邻的河西走廊、宁夏等地也同时发生旱灾和蝗灾。光绪三年，"关内外之安西州、肃州、高台、抚彝、镇番各厅、州、县均呈蝗蝻滋生"③。光绪四年，"肃州及古城以西均报蝗蝻生发，较上年为甚"④。光绪五年，"关内外之安西、玉门、敦煌、金塔、高台、宁夏、宁朔、灵州各州县并各营局文武陆续禀报本年夏间少雨，湖泽芦苇中虫孽滋生。当经分饬

---

① 镇西厅，光绪六年夏间，奎□等处虫伤绝苗，豁免额粮六十四石八斗六合二勺，光绪七年东西路北尔等处虫伤并旱，豁免额粮四百六石六升五合五勺。前件该厅光绪六七两年豁免粮石均系前署厅陈晋蕃任内前后，详奉前督宪左批准豁免，造入交代册籍，咨部有案。《前任迪化州陶升接收前署州长赟造具光绪五年蝗灾豁免粮食清册》，光绪十年，《清代新疆档案选辑》第 10 册，桂林：广西师范大学出版社，2012 年，第 34～35 页。

② 《镇迪道就转抄左宗棠具奏查明各属地方被灾情况折事札吐鲁番厅文》，光绪六年二月十五日，《清代新疆档案选辑》第 8 册，桂林：广西师范大学出版社，2012 年，第 60 页。

③ 陕甘总督左宗棠《奏报甘肃新疆各属蝗蝻并秋成情形事》，光绪三年八月初四日，中国第一历史档案馆录副奏片，档案号：03-7068-036。

④ 《与谭文卿》，光绪四年六月二十一日，(清)左宗棠撰，刘泱泱校点：《左宗棠全集·书信三》，长沙：岳麓书社，2014 年，第 403～404 页。

督率兵民协力依法捕治，惟阜康报虫灾伤稼约有百余户地亩，其余均不成灾。庆阳、泾州固道属之固原州、化平厅三处均报有雹灾，幸为地无多业，经委员查勘，抚恤户民，不致失所”①。到光绪六年，还有档案记载，“夏、朔两县地方夏间虫孽滋生，似蝗非蝗，群飞蔽天”②。由此可知，从光绪三年至六年，与新疆地区蝗灾发生时间一致，河西地区也发生因干旱而出现的蝗灾。

中国北方的山西、陕西、河南、直隶、山东等地从光绪二年到光绪五年持续干旱，造成严重的饥荒，史称“丁戊奇荒”。前人的研究表明，丁戊奇荒是中国过去千年最为极端的干旱事件之一，并且与1876—1878年因厄尔尼诺导致的全球性气候异常相关。③ 本文研究所揭示的同一时期西北地区的普遍蝗灾，虽然未造成严重的饥荒，但是其干旱的气候背景同样值得关注。

将史料记载和树木年轮湿度序列结合，分析光绪初年整个西北地区蝗灾发生的气候背景(见图1)。④ 整体而言，光绪二年至四年，西北地区的湿度偏低，虽然不属于极端干旱年，但应该是光绪初年西北蝗灾发生的气候背景。甘肃河西地区与新疆发生的蝗灾多为繁殖力极强的亚洲飞蝗所致，亚洲飞蝗在适宜的环境条件下形成高密度的蝗群，迁飞为害，是河西与新疆地区历史上重要的自然灾害。据昆虫学家的研究，高密度亚洲飞蝗群的产生与沼泽地的分布和变化有密切关系，主要在干旱区的沿湖地区、河流两岸及沼泽苇草地带。在干旱年份，降水量的减少导致河水流量和相应沼泽水源地的补给量减少，湖滨滩地面积增大，会为亚洲飞蝗产卵、孵化提供适宜的条件。其后一二年飞蝗

---

① 《为移知甘肃关内外各州县地方本年夏间虫孽滋生饬令文武协捕事致循化分安府》，光绪五年九月三日移初九日到，全宗号：07，案卷号：3339，中国第一历史档案馆藏。

② 左宗棠《奏为甘肃、宁夏、宁朔两县夏间虫孽滋生圣灵显应自毙为多请赐匾额事》，光绪六年正月二十六日，中国第一历史档案馆朱批奏折，档案号：04-01-04-0004-002。

③ 满志敏：《光绪三年北方大旱的气候背景》，《复旦学报(社会科学版)》2000年第6期；Mike Davis：*Late Victorian Holocausts：El Niño Famines and the Making of the Third World*，London：Verso，2002；Ge Quansheng，Zheng Jingyun，Hao Zhixin，et al.，Recent Advances on Reconstruction of Climate and Extreme Events in China for the Past 2000 Years，*Journal of Geographical Sciences*，Vol.26，No.7，2016，pp.827-854；De'er Zhang，Youye Liang，A Long Lasting and Extensive Drought Event over China in 1876—1878，*Advances in Climate Change Research*，Vol.1，No.2，2010，pp.91-99.

④ 李屹凯、张莉、叶瑜等：《1876—1878年西北地区中西部干旱事件研究》，《地理科学》2018年第5期。

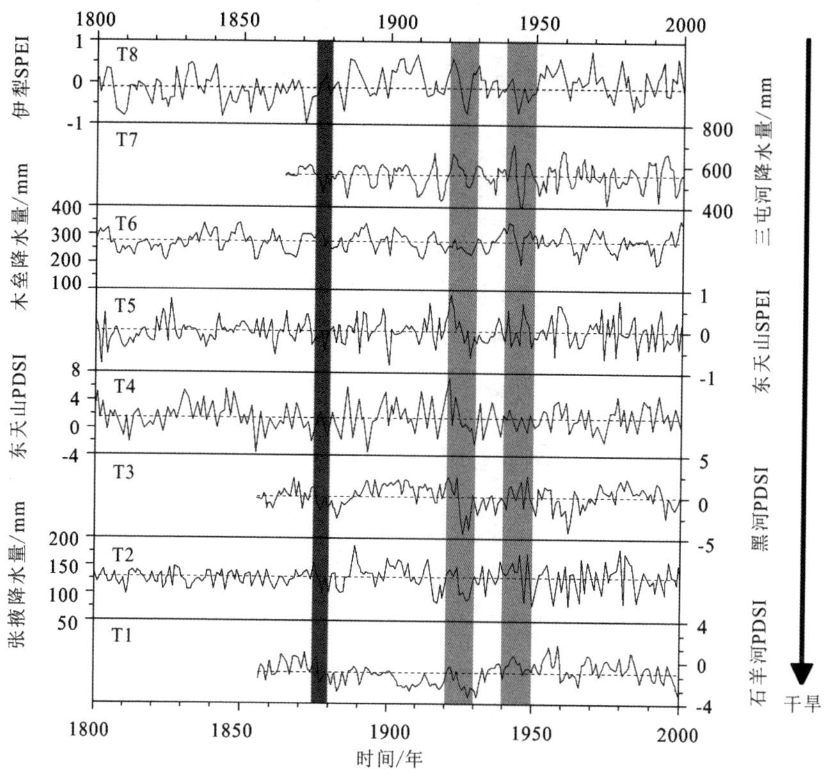

图 1　过去 200 年西北地区中西部湿度变化

密度会急剧上升。[①] 因此，光绪初年吐鲁番及其周边地区的蝗灾是在当地湿度偏低的气候背景下发生的。回应 1876—1878 年的全球性厄尔尼诺现象，中国的干旱事件不止局限于华北地区。西北的河西走廊、新疆吐鲁番、天山南北等地均有出现，蝗灾伴随发生，但干旱程度不及华北地区，只在部分县域出现粮食歉收和饥荒，没有造成类似华北丁戊奇荒中五谷不长、田地荒芜、"人相食"的惨烈后果。

---

① 范福来、王元信：《亚洲飞蝗在中国新疆维吾尔自治区的发生与防治》，《生态学报》1995 年第 2 期。

二、光绪初年新疆吐鲁番的蝗灾防治

光绪三年，新疆各地发生干旱和蝗灾的同时，恰逢左宗棠向西北进军收复新疆之时，虽然此次蝗灾造成的社会影响并不如丁戊奇荒那样惨烈，但是却得到军政各方的重视，积极防治蝗虫，应对蝗灾。目前留存下来的零散的史料，不但可以窥知新疆社会重建过程中实行的报灾、勘灾和赈灾措施，亦可以从中探究清末新疆管理体系调整的动向。

(一)上报程序的转变与基层报灾程序

报灾是荒政措施中的首要环节，上级政府根据地方官所报灾情制定救灾措施。对于清代新疆报灾程序的研究，已有学者初步梳理，指出清前中期新疆地区的报灾程序，分为天山北路东部道、府、州、县和天山南路两个不同的报灾系统，前者由地方官上报乌鲁木齐都统，再由乌鲁木齐都统负责奏报于清廷；后者主要通过各地的驻防大臣，喀什噶尔参赞大臣、各办事大臣、领队大臣等办理。① 吐鲁番地方在乾隆四十四年(1779 年)由辟展办事大臣改为吐鲁番领队大臣，其地的灾情与天山北麓各府州县地区的蝗灾上报程序一样，由地方官上报给乌鲁木齐都统，都统再上报到清廷中央机构。②

同治初年至光绪初年的社会动荡，摧毁了清朝在新疆设立的军府制。左宗棠收复新疆之后的社会重建过程中，即开始管理体系的调整，这一点在蝗灾的报灾程序上体现得非常明显。光绪五年七月，左宗棠在《为移知甘肃关内外各州县地方本年夏间虫孽滋生饬令文武协捕事致循化分安府》中提道："镇迪道属之镇西厅、迪化州、昌吉、绥来、阜康各县、济木萨尔县丞、吐鲁番厅，及关内外之安西、玉门、敦煌、金塔、高台、宁夏、宁朔、灵州各州、县，并各营局文武

① 阿利亚·艾尼瓦尔:《清代新疆报灾程序初探》,《中央民族大学学报(哲学社会科学版)》2012 年第 4 期。

② 《奏为镇西所属及吐鲁番等地续生蝻子随时扑灭事》,乾隆五十四年六月十二日,中国第一历史档案馆朱批奏折,档案号:04-01-01-0426-002。

陆续禀报本年夏间少雨，湖泽芦苇中虫孽滋生。”[①]这条档案说明，吐鲁番厅的灾情应该首先汇报到镇迪道，然后与关内各地一起汇报给陕甘总督，再上报到朝廷中央。与乾隆年间相比，军府制瓦解之后，光绪初年镇迪道所属州县地方和吐鲁番的灾害不再由乌鲁木齐都统直接上报中央，而与关内各地合并汇报给陕甘总督，然后再上报朝廷中央。这也可以从侧面说明，左宗棠收复新疆之后，新疆东部地区管理方式的转变趋势。

从《清代新疆档案选辑》收录的左宗棠进入新疆后有关蝗灾的档案中，还可以看出吐鲁番基层社会的报灾程序，实属难得，可以弥补已有研究对晚清边疆基层社会的认识。光绪初年吐鲁番地方发生蝗灾之后，主要由基层社会的地方头目、乡约等汇报给同知。光绪四年六月，吐鲁番“陆不沁台吉迈引谨禀大老爷案下，敬禀者，据陆不沁、色而开皮、西安工、秋望克尔等处大尔挂等报称，本月二十日辰刻忽有蝗蝻化□□□□□……”[②]这段史料中的陆不沁台吉迈引，即分封在鲁克沁地方的吐鲁番扎萨克郡王旗下的协理台吉，其地位仅次于吐鲁番郡王，在阿古柏作乱致使吐鲁番郡王逃亡南疆之后，台吉迈引实际管理该旗下所属各项事务。左宗棠率军控制吐鲁番之后，台吉迈引依然是协助管理扎萨克旗务的代理人。大尔挂，又称“达尔掛”，是晚清吐鲁番基层回众管理体系中的小头目之一。[③] 由这段史料看出，在光绪初年吐鲁番基层社会中的扎萨克郡王属地内，[④]基层头目达尔瓜将蝗灾情况上报给台吉，台吉再将其管辖境内发生的蝗蝻滋生之事禀报给吐鲁番同知。

此外，从其他档案中的零散记载可得，晚清吐鲁番东部扎萨克郡王属地之

---

① 《为移知甘肃关内外各州县地方本年夏间虫孽滋生饬令文武协捕事致循化分安府》，光绪五年八月十一日，全宗号：07，案卷号：3339，中国第一历史档案馆藏。

② 《陆布沁台吉迈引就其境有蝗虫事禀吐鲁番厅文》，光绪四年六月二十四日，《清代新疆档案选辑》第 7 册，桂林：广西师范大学出版社，2012 年，第 187 页。

③ 王启明：《晚清吐鲁番协理台吉》，《新疆大学学报（哲学・人文社会科学版）》2015 年第 1 期。达尔掛是晚清吐鲁番基层社会三大头目（达尔掛、米拉布、乡约）之首，但于光绪十四年（1888 年）由刘锦棠下令裁撤，改为乡约。见王启明：《晚清新疆伯克变革研究》，《西北民族论丛（第十一辑）》，北京：社会科学文献出版社，2015 年，第 67～68 页。

④ 乾隆四十四年，吐鲁番盆地内以今哈喇和卓（今二堡）为界，以东归扎萨克郡王管辖，以西归吐鲁番领队大臣管辖。见申素丽：《清代吐鲁番札萨克旗制研究》，《青海师范大学民族师范学院学报》2005 年第 1 期。

外的地方发生灾害，各地方的苏木、乡约等地方头目是上传下达的关键人物，应该由他们向上汇报给所属地方的巡检，巡检然后再上报给吐鲁番同知。一份年月不详的档案中记载："头、三苏目哈四木、哎斯纳、艾斯牙思，坤都沙丘提、沙地□、沙的浪禀，并众户民等谨禀大老爷案下，敬禀者，窃苏目等所管等处各户民报称，于四月初旬□□□□□□□虫将夏禾已出穗者、小麦各禾叶均被虫食，□□□□□□□秋禾种已出土数寸，棉花、高粱各禾苗亦被虫食，干死者过□□□□□□□雅尔湖、雅儿巴什、洋沙尔等处虫伤者重矣。"①苏目，即苏木，有的写作苏门、苏们。这里的苏木、坤都等都是地方小头目。换言之，吐鲁番西部地方发生的虫灾，由苏木汇集给吐鲁番同知，然后再向上奏报。

另外一则档案可以说明晚清吐鲁番地方蝗灾应对上传下达的途径。光绪四年十二月二十四日，吐鲁番厅同知在给镇迪道道员的奏报中提到，"六月下旬，忽有飞蝗自西向东，空中飞绕，甚不落地，多在南湖野草中，禾稼未损。以后愈来愈多，几至蔽日，赶饬台吉、苏们各派人夫各处搜捕，禀明雷道局宪移会防营派兵添捕，□□□□□□□犁查勘，自三堡至胜金、腾木等处粱、糜子、青稞各有□□，约计十分之三。又据署辟展巡检杨培元禀报，会同防营扑捉飞蝗等，现又由东转西蔓及附城各工地界，亦饬赶紧搜捕，查此次飞蝗时去时来，此捕彼飞，务饬搜捕尽净"。② 这段史料表明，蝗灾发生后，吐鲁番同知一方面饬令巡检、各地头目台吉、苏木等调动民众捕蝗，同时请求当地驻防官兵协助捕杀；另一方面将蝗灾的应对措施及时奏报给镇迪道道员。

综上所述，晚清吐鲁番的蝗灾报灾，首先由基层社会中的苏木、坤都、达尔掛上报给其各自所属的巡检或者台吉，再上报给吐鲁番厅同知，之后再上报给镇迪道道员。镇迪道的灾情与关内甘肃各地的灾情一起汇报给陕甘总督，最后再上报中央政府。与清代中期相比，光绪初年的报灾程序中不再见到吐鲁番领队大臣和乌鲁木齐都统的身影，而善后局、吐鲁番同知的角色和地位十分凸显。这一灾情汇报程序的变化，体现战后重建过程中将新疆与关内各地置于统一的管理体系和管理措施之下的趋势。

---

① 《吐鲁番厅属头目就所管各户庄稼遭受虫害风灾情形禀吐鲁番厅文》，时间不详，《清代新疆档案选辑》第 24 册，桂林：广西师范大学出版社，2012 年，第 197 页。

② 《吐鲁番厅就夏季蝗虫滋生需扑灭事申镇迪道文》，光绪四年十二月二十四日，《清代新疆档案选辑》第 8 册，桂林：广西师范大学出版社，2012 年，第 296 页。

(二)积极的勘灾与赈济

勘灾是地方政府在救灾过程中查勘、核实地亩受灾程度以及确定成灾分数的程序,根据成灾分数,编造受灾草册,上级政府根据受灾草册制定救灾计划,分别进行蠲缓。根据报灾后的情况,灾户先自行报灾,地方官吏查勘、核实田亩受灾程度,确定成灾分数,受灾五分至十分者为成灾,五分以下为不成灾。赈灾作为荒政的核心,其应对措施主要有备荒积谷、赈济、蠲缓、平粜等。

光绪四年,新疆镇西(今巴里坤)、宁远(伊犁)、莎车、于阗、阜康、吐鲁番、库车、乌什、乌苏、迪化(乌鲁木齐)等地发生蝗、涝、鼠、雹等灾,甘肃布政使司要求"各道饬属赶将成灾地亩,造具花名银粮细数清册,分别应蠲应缓,报道咨司,汇详到院,以凭覆……"[①]可见,虽然是收复新疆之初,各地官员还是井然有序地勘灾,查验被灾地亩,造具清册,以便根据受灾分数决定相应蠲缓的措施。

赈济是最直接有效的救灾活动,分为赈粮和赈银两种。光绪四年八月,陕甘总督左宗棠就喀喇沙尔、库车一带遭受蝗灾下令赈粮接济,"续发汉蒙民人六月分赈粮六万余斤,应准如前所请办理。其被虫灾较甚极贫户口,仍准续赈,以恤残黎。新粮登场能採若干石,仰即查明完採,以省运脚而济急需。该局所需一切经费,现饬宽筹银壹万五千两,定于本月廿日起解"。[②] 由此可知,喀喇沙尔、库车一带发生蝗灾之后,六月份就给当地汉蒙民人发赈济粮6万余斤,并且关注受灾较重的极贫民人的后续赈济情况。同时,左宗棠一方面下令抓紧收纳当地当年新收获粮食,进行赈济,以节约运费;另一方面又筹集15000余两的赈银运往灾区。在这时局紧张、军费维艰的时代,实属难得。

蠲免、缓征、带征也是中国古代政府应对灾害的常见措施。光绪五年,镇迪道各地遭受蝗灾后,清政府豁免迪化州、阜康县应征额粮24.65石和108.885石,豁免昌吉县应还籽种粮317.81石;绥来县,因光绪四五两年连续遭受蝗灾而被豁免应征额粮,共计115.29石;镇西厅,光绪六七两年依然遭受

① 《镇迪道就镇西阜康等地被蝗被水成灾事札吐鲁番厅文》,光绪四年十一月十八日,《清代新疆档案选辑》第7册,桂林:广西师范大学出版社,2012年,第81页。

② 《督办新疆军务大臣左宗棠为喀库善后局续发赈粮事之批文》,光绪四年七月十六日,《清代新疆档案选辑》第7册,桂林:广西师范大学出版社,2012年,第221页。

蝗灾,被豁免额粮合计 471.517 石。[①]

(三)兵民合作防治蝗灾

蝗灾的应对,除灾害发生后的报灾、勘灾、赈灾等应对措施和程序外,积极捕治蝗虫,防止蝗灾加重或者蔓延到临近地区,也是政府应对的重要措施。蝗虫的捕治作为荒政中救灾的一部分,清朝有一系列相应的规定。[②] 对于蝗虫捕治方法,也已经有相应成熟的对策。清人顾彦在《治蝗全法》中对治蝗方法有总结性归纳:"是以治蝗之法有四,一曰除根,二曰掘子,三曰捕蝻,四曰捕蝗。而捕蝗不如捕蝻,捕蝻不如掘子,掘子不如除根。"[③]蝗虫防治措施中,首先是提前挖掘泥土中的蝗虫卵子,其次是捕杀尚未具有飞行能力的蝗虫幼虫——蝗蝻,最后是尽力扑杀蝗虫的成虫。

所见光绪初年新疆蝗灾档案中,有大量挖掘蝗虫卵子、捕杀幼虫和成虫的相关记载。光绪五年,新疆各地蝗灾较重,唯恐蝗蝻生化,次年再次成灾,左宗棠"通饬各属文武一体遵照,凡所属各处地方,无论有虫孽无虫孽遗种,均应趁此农务余闲,督率兵役农约人等详细查勘"。随后,辟展巡检的申文详细地呈现民众挖蝻的过程:"详细查勘其湖地草场,尤为虫子孽息之所,丞应认真挖掘遗种,以期尽绝。各设局收买外,其草根盘结或纵火烧,俾无遗种等因。奉此,卑职即传各处头目人等,率民查察,均称冰冻未消,难以搜挖蝻子,候开春方可搜挖。至本年二三月,卑职亲率各处人民,穷搜湖地山谷,挖出蝻子以石计,卑职发给高粱,以惜民力。"[④]这表明,通过军民合作挖掘蝗蝻,尽量将潮湿之地

---

① 《前任迪化州陶升接收前署州长赟造具光绪五年蝗灾豁免粮食清册》,光绪十年,《清代新疆档案选辑》第 10 册,桂林:广西师范大学出版社,2012 年,第 34～35 页。

② 同治《钦定户部则例》卷 84 所载"督捕蝗蝻条例":"直省滨临湖河低洼之处,向有蝗蝻之害者,责成地方官,督帅乡民,随时体察,早为防范。一有蝻种萌动,即多拨兵役人夫,及时扑捕。或掘地取种,或于水涸草枯之时纵火焚烧,设法消灭。如州县官不早扑除,以致长翅飞腾者,均革职拿问。"见蝠池书院出版有限公司选题组织策划:《钦定户部则例》第 17 册,北京:蝠池书院出版有限公司,2008 年。

③ (清)顾彦:《治蝗全法》卷 1,《士民治蝗全法》,李文海、夏明方、朱浒主编:《中国荒政书集成》第 6 册,天津:天津古籍出版社,2010 年,第 4163 页。

④ 《辟展巡检周文荆就搜挖蝗蝻虫事由申吐鲁番厅文》,光绪六年五月十八日,《清代新疆档案选辑》第 8 册,桂林:广西师范大学出版社,2012 年,第 113～114 页。

的草根挖出，用火焚烧，务必除尽蝗虫的卵子，参与挖蝗蝻的民人可以得到官方发放的高粱，以鼓励民众的积极性。

蝗虫善飞，灵活性较强，因此蝗虫的捕治较之捕蝻更加不易，捕治方法也更加多样。针对蝗虫的不同习性，有不同的方法，晚清时期已经有一套成熟的方法。光绪初年，新疆蝗灾期间亦是按照成法捕捉蝗虫："查捕蝗之法不一，如蝗虫猝至下集庄稼，急于上风处所，堆积草茅纵火熏烟，蝗畏烟冲，当即飞起，此救急之法也。外此，则莫如挖用木条驱蝗如坑，下土埋之，或夜间架干柴於坑内焚火光，即自扑入，如飞蛾之扑灯，旋自焚斃。又一法趁蝗翅□□沾露濡湿，不能飞动时，集众猛扑，亦可除害。仰即会同该处防营多派兵勇照依成法分头认真搜捕，务使歼除尽净，勿留余孽，是为至要。"[①]这里所说，除用木条将蝗虫赶入坑内用土掩埋外，烟熏、生火引蝗入坑则是针对蝗虫的生理特性采用的捕蝗方法。

以上所引多条史料，都提到光绪初年新疆蝗灾应对中，兵民合作，捕杀蝗虫、挖掘蝗蝻之事。吐鲁番善后局雷声远的一份奏报体现兵民合作捕蝗的具体情况："所有榆林工、雅尔湖、牙木什、都岗湖、西宁工、鲁克沁、辟展等处蝗虫，业经职道会商宋游击、奎署丞，拨派兵民督同魏巡检、贺巡检、周县丞寿棠、易都司道生等分途前往掘挖深沟，将蝗扑入沟内，再用火焚土筑，幸已扑灭殆尽。"[②]由此可知，当时吐鲁番奎同知与驻防的宋游击合作指挥，具体由魏巡检、贺巡检、周县丞与易都司带领兵民协力捕蝗。

（四）设立买蝗局与祈神禳灾

官府除组织兵民捕杀蝗虫外，还鼓励民众自行捕蝗，因此设立买蝗局，收买民人捕杀的蝗虫。光绪五年，吐鲁番厅同知向镇迪道道员奏报境内挖掘蝗蝻的情况，提到在组织搜捕蝗虫之后，还"不时稽查，设局出示收买，缴蝗子一

① 《吐鲁番善后局就防治蝗虫事移吐鲁番监督府正堂奎绂文》，光绪四年八月二十七日，《清代新疆档案选辑》第 7 册，桂林：广西师范大学出版社，2012 年，第 224～225 页。

② 《镇迪道就扑灭蝗虫事札吐鲁番厅文》，光绪五年六月初二日，《清代新疆档案选辑》第 7 册，桂林：广西师范大学出版社，2012 年，第 408～409 页。

升，给高粱京斗一升”。[①] 又载：“饬各属周历乡村，设局发价，就近收买遗子。”[②]可见，光绪初年蝗灾期间，买蝗局遍布吐鲁番乡村各地，以便民众就近用所捕蝗虫换取高粱，1 升蝗虫可以换取高粱京斗 1 升。买蝗局的设立，可谓是有效提高民众捕灭蝗虫积极性和主动性的方法。

祈神禳灾在当时也属于蝗虫防治的措施，时人认为祷告神灵对于捕灭蝗虫具有显著的作用。在捕杀蝗虫的过程中，官员们沐浴斋戒，祈神禳灾，态度虔诚严肃：“饬街市严禁屠宰，亲身斋戒沐浴，设立神位，朝夕上香，督率人民严加搜捕，水淹火烧，百姓亦属踊跃，至十余日，诸恶尽歼，又着健役再为查察，半月之久，实系尽数殄歼。”[③]地方官将蝗虫被捕杀干净的原因与之前施行的禁杀生、沐浴斋戒、敬神上香相联系。光绪五年，吐鲁番三堡地方新建八蜡庙，作为祭祀祈祷、除虫捍灾的场所。[④] 可见，内地特有的农神信仰逐渐进入当时维吾尔人聚居的吐鲁番地区。到光绪中后期，吐鲁番及新疆其他地区都先后建立专门祭祀蝗神的刘猛将军庙。[⑤]

三、蝗灾应对所见地方管理体系的调整

从以上研究可知，光绪三年至六年，吐鲁番及其以北的镇迪道、以南喀喇沙尔至库车一带因干旱而出现蝗虫滋生，造成粮食歉收，各地受灾程度不一。与新疆相邻的河西走廊以及宁夏地区也同时发生蝗灾。结合另一项研究结果

---

① 《吐鲁番厅就挖掘虫子遗种事申镇迪道文》，光绪五年十二月十二日，《清代新疆档案选辑》第 8 册，桂林：广西师范大学出版社，2012 年，第 27 页。

② 《镇迪道就转抄左宗棠具奏查明各属地方被灾情况折事札吐鲁番厅文》，光绪六年二月十五日，《清代新疆档案选辑》第 8 册，桂林：广西师范大学出版社，2012 年，第 60 页。

③ 《辟展巡检周文荆就搜挖蝗蝻虫事申吐鲁番厅文》，光绪六年五月十八日，《清代新疆档案选辑》第 8 册，桂林：广西师范大学出版社，2012 年，第 113～114 页。

④ “除添修武庙外，暨建修八蜡庙、济贫所二处……”，《吐鲁番厅饬台吉迈引查办达尔瓜阿不都色敏借公讹诈案之谕文》，光绪六年六月初十日，《清代新疆档案选辑》第 8 册，桂林：广西师范大学出版社，2012 年，第 120～121 页。

⑤ 王鹏辉：《清代民初新疆镇迪道的佛寺道观研究》，乌鲁木齐：新疆人民出版社，2016 年，第 77 页。

分析,光绪初年发生的丁戊奇荒所代表的气候异常现象并不仅仅局限于华北地区,吐鲁番及其周边地区乃至河西地区的蝗灾也可以说是一次比较明显的干旱事件,只是其干旱程度远不及华北地区,并未造成严重的饥荒。

虽然此次蝗灾造成的后果并不是十分严重,此时新疆各地也正处于战后社会重建和恢复过程中,但是各级官员却严格执行报灾、勘灾、赈灾、防灾等一系列救灾程序,蝗灾应对井然有序。可以说,光绪初年吐鲁番及其周边地区的蝗灾应对措施,与内地基本相同,恰恰另有深意。

清代中期,新疆建立起有别于内地与其他边疆地区的军府制管理体系,伊犁将军之下,设参赞大臣管辖伊犁、塔城地区,喀什噶参赞大臣总辖南疆,乌鲁木齐都统总辖新疆东部包括哈密、吐鲁番及天山北麓的州县制地方。因此,当时新疆的报灾分为两个系统,乌鲁木齐都统负责汇集新疆东部地区的灾情,然后上报清中央机构,参赞大臣则负责向中央汇报南疆的灾情。同光之际的动乱,彻底冲击了新疆原有的管理体系。左宗棠收复新疆之后的社会重建,也是社会管理体系的调整。本文认为,光绪初年吐鲁番与天山北麓州县制地区灾情的上报程序中,不再见到吐鲁番领队大臣和乌鲁木齐都统的身影,而是由镇迪道道员汇集后,上报给陕甘总督。陕甘总督将之与关内甘肃、宁夏等地灾情一并汇报给清廷中央机构。南疆地区的喀喇沙尔、库车等地的蝗灾应对,也是在陕甘总督的统一调度之下进行的。就吐鲁番一地而言,在蝗灾的应对中扎萨克郡王权力的缺失、善后局和吐鲁番同知角色和地位的凸显,反映出吐鲁番地方的州县制内涵越来越明显。[①] 因此,光绪初年吐鲁番及其周边地区蝗灾应对程序及措施与内地相同,体现当时新疆管理体系调整的趋势和动向,是晚

① 清代中期,吐鲁番地方管理体系非常多元,既有世袭罔替的多罗郡王所属的扎萨克旗,又设有领队大臣和同知。学者们在论述清代新疆管理制度时,既会特别指出此地施行的扎萨克制,又会指出镇迪道下统辖的吐鲁番同知和吐鲁番厅。见管守新:《清代新疆军府制度研究》,乌鲁木齐:新疆大学出版社,2002 年,第 91 页;郭润涛:《新疆建省之前的郡县制建设》,《西域研究》2013 年第 1 期。另外,王璐通过分析民事案件的审判指出,光绪初年吐鲁番同知的职权逐步扩大,吐鲁番郡王的权力则逐步缩小。见王璐:《光绪初年吐鲁番基层社会的治理与控制(1877—1884)——以地方民事诉讼案例的分析为中心》,西安:陕西师范大学,硕士学位论文,2018 年,第 9~22 页。关于清代吐鲁番地方管理体系的调整、吐鲁番厅的内涵等,本文作者将另外撰文探究。

清新疆建省中坚持“先实后名”的宗旨和“自下而上”建省过程的反映。[①]

从光绪初年吐鲁番及其周边地区蝗灾救治的实施看，善后局协调下的官府、军队与民众的合作非常重要，体现新疆收复之初地方管理中军政合一的特点。另外，以往学者们研究晚清时期的灾荒应对，多着重于救灾活动中政府主导地位的丧失，强调民间士绅、国际组织力量的加强。[②] 但在光绪初年新疆的蝗灾应对中，未见地方士绅和国际组织的身影，官府起着绝对的主导作用。故而，与晚清时期国家力量在内地地方层面的衰弱不同，通过左宗棠的西北征战和社会重建，光绪初年国家力量在西北的地方反而有所加强。

先前关于华北丁戊奇荒的研究，都指出清政府做出的巩固西北边防的政治选择影响了华北地区的救灾实施。[③] 本文则认为，同样是由于清政府的政治选择，光绪初年吐鲁番及其周边地区的蝗灾虽然并不十分严重，却得到及时有效的救治，与社会的重建相辅相成，蝗灾的应对体现新疆管理体系的调整趋势——与内地渐趋一体化。可以说，光绪十年的新疆建省是管理体系调整的结果，其调整过程早在光绪初年收复新疆之后就已开始。

---

① 陈跃：《晚清新疆与台湾建省之比较研究》，《中国边疆史地研究》2013 年第 3 期。这篇文章从比较的角度，简要地指出新疆的建省过程是“采取稳扎稳打的战术，收复一城，重建一城，改造一城。通过设立善后局，左、刘二人把内地制度和相应的经济、文教、社会建设，在收复之地次第推广开来”，到光绪九年（1883 年）裁撤善后局，在南疆改设道、厅、州、县。

② 夏明方：《清季“丁戊奇荒”的赈济及善后问题初探》，《近代史研究》1993 年第 2 期；杨剑利：《晚清社会灾荒救治功能的演变——以“丁戊奇荒”的两种赈济方式为例》，《清史研究》2000 年第 4 期；李文海、夏明方：《天凶有年——清代灾荒与中国社会》，北京：生活·读书·新知三联书店，2007 年；郝平：《丁戊奇荒：光绪初年山西荒灾与救济研究》，北京：北京大学出版社，2012 年；朱浒：《地方性流动及其超越晚清义赈与近代中国的新陈代谢》，北京：中国人民大学出版社，2006 年。

③ [美]艾志端著：《铁泪图：19 世纪中国对于饥馑的文化反应》，曹曦译，南京：江苏人民出版社，2011 年，第 105 页；[美]濮德培著：《万物并作：中西方环境史的起源与展望》，韩昭庆译，北京：生活·读书·新知三联书店，2018 年，第 170 页；张继莹：《财政、鸦片与救灾——以清末“丁戊奇荒”为中心》，山西大学中国社会史研究中心编：《社会史研究（第四辑）》，北京：商务印书馆，2016 年，第 55～77 页。

结　论

本文将光绪初年吐鲁番及其周边地区发生的蝗灾放在更大的空间范围考察,指出光绪三年至六年该地持续性的蝗灾,不但与西北河西地区的旱蝗灾害同时发生,而且与华北地区的旱灾也有时间上的一致性,只是干旱程度不同,致灾程度不同,是全球性厄尔尼诺现象在不同地区的差异性表现。光绪初年的华北、西北灾害伴随着政治局势的动荡,清政府优先边疆地区国防的选择,成为导致华北地区饥荒更加严重的因素之一,也使得新疆地区不太严重的蝗灾得到及时的救治。与同时期的内地相比,此时国家在边疆地区的力量并非减弱,而是借着重新收复新疆的契机得到加强。在陕甘总督的统一调度之下,引用内地的蝗灾应对程序和措施,有效地控制蝗灾的蔓延和影响,对恢复生产、稳定社会秩序,起到积极的作用。蝗灾救治体现出新疆建省之前各地行政管理制度"先实后名"、"自下而上"调整的实际操作过程。

张　莉:陕西师范大学西北历史环境与经济社会发展研究院副研究员。
陆昱君:陕西师范大学西北历史环境与经济社会发展研究院硕士研究生。
李屹凯:北京师范大学地理科学学部地理学院博士研究生。

近代上海空气污染的影响探析

——以煤烟为中心的考察*

裴广强

国内外史学界针对多国环境史的研究证明，大规模的空气污染绝非是特定国家或地区当今经济发展过程中产生的个别现象，而是在工业化阶段逐渐凸显出来的共性问题。① 按照空气污染学的定义，形成空气污染问题必须具备污染物对人类的正常生活环境和生态系统造成负面性影响这一基本条件。② 随着近代城市化和工业化进程的加快，上海与西方很多工业城市在工业革命中一样，消耗大量的、以煤炭和石油为代表的矿物能源，排放大量的、以煤烟为代表的空气污染物。晚至1930年前后，上海已然演变成为“全部浸在

* 本文系笔者主持的教育部人文社会科学研究青年基金项目“近代江南的能源转型与社会经济变迁研究(1865—1937)”(17YJC770021)阶段性研究成果。原载《中国社会经济史研究》2019年第1期，此为修改稿。

① 英国、美国、德国、日本、俄国等国家在工业化过程中都存在着空气污染问题，在一些特定城市（如伦敦、匹兹堡、大阪）内尤其严重。相关研究成果主要参见Martin V. Melosi, ed., *Pollution and Reform in American Cities*, 1870—1930, Austin: University of Texas Press, 1980; David Stradling, *Smokestacks and Progressives: Environmentalists, Engineers, and Air Quality in America*, 1881—1951, Baltimore: The Johns Hopkins University Press, 1999; Frank Uekötter, *The Age of Smoke: Environmental Policy in Germany and the United States*, 1880—1970, Pittsburgh: University of Pittsburgh Press, 2009; 傅喆、[日]寺西俊一:《日本大气污染问题的演变及其教训——对固定污染发生源治理的历史省察》,《学术研究》2010年第6期;[美]J.R.麦克尼尔著:《阳光下的新事物:20世纪世界环境史》,韩莉、韩晓雯译,北京:商务印书馆,2013年,第57～58页;[美]彼得·索尔谢姆著:《发明污染:工业革命以来的煤、烟与文化》,启蒙编译所译,上海:上海社会科学院出版社,2016年;[澳]彼得·布林布尔科姆著:《大雾霾:中世纪以来的伦敦空气污染史》,启蒙编译所译,上海:上海社会科学院出版社,2016年,等等。

② 蒋维楣等编著:《空气污染气象学教程》,北京:气象出版社,2004年,第1页。

煤烟、尘灰之中"①的庞大的城市体污染源,"就是清晨走出来,也呼吸不到一点新鲜的空气"②。当此之时,"立在上海的屋顶上,要想没有烟囱遮断你的视线,已是不可能的事"③。那么,在此背景之下,近代上海的空气污染是否已对当地生态系统和人体自身带来负面性影响?考察这一问题,可以判定近代上海是否存在严重的空气污染问题。

现代大气科学证明煤烟成分复杂,固体成分有炭、灰分、煤焦油、硫磺、砷、氮等,气体成分有碳氢化合物、硝酸、二氧化硫、硫化氢、氯化氢、二氧化碳、一氧化碳、氨等。④ 长期暴露于一定浓度煤烟中的生物体或物体,会与煤烟中的相关成分产生一系列物理、化学和生理反应,导致许多负面性影响。遗憾的是,学界迄今对空气污染影响的研究,大多采用现代环境科学方法分析新中国成立之后的相关现象,尚不存在立足于史学研究范畴之内探讨解放之前同一问题的专门性成果。因故,本文初步尝试以导致近代上海空气污染的"罪魁恶首"⑤——煤烟为考察中心,借鉴相关学科的知识,主要从妨害植物生长、酿成经济损失、损害人体健康三个维度出发,分析近代上海空气污染公害的具体表现和影响程度,以期深化对中国近代城市空气污染问题的认识。倘有疏漏之处,敬请方家指正。

一、妨害植物生长,损及都市美观

植物的叶面需要与空气时刻进行活跃的气体交换,因而很容易受到一定浓度煤烟的影响。就影响机理而言,煤烟从气孔进入叶片后,扩散到叶肉组织,继而通过筛管运输到植物其他部位,影响植物气孔的关闭以及光合作用、

---

① 杨剑花:《上海之夜》,《珊瑚》1933 年第 17 期。

② 珂:《转学》,《申报》,1930 年 9 月 17 日,第 18 版。

③ 叶灵凤:《双凤楼随笔·煤烟》,《上海漫画》1929 年第 71 期。

④ 东北人民政府卫生部教育处:《工厂卫生》,沈阳:东北人民政府卫生部教育处出版科,1950 年,第 30 页。

⑤ 毅贤:《摧残都会健康的煤烟及其预防法》,《科学的中国》1937 年第 1 期。

呼吸作用和蒸腾作用的进行,最终破坏酶的活性,损坏叶片的内部结构。[①] 近代上海在一定时段内煤烟充斥空中,市内植物及郊区农作物难免遭受煤烟的损害。

(一)妨害市内植物生长,损及都市美观

理论上,植物可以长时间、连续性地吸收煤烟含有的多种成分,将其转化为清洁气体或生长需要的营养物质,起到净化空气的作用。比如,一公顷阔叶林每天能吸收1000公斤二氧化碳,释放730公斤氧气。在含有二氧化硫较多的地区,植物能将吸收的二氧化硫转化为亚硫酸盐,再氧化为对生长有益的硫酸盐。与此同时,氯化氢、氯气、二氧化氮等也能被植物吸收和净化。[②] 因此,茂密繁盛的植物不但有助于提高城市的美观度,而且也能提高人居生活的舒适度。近代早期,上海市区的植被覆盖情况尚属良好。一些到过上海的外国人,曾对此留有深刻的印象。1861年,普鲁士外交使团抵达上海。在商界代表斯庇思看来,租界内的房子"掩映在小树丛林之中,构成一幅壮丽而温馨的画面"[③]。不过,随着此后上海矿物能源消耗量的增多,煤烟问题不断凸显,市内植物受到煤烟的熏蒸毒害。有人曾于1918年在《东方杂志》上刊文,分析当时导致树木枯死的主要原因包括煤烟之害、土砂尘埃之害、病虫害、鸟害、土性变恶等,其中以煤烟之害为最甚。[④] 煤烟对于植物的影响非常明显,煤灰和煤焦油能堵塞植物叶面的气孔,遮挡叶面对于日光的吸收,缩短光合作用的时间,不利于植物的绿化和繁茂。1929年,半淞园中"原本绿油油的树叶",就被煤灰与黄沙的混合物染成淡黄色。[⑤] 除直接影响外,煤烟还通过改变空气中的二氧化碳及二氧化硫含量、温度升降、降水幅度等方式长期影响植物的健康生长。民国年间,一些植物学家已经注意到植物吸收煤烟会发生病害,"针叶树先于叶端变色,渐及于全叶而枯萎;阔叶树先于叶面褪色,渐及于全叶而脱

---

① 温国胜主编:《城市生态学》,北京:中国林业出版社,2013年,第111页。

② 黄真池、张保恩编著:《茂绿的草木》,广州:广州出版社,1997年,第84～85页。

③ 维江、吕澍辑译:《另眼相看:晚清德语文献中的上海》,上海:上海辞书出版社,2009年,第59页。

④ 君实:《树木与人生之关系》,《东方杂志》1918年第3期。

⑤ 琼芳:《到半淞园去——不成功》,《申报》,1929年10月5日,第25版。

落。若根在土中与煤气接触，则茎之下部先呈异状，顺次以至上部，遂至全体枯死”[①]。绿色植物生长困难，不但让上海都市的美观“损失尤大”，[②]而且使得居民保有市内绿地这一“唯一的安息所”的梦想难以实现，寻求“绿色生活”的乐趣也荡然无存。[③]

因此，在空气污染程度较重的市区，广栽树木、培育绿植，是净化空气、阻碍污染物扩散和提高城市美观度行之有效的办法。近代中国的一些知识分子已经认识到植物与卫生问题之间的关联，认为在煤烟四溢、炭气弥漫的大上海，“若无树木为之调剂，则居民于卫生方面恐将受极大之打击”[④]。有人因此在《申报》上鼓励种植树木，期望在供给建筑材料及燃料的同时，发挥植物调节空气、抑制尘沙、增加城市美观和裨益人民卫生的目的。[⑤] 总体来看，近代上海的城市绿地主要由四部分组成：公共花园和绿地、单位内部绿地、道路行道树绿地以及里弄内的绿地。然而，无论哪一部分的绿化情况都不容乐观。截至 1929 年，上海市内公园数量仍很有限，树木缺乏。整日穿行于混凝土森林之中的上海居民，远离郊野的空气和绿色。因此，当春光来临，上海人“领略不到幽静的山，清碧的水，以及大自然的秘妙”，“半淞园几个花园几成为上海人唯一得到玩赏的去处”。这被时人认为是导致境内空气污浊、传染病丛生的重要原因。[⑥] 一般来说，教育单位的绿化状况普遍好于生产单位。但是在截至 1948 年建校历史已逾半个世纪之久的交通大学校园里，竟然“没有绿丛，所呈现的是一片光濯濯的景象”，以致当时的交大师生发出“绿化交大”的口号。[⑦] 行道树栽于交通工具往来穿梭的线污染源两侧，接触煤烟等不洁空气的机会最多。不过，近代上海道路旁的行道树由于常受“浮游空中之尘埃、煤烟及有害气体之害”，“鲜见不多”。[⑧] 直到 1925 年下半年，在上海交通最为繁盛、路

① 宋崇义编：《植物学》，上海：中华书局，1923 年，第 85 页。

② 邓远澄：《大都会的煤烟防止问题》，《科学的中国》1935 年第 10 期。

③ 毅贤：《摧残都会健康的煤烟》，《科学的中国》1937 年第 1 期。

④ 骏：《道旁之树木》，《申报》，1925 年 9 月 23 日，第 19 版。

⑤ 洋洋：《行人道上种树之必要》，《申报》，1934 年 11 月 6 日，第 21 版。

⑥ 《煤烟高压下的上海市》，《上海漫画》1930 年第 103 期；《植树与人生》，《申报》，1929 年 3 月 12 日，第 21 版。

⑦ 谢蕴贞：《一个建议：绿化交大》，《交大周刊》1948 年第 34 期。

⑧ 张福仁编：《行道树》，上海：商务印书馆，1928 年，第 82～84 页。

面甚为开阔的南京路两旁，竟然难觅行道树的影子。[①] 到抗战之前，上海市民已发现在“马路上见不到一株青草，天空里老是布满煤灰”[②]。此言虽有夸张成分，却直白地反映出行道绿化率之低。街巷里弄内部的绿化面积同样少得可怜，在早期的老式石库门里弄住宅中就很难见到绿化的痕迹，在新式里弄中仅可见零散分布的绿化植物。[③] 就上海总体绿化情况而言，据万勇的估算，20世纪40年代上海中区绿化总面积约为26公顷，仅占中区总用地的2%左右。[④] 1949年5月，上海市19个区(普陀区情况不明)中，仅有北四川区、杨树浦区绿化率高于10%，老闸区、邑庙区、虹口区、提篮桥区绿化率则均不足1%，全市人均公共绿地面积仅为0.16平方米。[⑤] 不可否认，近代上海市区之所以保有如此低的绿化率，主要原因可归之于市政当局不重视绿化、房产主过度追求利润以及人为破坏等，但除此之外，亦与煤烟等空气污染物妨害植物正常生长存在密切关联。某种程度上，煤烟等空气污染物使得市内植物无法健康生长，间接加剧市区的低绿化率，低绿化率反过来又使植物吸收与转化煤烟的能力不足，进一步加重市区煤烟问题的严重性。

(二)危害上海郊区农业

近代上海的煤烟虽然主要由市区污染源排出，但是并非全部降落在市区之内，其中有相当一部分借助风势吹至郊区甚至更远的地方。相比市区的经济结构，近代上海郊区仍以农业为主。因此，大量煤烟的降落，不可避免地对农业发展带来危害。一般来说，临近工厂、铁路、公路和通航河道的农田最易遭受煤烟之害，一年之中产生最大危害的时节则为农作物开花授粉之际。每当此时，农作物的花蕊柱头很容易受污染物伤害而导致受精不良和空瘪率提高，其他部分如芽、嫩梢等也受到侵害。1932年，杭州武林门外三官弄附近种

① 骏：《道旁之树木》，《申报》，1925年9月23日，第19版。

② 《春天在上海》，《大公报(上海)》，1937年3月2日，第13版。

③ 臧西瑜、王云：《上海近代里弄住宅绿化现状调查研究——以静安、徐汇和卢湾区为例》，《上海交通大学学报(农业科学版)》2010年第3期。

④ 万勇：《近代上海都市之心：近代上海公共租界中区的功能与形态演进》，上海：上海人民出版社，2014年，第245页。

⑤ 《上海园林志》编纂委员会编：《上海园林志》，上海：上海社会科学院出版社，2000年，第383～384页。

植蚕豆，因受临近石灰窑排出的煤烟熏蒸，至1933年春绝产殆尽，“全无收获”。同年7月，三官弄附近的十一二亩稻禾“初极茂盛”，但由于同一原因，稻叶逐渐萎缩枯槁。后经浙江省昆虫局调查研究，认为石灰窑排放的浓黑煤烟是导致蚕豆绝产和稻禾枯萎的直接原因。① 蚕豆和水稻同为江南地区主要的农业作物，考虑到近代上海的矿物能源消耗量和煤烟排放量远超杭州，因此对于郊区同类农作物的危害程度亦当甚于杭州。故而，当观察到龙华矿灰公司每日排出的煤烟顺风四散之时，当地农民认为此“殊与附近农田大有妨碍”，纷纷禀请上海县公署，呼吁设法取缔。② 当然，除蚕豆和水稻以外，所有重要的农业种植物都会受到空气污染的不利影响。③ 果树在受粉阶段也应禁止接触煤烟，否则会影响果实成熟后的口感，严重者会导致特定区域内既有种植结构的改变。20世纪20年代，沪南高昌庙至十六铺、斜桥至西门等处通行火车以后，煤烟四散，附近果树于开花期间俱受影响，致使所产之桃“皆黑而味涩”。该处农民无奈之下被迫放弃培育果树，以改种蔬菜和花卉为生。④ 20世纪30年代，龙华附近开辟马路，游人众多，车辆排放的“煤烟尘灰，有碍桃种”，因此迫使产地渐渐向免受煤烟之害的西南漕河泾及长桥一带转移。⑤ 原先风靡上海的龙华水蜜桃，也因其产地的变化而变得名实难副。

需要特别注意，煤烟中的二氧化硫对于农业发展的危害尤其严重，其经阳光照射以及某些金属粉尘的催化作用，很容易氧化成三氧化硫，继而与空气中的水蒸气结合形成硫酸雾，随雨水落到地面，可能会引起土壤酸化。⑥ 土壤酸化会导致土壤中和能力下降或土壤营养成分流失，造成土壤肥力和生产能力下降，不利于植物生长，严重者会导致植物根系枯萎乃至死亡。⑦ 1924年7

---

① 崔伯棠：《调查杭市三官弄附近稻禾为煤烟中毒报告》，《昆虫与植病》1933年第28期。

② 《煤烟妨碍农田》，《申报》，1913年1月15日，第7版。

③ [美]J.B.马德、[美]T.T.科兹洛夫斯基编：《植物对空气污染的反应》，刘富林译，北京：科学出版社，1984年，第1页。

④ 上海市社会局：《本市各区农村概况调查摘要》，《申报》，1928年9月27日，第22版。

⑤ 柳培潜编：《大上海指南(1936)》，上海：中华书局，1936年，第286页。

⑥ 田军、闫久贵主编：《环保文化与人体健康(下)》，哈尔滨：黑龙江人民出版社，2006年，第116页。

⑦ 洪坚平主编：《土壤污染与防治》，北京：中国农业出版社，2005年，第123页。

月，美国人蓝姆森调查杨树浦附近农家，发现电厂烟囱中冒出的大量黑烟常笼罩农村。当地农民认为烟灰“伤及土肥”，致使“田里的出产，也就赶不上从前”。鉴于煤烟“害及世界上若干乡村区域之收获”，蓝氏因而断定煤烟致使土壤肥性减退一说，“殆非子虚”。[①] 实际上，除影响种植业外，煤烟对于农业其他分支行业的影响同样显而易见。以蚕桑业为例，上海开埠之后，由于生丝出口贸易和缫丝业兴盛，蚕桑业出现长足发展态势，在近郊农村颇有规模。养蚕缫丝的过程中，时人发现蚕体直接受煤烟熏染，则极易患蚕病，“影响茧产收成者殊大”。[②] 即便蚕体误食被煤烟熏蒸的桑叶，也会“呈中毒症状，遂至于毙”。[③] 由此可以推测，煤烟对近代上海近郊农业的危害已至深且广。

二、污染、腐蚀作用明显，酿成经济损失

国内知识界曾较早关注以伦敦为代表的西方主要工业城市空气污染的危害问题，留意到煤烟污染（玷污性损害）和腐蚀（化学性损害）物品的一面。早在1876年，《万国公报》即报道伦敦“凡华丽之家，雕梁画栋半为煤烟所残”[④]。30年之后，《万国公报》再次刊发相似的报道。[⑤] 当时，国人尚未预料到上海煤烟排放量在此后超过伦敦、大阪等城市的可能，也未意料到煤烟之于室内外物品的污染和腐蚀会趋于严重。

（一）污染、腐蚀作用明显

煤烟弥漫的环境之中，保证建筑物外墙的干净，几乎不可能。煤烟中的二氧化硫、氯化氢和氨气与水化合后，产生硫酸、盐酸和氨水，以似油非油、似胶

---

① ［美］蓝姆森：《工业化对于农村生活之影响——上海杨树浦附近四村五十农家之调查》，李文海主编：《民国时期社会调查丛编（乡村社会卷）》，福州：福建教育出版社，2005年，第254～256页。

② 焦桐：《蚕病预防法》，《申报》，1921年5月10日，第16版。

③ 郑辟疆：《蚕体病理教科书》，上海：商务印书馆，1925年，第96、98页。

④ 《大英国事·用新法令煤烟由地中行》，《万国公报》1876年第412期。

⑤ 《伦敦煤烟之害》，《万国公报》1907年第225期。

非胶的状态黏附在建筑物上，形成“黑黑的一层膜”，[①]不但污染石类、水泥、三合土类建筑物的外观，“有碍观瞻，其实非浅”，而且深嵌石孔之中，“无法可去”，腐蚀、剥落建筑物的表面。[②] 20世纪30年代，一些观察者注意到上海的部分建筑物遭受煤烟污染的程度已经较深，需要定期清洗，认为清洗的花费是“完全必要的”。[③] 当然，现实之中并不是所有的建筑物外墙都得到定期的清洗与维护，额外的花费总是让房产主和租赁者踌躇再三。直到20世纪60年代，在被改为和平饭店北楼的沙逊大厦墙体上，还依稀可见多年前被煤烟熏黑之处。[④] 此外，淞沪、沪宁、沪杭等铁路通车之后，铁路沿线地区的各类建筑物也长期遭受火车排放的煤烟熏蒸，“致损颜色”，以致当时的著名铁路工程师、曾任詹天佑助手的赵世瑄萌生更新能源种类以解决铁路沿线煤烟污染问题的计划。[⑤] 与坚固的石质建筑物相比，柔软的衣物长时间暴露在煤烟里，更易受到污染。20世纪20年代初期，有人羡慕大上海的繁华，有人则指陈在上海生活的八大“不自由”，除因“刺鼻棘喉者多煤气及尘埃气，绝无新鲜空气可资吐纳”的“呼吸之不自由”以外，还有一项即为穿着的“不自由”。据其所言，冬季穿皮袍常在马路中行走，“不逾二月，白羔必变为黑羔，其他极标亮之衣亦无历一季而不渝其色者”。[⑥] 直到十余年之后，这一情况仍没有得到改善，居民一出家门，还是会“沾染满身肮脏和满脸灰尘”。[⑦]

由于近代上海的室外空气污染情况已不容乐观，因此如果居户门窗大开，煤灰便会乘机而入室内，“不消片刻功夫，桌上、塌上就薄薄地铺着一层煤灰”[⑧]。可能出于同一原因，1887年6月，公共租界内的龙飞洋行向工部局董事会投诉泥城浜东边的石印社，称其烟囱里喷出来的煤烟吹到龙飞马房的院

---

① 哲生：《都市与煤烟》，《东方杂志》1931年第22期。

② 朱枕木：《建筑工程值得注意之空气污浊问题》，《申报》，1934年6月5日，第23版。

③ “Pollution of the Atmosphere,” *The China Press*, Aug 29, 1933.

④ 崔淑雯：《上海旧事》，北京：中央编译出版社，2014年，第103页。

⑤ 赵世瑄：《铁路以电代气（汽）又以水生电应否试办》，交通研究会编辑：《研究报告》1918年第6期。

⑥ 渔：《上海人之不自由》，《申报》，1921年1月13日，第14版。

⑦ 家人：《窗下小记》，《申报》，1935年10月24日，第20版。

⑧ 无尘：《都市的煤烟问题》，《新中华》1936年第5期。

子里,“致使办公室与马棚都无法使用”。[①] 比较而言,临近工厂或弄堂作坊附近的住户及商铺尤易罹受煤烟之害。1908 年,汇昌机器厂烟囱内排放的煤烟污染邻近住户室内物件,以致有租户被迫迁居他处。[②] 1930 年,沪西曹家渡镇信记面粉厂日夜开工,煤灰四散,不但临近居民感受大碍卫生,而且商家货物也遭受污染。该镇市民以及永盛新号、丰泰南货号、德和银楼、协余火油行、福昌纸烟店等百余家商号联名呈文至上海市政府、市公安局及社会局,恳请责令该厂整顿,“以维市民安宁而重卫生”。[③] 到抗战之前,在沪东、沪南、杨树浦、曹家渡、小沙渡、里虹桥以及中虹桥等各处,“简直可说是煤烟的世界”。在屋里摆上一盆水,“不到半点钟,水面上就可以浮起一层黑烟(灰)”。[④] 可见,近代上海的室外煤烟已经对居民室内卫生造成严重不良影响。

一般来说,居户将门窗紧闭会切断室外煤烟侵入室内的途径,防止外源性煤烟影响的蔓延。不过,由于燃煤炉具、燃油灯具的广泛利用和通风条件的恶劣,室内自身也产生大量煤烟,污染家居物品。开埠之后,上海传统的光能利用结构发生改变,普通民众多以使用煤油灯为主。煤油灯倘缺少灯罩,则燃烧之时“煤灰飞扬”[⑤],即便安装灯罩,也会产生大量的微细煤灰。此外,冬季上海很多居民都将缺少烟囱装置的煤球炉以及风炉、脚炉、火炉安放于室内,炊爨之余,兼作取暖之用。倘在室内搅动燃煤,则易致灰尘四布,[⑥]碍于卫生处甚多。加之收入有限,房租高昂,一般平民的住房不但异常局促,“每幢房屋居住十数家者,比比甚多(是)”,[⑦]而且内中普遍存在窗户数量少和面积小而产生的室内外通风不足问题。据 20 世纪 30 年代初上海市社会局对 305 户工人家庭住房情况的调查,内部无窗的有 66 家,占总数的 21.6%。以平均每家住

---

① 上海市档案馆编:《工部局董事会会议录》第 9 册 2,上海:上海古籍出版社,2001 年,第 583 页。

② 《亏损赔偿》,《申报》,1908 年 3 月 9 日,第 19 版。

③ 《粉厂灰屑呈请改良》,《申报》,1930 年 10 月 25 日,第 14 版。

④ 《上海的煤烟问题》,《大公报(上海)》,1937 年 7 月 9 日,第 13 版。

⑤ 严伟修,秦锡田等纂:《南汇县续志》卷 18,《风俗志一・风俗》,《中国方志丛书・华中地方》第 425 号,台北:成文出版社,1983 年,第 867 页。

⑥ 李希贤:《用炉御寒之要点》,《申报》,1923 年 2 月 8 日,第 11 版;东耳:《煤气中毒》,《妇女界》1941 年第 5 期。

⑦ 李春南编:《上海生活》,上海:上海建业广告公司社,1930 年,第 20 页。

房1.65间计算，则每家只有窗0.75扇，面积不到0.1平方公尺(合0.1平方米)。[①] 因室内面积有限，烹饪、取暖和照明产生的煤烟很快会充满全屋，而室内外通风能力的不足，又使得煤烟在短时间内很难及时排至户外，因而极易引起室内长时性的空气污染问题。然而，打开门窗透气，又要面临着室外煤烟侵入的危险。此种两难境地，成为住在上海的人“没有一个不尝过”的烦恼，而“予谓讲求卫生二字”，则“实为大难”。总的结果便是“任你是勤于拂拭”家中物品，但“只要隔了一定的时刻用手指在桌上试一试，你就知道这新生的怪物(注：煤烟)始终在那里活动”。有诙谐幽默之人比附基督教义中“上帝无处不在”的说法，称20世纪的上帝名号“应该奉诸煤烟”。[②] 因此，妥善清理衣裳和地毯上的煤灰，就成为上海人生活中所具备的常识。[③]

(二)酿成经济损失

煤烟带给上海居民的不仅仅是有碍卫生和影响观瞻，还有实实在在的经济损失。就后者而言，主要包括因煤烟未燃尽而浪费的燃料费、因煤烟污染而多费的洗衣费、因煤烟污染而多费的物品或建筑物的清洁费等。由于相关资料的不足，对于近代上海因煤烟而导致的各项经济损失难以计量，但参考国内外其他一些城市，可以推测总额不在少数。就单项损失而论，煤烟本身就是燃料上的浪费，其中含有大量的可燃煤渣，代表着“燃料经济的重大损失”。[④] 1909年，美国地质调查局的首席工程师威尔逊(Herbert M. Wilson)等人估计煤烟代表着8%未燃尽的煤。[⑤] 同年，上海由江海关净进口煤炭接近65万

① 上海市政府社会局编：《上海市工人生活程度》，上海：中华书局，1934年，第59页。

② 《上海闲话》，《申报》，1921年6月24日，第14版；叶灵凤：《双凤楼随笔·煤烟》，《上海漫画》1929年第71期。

③ 《常识》，《星期小说》1911年第77期；《小常识·煤灰》，《立言画刊》1933年第66期。

④ 楼子韶：《都市煤烟防止的检讨》，《工业安全》1935年第3期。

⑤ David Stradling, *Smokestacks and Progressives: Environmentalists, Engineers, and Air Quality in America*, 1881—1951, Baltimore: The Johns Hopkins University Press, 1999, p.31.

吨，[①]假如全部用于本地消费，则有5.2万吨煤炭因燃烧不充分而随烟而去。实际上，考虑到上海煤炭燃烧效率很可能较之美国为低，实际损耗当大于此一数字。另据东京卫生试验所1935年的研究，大阪市民因受煤烟污染的影响，每月洗衣次数约2倍于煤烟污染较少的奈良，支付的洗衣费用总数约3倍于奈良。[②] 20世纪30年代初期，上海的煤烟灰尘沉降量已远超大阪，[③]理论上每月的洗衣次数和费用应较之大阪有过之而无不及，这可能是推动上海洗衣业在1900年之后不断发展的原因之一。[④] 就总体损失而言，匹兹堡1915年因煤烟导致的损失中，仅粗略估算燃料损失费、洗衣费、房屋清洁费、货物损毁费等部分就高达2300余万(美)元，人均损失66.7(美)元。[⑤] 二战之际，美国煤气协会报告称美国每年因煤烟损失美金25亿元，主要包括因不充分燃烧造成的燃料损耗费以及耗费于清洗建筑物、衣服、家具和更换烟熏物件的费用。[⑥] 1933—1935年，沈阳、长春、本溪、大连、大阪、伦敦等地每年因煤烟污染而导致的人均经济损失都在10元以上，本溪更是高达55元以上。[⑦] 姑且假设同时段内上海因煤烟污染导致的人均经济损失亦为10元，则每年经济总损失在3400万～3700万元，[⑧]不可谓不巨。

严格说来，以上估算仅属猜测，是对一个代价明显高昂的问题的保守估计。实际上，很难计算出准确的经济数据反映近代上海因煤烟而导致的真实损失。估测的数字并没有包含那些难以量化但同样重要的因素导致的间接损失，如煤烟对城市声誉的损害。20世纪30年代，居住在上海的“任何人都可

---

① 裴广强：《“能源革命”与近代江南社会经济(1865—1937)》，北京：中国人民大学，博士学位论文，2016年，第247页。

② 胡渭桥：《都市煤烟防止问题》，《科学时报》1935年第3期。

③ 1934年，大阪每平方千米煤烟尘降量为306吨，伦敦为266吨，上海则在700吨以上。参见裴广强：《近代上海的空气污染及其原因探析——以煤烟为中心的考察》，《“中央研究院”近代史研究所集刊》第97期，2017年9月。

④ 朱国栋、段福根主编：《上海服务市场》，上海：文汇出版社，1996年，第90～97页。

⑤ 《欧美全年所受煤烟之损失》，《科学》1915年第1期。

⑥ 同：《大矣哉煤烟之浪费》，《科学画报》1941年第2期。

⑦ 东北人民政府卫生部教育处：《工厂卫生》，沈阳：东北人民政府卫生部教育处出版科，1950年，第30页。

⑧ 1933—1935年，上海人口总数维持在340.4万～370.2万人。参见邹依仁：《旧上海人口变迁的研究》，上海：上海人民出版社，1980年，第90页。

以证明上海过于灰暗、乌黑和多尘”[①]，以至于上海居民虽然有101种引以为豪的东西展现给外国参观者，但是当谈到被严重污染的空气时，“最好选择沉默”。[②] 在天津人眼中，到1930年，“煤烟多”已经与“铜臭多”一样，[③]成为上海的城市招牌，“闻名”于全国。再者，煤烟不仅会污染、腐蚀物品和建筑物，还可能会引发火灾，对城市的繁荣与进步构成威胁。截至1888年7月13日，广德昌机器行烟囱冒出的煤烟含有大量未燃尽煤屑，多次引发火灾，危及附近百余家居民和铺户的安全。[④]

三、有碍卫生，损害人体健康

相比煤烟之于植物生长和污染、腐蚀物品的显性危害，其对人体健康的危害更多是隐性的，却可能最为严重。空气是重要的自然资源，也是人类看不见、摸不着的生命支柱。但是，近代上海的空气中已含有大量的煤烟，以至于人们充分行使呼吸的基本生存权利甚为困难。在“每一个有空气呼吸的鼻孔，都成了烟气进出的烟囱”[⑤]的同时，市民们对自身的健康问题产生忧虑。久而久之，人们逐渐明晰煤烟与健康之间存在的负向关联，认为煤烟“至可恐怖”，酿成市民不健康、不愉快的，“就是这个煤烟”。[⑥] 一般而言，煤烟危及人体的内外呼吸系统和神经系统，导致一系列疾病。此外，煤烟颗粒携带大量致病因子，散漫空中，使得上海居民的居住环境“处处为疾病的媒介”包围，[⑦]大大加重呼吸性传染病的致病概率。分析近代上海煤烟之于人体健康的负面影响，可以发现其危害程度涉及从轻微的生理变化直至死亡的全过程。

---

① “Soft Coal Smoke Shrouds City in Unhealthful Sooty Blanket,” *The China Press*, Aug 17,1935.

② “Smoke Nuisance Brings New Problem to City as Soot Particles Fly,” *The China Press*, Apr 8,1934.

③ 《通讯·关于白鹅》,《大公报(天津)》,1930年4月3日,第13版。

④ 《英界公堂琐案》,《申报》,1888年7月14日,第3版。

⑤ 李之谟:《烟雾尘天》,《论语》1949年第175期。

⑥ 《一个新闻记者(八二)》,《申报》,1928年11月10日,第22版。

⑦ 谢一鸣编著:《市政学概要》,上海:世界书局,1929年,第9页。

(一)影响外呼吸系统健康

外呼吸指人体通过呼吸道和肺,实现机体组织与外界之间气体交换的过程。煤烟粉末经鼻腔进入呼吸系统以后,不像有毒气体立刻发生显著反应。不过,吸入煤烟时间过久,就会引发一系列疾病。首先,容易引起以鼻炎为代表的鼻腔疾病和以猩红热(烂喉痧)为代表的咽喉疾病。以猩红热为例,该病原本"从古皆无",多因近代以来城市人口集中且"多(用)煤火、煤油",①呼吸新鲜空气少而受煤烟气多,以致热毒上攻咽喉而形成。病者唾沫中含有致病细菌,借由说话、咳嗽、喷嚏等途径由漂浮空中的烟尘携带传染。余新忠即认为上海疫喉连年爆发,显然与空气污染有关。② 1917 年春节之际,上海患猩红热者尤多,"每有合家传染者",严重者如海宁路焦姓一家大小 19 人全患此病。③ 到 1929 年春,上海婴幼儿因吸入煤烟而导致郁而难泄且染及痧疹者,仍比比皆是。④

煤烟进入气管之后,其含有的粉尘、二氧化硫等有毒成分会刺激气管黏膜产生炎性变化,影响肺泡分泌功能以及肺部通气和换气功能,导致气管炎和支气管炎,⑤典型症状为咳嗽和胸闷。1935 年,租界居民在致《北华捷报》信中曾言及,由于 24 小时持续吸入煤烟和硫化物充斥的不洁空气,大部分上海人的肺都已处于"永久的、令人厌恶的咳嗽之中"。⑥ 有人甚至将此种咳嗽称之为"上海式咳嗽",认为这是"世界上最为痛苦的现象之一"。⑦ 常在污浊不洁空气中作工者,较之普通人更容易罹患慢性支气管炎,咳嗽不止,严重者"或至不能操业,成为废人"。⑧ 当时,上海有居民胸口闷塞,痰带黑色者,经寻医问道

---

① 《杂录》,《申报》,1917 年 5 月 9 日,第 17 版。

② 余新忠:《清代江南的瘟疫与社会——一项医疗社会史的研究》,北京:中国人民大学出版社,2003 年,第 173 页。

③ 《喉痧遇救》,《申报》,1917 年 2 月 25 日,第 11 版。

④ 《谢利恒善治痧疹》,《申报》,1930 年 4 月 6 日,第 26 版。

⑤ 童雅培主编:《内科护理》,济南:山东科学技术出版社,1985 年,第 475~476 页。

⑥ "Shanghai Smoke: A Serious Matter," *The North-China Herald*, Aug 5, 1935.

⑦ "Smoke for Shanghailanders," *The China Press*, Sep 20, 1935.

⑧ 《久咳之原因及疗法》,《申报》,1935 年 11 月 25 日,第 14 版。

后，被告知乃烟尘集聚于气管所致。[①] 由此可见煤烟之于呼吸气管损害之深。

肺部是呼吸系统的主要器官，是气体交换的场所，其基本构成单位是肺泡。上海居民常年吸入煤烟，使得肺泡易被堵塞，由此导致肺癌者不乏其人，严重者形成“炭肺”。[②] 有死者的肺经解剖后，发现“颜色灰黑，活像在阴沟里掏出来”似的。[③] 与肺部其他传染病不同，肺癌的病原体并非一定是烟尘携带的其他致病因子，有时候烟尘本身就能够导致肺癌。现代环境科学认为，肺癌与大气中含有的苯并芘含量相关性显著，苯并芘主要来自煤、油等含碳燃料的不完全燃烧。[④] 1936 年 9 月，美国圣路易斯市某医院曾对煤烟与肺癌之间的关系进行动物实验和研究，在将 100 只鼠分别放置于有烟空气和无烟空气中后，发现肺癌发生率分别为 8% 和 2%，据此证明烟炱[⑤]为导致肺癌的原因。[⑥] 1949 年，上海美琪电影公司上映电影《芳魂钟声》，讲述一位女艺人艰苦奋斗的成功史，不过最后主人公却因早年被煤灰侵蚀肺病，积重难返而不治身亡，颇有隐喻意义。[⑦]

诸多肺部疾病中，肺结核（俗称肺痨）是与煤烟污染关系最为密切且危害程度最大的疾病之一。就致病途径，随地吐痰对肺结核传播的影响尤甚，携带病菌的唾液在尘埃中到处游动，正是“这一种疾病传播的最主要的原因”。[⑧] 该病最重要的治疗条件是需要呼吸清洁的空气，患病者居于“尘埃、煤烟众多之地方，是最不适宜的”。[⑨] 可见，煤烟不仅可以成为肺结核的主要诱发因素，也会导致结核病的恶化。空气污染与结核病之间的正相关性，早已得到国外研究的证实。20 世纪 30 年代初，英国医学博士根据曼彻斯特医院的临床调

① 《痰中带黑色》，《大公报（上海）》，1937 年 2 月 14 日，第 14 版。

② 毅贤：《摧残都会健康的煤烟》，《科学的中国》1937 年第 1 期。

③ 卢景蔚：《剖尸》，《申报》，1941 年 7 月 17 日，第 13 版。

④ 刘刚等编著：《大气环境监测》，北京：气象出版社，2012 年，第 36 页。

⑤ 烟炱系含碳物质不完全燃烧而形成的颗粒和焦油凝聚而成的固体混合物。参见方如康主编：《环境学词典》，北京：科学出版社，2003 年，第 172 页。

⑥ 镜清：《空气中之烟炱或为癌病之原因》，《科学画报》1937 年第 12 期。

⑦ 《影坛漫步·芳魂钟声》，《大公报（上海）》，1949 年 4 月 20 日，第 8 版。

⑧ 《上海公共租界工部局年报（1902 年）》，卷宗号：U1-16-4650，上海市档案馆藏，第 31 页。

⑨ 胡嘉言：《肺结核浅说（六九）》，《申报》，1935 年 10 月 7 日，第 16 版。

查,发现结核病患者平均每周的死亡率因空气污染而严重:在气候晴朗且无雾的春、秋季为12.7%,冬季无雾时为14.4%,烟雾笼罩时为16.5%。[①] 克拉普甚至认为在工业革命蓬勃发展的维多利亚时期,英国四分之一的死亡人数是由于空气污染引起或者加剧的肺病所致,其中绝大多数又可归之于支气管炎和肺结核。[②] 对于终日呼吸煤烟气的上海人,随着炭肺程度的加深和肺部活力的降低,感染肺结核的概率同样很大,年少体弱者尤其如此。1933年10月,上海市卫生局在市立比德小学施行肺结核注射调查,受注射儿童共822人,其中查出肺结核患者129人,接近总数的16%。如此高的患病率使当时《卫生月刊》的记者甚为吃惊,认为"此种惊人消息,实罕有闻"。[③]

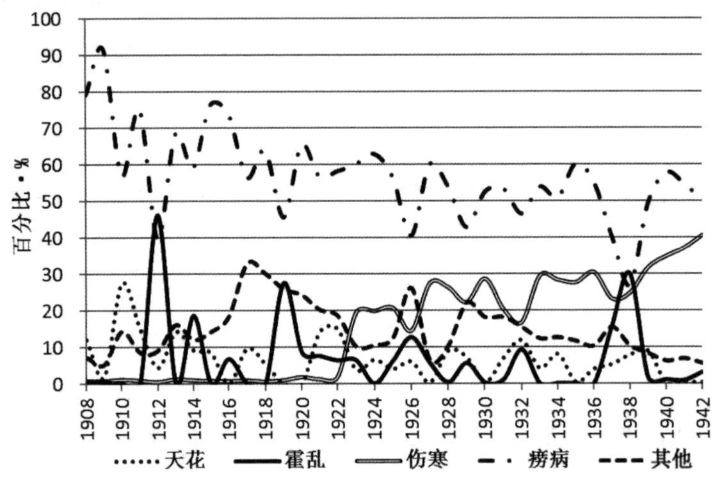

图1 1908—1942年公共租界各类传染病死亡人数比例图

资料来源:《上海公共租界工部局年报(1940)》,第379页;《上海公共租界工部局年报(1941)》,第79~84页;《上海公共租界工部局年报(1942)》,第55~58页。

说明:其他传染病主要包括白喉、猩红热、流行性感冒和脑膜炎。

如图1所示,同时段内,公共租界因各类传染病致死的总人数接近7.8万人。其中,因肺结核致死的比例除1912年和1938年略低于霍乱之外,其余每

---

① 《煤烟之害·英国》,《医事公论》1935年第18期。

② B. W. Clapp, *An Environmental History of Britain*, London: Longman, 1994, pp. 64-68.

③ 《肺痨病在中国学童间之活跃》,《卫生月刊》1934年第4期。

年都要高于天花、霍乱、伤寒以及其他传染性疾病。最高年份(1909 年)高达 90%以上,最低年份(1938 年)也接近 30%。平均而言,1908—1942 年每年维持在 55%左右。肺结核病具有的高致死率可见一斑,将其称之为近代上海传染病之中的头号杀手,并不为过。究其原因,与以煤烟为代表的空气污染物脱不开关系。

(二)影响内呼吸系统健康

内呼吸指人体内部血液、组织与机体组织、细胞之间进行气体交换的过程。[①] 正常情况下,人体需要吸入空气中的氧气与血液中的血红蛋白结合,"循环于心肺内脏之间,以营养各重要器官"。由于煤炭、煤球等燃烧不充分会产生无色无臭的一氧化碳,加之其与血红蛋白的亲和力要比氧气与血红蛋白的高得多,因而会使血红蛋白丧失携氧能力,造成机体组织窒息。[②] 近代上海因室内取暖方法不当,径直将缺少烟囱的煤炉于室内燃烧,致使一氧化碳四散,摧残人命的事例不胜枚举。"每个冬天都会发生"[③],尤其以夜间为多。常常是全家中毒死在床上,第二天始被旁人发觉,"情况之惨是不忍想象的"。[④] 1931 年冬,沪西戈登路(今江宁路)和新闸路口 48 号一家老小 5 口均因一氧化碳中毒而毙命,甚为惨烈。[⑤] 不过,相比致死的人数,"中毒后身体或者脑力因而衰弱的,不知道比死的数目还要多几倍或几十倍"。[⑥] 为杜绝此种人为之祸,《申报》等报纸杂志上刊登有关规避一氧化碳中毒以及治疗之法的文章连篇累牍,经时不绝。

另外,在近代上海呼吸系统疾病患病率方面,存在着明显的职业、经济状况和季节的差别。就职业差别,越容易与煤烟等不洁空气接触的职业种类,越容易患病。印刷工人、扫煤烟工人、铁匠等因整日与煤烟为伍,故而成为患肺结核最多的职业之一,患病率为 40%~50%;主要活跃于城市内部、行踪难定

---

① 王衍富主编:《呼吸系统健康》,北京:中国协和医科大学出版社,2015 年,第 2 页。

② 池博:《煤气中毒之预防与治疗》,《铁道卫生季刊》1931 年第 2 期。

③ "Two Chinese Succumb to Fumes from Stove," *The North-China Herald*, Jan 18, 1939.

④ 一言:《煤气中毒》,《医潮月刊》1948 年第 8 期。

⑤ 《全家中煤毒》,《申报》,1931 年 12 月 14 日,第 15 版。

⑥ 董承琅:《预防煤气毒》,《协医通俗月刊》1928 年第 4 期。

且易与室外煤烟接触的工商业者次之，约为30%；受城市空气污染影响较小甚至全无影响的农业人员最低，仅8%左右。[①] 就经济状况差别，下层阶级由于住所拥挤、室内新鲜空气缺乏、食物营养差以及工作劳动强度大等原因，患病的概率较之上层阶级大得多。[②] 一氧化碳中毒的，“一般来说，穷人多于富人”，因为后者可以用水汀壁炉、电炉等新式无烟烹饪和取暖设施。[③] 就季节差别，秋冬之际因常于室内生火取暖，加之烟囱安装不妥或全无此种装置，煤烟滞留室内不能及时排出，足以刺激患者病势加重，待春暖之时则病势减轻。[④] 对于体质较弱的老年人，出于空气质量的原因而喜欢夏天、厌恶冬天者不在少数。正如一位王姓老太所言：“一到夏天，我就复活了，到冬天，我就病怏怏地不舒服。”[⑤]

（三）损害精神健康

煤烟之于人体健康的影响有形，对于精神健康的影响则完全无形。就直观感受而言，充沛的阳光总能让人心情舒朗。然而，煤烟能使空中多雾，导致日光减弱，间接损及人的心情。据20世纪30年代的相关调查，英国利兹市工业地区的紫外线较之郊外或者高山、海岸地带减少40%，谢菲尔德工业地区比公园地区减少50%，日本东京市内比郊外减少30%，[⑥]伦敦的日光较之往日减少37%。[⑦] 鉴于同时段上海的煤烟沉降量已经超过伦敦，可推测上海因煤烟而导致的日光减少量亦不在少。空气污染的加重和日光的减少，使人感觉居住于“覆着黑布似的阴霾环境之下”，难免精神抑郁。[⑧] 人们的情感和感觉愈加“稀淡”和迟钝，“好像自己已经成为一座无性灵的机器，对什么毫（好）事件都漠然地（提）不上一点兴致来，每天没有丝微的活泼的情绪，机械地过着日子”。最终，生活被当作“一池死水，永远打不起波浪”，生命亦被看作“累堕

---

① 刘雄编纂：《肺脏诸病之治疗》，上海：商务印书馆，1927年，第4页。

② 基兹：《扩大防痨运动》，《申报》，1940年3月22日，第11版。

③ 一言：《煤气中毒》，《医潮月刊》1948年第8期。

④ 虹：《患肺痨者冬令应注意之各点》，《申报》，1940年12月30日，第13版。

⑤ 李辉英：《母子之间》，《申报》，1936年9月18日，第17版。

⑥ 无尘：《都市的煤烟问题》，《新中华》1936年第5期。

⑦ 《少见多怪》，《海王》1936年第2期。

⑧ 毅贤：《摧残都会健康的煤烟及其预防法》，《科学的中国》1937年第1期。

的东西，无谓地浪费着”。[①] 白天已然感受不到充沛的阳光，晚上住在没有窗户的逼仄空间之内还要遭受一氧化碳的危害。即使免于丧命，天亮起床的时候，头也是常常“昏得要命”[②]，自然没有工作的活力和精神气。生活于煤烟弥漫、尘土飞扬的上海，人们“心困性杂，力疲神纷”，即便“不即丧其年，亦必渐促其寿”。因此，无怪乎有人曾发出“人不幸而住于上海，人不幸而生于上海”，“上海人直在地狱中耳”的感叹。[③]

多烟的环境和压抑的心境，使上海城市生活恹恹一息。相比阴沉的平日，短暂的雨过天晴总能让人心情为之一悦。1927 年端午节，上海适逢雨后天晴，市民齐赴半淞园观看龙舟竞赛。园中空气因雨水的洗刷“分为清鲜，而一切花草竹木，亦莫不欣欣向荣”。久困于煤烟浊气之中的市民一睹此情此景，“顿觉心怡神旷”。[④] 不过，寄望每日降雨冲散烟尘，终非可举之策。因此，于节假之日出游郊外，成为当时很多市民的共同选择。相比人多烟多的城区，阳光明媚、鸟语花香、空气清新的郊外，已然成为上海人心目中的精神乐园。[⑤]郊外明朗的环境可以让人暂时忘却工作的疲劳，寄寓自己的审美理想和生活情趣，达到心灵的暂时安宁，“得着不可名言的爽快”。[⑥] 久居上海的文人雅士亦以乡村为参照反观都市，认为空气污染、市声扰攘的市区显得龌龊不堪，流露出对远离城市尘嚣的渴望。施蛰存就曾想离开上海，“到静穆的乡村中去生活，看一点书，种一点蔬菜，仰事俯育之资粗具，不必再在都市中为生活而挣扎”[⑦]。对乡村自然的追求，从反面证明多烟的上海确实已损害市民精神的健康和生活的舒适。

---

① 家人：《窗下小记》，《申报》，1935 年 10 月 24 日，第 20 版。

② 朱邦兴、胡林阁、徐声合编：《上海产业与上海职工》，上海：上海人民出版社，1984 年，第 590 页。

③ 兆三：《上海人休矣》，《申报》，1924 年 3 月 1 日，第 8 版。

④ 《端午节上海半淞园湖中龙舟竞渡之盛况》，《良友》1927 年第 16 期。

⑤ 《上海近郊风景》，《民众生活》1930 年第 13 期。

⑥ 邓远澄：《大都会的煤烟防止问题》，《科学的中国》1935 年第 10 期。

⑦ 施蛰存：《北山散文集（一）》，上海：华东师范大学出版社，2001 年，第 412 页。

结 语

综上所述,近代上海以煤烟为代表的空气污染物对市区乃至周边的生态系统和人体自身造成明显的负面影响。首先,大量的煤烟妨害市区内植物的正常生长,加剧近代上海的低绿化率,损害都市的美观。煤烟随风飘至郊区,导致上海近郊局部地段农作物产量减产,严重者引起种植结构的改变,同时给地力的保持带来隐患。其次,煤烟含有的灰分和化学成分对室内外物品、衣物和建筑物等造成污染和腐蚀,有损城市声誉,威胁城市繁荣与进步,酿成难以计量的经济损失。最后,煤烟严重妨碍居民的日常卫生,极大损害人体呼吸系统和精神系统,致使市民的生活环境终日被烟尘携带的致病因子包围,加重肺结核等流行性传染病的致病率和致死率。可见,滚滚煤烟的存在,确已完全违背"经济发展的原本意义在于增加人类的幸福"的原则。[①]

从学理上看,近代上海的空气污染之所以导致如此严重的危害,与城市生态系统的特点息息相关。城市生态系统是由特定地域内的人口、资源、环境等因素通过各种相生相克的关系建立的人类聚居地或者社会—经济—自然复合体,也是流量大、运转快的开放性系统,只有从外部输入大量的物质和能量,才能维持自身系统的稳定和有序。与此同时,城市再生产和消费过程中产生的废物只有及时得到消解,城市生态系统的相对平衡才能得以维持。但是,城市生态系统的自我调节和自我维持能力恰恰很差,很难通过自身的能力解决空气污染等环境问题。[②] 在这一前提之下,人们无力采取有效的环境保护措施消解污染物,空气污染等环境问题就会持续存在,由此导致的对于自然生态系统和人文生态系统的危害性影响必将跨越时空的界限,反复重演。

裴广强:西安交通大学马克思主义学院副教授。

---

① 孙仁洽:《防止工厂烟囱飞扬煤烟的办法》,《工业青年》1942 年第 2～3 合期。

② 林育真、付荣恕主编:《生态学》,北京:科学出版社,2013 年,第 232～233 页。

“旱”何以成“灾”:1932—1953 年河西走廊西部“旱灾”表述研究*

张景平　郑　航

一、问题的提出:1932—1953 年河西走廊西部地区“旱灾”表述的发现

为数众多的自然灾害中,“旱灾”是具有特殊属性的灾害形态。相对于洪水、地震、海啸等可以瞬间造成巨大损失的灾害事件,“旱灾”的成灾过程十分漫长,对其发展演化的阶段更需要人为加以定义,因此存在“气象干旱”、“农业干旱”等不同标准体系。历史文献中看到的“旱灾”,首先作为历史表述而存在;无论讨论历史“旱灾”本身抑或揭橥历史“旱灾”背后的社会文化现象,都必须先分析“旱灾”表述的成因与特点。① 另外,灾害已经是当前学界观察社会

* 本文为国家社科基金青年项目“晚清以来祁连山—河西走廊水环境演化与社会变迁研究”(18CZ068)系列成果之一。原载《学术月刊》2019 年第 7 期,有微调。

① 国内较早直接分析旱灾话语的是夏明方的作品,参见氏著:《自然灾难史:思考与启示——自然灾害、环境危机与中国现代化研究的新视野》,《史学理论研究》2003 年第 4 期;《中国灾害史研究的非人文化倾向》,《史学月刊》2004 年第 3 期。近年来“灾害书写”研究崛起,各历史时代的具体研究极为丰富,其中文学角度的研究对于文学文本中的旱灾话语有更深入的解析,代表作如张堂会:《民国时期自然灾害与现代文学书写》,北京:中国社会科学出版社,2012 年。国外环境史角度的灾害研究一向注重灾害的观念属性,其相关研究亦介绍入国内,其代表作品参见高国荣:《自然灾难史:思考与启示——环境史学对自然灾害的文化反思》,《史学理论研究》2003 年第 4 期。灾害与信仰问题的研究相对丰富,涉及旱灾话语的如王振忠:《清代徽州民间的灾害、信仰及相关习俗——以婺源县浙源乡孝悌里凰腾村文书〈应酬便览〉为中心》,《清史研究》2001 年第 2 期;赵英兰、刘扬:《清末民初东北民间祈雨信仰与社会群体心理态势》,《吉林大学社会科学学报》2011 年第 5 期;王洪兵、张松梅:《清代京畿灾荒与祛灾仪式探析》,《东岳论丛》2011 年第 3 期;李菲菲:《水神信仰下的干旱认知研究——基于大理海东的个案分析》,《青海民族研究》2016 年第 3 期。灾害人类学领域对旱灾话语亦有丰富探讨,其西方学术背景的介绍可参见李永祥:《干旱灾害的西方人类学研究述评》,《民族研究》2016 年第 3 期。相关中国化的个案研究十分丰富,兹不赘。

生活、社会结构的重要窗口，相似的灾害会因不同的社会特性与经济发展水平呈现出截然不同的社会后果。清代淮河流域与太湖平原在同样面对干旱威胁时，其迥不相侔的遭遇可谓众所周知。[①] 因此，讨论"旱灾"话语时，对其地域属性的分析不能忽视。河西走廊西部是中国西北边疆历史悠久的农业区，气候干燥少雨，农业生产完全依赖内陆河水灌溉。民国中后期至中华人民共和国初期，该区域水利现代化历程正式开启，社会亦发生深刻变化。[②] 此时，大量有关"旱灾"的表述相伴出现于各类文献中，本文即围绕这些表述展开相关研究。因强调"旱灾"作为历史表述的地位，故全部加引号以示提醒。

河西走廊系位于甘肃黄河以西的"东南—西北"向狭长地域，全长约1000千米。走廊南部边缘为最高海拔近6000米的祁连山脉，北缘则分布有统称为"走廊北山"的不连续中低山系，大体与祁连山脉平行。从走廊东部到西部，分属石羊河、黑河与疏勒河三大水系，其中，黑河第一大支流讨赖河与疏勒河第一大支流党河，因水量丰沛且灌区独立，往往被单独划出，与石羊河、黑河干流、疏勒河干流并称为河西走廊五大流域。这些河流的上游皆蜿蜒于祁连山山地，地势高寒，人口稀少；中游则位于平原区，分布有肥沃绿洲，自古即是河西走廊的主要农业区与主要人口聚居区；下游尾间地区则形成以湿地、湖泊景观为主的生态系统，居延海即为其中最著名者。其中石羊河、黑河干流以及讨赖河切穿北山山地，其下游地区今日亦有大面积垦殖区域存在。

自西汉设立河西四郡以来，河西走廊在历代边防与中外交通中的重要地位已为人所熟知。从这两个角度出发，河西走廊经常被作为统一的区域分析研究。然而从环境与人文角度细致考察，河西走廊其实可以划分为东部与西

① 分析清代淮河流域旱灾与社会的代表作，可参见马俊亚：《被牺牲的"局部"——淮北社会生态变迁研究》，北京：北京大学出版社，2011年。关于清代江南旱灾与社会，可参见冯贤亮：《咸丰六年江南大旱与社会应对》，《社会科学》2006年第7期；《灾荒危机与地方社会——咸丰年间桐乡知县戴槃的活动与记述》，《史学集刊》2018年第5期。

② "水利现代化"是在历史上不断演进的概念，现实水利工作中，水利现代化等同于水利技术与管理体制的不断进化，并无完成之时。本文所指的水利现代化大致为20世纪70年代的标准，是引入现代水文学、近代流体力学、土木工程学科之后，水利工作中依据科学原理的规划设计施工、建设永备水工建筑物、建设科学化管理体制的努力方向。参见顾浩主编：《中国水利现代化研究》，北京：水利水电出版社，2004年，第三章《水利现代化评价指标体系与标准》。

部两个存在重大差别的区域，大体可以今日之高台、临泽为分界，东部包括石羊河流域与黑河干流的张掖、临泽绿洲，西部则包括黑河干流的高台绿洲及其下游的鼎新绿洲、讨赖河流域、疏勒河干流以及党河流域全部。今日走廊东部地区的主要城市是武威、张掖，东汉至清分别为凉州（府、卫）、甘州（府、卫）治所，绿洲面积广大且分布连续，人口稠密，其中凉州是汉唐间著名都会；走廊西部地区的主要城市是酒泉、敦煌，东汉至清分别为肃州（卫）、沙州（卫）治所，绿洲面积局促且分布稀疏，且自张掖以西出现流沙景观，人口密度较东部明显为少。早在青铜时代，走廊东西部已分属不同的考古文化类型，东部属沙井文化，西部属四坝文化；前者可能与匈奴有关，后者则因其独特的青铜器型与成分而与新疆、中亚诸考古文化关系密切。[①] 至唐代，时人已认识到走廊东西部存在重大差异，有所谓“秦陇之西，人户渐少；凉州已去，沙碛悠然”之说，一个“渐”字精辟地写出从走廊东部到西部人口密度递减的情形。[②] 日本学者前田正名将唐代河西走廊东、西部分为两个区域，即是从“地形、气候、雨量、植物景观等综合划分”的结果，“极端干燥”则是其对河西走廊西部的核心印象。[③]

明清时期，河西走廊东西部的差异因地缘政治而扩大。河西走廊东部的凉州、甘州，城邑恢宏、人文昌盛，曾出现道光朝两江总督牛鉴这样的知名人物；有学者根据甘肃巡抚元展成于乾隆六年（1741年）清理田赋时将地亩分为“金、银、铜、铁”四等的划定，认为民国时期所谓“金张掖、银武威”之民谚盖由此肇源，甘、凉二地早已被视为甘肃全省的膏腴之地而承担较重的赋税。[④] 与之相对应，走廊西部的社会经济发展水平则大为逊色。明代放弃对嘉峪关以西土地的直接控制，疏勒河干流与党河流域的玉门、敦煌等地仅存在若干羁縻卫所，城邑荒残、绝无编户。讨赖河中游的肃州作为西北边防体系的末梢，有

① 参见谢端琚：《甘青地区史前考古》，北京：文物出版社，2002年，第八章《四坝文化》、第十三章《沙井文化》。

② 参见（后晋）刘昫：《旧唐书》卷103，《郭虔瓘传》，北京：中华书局，1975年。

③ ［日］前田正名著：《河西历史地理学研究》，陈俊谋译，北京：中国藏学出版社，1993年，第7页。

④ 参见谢继忠：《“金张掖”、“银武威”的由来考证——河西走廊水利社会史研究之三》，《安徽农业科学》2012年第15期。

“地狭民贫”、“孤悬绝域”之谓①，长期笼罩在浓厚的军事气氛中，讨赖、黑河两河下游的今金塔地区则因地处边墙之外而少有持续开发。② 直至康熙末期，清廷考虑对西域用兵，遂在河西走廊西部地区移民屯田，在嘉峪关外设置卫所。直至乾隆中期最终完成平准大业后，今日河西走廊西部的敦煌、瓜州（清中叶至21世纪初称安西）、玉门、金塔四县政区及基本灌区规模方始成型。乾隆三十七年（1772年）之后，河西走廊形成东部属甘凉道（下辖凉州府与甘州府）、西部属安肃道（下辖肃州直隶州与安西直隶州）的基本政区格局。③

河西走廊西部地区深居内陆，干燥少雨，发生“旱灾”似乎不足为奇。然而有研究者根据袁林《西北灾荒史》中的资料排比进行定量分析，认为“明清时期河西走廊干旱灾害在空间上存在从东到西逐渐减少的趋势”，河西走廊西部地区发生旱灾的次数明显低于东部，酒泉地区平均每15.1年发生一次旱灾，武威地区则为9.19年。④ 综合水文与灌溉制度等因素，这一结论完全可信（详见本文第二节）。虽然明清河西走廊东西部地区经济文化发展不平衡、不同步导致历史文献的时空积累存在极大的不对称性，主要依靠实录、方志等文献统计“旱灾”存在局限。然而多种历史文献表明，河西走廊西部地区在1932年之后似乎进入“旱灾”频发甚至陷入“长期旱灾”的时期，“干旱”作为“灾情”的表述频繁出现。从19世纪60年代中期回民起义爆发至1931年蒋、冯在西北最后较量的“雷马事变”爆发，甘肃不时为战乱摧残，河西地区社会破坏严重。1932

① 肃州“地狭民贫”说参见（明）瞿九思：《万历武功录》卷9中，《三边·哆罗土蛮把都儿黄台吉麦力哥克臭列传》，明万历刻本；“孤悬绝域”说参见（明）严从简：《殊域诹咨录》卷13，《西戎·土鲁番》，明万历刻本。

② 据《秦边纪略》记载，讨赖河流域的威虏城等地明代曾一度兴起屯田，因边将措置失当，不久即荒废，参见（清）梁份著，赵盛世等校注：《秦边纪略》卷4，《肃州卫·肃州近疆》，西宁：青海人民出版社，1987年，第254页。金塔寺堡等地，至清初已是“地无居人、悬兵塞外”的状况，参见（清）梁份著，赵盛世等校注：《秦边纪略》卷4，《肃州卫·肃州北边》，西宁：青海人民出版社，1987年，第242～243页。明代在疏勒河流域中游一度筑苦峪城安置哈密卫民众，不久亦内迁，仅有局部地区有少数民族民众利用泉水进行有限的耕作，具体可参看张景平：《历史时期疏勒河水系变迁及相关问题研究》，《中国历史地理论丛》2010年第4辑。

③ 参见《甘肃全省新通志》卷4，《舆地志二·沿革表》，清宣统三年（1911年）刻本。

④ 参见郇科科、赵景、罗大成：《河西走廊明清时期旱灾与干旱气候事件初步研究》，《干旱区研究》2011年第2期。

年，南京国民政府任命邵力子为甘肃省主席，河西走廊开始恢复秩序，亦开始水利现代化的初步历程。① 1932—1949 年，河西走廊西部旱灾的相关表述可以分为四种主要类型，简略梳理如下。

第一种“旱灾”表述出自地方官员，一般与申请赈灾、请求拨款、处理水利纷争有关。进入民国，河西走廊西部政区几经调整，1929 年后全部并入甘肃省第七行政督察区，辖党河流域的敦煌县与肃北设治局、疏勒河干流的安西县与玉门县、讨赖河流域的酒泉县与金塔县、黑河干流的高台县与鼎新县八个县级行政单位，其中七区专员驻酒泉。收藏于酒泉市档案馆的民国第七区档案中此类文件颇多。1939 年，安西县长以该县局部地区遭遇洪灾要求赈济的报告云：“自(民国)二十年来几无岁不旱，民众穷困流离，不料今夏复遭此巨潦之灾，安土者已无生理。”②1948 年，鼎新县长就鼎新与高台三清渠争水事向七区专员上报云：“自(民国)三十二年以来黑河水量不敷，如彼再开水口，频年灾情将不可收拾。”③还有些官员在报刊上撰文谈论旱灾。时任金塔县长周志拯于 1934 年发表《甘肃金塔县概况》一文云：“近十年来，连遭亢旱，蒙沙南迁，天灾人祸，纷至沓来，以致民不聊生。”④时任金塔县建设科长张文质于 1948 年发表《金塔的沙害》一文云：“金塔的连年旱灾中，沙害实在引起了雪上加霜的效果。”⑤

第二种“旱灾”表述出自地方民众，主要体现于由地方士绅领衔撰写的呈文中，集中于三个主题，即蠲免赋役、申请接济与裁处水利纠纷。蠲免赋役者如玉门县各界代表于 1937 年上书第七区专员，以“垒(累)年亢旱，民力穷竭、流亡日滋”为由，要求政府减少摊派修筑兰新公路之民工数量；⑥申请接济者如酒泉夹边沟民众于 1948 年上书第七区专员，以“民沟遭旱灾数年，民之穷苦

① 关于 1932 年开始的河西走廊早期水利现代化的基本情形，参见黄正林：《民国甘肃农田水利研究》，《宁夏大学学报(人文社科版)》2011 年第 3 期。

② 《安西县长关于大湾等处遭受水灾请求赈济给七区专员的呈文》，1939 年 8 月 31 日，酒泉市档案馆历 3-1-774。

③ 《鼎新县长关于高台三清渠新开渠口后果严重理当封闭事给七区专员的呈文》，1948 年 7 月 9 日，酒泉市档案馆历 1-1-702。

④ 周志拯：《甘肃金塔县概况》，《开发西北》1934 年第 4 期。

⑤ 张文质：《金塔的沙害》，《西北日报》，1948 年 7 月 23 日。

⑥ 参见《玉门各界代表李润藻等请求酌减兰新公路民工征发原额事给七区专员的呈文》，1937 年 9 月 6 日，酒泉市档案馆历 1-1-472。

已达极点”为由，请求政府接济民工口粮以便早日完成夹边沟水库工程；[①]要求裁处水利纠纷者如酒泉民众于1940年上书七区专员，自称“近年马营（河）流域之中寨、盐池等地，已因旱灾无人矣”，强烈要求停止向金塔“均水”。[②]

第三种“旱灾”表述出自新闻记者、旅行者之手，这些作者多来自外地，对地方情况仅有走马观花的了解，记录难免有舛错之处，但如依托有影响的媒体发布，社会影响一般甚大。《力行月刊》1943年第1期署名江戎疆的《河西水系与水利建设》一文谓河西“民国以来屡遭荒旱”，特地举出金塔县的例子云：“金人无法，只有相率挈眷逃往新疆垦荒为生。”1948年《大公报》刊载宁人《鸳鸯池蓄水库工程》一文中谈到水库修建以前酒泉、金塔两县的情形时云：

> 以有限之水，普灌两县新增之大量农田，事实绝感不足，此又非昔日年大将军所计及者也。况酒泉占据上游，于需水时金塔固可瘠旱，而酒泉一部田苗，亦告荒歉。[③]

由于《大公报》的重大影响力，这一份报道实际起“通稿”作用，如稍后出版的《联合画报》刊载史仲《全国第一水利工程鸳鸯池水库落成记》一文，其文字部分明显有借鉴《大公报》的痕迹。[④]

第四种“旱灾”表述出自方志类文献。编写于1941年的《金塔县采访录》第十二节《官绩人物传》中简单记录县长周志拯事迹时谈道：

> 周济，字志拯，浙江永嘉县人。民国二十二年东来宰金邑，时地方旱灾频仍，供应浩繁，农商交困。……讲求水利，补修道路，广植树株，次第举行者，不一而足，主政三载，循声卓著，而仁风扇野有口皆碑。[⑤]

---

① 参见《酒泉临水乡夹边沟户民盛发荣等因夹边沟水库推迟完工请求救济民夫食粮等事给七区专员的呈文》，1948年6月18日，酒泉市档案馆历1-1-680。

② 参见《酒泉县长关于转呈酒泉县农会水利委员会请求解决酒金水案纠纷而免无端争扰妨害民生等事给七区专员的呈文及七区专员处理意见》，1940年7月29日，酒泉市档案馆历1-1-659。

③ 宁人：《鸳鸯池蓄水库工程》，《大公报》，1947年7月19日。

④ 参见史仲：《全国第一水利工程鸳鸯池水库落成记》，《联合画报》1947年总第208期。

⑤ 参见金塔县政府编：《金塔县采访录》，1941年，第十二节。

编写于20世纪50年代后期的内部书稿《河西志》在介绍1949年前的水利制度时谈道:

> 如黑河下游之鼎新县及金塔的天夹营,高台的正义五堡,共有耕地八万八千多亩,每年立夏后黑河水量全部由上游各渠堵引断流,直至天气炎热河水高涨时,才可长流灌溉,故在芒种前后夏禾迫切用水之际,河水离涨尚远,所以夏禾耕地皆赖旧有均水制度始可浇灌,然因河床沙多面宽,长期晒干,再加路途遥远,蒸发和渗漏的水量是很大,所浇之地有限,致使金、鼎两县连年遭受严重旱灾。[①]

方志类文献中的“旱灾”表述较之前三类文献无疑具有“后见之明”,并非现场记录,但却表明民国时期长期遭受“旱灾”已经作为历史记忆存在于头脑之中。

上述四类文献中,笔者举出的都是关于民国时期河西走廊西部连续遭受旱灾的直接表述。除此之外,1933—1949年的地方档案与报刊中有大量文献显示,河西走廊西部八县除敦煌与肃北设治局外,各县全部或局部每年都有因干旱酿成的“灾情”,可谓不胜枚举。民国时期河西走廊西部地区遭遇持续、严重的“旱灾”似乎已是不争的事实。但仔细看,这些说法多比较笼统,缺乏对“旱象”与“灾情”的细致描述。同时,关于“旱灾”的表述众说纷纭,彼此之间甚至同一文本内部往往颇多抵牾。即以上引《金塔县采访录》第十二节《官绩人物传》中周志拯到任前“地方旱灾频仍”的说法为例,然同书第二节《气象类》记载“天旱、地震及灾异状况”时并未言及周志拯于1933年到任前的“旱灾”,只叙“民国二十六年荒旱成灾”,二者明显矛盾。

1932—1949年如此多样、密集的“旱灾”表述一直延续到中华人民共和国时期,其中以1953年为高潮,“旱灾”的各种表述频繁见诸各种文献,尤其是政府的农业生产文件中。1932年之前,数量不多的地方文献虽时有“旱灾”表述,但记录未见如此频繁密集;1953年后,民众所谓“旱年”与水利部门所谓

---

① 参见张掖专区文化局编:《河西志》,内部油印本,甘肃省图书馆西北文献部藏,第三章《水利》。

“枯水年”继续见于各种口述材料与专业文献，唯独“旱灾”一词的使用频率骤减。在此必须首先解决一个问题：20世纪上半叶的“旱灾”尤其“长期旱灾”，究竟是否真实发生？

二、民国“旱灾”的可能性分析：人口、水文与耕作制度

河西走廊西部地区干旱少雨，自东至西，多年平均降水量从110毫米递减至60毫米以下，蒸发量则从1500毫米递增到2000毫米以上，不具备发展雨养农业的可能。[①] 历史时期河西走廊气候虽有小幅变化，但农业生产完全依赖灌溉则是一以贯之的事实。因此河西走廊西部如发生连续“旱灾”，其根本原因应该是灌溉用水不足以供给作物生长，以致出现粮食短缺。从常识出发，粮食短缺无非有两种可能，即消耗增加或生产减少，或两者同时叠加。消耗增加可归因于人口的大幅增长，灌溉用水减少则可视为生产减少的重要原因。先以讨赖河流域为例简单考察民国时期该地区的人口情况。

清宣统元年（1909年）的人口统计显示，中游肃州共有43438人，下游王子庄州同7400人；[②]至民国二十七年（1938年），由肃州改置的酒泉县为99957人，由王子庄州同改置的金塔县则为29746人。[③] 三十年间，中游人口翻了一番多，下游则翻了两番多。如果孤立地看这两组数字，似乎意味着人口的显著增长是粮食缺乏的重要原因。不过，将目光略微向前延伸，情形就会有很大不同。根据方志统计，清雍正十三年（1735年），肃州直隶州不过两千多

---

① 本文地理、水文数据如不另行出注，一概来自下述三个来源：黑河流域数据取自国家自然科学基金重大计划“黑河流域生态水文集成研究”西部数据中心（http://westdc.westgis.ac.cn/）；讨赖河数据取自清华大学、甘肃省水利厅讨赖河流域水资源管理局合编：《讨赖河流域传统分水制度与现代结合模式研究报告》，2010年；疏勒河数据出自《敦煌水资源合理利用与生态保护综合规划（2011—2020）》，国务院2011年6月通过。

② 《肃州直隶州地理调查表》，清宣统元年抄本，甘肃省图书馆藏；《王子庄州同地理调查表》，清宣统元年抄本，甘肃省图书馆藏。

③ 甘肃省档案馆编：《甘肃历史人口资料汇编（第二辑）》下册，兰州：甘肃人民出版社，1998年，第23、45页。

丁,王子庄州同辖境人口数不详,但因刚刚开垦不久,人数不会很多;[①]但至六七十年后的嘉庆年间(1796—1820年),上述两地加上黑河流域的高台县,总人数竟然达到四十五万口;[②]根据当今金塔县、酒泉县肃州区两地人口总数与高台县人口数的比例计算,当时讨赖河流域人口应在三十七万人左右。虽然在统计单位上“丁”、“口”有别,但清中叶的这一轮人口增长幅度仍然比民国更令人印象深刻。民国时期的流域总人口较清代极盛时期的规模差距明显,但笔者在文献中尚未发现清代中期讨赖河流域出现“长期旱灾”的记录。

由此可见,河西走廊西部地区在民国时期的人口增长依然只是同治回民起义后的恢复性增长。左宗棠攻取肃州后,曾云“民人存者不过十之三四,地亩荒废,居其大半”[③],而疏勒河流域的玉门一带“其遗黎能自耕者不过十之一二”[④]。这样大的人口损耗,恢复需要较长周期,民国时期尚未完成这一过程。既然人口问题不是“旱灾”的成因,灌溉用水减少是否可能?换言之,河西走廊西部诸河的水量是否在民国有很大缩减呢?

找到水量缩减的文献证据似乎并不难。赫定(Sven Hedin)1933年途径安西时,当地人告诉他一百年前疏勒河的水量要大得多。[⑤] 中国水利技术人员也曾认为:“民国以还,祁连山积雪,日渐减少,水源渐涸,以致农田不敷灌溉。”[⑥]不过仔细推敲,这两个说法都大有可议之处。首先,“今不如昔”是传统中国人惯有的思维方式,关于水量的记忆,人们很容易选择某个丰水年甚至洪水事件的片段。其次,对于疏勒河这样主要由冰川融雪补给的河流,“祁连山积雪日渐减少”在短期内应该造成径流的增加。如图1所示,近十年疏勒河流量明显上升,正是祁连山西部冰川因全球气候变化而加速融化的时期。在对

① 参见《重修肃州新志》,《肃州·户口》,清乾隆四年(1739年)刻本。

② 参见《嘉庆重修一统志》卷278,《肃州直隶州·户口》,北京:中华书局,1986年。

③ 参见(清)左宗棠:《官军次第分起次第行走折》,同治十二年十二月初十日,《左文襄公奏疏》卷54,上海:上海图书集成局,清光绪十六年(1890年)刻本。

④ 参见(清)左宗棠:《嵩武军开抵玉门片》,同治十三年二月十六日,《左文襄公奏疏》卷55,上海:上海图书集成局,清光绪十六年刻本。

⑤ 参见[瑞典]斯文·赫定著:《亚洲腹地探险八年》,徐十周等译,乌鲁木齐:新疆人民出版社,1997年,第704页。

⑥ 中华民国水利部河西水利勘测总队编:《疏勒河流域灌溉工程规划书》,1947年,甘肃省图书馆藏。

文献记载本身业已产生怀疑的前提下，传统灾害史研究中排比文献进行量化分析的做法在方法论上已不适用，需要借助现代水文学的方法与观点考察这个问题。

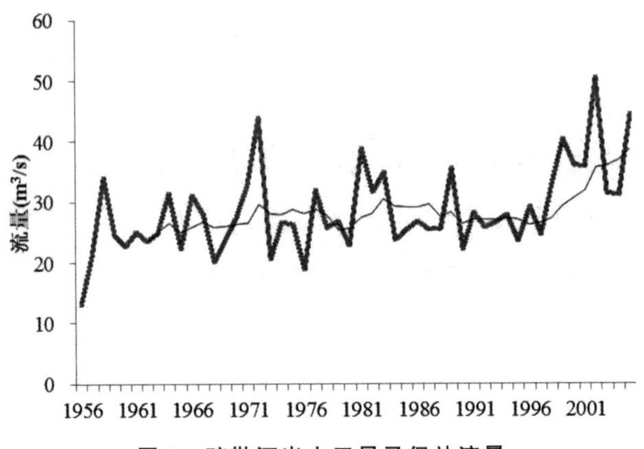

图 1　疏勒河出山口昌马堡站流量

河西走廊西部诸河的连续水文数据起始时间较晚，黑河为 1944 年，讨赖河为 1948 年，疏勒河为 1956 年。虽然无法直接获取民国时期大部分时间的水文细节，但通过研究既有数据仍然可以得到一些有用的认识。图 2、图 3 分别为黑河、讨赖河出山口的流量数据，图中粗线为历年平均流量过程线，细线为波动周期为七年的趋势线。从中可以看出，东部的黑河流量在年际间波动较为明显，以七年左右为周期呈现明显的丰枯波动；相比之下，偏西部的讨赖

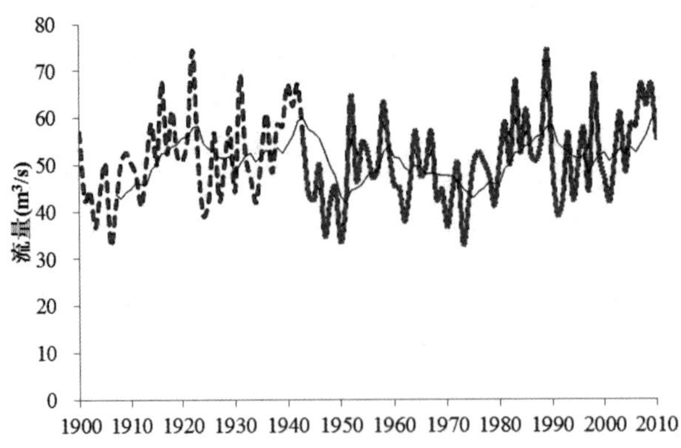

图 2　黑河出山口莺落峡站流量，实线为新中国成立后实测，虚线为推延图

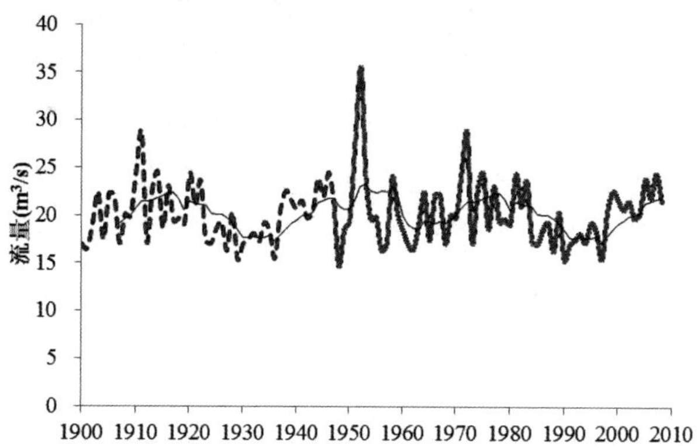

图3　讨赖河出山口冰沟站流量,实线为新中国成立后实测,虚线为推延图

河流量的波动性较小、年际变化较为平缓、丰水期与枯水的周期交替不强。如图1所示,西部的疏勒河流量的周期性波动最小,年际变化趋势最为平稳,只是在20世纪90年代中期以后,流量呈现明显上升趋势。上述三条河流的流量变化规律不同,与各自补给水源的组成不同有关。由于河西走廊从东至西气候逐渐干燥,降水在河流补给中的比重逐渐减小,冰川融雪补给逐渐增大。冰川融雪补给较之降水补给具有稳定性,因此前者比例较高的河流,径流变化趋势相对平稳。黑河的降水补给最多,径流受降水随机性的影响,呈现明显的丰枯周期波动;疏勒河的冰川融雪补给最多,径流变化趋势平稳。这一事实说明,河西走廊西部河流发生枯水的频率要低于走廊东部地区,发生“旱灾”的频率也应该相应较低。

“水文学一致性”原理表明,流域在气候、地形地貌以及土壤植被等下垫面情况不发生变化的情况下,河流流量具有周期性的变化规律,其统计特征具有稳定性。目前尚无研究表明,河西走廊西部地区气候在20世纪上半叶较后半叶有明显变化。① 故1900年至新中国成立以及成立后两个阶段的气象水文

① 本文已将历史文献中的“旱灾”率先设定为观念现象,再用历史文献研究20世纪上半叶之河西气候并检验与观念是否匹配,逻辑上将陷入循环,因此对于20世纪上半叶的气候问题只能引用自然科学研究资料。关于20世纪上半叶的气候问题尚未见专门研究。王素萍根据祁连山树轮观测重建20世纪上半叶的祁连山降水规律,认为与20世纪后半期明显一致,且变化幅度更小,参见氏著:《河西地区降水变化及其影响研究》,兰州:兰州大学,硕士学位论文,2007年。

条件具有一致性,河流水文规律也具有一致性。因此,按照周期七年左右(新中国成立后数据统计得出),向前推延黑河及讨赖河的河流流量如图2、3虚线所示。① 从图中看出,1900年至新中国成立期间,两河径流依然呈周期性变化,未出现连续、极端干旱情况或者说出现连续极端干旱情况的可能性较小。疏勒河冰川融雪补给占主要部分,新中国成立后的径流系列未表现出明显周期变化,径流趋势平稳,依此上溯,新中国成立前出现连续极端枯水的可能性也较小。这表明,民国时期即便个别年份有可能因极端枯水而发生"旱灾",但因连续极端枯水发生"长期旱灾"的可能性则微乎其微。

将水文学的讨论与耕作制度结合,民国时期河西走廊西部发生"长期旱灾"的可能性仍然较低。河西走廊西部地区受纬度等因素影响,农作物一年一熟。今日的河西走廊西部地区是中国制种业发达的地区,以玉米、(冬春)小麦为主要作物,敦煌地区的棉花种植亦很发达。然而,玉米于20世纪60年代引入本区,冬麦于20世纪50年代方在酒泉一带试种,故民国时期的种植结构与今日大不相同。民国时期,作物因收获季节不同分为"夏禾"、"秋禾"两种,1947年水利部河西水利工程总队曾就讨赖河流域各作物之基本耕作节令做过实地调查,列表1如下。

① 计算新中国成立以后径流系列的统计参数,包括年际平均流量、流量变差系数(Cs)、偏差系数(Cv);根据水文学一致性原理,水文数据具有周期重复性;根据《黑河流域近期治理规划(2001—2010)》、《石羊河重点治理规划(2007—2020)》以及《敦煌水资源合理利用与生态保护综合规划(2011—2020)》的规划成果,黑河及讨赖河新中国成立后超过60年的实测数据,均在"规划"中采用,可代表西北内陆河流域径流的周期变化性。故将黑河1966—2010、讨赖河1960—2008年的径流数据,移接到1900年以后,直至与新中国成立后的数据衔接,构成长系列数据;延长后的数据周期性、平均值及标准偏差等特性与新中国成立后的数据基本一致。外延方法的通俗介绍,可参看王燕生主编:《工程水文学》,北京:水利电力出版社,1992年。

表 1　讨赖河流域农作物耕种节令调查表

农作类别		泡地用水（时令、日期）	播种（时令、日期）	灌溉（时令、日期）	收获（时令、日期）	备注
夏禾	小麦	处暑—白露 8.20—9.8	惊蛰—春分 3.1—3.20	立夏—夏至 6.5—6.20	大暑—立秋 7.20—8.10	若浇水不足三次，则不用泡地，秋禾后犁耙，明春种麦，泡间歇地用水须在六月内。
	青稞	处暑—白露 8.20—9.8	惊蛰—春分 3.10—3.20	谷雨—芒种 4.20—6.6	小暑—大暑 7.1—7.20	
	豆类	白露—秋分 9.10—9.23	清明—谷雨 4.6—4.20	小满—立夏 5.20—6.21	小暑—大暑 7.7—7.20	马营、丰乐、洪水三河灌区因水来迟，诸时略晚。
秋禾	糜子	寒露—霜降 10.8—10.23	小满—芒种 5.20—6.30	小暑—处暑 7.1—8.20	白露—秋分 9.1—9.20	较讨赖等河迟。
	谷子	寒露—霜降 10.8—10.23	谷雨—立夏 4.15—4.30	芒种—大暑 6.1—7.15	寒露—霜降 10.11—0.10	迟收半月至廿天。
	胡麻	白露—秋分 9.8—9.20	清明—谷雨 4.1—4.15	小满—小暑 5.20—7.1	立夏—处暑 8.1—8.20	
	马铃薯	霜降—立冬 10.23—11.8	清明—谷雨 10.23—11.8	小满—处暑 5.20—8.20	秋分—寒露 9.20—10.8	

资料来源：引自中华民国水利部河西水利工程总队编：《临水河流域灌溉工程规划书》，1947 年，甘肃省图书馆藏。原表名为《临水河流域农作物耕种节令调查表》，此处临水河流域即今讨赖河流域，故改名。

表 1 未显示一重要作物，即 1940 年之前曾在河西广泛种植的罂粟，其耕作时令与小麦相仿。小麦以其较高的食用价值以及作为地方赋税标准征收物的地位，一向为农民所首选。故由表 1 可知，每年 5—6 月是流域灌溉用水高峰，尤以 5 月为重要，当地旧有“灌溉端资立夏初”[①]之俗语。然而，此时河流的汛期却并未到来。图 4 为讨赖河流域四条河流水量月际变化示意图。其中讨赖、洪水二河发源于祁连山，当地称为“山水”；清水、临水两河系地下水自然出露后汇聚而成，当地称“泉水”。在河西走廊西部地区，“山水”与“泉水”同为灌溉水源，但前者重要性远远大于后者。这不仅因为“山水”提供绝大部分灌溉水源，更在于“泉水”在本质上也是由“山水”补给而成。“山水”的补给主要来自冰川融水与上游山区降水，其中山区降水主要集中在夏季，此时冰川亦受

① 沙玉清、陈之颛：《河西居延新疆水利考察报告》，西安：国立西北农学院农田水利研究部，1945 年，第 9 页。

气温影响而加速融化，导致径流出现明显的月际差异。如讨赖河55%、洪水河88%的年度径流量集中在6—9月的汛期，但此时灌溉高峰已过。此种灌溉高峰与汛期的不吻合，使得本流域的用水遭遇季节性的紧张，如遇短缺即可造成所谓“卡脖子旱”，至今仍然时有发生。那么，河西走廊西部诸河5月份径流的年际变化是否更明显呢？

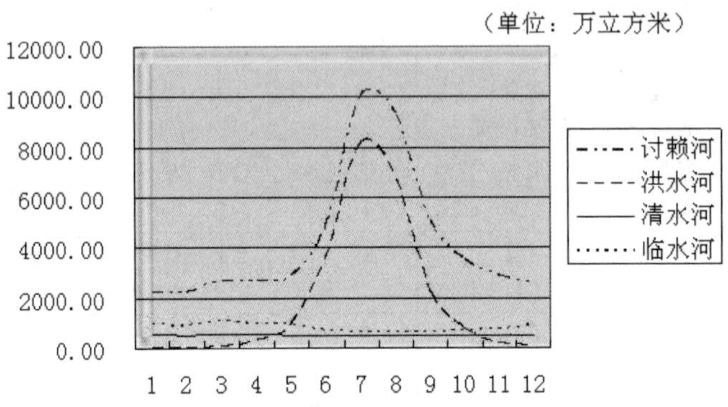

图4　讨赖河流域主要水系月度径流示意图

表2显示黑河(1944—2010)、讨赖河(1948—2008)、疏勒河(1956—2005)逐月及年平均流量，也显示年际间各月流量的变化情况。标准偏差，反映某月历年间的径流量相对于月平均流量的变化情况。标准偏差越大，说明该月的流量在年际间变化越大。对于黑河，5月份灌溉集中期流量标准偏差为14.86，小于汛期(6—7月)径流的标准偏差，说明5月流量在年际的丰枯变化不大、较为稳定。讨赖河5月份流量标准偏差为2.69、疏勒河5月份流量标准偏差为5.77，均小于两条河流年平均流量的年际标准偏差(讨赖河3.58、疏勒河7.03)。这说明，由于讨赖河和疏勒河的冰川融雪补给增强，径流更加稳定，5月灌溉期的径流量在年际间变化更小，更加稳定。因此，5月份径流的年际变化不足以造成“长期旱灾”。

表2　河西走廊西部主要河流月平均流量(m^3/s)及其年际间的标准偏差

		1月	2月	3月	4月	5月	6月	7月	8月	9月	10月	11月	12月	全年
黑河(1944—2010)	平均流量	12.02	11.90	16.14	26.86	44.00	78.45	134.35	118.52	86.76	43.28	24.26	14.21	50.54
	标准偏差	5.72	5.74	7.09	5.94	14.86	27.97	39.27	32.37	30.56	13.80	5.62	6.46	8.92

续表

		1月	2月	3月	4月	5月	6月	7月	8月	9月	10月	11月	12月	全年
讨赖河(1948—2008)	平均流量	11.98	12.66	12.75	13.78	14.62	21.43	44.99	42.78	25.17	17.21	14.10	12.75	20.35
	标准偏差	1.53	1.73	1.70	1.94	2.69	6.24	20.68	15.15	8.35	3.24	1.97	1.42	3.58
疏勒河(1956—2005)	平均流量	9.11	9.67	9.70	16.57	22.31	36.93	82.08	82.44	34.04	17.25	12.99	9.46	28.55
	标准偏差	2.51	2.89	2.25	4.10	5.77	12.13	28.51	33.78	14.87	4.37	3.28	2.89	7.03

更为重要的是,面对小麦灌溉高峰期水量不足的事实,民众并不会坐以待毙。1947年的水利报告指出:"春季山中融雪不多,水量有限,不能供应全区耕地需用。农民依照水量多寡,先种夏禾,待河水增涨后再将未种夏禾田亩,播种秋禾。秋季水量充裕,秋禾产量往往多于夏禾,为农民主要收获。"[①]内陆河稳定的夏季洪水可以保障秋粮的生产,这使得在夏禾减产的情形下,当年不至于绝收。河西走廊西部地区灌溉农业的耕作制度决定了其对"旱灾"的抵御能力应强于许多季风区边缘的雨养农业区。

总而言之,统一考察民国时期的人口、水文与耕作制度,河西走廊西部地区在民国期间如发生"长期旱灾"并非出于"自然原因",即非水文条件的恶化或人口的"自然增长",而耕作制度实则对"旱灾"的发生起到某种程度的抵御作用。但与此同时,民国中后期河西走廊确实出现一种令人印象深刻的现象,即以大规模争水冲突为表征的水利危机。笔者另有专文较详细地讨论民国水利危机的经过与特点,认为传统水利技术自然演化与政治的权威孱弱是危机发生的根本原因,并与罂粟泛滥、赋税沉重密切相关,危机产生的主要原因是社会性的。[②] 民国时期河西走廊西部地区"长期旱灾"的表述,多数与此轮水利危机密切相关,其运用语境则涉及水利危机的核心内容,即对水权的争夺。

① 中华民国水利部河西水利工程总队编:《临水河流域灌溉工程规划书》,1947年,甘肃省图书馆藏。

② 参见张景平、王忠静:《中国干旱内流区近代水利危机中的技术、制度与国家介入——以河西走廊讨赖河流域为个案的研究》,《中国经济史研究》2016年第6期。

三、民国河西走廊西部“旱灾”表述的语境分析

民国河西走廊西部的水利危机可以分为两种类型，即流域中游与下游争夺水源的流域性水利冲突与渠道间争夺水源的灌区性水利冲突。其中，流域性水利冲突是民国水利危机最引人注目的组成部分，一般自清末开始酝酿，于20世纪30年代集中爆发。流域性水利冲突中，要求改变水权现状的一方往往视遭遇“旱灾”为要求获得水权的重要依据，拒绝改变水权现状的一方亦每以“旱灾”为辞，下文仅就讨赖河流域与黑河干流的水权纷争为例，探究“旱灾”表述如何在此种博弈中发挥发作。

位于讨赖河下游的金塔在清代为肃州州同（俗称王子庄州同）驻地，黑河下游的鼎新在清代为高台县丞（俗称毛目县城）驻地，二地于民国初期方正式设县。金、鼎两县地理环境相似，但在水权体系中的地位完全不同。讨赖河流域原无流域性的水权制度，每年五月初至汛期之间的关键灌溉时期，完全由位于中游的酒泉地区垄断水源。1927年，金塔乡绅赵积寿上书肃州当局，正式提议仿照黑河均水制度在讨赖河实行均水，即在汛期到来前由酒泉分出一部分水量给金塔灌溉，经过不懈努力，1936年得到甘肃省政府的正式支持。[①] 在此期间，金塔遭遇严重“旱灾”是金塔官绅要求改变流域水权结构的普遍说辞，如本文第一节所引周志拯发表文章称金塔遭遇长期旱灾即可视作政府行为，赵积寿等士绅的呈文则以“呈请按粮均水、调盈济虚，以救干旱而免地荒民逃事”[②]为由，后省政府批准，亦是着眼于此，其均水训令叙均水的必要性云：

> 金塔地处下流，除上游无用退下之冬春冰结稍水及茹公渠各半外，夏秋田禾急待需水之时，毫无一水可灌，坐以待毙，未免偏枯。长此以往，金

① 参见张景平、王忠静：《中国干旱内流区近代水利危机中的技术、制度与国家介入——以河西走廊讨赖河流域为个案的研究》，《中国经济史研究》2016年第6期。

② 《甘肃省民政厅关于酒泉县会同金塔县就按粮分水妥拟办法等事给酒泉县长的训令》附赵积寿等原呈抄件，1935年8月30日，酒泉市档案馆历2-1-263。

塔王子庄人民，势必至穷无生计，逃亡殆尽，竟留一片荒地，政事亦无从而设施。[①]

在甘肃省政府看来，使金塔地区免于“遭遇长期旱灾”足以成为建立新秩序的理由。相形之下，鼎新县享有的水权一直受到清代岳锺琪订立的黑河均水制度的保护。每年芒种后，位于鼎新上游的张掖、高台、临泽等县必须封闭其水口，专享黑河水十日，故灌溉较有保障。[②] 这一制度在民国时期仍然维持基本的运行，国民党元老邵元冲对此亦赞叹不已。[③] 不过此项制度中有一例外规定，即高台县三清渠因系清代屯田时的皇渠，其在鼎新县用水时段享有不闭口的特权。然而1948年，三清渠灌区因地亩不敷灌溉，擅自新开水口一道，从而使鼎新县可用之水减少。鼎新各界要求重申均水旧制，只承认三清渠旧口的不闭口特权，其中县参议会的一道公函斥责云：

鼎新以频年旱灾故，公帑私用俱为支绌。……（三清渠）新开水口固有不得已之处，然此举增益邻县人民之痛苦，未为允便。[④]

省、区两级政府都支持鼎新县要求，可见“遭遇长期旱灾”的表述亦可作为维护旧秩序的理由。金塔与鼎新对“旱灾”成因的认定十分清晰，即中游对水源的不恰当占有，实际是将“旱灾”视为“人祸”。但“旱灾”表述绝非下游专利，中游地区亦如法炮制，不过效果不佳。如三清渠这样解释为何擅开渠口并回应金塔的指责：

---

① 《甘肃省训令建字92号》，《甘肃省政府公报》1936年第65、66期合刊。

② 关于黑河均水的相关内容，可参见崔云胜：《从均水到调水——黑河均水制度的产生与演变》，《河西学院学报》2005年第3期；[日]井上充幸：《清朝雍正年間における黑河の断流と黑河均水制度につてい》，《オアシス地域史論叢——黑河流域2000年の点描》第3号，京都：松香堂，2007年。

③ 参见邵元冲：《西北之水利问题》，《革命文献（第八十八辑）：抗战前国家建设史料·西北建设（一）》，北京：中国国民党中央委员会党史委员会，1981年，第273页。

④ 《鼎新县参议会关于切实维护均水制度给七区专员的公函》，1948年3月21日，酒泉市档案馆历1-1-670。

同罹亢旱，民渠承担赋税日众，而鼎新则为免粮口实，此不公为先，则民渠稍裕水泽，与鼎新何损？[①]

三清渠方面的说辞不为无理，不料遭到七区专员痛斥，认为“全无法纪观念”，以为“鼎新、高台旱情孰重，本专员自有详细调查，岂容枉辞纷扰”，[②]可见其自述遭遇“旱灾”的表述不被认可。讨赖河流域的交涉则更为生动。1936年初，省府即委派专员到酒泉、金塔调查水利纠纷事，大概已微露要推行“均水”之意，不过正式训令到4月28日方由省政府正式下发，当时酒泉交通不便，来往耗时甚多，酒泉县政府正式向各乡传达已到6月9日。[③] 在此之前，酒泉各界已纷纷上书请求县府不能出让水权。酒泉乡绅安作基等上书最有代表性，首先指出：“溯自民国十三年迄今，冬乏积雪，夏不降雨，亢旱现象，异地同声，加之人祸洊臻，捐派并举，农村破产，已达极点。”同时抓住1935年来水偏少的事实，声称“讨来河上年分水时，水量仅有六十余方尺，较之昔年，即减三分之二”，作为遭遇持续“旱灾”之根据。[④] 训令刚传达后第四日即6月13日，酒泉士绅李鸿文的呈文尚重申此点，以为“近年以来，雨泽愆期，灾害并至，田地大半荒芜人民多数死亡，哀鸿遍野，惨不忍闻，皆由于天灾人患之流行，亢旱频仍之所致也”[⑤]。此类呈文保存于省、市两级档案馆者多至30余件，酒泉遭遇“旱灾”是其共同采用的说辞。与此同时，相当部分的呈文认为金塔并不存在“旱情”，如酒泉县永定乡乡长王成德一方面自称“属乡历年干旱、民不聊生”，一方面又云：

---

① 《三清渠民众张显堂等关于久遭亢旱请准新开渠口事给七区专员的呈文及七区专员的处理意见》，1948年4月2日，酒泉市档案馆历1-1-670。

② 《三清渠民众张显堂等关于久遭亢旱请准新开渠口事给七区专员的呈文及七区专员的处理意见》，1948年4月2日，酒泉市档案馆历1-1-670。

③ 参见《酒泉县政府就传达甘肃省政府酒金均水训令给各乡的命令》，1936年6月9日，酒泉市档案馆历2-1-264。

④ 参见《酒泉县各乡民众代表安作基等关于呈报酒金水利实情并请抵制金塔均水要求给酒泉县长的呈文》，1936年5月29日，酒泉市档案馆历2-1-264。

⑤ 《酒泉县临水乡农民李鸿文等关于呼吁制止向金塔均水事给酒泉县长的呈文》，1936年6月13日，酒泉市档案馆历2-1-259。

金塔土质肥沃，每年夏秋之间酒泉山洪暴发，浇经全境水尾自留于金塔，该县春夏季地自生潮，不见水而落雨，自能收获，寔较酒泉大异。[①]

王成德所说的“山洪暴发”云云并非虚词，但其唯独不提灌溉高峰的5月份“点水不得下注”的事实，至于“地自生潮”云云则完全歪曲事实。因此，强调酒泉遭受“旱灾”或者进一步认为金塔不易遭灾的说法未能得到上级政府接受，且第七区态度强硬。[②] 其实，对于酒泉方面以“旱灾”为名拒绝均水，金塔方面早有预料，赵积寿已指出：“岂知讨赖、临水、北大诸河之水，原为肃州、王子庄共有之水，根本非酒泉一县独有之水，盈宜均盈，亏宜均亏。”[③]因此即使同遭旱灾，酒泉仍有向金塔“均水”之义务；至于金塔不易遭旱灾的说法，酒泉民众恐亦难全信，故不值一驳。鉴于此种情况，酒泉方面改换话语策略，当年8月酒泉农会干事长朱子注的呈文可以说是其代表作。这篇呈文只字不提自身“已经”遭遇的“旱灾”，而强调“将来因放水故，酒泉堤坝冲毁过巨，短时不能修竣，酒泉即遭旱灾”，“酒泉人民实受亏太大，并非意存成见、故违功令，忍令邻县受旱”，希望省府另行考虑方案。此呈文的重点是强调酒泉民众为均水付出的巨大成本“将会”制造出“旱灾”，同时也未否认金塔遭遇“旱灾”的事实。在此已经可以看到一种微妙的转变。安作基等人的呈文最初将“已经”发生的“旱灾”视为“天灾”，同时还存在着作为“人祸”的“捐派”，此两者并为地方凋敝之因；但朱子注明确指出，“将要”发生的“旱灾”完全是因为金塔均水而成，是不折不扣的“人祸”，并将成为地方社会头号威胁。

论述至此不能不指出，民国时期，水权博弈的一大特色是双方都争相将自身塑造成“弱者”，自称遭遇“灾害”则是最方便的途径。下游地区以“弱者”形象出现不足为奇，因为他们本来就居于天然的“弱势”地位，但居于“优势”地位的中游也采用这样的方式，不能不说耐人寻味。此种竞相“示弱”的社会氛围

---

① 参见《酒泉县永定乡乡长王成德关于请求勘查旱情并恢复水规给七区专员的呈文及第七区专员处理意见》，1936年6月17日，酒泉市档案馆历1-1-735。

② 《甘肃省第七区关于约束民众不得借水聚众滋事致酿意外给酒泉县长的训令及酒泉县长处理意见》，1936年6月13日，酒泉市档案馆历2-1-259。

③ 《甘肃省民政厅关于酒泉县会同金塔县就按粮分水妥拟办法等事给酒泉县长的训令》附赵积寿等原呈抄件，1935年8月30日，酒泉市档案馆历2-1-263。

只能说明一个问题，双方都在极力争取同一个“强者”的同情心，这个“强者”就是政府。事实上，政府仲裁并非水权博弈的唯一方式，河西走廊西部地区在清代也不乏由博弈双方自行达成协议的先例。[①] 这无疑说明民国时期地方社会的博弈机制已经被破坏，或其功能已经丧失。“灾害”的表述之所以得到博弈双方的青睐，这是因为百姓在自然灾害面前是“弱者”，政府是唯一可依靠的“强者”，且政府的赈济、免赋等行为都表明“强者”对“弱者”负有义务，这已经成为官民都接受的传统。因此博弈双方就在有意无意间，将这种“灾害”中的强弱关系“移情”到争夺水权的努力中，遂形成双方竞相展示悲情意识的奇特局面。此过程中，下游的“弱者”地位更胜一筹，清代黑河与讨赖河下游地区就比中游确实更易遭受“旱灾”，[②]因此他们的要求容易得到政府的支持。

悲情的过分渲染往往导致乖戾与残暴。当双方都把“旱灾”视为由对方造成的“人祸”时，矛盾就必然激化，1936—1941年不断发生在酒、金两县间的血腥械斗即所谓“酒金水案”，便是其中最为惨烈的一幕。这种“弱者”间的冲突一旦发生，双方民众会更加自然地将复杂社会原因造成的困苦处境简单归咎为由对方制造的“旱灾”，由此形成恶性循环，造成区域社会的撕裂与民众心理的裂痕。[③]

当民众逐渐视“旱灾”为“人祸”而非“天灾”时，地方官员的想法也在发生变化。为争取水权，地方官员特别是县级官员曾与士绅合作鼓吹有限度的“人祸论”，但他们的身份并不容许他们攻击其邻近辖区的同僚，否则将付出代价。金塔县长周志拯大力支持向酒泉声索水权，深得本县民众爱戴，但其在官场处

---

① 例如同治二年(1863年)，酒泉徐公渠灌区需要扩大水源，遂与新城坝灌区达成协议有条件使用新城坝水，并立碑为证，名《新城坝徐公渠开垦水程碑记》。原碑已毁，酒泉市政协常委吴浩军先生存有录文，可参见张景平、郑航、齐桂花主编：《河西走廊水利史文献类编・讨赖河卷》，北京：科学出版社，2016年，第102～103页。此可为一证。同治初年是清代甘肃人口的顶峰时期。

② 以嘉庆十五年(1810年)为例，当年“肃州州同四乡被旱者一十六村庄、毛目县丞四乡被旱者四村庄”，朝廷准予缓征当年田赋，当年居于肃州州同上游的肃州以及毛目县丞上游的高台、张掖皆未见报灾。参见(清)那彦成：《二任陕甘总督奏议》，嘉庆十五年十一月初一奏议，《那文毅公奏议》卷21，清道光十一年(1831年)刻本。

③ 以讨赖河流域酒泉与金塔的水权纠纷为例，长期的械斗、对峙严重损害两县人民感情，江戎疆曾记种种仇恨举动甚详，酒泉有人甚至“高喊出‘宁使余水流湖滩，不使金人少得利’之口号”，参见氏著：《河西水系与水利建设》，《力行月刊》1943年第1期。

境惨淡,政治命运坎坷。[①] 更为重要的是,一旦声索水权的努力酿成暴力冲突后,冲突本身就成为最大的“人祸”,平息冲突已经较争取水权成为县级官员更为迫切的任务,对于地位较超然的区、省级官员更是如此。仍以讨赖河流域的“酒金水案”为例,起初省府与第七区并未给予充分重视,1936 年均水训令只是一般民政训令,对所牵涉的各种复杂因素及后果估计不足,因此不但没有解决问题,反成为酒、金两县直接冲突的导火索,此后省、区两级政府方给予高度重视并想方设法进行大量补救,不过已难收效。政府内部人士对此多有反思,不少人批评 1936 年均水训令的草率才为“人祸”的根源。[②] 在此后讨赖河流域涉及酒泉与金塔之间的流域性水权问题时,“水案”而非“旱灾”占据了政府公文的首要位置。

抗战爆发后,河西走廊因战略位置的凸显迎来现代水利建设的黄金机遇,在政策、资金方面获得中央的重要支持。[③] 然而,河西走廊面积广大、河流众多,以水库为核心的现代水利建设投资大、周期长,无法全面铺开,只能保证若干重点。当局决策的结果,致使 20 世纪 40 年代河西走廊唯一的大型现代化水利工程,既未布局在人口最为稠密、承担赋税最多的石羊河流域,也未安排在可耕荒地最多、民国以来社会经济最为凋敝的疏勒河流域,而选择在流域性争水冲突最为严重的讨赖河流域,遂有抗战时期后方最大水利工程鸳鸯池水库的修建。其实从纯经济角度考量,在石羊河与疏勒河投资水利的收益无疑

① 周志拯在 1936 年被人告发贪污、通共,虽经调查无据,仍然被迫去职;金塔士民上书挽留,皆以为是酒泉县长凌子惟诬陷,笔者以为有此可能性。周志拯去职案的诸份文件集中藏于酒泉市档案馆历 3-1-166 号卷宗。

② 20 世纪 40 年代,供职甘肃省建设厅的洪文瀚直接批评 1936 年均水方案云:“芒种均水新规自民国二十五年,实行以来,滞碍殊多,劳民伤财,莫此为甚。”参见氏著:《甘肃酒金水利纠纷问题之回顾与前瞻》,《现代西北》1943 年第 3 期。

③ 为从青海、宁夏以及新疆地方实力派手中争取对西北实际控制权、掌握全国唯一产油地玉门油矿,国民政府从 20 世纪 30 年代末期加强对河西的经营,农田水利建设首当其冲。1941 年,由中国银行与甘肃省政府按七三比例合股组建的由宋子文任董事长的甘肃水利林牧公司,该公司以“办理农田水利为主要业务”,河西走廊尤其是建设重点。自 1942 年起,行政院每年拨专款 1000 万元支持河西水利建设;1944 年,国民党五届十二中全会确认“开发河西农田水利为国家事业”;1947 年,水利部直属之河西水利工程总队成立,黄万里任队长。其间具体情况梳理可参见张景平、王忠静:《干旱区近代水利危机中的技术、制度与国家介入——以河西走廊讨赖河流域为个案的研究》,《中国经济史研究》2016 年第 6 期。

更为明显，这说明当局将根除“人祸”（亦即“水案”）作为优先考虑的问题。

当“水案”逐渐取代“旱灾”成为政府的关注焦点时，“旱灾”观念在民间仍然很有市场，且在灌区层面的水权纷争中充当重要依据。不同于发生于上下游之间的流域性水权纠纷，相当部分灌区性水权纠纷发生于河（渠）道的左右岸之间，以疏勒河中游最为典型。疏勒河中游河道摆动剧烈，但又是安西、玉门两县边界，左岸安西、右岸玉门，两县沿河各有水口，导致某些水口因为河道变化而无水可灌，遂经常有修改灌溉制度之动议提出。纵览各种纠纷案卷，无论安、玉，往往皆以“遭受旱灾”为名要求临时修改制度，上级政府在处理时看不到明显的偏向性，这是因为左右岸较之上下游具有更为对等的地位，不易使当局产生先入为主的意见。①

另一个值得注意的现象，即地方政府对于“旱灾”的重视程度大大高于其他灾害，这倒并非因为“旱灾”较其他灾害更容易发生。事实上，河西走廊西部“水灾”次数与造成危害并不比“旱灾”差。该地区“水灾”可以分为两种类型：夏季山洪造成的局部洪水灾害，以酒泉之文殊沙河为代表；②冬季河水不再用于灌溉，涌至下游造成的水灾，以金塔之王子庄六坪为典型。③ 夏季洪水虽然

① 酒泉市档案馆所藏的历 1-1-175、历 1-1-242、历 3-1-459 三个案卷，记录民国时期安西、玉门两县的争水事件 6 起，安西、玉门分别获得 3 次有利裁判，倾向性不明显，其中皆以遭遇“旱灾”为重要口实，为避免烦琐，不再一一胪列。

② 从较晚近的例子看，新中国成立后在酒泉市肃州区构成重大危害的三次洪水事件皆来自文殊沙河，参见李缵涛：《新中国成立后洪水三进酒泉城纪实》，中国人民政治协商会议酒泉市委员会编：《酒泉文史资料（第十一辑）》，2000 年，第 186～191 页。文殊沙河在平时全无径流，却因河道径对肃州南门而为患甚大。此种情况并非 20 世纪才出现。清乾隆三十一年（1766 年）或三十二年（1767 年）夏季，文殊沙河即发生一次损毁肃州南城的洪灾，时任道台宋弼登城祷祝后方才退去，参见（清）钱大昕：《甘肃提刑按察使司按察使宋公神道碑》，《潜研堂集》卷 41，清嘉庆十一年（1806 年）刻本，国家图书馆善本部藏。事实上，即使宋弼不行祷祝，洪水亦能很快退去，因为河西走廊西部的洪灾全由夏季祁连山区短时间强降雨形成，洪峰所及之处虽然所向披靡、毁伤酷烈，但峰形尖瘦且影响范围有限，往往仅持续数小时，波及相当于今日一个或数个乡镇的区域。

③ 宁人《鸳鸯池蓄水库》一文云：“至每年冬季两县均不需水之时，讨、洪两河之水，盈岸直下，汇注金塔，以蕞尔之六坪，焉能抑浩瀚之奔流，故金塔冬季遭受水灾，与夏季遭受旱灾，同一苦运。”盖冬季洪水在民初时已成大患，《创修金塔县志》录民初金塔县知事李士璋诗，其题目为《辛酉仲冬月十一日到小梧桐坝勘水，一片汪洋竟成泽国，民有巢居屋上者赋此志慨》，可见其意。

破坏力大，但持续时间短、影响范围小，真正严重的是冬季洪水。但相较于对“旱灾”的关心，地方官员对冬季洪水的重视程度显得十分不够。1939 年冬，金塔遭遇冬季洪水，县长赵宗晋希望七区专员协调酒泉协助抗洪，被严辞驳回；[①]1942 年，金塔县两渠道因退水纠纷导致人为水灾，县府始终不予理会，最后居然通过省参议会督促县长。[②] 与之相应，凡是申请协调两县共同交涉“均水”抗旱之事，专员无不照准；然凡两渠用水争端“致旱”，县长必从速批答。如此厚此薄彼，反映的不仅是个别官员的观念问题，恐怕也从侧面展示出地方政治文化对不同灾害的敏感程度。

四、1953 年的“旱灾”与新中国水利秩序的确立

1949 年 9 月间，中国人民解放军相继进驻河西走廊并建立起地方政权，其中走廊西部七县归属酒泉专区。当年 10 月，西北最高军政领导人彭德怀专程视察鸳鸯池水库并接见水利专员，对水库的维护情况表示满意。[③] 颇具戏剧性的是，此前一年，行将离任的民国西北军政长官张治中亦专程视察鸳鸯池水库并接见水利专员，对水库的修建表示赞叹。[④] 对于河西走廊西部地区而言，新旧政权的交替隐喻在两位西北方面最高领导人对于水利设施的关注之中，注定“水利问题”将在 20 世纪 50 年代初期的地方社会大变革之中占有相当独特的地位，在河西走廊普遍展开的“破除封建水规”运动即为典型代表。

根据笔者所目见，已公布酒泉专区各级档案中，“破除封建水规”的相关说法最早见于 1951 年初的金塔县各界人民代表会议，[⑤]于 1952—1953 年频繁

① 参见《金塔县长请求酒泉派人出物协助金塔抵御水灾等事给七区专员的电文及七区专员处理意见》，1939 年 12 月 29 日，酒泉市档案馆历 1-1-142。

② 《参议员赵积寿建议金塔县长督促三塘坝人民修理坝渠沿照旧退水案咨》，1942 年 12 月，甘肃省档案馆 14-7-22。

③ 参见曾涛、高维东整理：《彭总视察金塔鸳鸯池水库》，中国人民政治协商会议金塔县委员会编：《金塔文史资料（第一辑）》，1991 年，第 50～52 页。

④ 参见张文质：《张治中视察金塔》，中国人民政治协商会议金塔县委员会编：《金塔文史资料（第一辑）》，1991 年，第 53～54 页。

⑤ 参见《金塔县各界人民代表会议记录》，1951 年 2 月 23 日，金塔县档案馆 11-1-1。

见诸酒泉专区与各县公文中，1954 年之后渐趋消失。与同时进行的减租反霸、土改、镇反、三反五反运动相比，“破除封建水规”并不引人注目，似乎没有明确的斗争对象，也无系统的纲领和完备的组织，甚至过程本身也显得模糊不清。政府文件往往将其置于“完成时”的语境中，即某地区人民在“破除封建水规”后实现合理灌溉，获取粮食的增产，且一般出现于涉及农业生产以及水利工作的部分，似乎与政治关系不大。然而，这一运动的结果却影响深远，政府借此完全控制了地方水利事务，成为水权的实际拥有者，而在河西走廊西部运行数百年之久的民间管水模式在短时间内瓦解，这为自 20 世纪 50 年代中期开始由政府主导的大规模水利建设铺平道路，大大推进水利现代化进程，彻底结束民国时期开始的水利危机。这个过程中，一场恰逢其时的“旱灾”对政府控制地方水利事务的努力起到至关重要的推动作用。

新中国成立之前，河西走廊西部地区灌溉事务主要由民间水利组织完成。民间水利组织一般以干渠为单位，其领袖人物称为“水利”或“渠长”。与陕山地区的水利共同体相比，河西走廊西部地区的水利领袖实行较严格的每年轮替，一般不得连任，目前尚未见到由宗族世袭垄断的例子。受传统技术条件的制约，河西走廊西部地区每年的渠首修建与渠道维护任务繁重，均由民间水利组织完成，而各干渠获水多少，由所承担田赋确定。各级政府除调节水利纠纷外不介入日常灌溉事务，亦未有专门的水利管理部门，仅有少数现代化水利建设如鸳鸯池水库由涉及各县之建设科配合甘肃省水利林牧公司完成，建成后设有归省水利局或县府直接统辖的管理处。①

新中国成立后，河西走廊西部地区统属酒泉专区管辖，各县下设区、乡两级基层组织。县级政府在组织结构上实行四科制，其中水利事务与工业、农业、交通、市政等事务统归第四科负责，但其职权与民国时期县级政权中的建设科相当，并非水利事务的管理部门。② 为维护过渡时期的农业生产稳定，特

① 本段所述者原始内容之原始材料甚为琐碎，归纳总结参见张景平，王忠静：《中国干旱内流区近代水利危机中的技术、制度与国家介入——以河西走廊讨赖河流域为个案的研究》，《中国经济史研究》2016 年第 6 期。

② 新中国成立之初酒泉各县四科制的情况，可参见酒泉市地方志办公室编：《酒泉市志》，北京：方志出版社，2008 年，第 475 页。又酒泉市肃州区水务局退休职工单新民在接受访谈时非常清晰地描述了新中国成立初期酒泉地区各县的组织状况，在谈到四科制时引述一段顺口溜：“一科有权，二科有钱，三科卖嘴，四科跑腿。”至为形象。

别是确保向进军新疆部队提供军粮任务的完成,各县政府普遍表示依照原有水利规则完成 1950 年的灌溉,承认各灌区、渠系的传统水利秩序并尊重水利领袖的职权,但又在县、区两级政权中成立由党政干部与群众代表组成的水利委员会,水利问题又须交由水委会讨论。[①] 不料“群众公议”要求变更水利规则的现象大量出现,导致许多潜伏很久的矛盾骤然爆发。1950 年夏季,酒泉专区各县相继发生数十桩因变更旧有水规而起的群体性事件,其中酒泉县河北区由更动水规引发的大规模械斗惊动甘肃省委,酒泉专区为此做专门检讨。[②] 在此事件之后,酒泉专区开始下决心解决水利管理问题。

1949 年之前,河西走廊西部传统水利管理体制中的民间水利领袖具有很高的威信与影响力,多由中农充任,大多在土改中安然过关,并未成为新政权的打击对象。[③] 因此从 1951 年开始,地方政府将这些人物纳入编制,成为半脱产的水利员并负责辖区水利事务,享受政府薪金。[④] 水利员最初由各区政府自行遴选并负责呈报县府批准,相关事务如摊派人夫、财物以及修造情况等,要向县上汇报,相关的上行公文由区长与水利员联署,或由水利员直接署名,县长也就个别问题提出意见,并促其执行。[⑤] 由此,政府实现对于水利事务的一定控制。

与以往政权不同,改造社会、推动区域现代化是新中国地方干部的强烈抱负。20 世纪 50 年代初的河西走廊西部地区,政府期待在水利事务中拥有强大的动员力与执行力,并能够超然于局部利益从全局考虑问题。到 1953 年初,地方政府在管理灌溉事务方面已经颇有进展,但在两个最关键问题上仍然

---

① 参见《酒泉县水利委员会组织章则草案》,1950 年 1 月 19 日,酒泉市肃州区档案馆 22-1-2。

② 参见《中共酒泉地委关于酒泉河北区发生群众争水骚动事件的报告》,1950 年 6 月,甘肃省档案馆 104-20-124。

③ 参见《冯明义访谈资料》,张景平、郑航、齐桂花主编:《河西走廊水利史文献类编·讨赖河卷》,北京:科学出版社,2016 年,第 905～908 页。又《酒泉县第五区全区水利工资名册》中有水利员 7 人,6 人中农,1 人为贫农,《酒泉县第八区全区水利工资名册》中有水利员 5 人,4 人中农,1 人为贫农。可为一证。两件名册均见酒泉市肃州区档案馆 22-1-9。

④ 参见甘肃省水利局:《甘肃省民营渠道灌溉管理报告》,中共西北局编:《西北灌溉管理工作会议汇刊》,1953 年。

⑤ 典型事例参见《酒泉县人民政府关于红水坝下四闸清理误工几个问题的批答》,1950 年 7 月,酒泉市肃州区档案馆 22-1-1。

无所突破：政府尚未全面计划管理可利用水资源；从专区到乡村的一整套具有强制性的政府水利机构并未建立。现在尚无充分证据表明，截至1953年初，各级政府已有明确的路线图解决这个问题，不过在1953年3月2日酒泉专区农业会议上却流露出蛛丝马迹。这次会议对于本年水利工作未作出更为具体的安排，只是笼统地说要“巩固去年水利工作的成果”，同时加上一句并不引人注目的话：“今年农业生产的安排应注意今冬降雪偏少、气候干旱的现象，及早重视抗旱活动。”①这是笔者所见新中国成立后酒泉专区两级档案中最早出现的“抗旱”，这条意见实际上等于“预报”当年可能发生的“旱灾”。

时至今日，准确预报径流丰枯仍然是气象、水文学的一大难题，何况新中国成立之初河西地区的现代化气象、水文观测机构尚属草创，这样的“预报”显得有些不可思议，何况酒泉专区境内的大部分地区冬季降雪本来稀少，对改善春季土壤墒情无太大帮助。不过从地方档案中观察，1953年的“旱灾”果然“如约而至”。当年11月于西安召开的西北灌溉管理工作会议上，酒泉专区负责人说：“去冬今春祁连山上积雪不多，又加气候不熟，积雪未消，立夏后，水量日渐跌落，各河水量普遍较往年的水量小十分之三四，各地田禾都蒙受严重旱灾。”②然而水文数据似乎不完全支持这样的说法。讨赖河出山口冰沟站1953年5月径流量4874.69万方，大大高于多年平均值的3915.65万方，在1950—1960年的11年中位居第3位，仅略低于1950年的5222.88万方以及1952年的5142.53万方，但远高于1951年的3964.03万方。黑河干流出山口莺落峡当年5月径流量9111.5万方，确低于1950年的10772.52万方以及1952年的15242.78万方，但亦高于1951年的8276.79万方，在1950—1960年的11年中位居第5位。疏勒河当时尚无水文记录，但参照讨赖河、黑河干流的情况，1953年5月径流在新中国成立以来的诸年中也应不是最少，所谓“各河水量普遍较往年的水量小十分之三四”的说法明显有夸张成分；水文数据显示，1953年讨赖河、黑河干流来水在3—8月逐月上升，所谓立夏后“水量日渐跌落”绝非事实。

---

① 《酒泉专区一九五三年农业生产会议纪要》，1953年3月2日，酒泉市档案馆1-4-773。

② 酒泉区专员公署：《酒泉专区四年来水利工作总结报告》，中共西北局编：《西北灌溉管理工作会议汇刊》，1953年。

公允地说，酒泉专区在1953年春季对“旱灾”作出所谓“预报”并非完全没有凭据。时至今日，黑河干流的水利部门仍保留着每年春季进山看雪的习惯。所谓“进山看雪”，指进入黑河上游的祁连山区查看当年的积雪状况，由此根据经验粗估黑河水量，据说其渊源可追溯至清代。[①] 但笔者在讨赖河、疏勒河流域的文献与口述材料中暂未发现这样的说法，且此两河上游峡谷格外崎岖，至20世纪60年代末尚难以进入。因此，酒泉专区的“旱灾预报”可能参考张掖专区进山看雪的结果，因为酒泉专区所辖的黑河流域诸县远离出山口。然从辖境东部一隅的情况出发预测整个区域的灾害前景，这样做的偏颇之处即便在当时也很容易被发觉。酒泉专区为何要做出以偏概全的“旱灾预报”？事后又夸大水量偏枯的情况？笔者不能不认为，“旱灾” 与其说是可能或已经发生“事实”，不如说是酒泉专区“希望”出现的情况。

1953年5月10日，酒泉专区下发紧急意见，指出：“当前旱灾情势严峻，党政领导一定要严格执行有计划的用水。”[②]各县对此都迅速响应。酒泉县于5月12日成立由县委书记为组长的抗旱小组，统一负责调配各灌区水量。[③]玉门县政府给各区的指示中说：“各乡浇水规则一律照(5月)十四日干部会确定的计划施行，不能有任何反对借口。……现在只有克服思想分岐(歧)，下决心执行这个决定。”[④]金塔县召开“抗旱会议”，建设科受命重新“检讨各区已上报的水利计划”，以符合“有利于抗旱的原则”；[⑤]而“经济用水的原则在各级领导掌握下，按作物不同、需水情况集中调配”[⑥]。这几份看似平常的文件，实则透露出重大信息。须知，各地的灌溉配水原则都有悠久的历史，虽然新中国成立后已在各级政府的干预下进行很多调整，但只是“改革”而非彻底废止，仍然

---

① 此据张掖市水务局原副局长刘国强的访谈记录。采访人：郑航、张景平；采访时间：2012年7月16日。

② 《中共酒泉专委关于抗旱工作的紧急意见》，1953年5月10日，酒泉市档案馆1-4-773。

③ 参见《酒泉县第四科关于抗旱工作的总结》，1953年10月7日，酒泉市肃州区档案馆3-6-76。

④ 《玉门县第二区关于向各传达乡县委干部会议纪要的意见》，1953年5月15日，玉门市档案馆4-2-16。

⑤ 参见《金塔县政府一九五三年年上半年工作报告》，1953年7月2日，金塔县档案馆1-2-7。

⑥ 《金塔县一九五三年农业生产工作总结报告》，1953年11月，金塔县档案馆1-2-4。

由基层掌握其运行状况。此次“抗旱”活动中，灌溉配水规则的制定权被各级政府全权掌握，变成自上而下的行政命令，这在河西走廊西部水利现代化的历程中是一个划时代的事件。

“抗旱”活动中，地方政府仅仅掌握用水计划还不够，须有组织保障，因此酒泉地委反复强调，各级干部“要站在抗旱的前线”[①]。对此各县亦纷纷响应，县、区、乡一把手都到田间督促应急的渠道改建工程并监督水规执行，由此大大拉近一般干部与水利工作的距离。尤其值得注意的是，“流域—灌区—干渠”三级责任体制被悄然树立。在流域层面，“各级党政领导鉴于旱象严重，即亲自动手，集中力量，统一调配水量，临泽两次封闭渠口，将水放给下游的高台……酒泉县三次调剂金塔水量……玉门也三次给安西调剂水量”。在灌区层面，安西县委强调，“抗旱的责任必须以渠系的实际情况来检查，笼统地以级别加以要求是错误的”，因为这样会出现“有的（渠道）政出多门、有的（渠道）无人负责”，强调“几个区的共用渠道应制订出切实准则，任一区的干部来值守，要求都是一致”。[②] 在干渠层面，酒泉县政府第四科指出，“河北区让几个乡的干部集中起来巡渠，遇到问题都可马上解决”，建议推广这个经验。[③] 水利管理的特点决定了必须依据灌溉系统的自身结构设立层级，且应在与地方行政层级保持联系的同时相对独立，这一要求在“抗旱”过程中初步得到实现，已构成日后“流域委员会（管理局）—水管所—乡水利专干”三级管理模式的雏形。

经过各级政府的不懈努力，酒泉专区在西北灌溉工作会议上宣布“抗旱”取得胜利，全区除酒泉新地坝因为工程建设失误“成为全区目前唯一的灾区”外，很多地方夺取丰产。酒泉专区进而认为，此后的水利工作必须坚持“在民主集中的原则下，统一调配水量，合理分配用水”，“水委会配备二至三名专职干部，或在专、县设水利科，做到定额、定薪、专职。冬季春季时集中专区训练

① 《中共酒泉专委关于抗旱工作的紧急意见》，1953 年 5 月 10 日，酒泉市档案馆 1-4-773。

② 参见《中共安西县委关于抗旱中工作中明确干部责任的指示》，1953 年 6 月 22 日，瓜州县档案馆 1-1-12。

③ 参见《酒泉县第四科关于抗旱工作的总结》，1953 年 10 月 7 日，酒泉县档案馆 3-6-76。

一次,以提高其政策和水利技术水平"。[①] 应当说,这样的总结是对"抗旱"工作经验的一次十分精辟的提炼。档案资料显示,酒泉专区各县的水利管理体制在 1954—1955 年陆续建立,政府管水的两个最关键问题——全面计划管理可利用水资源与设立各级水利机构最终得到解决,政府管水从此牢不可破。这种制度建设所依据的原则,与酒泉专区对于 1953 年"抗旱"活动的总结若合符契,种种具体规定则将 1953 年的临时措施予以固定化。[②]

然而,仔细揣摩酒泉专区的各种表述,便可发现其中蕴含着一种矛盾:"抗旱"胜利意味着灾情未成,但酒泉专区在动员"抗旱"时言之凿凿地认定"旱灾"已经发生。笔者在翻阅酒泉专区下属酒泉、金塔两县 1953 年档案时有一个深刻的印象,即"旱灾"一词的出现频率远远低于"抗旱"一词,这似乎说明部分县级政府对"旱灾"观念的认可度较低,或许可以间接说明有些县份的旱情不重。虽然暂时无法证明,1953 年的"旱灾"完全出于酒泉地委的塑造,但这场"旱灾"被人为放大应当是可信的事实。不过,这种放大并非出于恶意。或许在宣示灾害业已发生的情况下,酒泉地委才有足够的理由推行水资源管理的非常状态,借此建立全新的现代水利秩序。这是 1953 年河西走廊西部"旱灾"最大的历史贡献。此后,政府便不再需要强调"旱灾","旱灾"逐渐变成有着稳定内涵的专业术语而局限于专业部门的报告中,不再具有政治含义。

结　论

自 1932 年南京国民政府实控甘肃,河西走廊西部地区的水利现代化事业开始起步。20 世纪 30 年代区域水利危机的激化为其肇因,40 年代先导性骨干工程建设为其基础,而 50 年代初期中国人民共和国强势推进的水利国家化进程为其根本转折点。这一过程中,"旱灾"尤其是"长期旱灾"的表述大量出

① 参见酒泉区专员公署:《酒泉专区四年来水利工作总结报告》,中共西北局编:《西北灌溉管理工作会议汇刊》,1953 年。

② 具体事例可参见《酒泉县一九五四年水利工作计划》,1953 年底,酒泉市肃州区档案馆 4-1-24。这份文件中,先把按计划配水作为水利工作的基础,同时设计三级水利管理体制,规定水利部门如何与各级政府相互配合与协调,皆是明显来自"抗旱"的经验。

现,伴随水利危机的激化、解决与消弭的全过程。结合水文、人口与耕作制度分析,此种“旱灾”不是水利危机的原因,更不是水利危机本身,而是作为政治话语在区域早期水利现代化进程中发挥重要的作用。

民国中后期,水利危机的爆发标志着传统绿洲水利社会陷入困境,水权争夺、赈济争夺与工程投资争夺是河西走廊西部地区水利危机的三大主题,“旱灾”表述皆在其中发挥重要作用。这种表述以一种“自下而上”的方式进行,主要表现为民众与政府、下级政府与上级政府交涉与博弈时频繁以遭受“旱灾”为辞,就本质而言是以“示弱”谋求更多资源从外部注入。运行数百年、以灌区为单位、相对孤立运转的民间管水模式,在20世纪无法调节流域性的系统水权冲突;贫困松散的绿洲农业社会,也无法提供水利现代化所必需的资金、技术与组织支持。绿洲农业社会的根本,至此遭到动摇。政府特别是较高行政级别的政府,无疑是基层社会维持稳定与谋求发展中唯一可以乞援的对象,这是近代西北边疆社会现代化中的重要特征。“旱灾”作为政治话语,之所以能取得政府关注,在于“旱”更能够昭示区域关键资源“水”的供给出现问题,而“灾”又隐含着政府开展某种行动的必要性;干旱区气候特征中的干燥少雨,也无形中被置换为“旱灾”易于发生的一种前提,使得“旱灾”较之“水灾”更容易受到重视。

中华人民共和国成立之初,“旱灾”表述作为政治话语依然扮演着重要角色,展开方向却与民国时期截然相反,呈现出“自上而下”的特点。中国共产党不但肩负改造社会的使命,更有快速发展经济的强烈抱负,在认清“水”作为干旱区核心资源的地位后,通过预报“旱灾”与组织“抗旱”,成功向区域社会展示新政权强大的动员能力与高效的管理能力,使得作为临时救灾措施的政府管水体制被顺利固定下来。这一过程中,“旱灾”作为政治话语之所以成功,仍在于利用民众对于区域关键资源“水”的供给可能出现问题的忧虑,为一举取消持续数百年的民间管水制度减少阻力。在此基础上,新政权对社会管控的强化与群众性水利建设运动的展开才成为可能,“旱灾”作为政治话语则伴随着河西走廊西部近代水利危机的解决而消弭于无形。

1932—1953年的河西走廊西部地区,基层社会通过“灾害”表述吸引有利于己的政府干预,政府也通过这种方式对社会施加自己的意志。这反映出以河西走廊西部地区为代表的西北边疆社会,其现代化的需求来源可能是多样化的,但其动力来源只有一个——政府,特别是中央政府。灾害自带的危机属性,暗示着西北边疆水利现代化的进程始终充满巨大的紧张感,其旨归与其说是促进绿洲社会由传统步入现代,毋宁说首先是使绿洲社会免于崩溃。河西走廊西部近世社会的形成,完全受屯田戍边等国家行为支配,其面临危机时的维持亦只能由国家承担。至于边疆灾害话语中对“旱灾”的偏爱,固然因为“干燥少雨”的自然环境为“旱灾”的真实性提供认知与情感的方便,更因为“水”始终是干旱区的先决性资源,使得围绕“缺水”的不安格外强烈。这种不安既意味着区域社会的最根本危机,也意味着国家强化社会控制的最大机遇并未因社会发生某种“现代化”转型而动摇,只是在具体细节上更趋丰富。作为基于区域环境现实的政治话语,“旱灾”由此被打上深刻的“边疆”[①]烙印;西北边疆的水利现代化进程,在工程层面意味着荒原上横空出世的宏伟水库与精致渠道,在政治与社会层面则不免展示出一以贯之却又隐晦诡谲的面相。

张景平:兰州大学历史文化学院研究员。

郑　航:东莞理工学院生态环境与建筑工程学院副教授。

① 关于近代“灾害”的“西北边疆性”,学界已在探讨灾害的实体性中有所自觉。如张莉等学者已在试图比较分析光绪吐鲁番蝗灾与内地蝗灾的不同之处,参见张莉、陆昱君、李屹凯:《灾害、气候与政治:光绪初年吐鲁番及其周边地区的蝗灾与应对》,《中国历史地理论丛》2019年第2辑。

理论与实践

承继与开拓:中国环境史研究向何处去?

周　琼

中国环境史的起源很早,[①]真正作为一门新学科尤其是"历史学学科增长点"受到各高校及科研机构的推重,不过三十余年,[②]就拓展了历史学的研究视域,推动了历史学科的发展,历史学传统的研究方法、路径在很大程度上实现了多学科交叉的理想,具备历史与现实之间沟通对话的可能,增强了历史学资鉴、服务现实的功能。在中国环境史学研究面临困境及转型阶段,总结及反思成为当务之急。

检讨中国环境史研究的已有成就,成果斐然、新人辈出、形势喜人是目前公认的关键词,但其研究路径及范式、研究思路及论题,日渐进入固化及瓶颈状态,环境破坏论(衰败论)及碎片化的特点极为突出。对现状进行总结、反思,进一步贴近现实及学科建设需求,系统思考在生态文明建设背景下打破僵局及困境,实现转向与创新发展,真正成为反映中国历史以来环境发展变迁及其原因、结果、特点、规律的成熟学科,在研究主题及内容、路径与方法、层域与时空场域、理论探讨及实证研究等方面做出开创性成果,不忘环境史学构建及发展的初心,更好体现环境史学服务、资鉴现实的社会功能及时代的责任、使命与担当。

---

① 周琼:《中国环境史学科名称及起源再探讨——兼论全球环境整体观视野中的边疆环境史研究》,《思想战线》2017 年第 2 期。

② 刘翠溶:《中国环境史研究刍议》,《南开学报(哲学社会科学版)》2006 年第 2 期;王利华:《生态环境史的学术界域与学科定位》,《学术研究》2006 年第 9 期;包茂宏:《唐纳德·沃斯特和美国的环境史研究》,《史学理论研究》2003 年第 4 期;梅雪芹:《什么是环境史?——对唐纳德·休斯的环境史理论的探讨》,《史学史研究》2008 年第 4 期;高国荣:《什么是环境史?》,《郑州大学学报(哲学社会科学版)》2005 年第 1 期;赵九洲:《试评〈什么是环境史〉——兼谈中国环境史研究的若干问题》,《中国农史》2010 年第 4 期。

一、中国环境史研究的斐然成就

中国环境史研究最大的学术成就之一，就是不同研究方向的研究者极其重视总结及梳理本领域学术研究状况，在各类刊物上发表不同主题的研究综述。如张国旺《近年来中国环境史研究综述》[①]，佳宏伟《近十年来生态环境变迁史研究综述》[②]，汪志国《20世纪80年代以来生态环境史研究综述》[③]，高凯《20世纪以来国内环境史研究的述评》[④]，陈新立《中国环境史研究的回顾与展望》[⑤]，梁治平《近三十年来中国历史上环境与资源保护研究综述》[⑥]，潘明涛《2010年中国环境史研究综述》[⑦]，苏全有、韩书晓《中国近代生态环境史研究回顾与反思》[⑧]，刘志刚《近三十年来洞庭湖地区生态环境史研究述评》[⑨]，谭静怡《20世纪80年代以来宋代生态环境史研究述评》[⑩]，薛辉《文献计量学视野下大陆地区环境史研究现状与展望(2000—2013)——基于CSSCI的统计和分析》[⑪]，杨文春《近年来中国环境史研究的回顾与思考——以若干学理探讨为中心》[⑫]，邢

---

① 张国旺：《近年来中国环境史研究综述》，《中国史研究动态》2003年第3期。

② 佳宏伟：《近十年来生态环境变迁史研究综述》，《史学月刊》2004年第6期。

③ 汪志国：《20世纪80年代以来生态环境史研究综述》，《古今农业》2005年第3期。

④ 高凯：《20世纪以来国内环境史研究的述评》，《历史教学》2006年第11期。

⑤ 陈新立：《中国环境史研究的回顾与展望》，《史学理论研究》2008年第2期。

⑥ 梁治平：《近三十年来中国历史上环境与资源保护研究综述》，《农业考古》2008年第6期。

⑦ 潘明涛：《2010年中国环境史研究综述》，《中国史研究动态》2012年第1期。

⑧ 苏全有、韩书晓：《中国近代生态环境史研究回顾与反思》，《重庆交通大学学报(社会科学版)》2012年第1期。

⑨ 刘志刚：《近三十年来洞庭湖地区生态环境史研究述评》，《南京农业大学学报(社会科学版)》2012年第4期。

⑩ 谭静怡：《20世纪80年代以来宋代生态环境史研究述评》，《史林》2013年第4期。

⑪ 薛辉：《文献计量学视野下大陆地区环境史研究现状与展望(2000—2013)——基于CSSCI的统计和分析》，《保山学院学报》2015年第1期。

⑫ 杨文春：《近年来中国环境史研究的回顾与思考——以若干学理探讨为中心》，《鄱阳湖学刊》2016年第2期。

哲《近十年(2004—2013年)区域环境史研究述评》①。对学界迅速了解环境史最新研究动态,发挥了积极作用。但其大多关注已有成就,对研究中的不足及研究成绩的进一步总结,略显苍白。谨简要总结目前的环境史研究成就。②

第一,中国环境史学的发端性成就——国外环境史名著的翻译、推荐,促进、推动中国环境史学的产生及发展。中国的世界史研究者由于教学及学术研究的需要,最早接触西方环境史的经典论著,并把他们认为最好的环境史著作翻译成中文,在国内出版发行。其中最有代表性的,是从事美国史研究的侯文蕙,她最早向中国学术界翻译介绍以美国环境史学家沃斯特(Donald Worster)为代表的一批美国环境史著作,成为中国环境史译介的启蒙者及开拓者。③ 紧随其后的是包茂红、高岱、梅雪芹、高国荣、付成双等。他们翻译介绍西方环境史论著,并撰文、著书阐述自己的环境史理论及观点,尤其是环境史引介的内涵、理论和方法等,组成第二代环境史译介的学者群。第三代是被称为少壮派的具有西方留学及研究背景的学者,他们是年轻的海归或第一代、第二代世界环境史学者的传人,如侯深、张莉、贾珺、费晟,同样翻译介绍大量现当代西方环境史新作。通过这些译著、论文及各自观点的阐发,中国历史研究者不仅在短期内迅速了解并掌握国际环境史研究的主要成果、观点、理论及方法,而且产生对中国环境史研究的兴趣及欲望。随后,中国逐渐涌现出一批探讨中国环境史的定义、对象、学科起源等理论的学者及成果。因此,翻译、介绍西方环境史论著及主要学术观点的学者群及其工作,开启了中国环境史学的建立、学术研讨、机构设立等渐趋繁荣的学科构建之旅。

第二,探讨中国环境史理论及方法、环境史学科基础理论的丰硕成果。主要研究及思考中国环境史的概念、内涵、研究对象、理论、研究方法,以及环境史文献、环境史学史等,以构建中国环境史学科为使命,其“中国的”环境史韵味及特点极为浓厚,并以中国环境变迁史中具体问题的深入研究及探讨为对象,取

---

① 邢哲:《近十年(2004—2013年)区域环境史研究述评》,《中国史研究动态》2016年第1期。

② 因识见及学力浅陋,挂一漏万在所难免,敬请原谅。

③ 侯文蕙:《征服的挽歌:美国环境意识的变迁》是我国第一部研究外国环境史的专著,她还翻译了《尘暴:1930年代美国南部大平原》、《沙乡年鉴》、《封闭的循环——自然、人与技术》、《自然的经济体系:生态思想史》等经典著作,并自撰、译介大量论文,被誉为我国“环境史的拓荒者”。

得丰富的学术成就。其中,以台湾的刘翠溶[①]、曾华璧[②],大陆的包茂红[③]、王利华[④]、李根蟠[⑤]、朱士光[⑥]、蓝勇[⑦]、夏明方[⑧]、梅雪芹[⑨]、侯甬坚[⑩]、钞晓鸿[⑪]、景

① 刘翠溶、[英]伊懋可主编:《积渐所至:中国环境史论文集》,台北:"中央研究院"经济研究所,1995年;刘翠溶:《中国环境史研究刍议》,《南开学报(哲学社会科学版)》2006年第2期。

② 曾华璧:《论环境史研究的源起、意义与谜思:以美国的论著为例之探讨》,《台大历史学报》第23期,1999年。

③ 包茂红:《环境史:历史、理论与方法》,《史学理论研究》2000年第4期;《从环境史到新全球史》,《光明日报》,2011年12月1日;《环境史的起源与发展》,北京:北京大学出版社,2012年。

④ 王利华:《徘徊在人与自然之间:中国生态环境史探索》,天津:天津古籍出版社,2012年;《中国环境史学的发展前景与当前任务》,《光明日报》,2012年10月11日;《中国环境史研究(第二辑):理论与探索》,北京:中国环境科学出版社,2013年。

⑤ 李根蟠:《环境史视野与经济史研究——以农史为中心的思考》,《南开学报(哲学社会科学版)》2006年第2期。

⑥ 朱士光:《历史时期农业生态环境变迁初探——以陕蒙晋大三角地区为例》,《地理学与国土研究》1990年第2期;《我国黄土高原地区几个主要区域历史时期经济发展与自然环境变迁概况》,《中国历史地理论丛》1992年第1辑;《论我国黄土高原地区生态环境演化的特点与可持续发展对策》,《中国历史地理论丛》2000年第3辑。

⑦ 蓝勇:《历史时期西南经济开发与生态变迁》,昆明:云南教育出版社,1992年;《对中国区域环境史研究的四点认识》,《历史研究》2010年第1期;《中国环境史研究与"干涉限度差异"理论建构》,《人文杂志》2019年第4期。

⑧ 夏明方主编:《新史学(第六卷):历史的生态学解释——世界与中国》,北京:中华书局,2012年;夏明方:《大数据与生态史:中国灾害史料整理与数据库建设》,《清史研究》2015年第2期;夏明方、侯深主编:《生态史研究(第一辑)》,北京:商务印书馆,2016年。

⑨ 梅雪芹:《中国环境史研究的过去、现在和未来》,《史学月刊》2009年第6期;《历史学与环境问题研究》,《北京师范大学学报(社会科学版)》2008年第3期;《环境史研究叙论》,北京:中国环境科学出版社,2011年;《上下左右的历史》,《光明日报》,2011年12月1日;《环境史研究与当前中国世界史学科的发展》,《河北学刊》2011年第1期。

⑩ 侯甬坚:《"环境破坏论"的生态史评议》,《历史研究》2013年第3期;侯甬坚等编著:《中国环境史研究(第三辑):历史动物研究》,北京:中国环境科学出版社,2014年。

⑪ 钞晓鸿:《文献与环境史研究》,《历史研究》2010年第1期;《环境史:学科的交融与侧重》,《读书》2011年第11期;钞晓鸿主编:《环境史研究的理论与实践》,北京:人民出版社,2016年。

爱[①]、周琼[②]、张莉[③]等学者为代表。这些学者从不同视角及层域系统论述及探讨中国环境史研究的对象、内涵、理论及具体方法等问题,积极推动中国环境史学科构建中基本理论的产生、发展。这是对环境史学科构建支持最大的学者群及成果群,是一支长期从事环境史研究、在各自领域及学科积累丰富经验及学力的学科建设队伍,也是中国环境史学科早期建设的中坚力量。

第三,以中国环境史的具体问题为研究对象的成果,是目前中国环境史研究中成就最为突显、成果最多的领域。以中国环境史的具体问题,主要有中国区域环境史[④]、断代环境史[⑤]、环境思想史[⑥]、环境制度史[⑦]、战争环境史[⑧]、环境

---

① 景爱:《环境史:定义、内容与方法》,《史学月刊》2004 年 3 期;《环境史续论》,《中国历史地理论丛》2005 年第 4 辑。

② 周琼:《环境史多学科研究法探微——以瘴气研究为例》,《思想战线》2012 年第 2 期;《环境史史料学刍论——以民族区域环境史研究为中心》,《西南大学学报(社科版)》2014 年第 6 期;《定义、对象与案例:环境史基础性问题再探讨》,《云南社会科学》2015 年第 3 期;《中国环境史学科名称及起源再探讨——兼论全球环境整体观视野中的边疆环境史研究》,《思想战线》2017 年第 2 期。

③ 童雪莲、张莉:《近十年来美国环境史研究的动向——以〈环境史〉期刊为中心的探讨》,《中国历史地理论丛》2013 年第 3 辑;张莉、杨越、刘传飞:《过去 300 年来新疆奇台县水资源利用的变化及其环境响应》,《干旱区资源与环境》2012 年第 7 期。

④ 王建革:《水乡生态与江南社会(9—20 世纪)》,北京:北京大学出版社,2013 年;《江南环境史研究》,北京:科学出版社,2016 年。张崇旺:《论淮河流域水生态环境的历史变迁》,《安徽大学学报(哲社版)》2012 年第 3 期;《淮河流域水生态环境变迁与水事纠纷研究(1127—1949)》,天津:天津古籍出版社,2016 年。

⑤ 王子今:《秦汉时期环境史研究》,北京:北京大学出版社,2007 年;赵珍:《清代西北生态变迁研究》,北京:人民出版社,2005 年;张全明:《两宋生态环境变迁史》,北京:中华书局,2015 年;赵九洲:《追本溯源:中国远古环境史研究初探》,《鄱阳湖学刊》2017 年第 4 期;周琼:《青铜图像与先秦环境史研究》,蓝勇主编:《中国图像史学》,北京:科学出版社,2015 年。

⑥ 王子今:《中国古代的生态保护意识》,《求是杂志》2010 年第 2 期;李金玉:《周代生态环境保护思想研究》,北京:中国社会科学出版社,2010 年;刘生良、康庄:《〈庄子〉生态美学思想资源再探》,《思想战线》2010 年第 4 期;连雯:《谢灵运〈山居赋〉的生态意识》,《鄱阳湖学刊》2010 年第 5 期。

⑦ 乔世明、张砚哲、宁金强编著:《少数民族地区生态环境保护法治研究》,北京:法律出版社,2017 年;张婷婷:《河北省农村地区生态环境法制问题探析》,《河北企业》2019 年第 5 期。

⑧ 方万鹏:《论黄淮平原水环境对淮河战役的影响》,《军事历史研究》2011 年第 2 期;李文涛:《战争与环境:魏晋南北朝时期的个案研究》,《南都学坛》2016 年第 5 期;贾珺:《为什么要研究军事环境史》,《学术研究》2017 年第 12 期。

保护史①、海洋环境史②、城市环境史③、环境灾害史④、环境疾病史⑤、考古环境史⑥等为研究对象,成果丰硕。这是中国环境史研究中人数和成果最多的领域,但也是最不稳定的阵营,很多学者的成果不是专门的环境史研究,只是其相关研究涉及环境史,或者对环境史感兴趣,集中探讨区域环境史或是其中某个问题。但因关注及研究核心不在环境史,或者进入研究后突然面临环境史多学科交叉而无法深入不得不转向,导致研究成果及研究队伍缺乏可持续性、稳定性。这是环境史研究出现蜂拥而起式炙手可热的盛况,但又很快出现零落难继式的相对平静并陷于难有创新且深入的高质量成果而胶着停滞的原因。这个阵营青年学者居多,半数以上是十余年来环境史学科建设及相关领域研究中培养的专业人才。经过沉淀、积累及交叉学科研究方法的熟练,除半途退出者外,坚守的学者,应该是未来中国环境史研究的新兴中坚阵营,也是最具创造力及爆发力的群体。

---

① 罗桂环:《中国环境保护史稿》,北京:中国环境科学出版社,1995 年;倪根全:《秦汉环境保护初探》,《中国史研究》1996 年第 2 期;陈业新:《秦汉生态职官考述》,《文献》2000 年第 4 期。

② 李玉尚、王涛:《被遗忘的海疆:中国的海洋环境史研究》,《中国社会科学报》,2012 年 12 月 5 日;李玉尚:《海有丰歉:黄渤海的鱼类与环境变迁(1368—1958)》,上海:上海交通大学出版社,2013 年;张玉洁:《海洋环境变迁的主观感受——环渤海 20 位渔民的口述史》,青岛:中国海洋大学,硕士学位论文,2014 年。

③ 刘翠溶:《环境史视野下近现代云南城市化初探》,《长安大学学报(社会科学版)》2016 年第 1 期;高国荣:《城市环境史在美国的缘起及其发展动向》,《史学理论研究》2010 年第 3 期;侯深:《没有边界的城市:从美国城市史到城市环境史》,《中国人民大学学报》2013 年第 3 期;毛达:《垃圾:城市环境史研究的一个重要主题》,《北京师范大学学报(社会科学版)》2008 年第 3 期。

④ 曾维华、程声通:《环境灾害学引论》,北京:中国环境科学出版社,2000 年;苏有全、李凤华主编:《清代至民国时期河南灾害与生态环境变迁研究》,北京:线装书局,2011 年;何燕等:《云南省维西县地质灾害孕灾环境及易发性分区》,《云南大学学报(自然科学版)》2019 年第 1 期。

⑤ 李化成、沈琦:《瘟疫何以肆虐?——一项医疗环境史的研究》,《中国历史地理论丛》2012 年第 3 辑;余新忠:《医疗史研究中的生态视角刍议》,《人文杂志》2013 年第 10 期;张萍:《环境史视域下的疫病研究:1932 年陕西霍乱灾害的三个问题》,《青海民族研究》2014 年第 3 期。

⑥ 吴立等:《江汉平原中全新世古洪水事件环境考古研究》,北京:科学出版社,2018 年;夏正楷、张俊娜:《中国环境考古学的兴起、发展和展望》,《古地理学报》2019 年第 1 期。

第四,奠定中国环境史学科基础的领域及其丰富成果。如梳理、研究环境史史料及文献,逐渐积累、奠定环境史作为历史学分支学科的专业性、基础性。这个领域的研究中,环境史文献的类型、分布、特征,①甚至是专题性②、区域性③环境史的文献及史料搜集整理④等,大多采用传统历史学分支学科基础的方法,研究文献的来源、特点及分类,也有对个别文献⑤,或者是地方、区域历

---

① 徐正蓉:《中国环境史史料研究综述》,《保山学院学报》2014年第6期。聂选华:《中国环境史文献特点探析》,《保山学院学报》2014年第6期。吴寰:《中国环境史文献的分类问题初探》,《保山学院学报》2014年第6期。张丕远等:《从历史文献、档案中提取自然环境信息的研究》,李根蟠、[日]原宗子、曹幸穗编:《中国经济史上的天人关系学术讨论会论文集》,北京:中国农业出版社,2002年。张德二:《中国历史文献中的高分辨古气候记录》,《第四纪研究》1995年第1期;《中国历史文献档案中的古环境记录》,《地球科学进展》1998年第3期;《中国历史气候文献记录的整理及其最新的应用》,《科技导报》2005年第8期。

② 刘炳涛、满志敏:《古代诗歌中的气候信息及其运用》,《中国历史地理论丛》2010年第4辑。王利华等:《论题:上古生态环境史研究与传世文献的利用》,《历史教学问题》2007年第5期。周琼:《非文字史料与少数民族历史研究》,《郑州大学学报(哲学社会科学版)》2008年第1期;《环境史史料学刍论——以民族区域环境史研究为中心》,《西南大学学报(社科版)》2014年第6期;《八景文化的起源及其在边疆民族地区的发展——以云南八景文化为中心》,《清华大学学报(哲学社会科学版)》2009年第1期。张连伟:《中国古代森林动物文献史料述要》,《湖南科技学院学报》2011年第3期。[韩]崔德卿:《汉代画像石的画题和生态环境》,刘翠溶编:《自然与人为互动:环境史研究的视角》,台北:联经出版公司,2008年。

③ 曹永年:《明万历间延绥中路边墙的沙壅问题——兼谈生态环境研究中的史料运用》,《内蒙古师范大学学报(哲学社会科学版)》2004年第1期;《简牍资料所见汉代居延野生动物分布》,《鲁东大学学报(哲学社会科学版)》2012年第4期。王子今、李斯:《放马滩秦地图林业交通史料研究》,《中国历史地理论丛》2013年第2辑。李金玉:《先秦古简与生态环境史研究》,《中原文物》2013年第1期。

④ 王利华:《生态史的事实发掘与事实判断》,《历史研究》2013年第3期;周琼:《明清滇志体例类目与云南社会环境变迁初探》,《楚雄师范学院学报》2006年第7期。

⑤ 魏华仙:《〈鸡肋编〉的生态环境史料价值》,《中国历史地理论丛》2006年第4辑;陈荣清:《论先秦石鼓诗歌与汧渭流域生态环境的保护》,《宝鸡文理学院学报(社会科学版)》2011年第3期;谢继忠:《敦煌悬泉置〈四时月令五十条〉的生态环境保护思想渊源探析》,《农业考古》2015年第6期;方万鹏:《〈析津志〉所见元大都人与自然关系述论——兼议环境史研究中的地方史志资料利用》,《鄱阳湖学刊》2016年第6期;姚佳琳、高国强:《〈阅微草堂笔记〉的环境史料价值》,《沧州师范学院学报》2014年第2期;王彤:《〈岭外代答〉的环境史史料价值与特点》,《昆明学院学报》2016年第2期;江燕:《从物产史料角度看滇池周边的环境变迁——以〈徐霞客游记〉为例》,姚秉忠主编:《徐霞客研究(第20辑)》,北京:地质出版社,2010年。

史文献[1]中的环境史文献，进行专门、深入的梳理与研究，成果也极为丰硕，有力支撑了起步、发展中的环境史学科。

第五，环境史在历史学领域真正体现出交叉学科魅力，能更好理解各时期特殊历史演进及其结果（如王朝更迭）的真正历史动因的研究及其成果，或者称之为历史学里的跨界研究成果。如气候变迁[2]，巨型环境灾害（如地震[3]、雪灾[4]、旱灾[5]、瘟疫[6]），农业环境变迁及资源枯竭导致的历史巨变，纠正了此前很多

---

① 周琼：《一条应受关注的藏区环境史料述论》，《中国藏学》2006 年第 4 期；张玉：《珍贵的清代甘肃生态环境档案》，《档案》2003 年第 6 期；卞利：《明清时期徽州森林保护碑刻初探》，《中国农史》2003 年第 2 期；马强、杨霄：《地方文献与明清环境史研究——以嘉陵江流域为主的考察》，《西华师范大学学报（哲社版）》2015 年第 3 期；周飞：《清代云南禁伐碑刻与环境史研究》，《中国农史》2015 年第 3 期；刘荣昆：《澜沧江流域彝族地区涉林碑刻的生态文化解析》，《农业考古》2014 年第 3 期。

② 竺可桢：《中国近五千年来气候变迁的初步研究》，《考古学报》1972 年第 1 期；蓝勇、于希贤：《中国西南历史气候初步研究》，《中国历史地理论丛》1993 年第 2 辑；满志敏、葛全胜、张丕远：《气候变化对历史上农牧过渡带影响的个例研究》，《地理研究》2000 年第 2 期；葛全胜等：《过去 2000 年中国东部冬半年温度变化》，《第四纪研究》2002 年第 2 期。

③ 于希贤：《历史时期气候变迁的周期性与中国地震活动期问题的探讨》，《中国历史地理论丛》1997 年第 4 辑；王汝雕：《从新史料看元大德七年山西洪洞大地震》，《山西地震》2003 年第 3 期；周宏伟：《汉初武都大地震与汉水上游的水系变迁》，《历史研究》2010 年第 4 期；韩毅：《宋代西藏的地震灾害及其应对措施》，《中国藏学》2008 年第 3 期；曹娜等：《公元 180 年甘肃表氏地震考》，《地震学报》2010 年第 6 期。

④ 林振耀、吴祥定：《历史时期（1765—1980 年）西藏水旱雪灾规律的探讨》，《气象学报》1986 年第 3 期；佚名：《湖南历史上的雪灾》，《中国减灾》2012 年第 2 期；徐兆红、殷淑燕：《历史时期以来山西省雪灾特征与气候变化》，《中山大学学报》2016 年第 5 期；王丹丹等：《基于历史灾情的贵州雪灾脆弱性分析》，《灾害学》2018 年第 3 期。

⑤ 袁林：《甘宁青历史旱灾发生规律研究》，《兰州大学学报》1994 年第 2 期；李明志、袁嘉祖：《近 600 年来我国的旱灾与瘟疫》，《北京林业大学学报（社会科学版）》2003 年第 3 期；张伟兵、史春生：《区域场次特大旱灾划分标准与界定——以明清以来的山西省为例》，《气象与减灾研究》2007 年第 1 期；杨煜达、韩健夫：《历史时期极端气候事件的甄别方法研究——以西北千年旱灾序列为例》，《历史地理》2014 年第 2 期。

⑥ 何帆：《历史上的瘟疫》，《创新科技》2003 年第 6 期；力平：《人类历史上致命瘟疫一览》，《当代医学》2003 年第 4 期；伍法同：《云南历史上的瘟疫灾害》，《云南日报》，2013 年 6 月 13 日，C04 版；许新民：《近代云南瘟疫流行考述》，《西南交通大学学报（社会科学版）》2010 年第 4 期；胡蝶：《清代云南省疫灾地理规律与环境机理研究》，武汉：华中师范大学，硕士学位论文，2014 年。

史家对历史的错误解读和书写。韩茂莉①、马俊亚②、赵珍③、冯贤亮④、王建革⑤、

① 韩茂莉:《草原与田园——辽金时期西辽河流域农牧业与环境》,北京:生活·读书·新知三联书店,2006 年;《中国北方农牧交错带环境研究与思考》,李根蟠、[日]原宗子、曹幸穗编:《中国经济史上的天人关系学术讨论会论文集》,北京:中国农业出版社,2002 年;《辽金时期西辽河流域农业开发核心区的转移与环境变迁》,《北京大学学报》2003 年第 4 期;《辽代西拉木伦河流域聚落分布与环境选择》,《地理学报》2004 年第 4 期;《辽代西辽河流域气候变化及其环境特征》,《地理科学》2004 年第 5 期;《全新世中期西辽河流域聚落选址与环境解读》,《地理学报》2007 年第 12 期;《全新世前期西辽河流域聚落与环境研究》,《中国地理学会百年庆典学术论文摘要集》,北京:中国地理学会,2009 年;《史前时期西辽河流域聚落与环境研究》,《考古学报》2010 年第 1 期。

② 马俊亚:《被牺牲的"局部":淮北地区社会生态变迁研究》,北京:北京大学出版社,2011 年;《伙伴还是害敌?——从人虎关系看淮北江南生态环境变迁》,《淮阴师范学院学报(哲学社会科学版)》2012 年第 4 期;《集团利益与国运衰变——明清漕粮河运及其社会生态后果》,《南京大学学报(哲学·人文科学·社会科学版)》2008 年第 2 期。

③ 赵珍:《清代西北生态变迁研究》,北京:人民出版社,2005 年;《资源、环境与国家权力:清代围场研究》,北京:中国人民大学出版社,2012 年;《道光朝陕甘总督杨遇春变革马政的环境史考察》,《中国边疆史地研究》2014 年第 2 期;《生态环境史研究与〈清史·生态环境志〉编纂》,《社会科学战线》2007 年第 3 期;赵珍、张帅:《论清代甘州马厂的生态与马政改革》,《青海民族研究》2018 年第 3 期;赵珍、崔瑞德:《清乾隆朝京南永定河湿地恢复》,《清史研究》2019 年第 1 期。

④ 冯贤亮:《明清江南地区的环境变动与社会控制》,上海:上海人民出版社,2002 年;《太湖平原的环境刻画与城乡变迁(1368—1912)》,上海:上海人民出版社,2008 年;《近世浙西的环境、水利与社会》,北京:中国社会科学出版社,2010 年;《明清官员如何应对环境危机》,《人民论坛》2018 年第 4 期;《城乡危机:民国时期江南民众的生活环境》,《三峡论坛》2014 年第 1 期;吴才茂、冯贤亮:《请神祈禳:明清以来清水江地区民众日常灾害防范习俗研究》,《江汉论坛》2016 年第 2 期。

⑤ 王建革:《农牧生态与传统蒙古社会》,济南:山东人民出版社,2006 年;《传统社会末期华北的生态与社会》,北京:生活·读书·新知三联书店,2009 年;《水乡生态与江南社会(9—20 世纪)》,北京:北京大学出版社,2013 年;《江南环境史研究》,北京:科学出版社,2016 年;《19—20 世纪江南田野景观变迁与文化生态》,《民俗研究》2018 年第 2 期;《水文、稻作、景观与江南生态文明的历史经验》,《思想战线》2017 年第 1 期;《宋代以来江南水灾防御中的科学与景观认知》,《云南社会科学》2017 年第 2 期;《芦苇群落与古代江南湿地生态景观的变化》,《中国历史地理论丛》2016 年第 2 辑。

韩昭庆[①]、杨煜达[②]等学者的成果，让学界看到在环境与人的关系中，与原来的认知极不一样的历史侧面。该领域的研究是环境史改写或重构中国历史的重要组成部分，使之成为历史学新兴分支学科中最富生命力、最吸引眼球的亮点，也使很多似是而非的历史更加靠近真相，让人类的历史真正回归自然，书写一个特殊物种为生存、发展而利用其他物种及资源的历史。

第六，系统研究特殊物种历史的丰富成果。这些成果早于"环境史"名称的出现，早先被划入相关的地理学、历史自然地理等学科领域，是很多学者在其他自然或人文学科的视野下不自觉进行的环境史研究。[③] 森林史[④]，植物（如楠木、竹

---

① 韩昭庆：《荒漠、水系、三角洲：中国环境史的区域研究》，上海：上海科学技术文献出版社，2010 年；《历史地理学与环境史研究》，《江汉论坛》2014 年第 5 期；《万花筒视角下的中国环境史——〈中国的环境和历史〉书评》，《中国历史地理论丛》2013 年第 4 辑；《利用历史文献分析环境变迁应该注意的一些问题——以康熙雍正时期贵州环境记录信息的变化为例》，《中国地理学会百年庆典学术论文摘要集》，北京：中国地理学会，2009 年。

② 杨煜达：《清代云南季风气候与天气灾害研究》，复旦大学出版社，2006 年；满志敏、杨煜达：《中世纪温暖期升温影响中国东部地区自然环境的文献证据》，《第四纪研究》2014 年第 6 期；韩健夫、杨煜达：《过去千年黄土高原干湿变化和极端干旱事件与太平洋年代际振荡》，《中国历史地理论丛》2017 年第 2 辑。

③ 何业恒：《中国珍稀兽类的历史变迁》，长沙：湖南科技出版社，1993 年；《中国珍稀鸟类的历史变迁》，长沙：湖南科技出版社，1994 年；《中国珍稀兽类（Ⅱ）的历史变迁》，长沙：湖南师范大学出版社，1996 年；《中国珍稀爬行类、两栖类和鸟类的历史变迁》，长沙：湖南师范大学出版社，1997 年。文焕然等：《中国历史时期植物与动物变迁研究》，重庆：重庆出版社，2006 年。

④ 包茂宏：《森林史研究：以菲律宾森林滥伐史研究为重点》，《中国历史地理论丛》2005 年第 1 辑；张连伟：《中国古代森林变迁史研究综述》，《农业考古》2012 年第 3 期；赵九洲：《古代华北燃料问题研究》，天津：南开大学，博士学位论文，2012 年；黄正林：《森林、民生与环境：以民国时期甘肃为例》，《中国历史地理论丛》2014 年第 3 辑。

子[①]、梅花[②])历史，动物（如大象[③]、犀牛[④]、老虎[⑤]、孔雀[⑥]、长颈鹿[⑦]、大熊猫[⑧]、

---

① 何明、廖国强：《中国竹文化研究》，昆明：云南教育出版社，1994年；《竹与云南民族文化》，昆明：云南人民出版社，1999年。王利华：《人竹共生的环境与文明》，北京：生活·读书·新知三联书店，2013年。

② 王建革：《宋代江南的梅花生态与赏梅品味》，《鄱阳湖学刊》2017年第3期。

③ 文焕然等：《历史时期中国野象的初步研究》，《思想战线》1979年第6期；文焕然：《再探历史时期的中国野象分布》，《思想战线》1990年第5期；侯甬坚、张洁：《人类社会需求导致动物减少和灭绝：以象为例》，《陕西师范大学学报（哲学社会科学版）》2007年第5期；赵志强：《秦汉以来中国亚洲象的分布与变迁》，《中国历史地理论丛》2017年第1辑；王彤：《中国历史时期驯象的区域变迁初探》，《保山学院学报》2017年第1期。

④ 文焕然、何业恒：《中国野犀的地理分布及其演变》，《野生动物》1981年第1期；刘洪杰：《中国古代独角动物的类型及其地理分布的历史变迁》，《中国历史地理论丛》1991年第4辑；王振堂、许凤、孙刚：《犀牛在中国灭绝与人口压力关系的初步分析》，《生态学报》1997年第6期；蓝勇：《历史时期中国野生犀象分布的再探索》，《历史地理（第十二辑）》，上海：上海人民出版社，1995年；聂选华：《环境史视野下中国犀牛的分布与变迁》，《文山学院学报》2015年第2期。

⑤ 蓝勇：《清初四川虎患与环境复原问题》，《中国历史地理论丛》1994年第3辑；刘正刚：《明清闽粤赣地区虎灾考述》，《清史研究》2001年第2期；郑维宽：《明清时期广西的虎患及相关生态问题研究》，《史学月刊》2007年第1期；龚志强、江小蓉：《明清时期庐山虎患及其生态环境问题》，《农业考古》2008年第6期；曹志红：《老虎与人：中国虎地理分布和历史变迁的人文影响因素研究》，西安：陕西师范大学，博士学位论文，2010年；耿金：《环境史视野下的明清云南人—虎关系研究》，《文山学院学报》2013年第2期。

⑥ 文焕然、何业恒：《中国古代的孔雀》，《化石》1980年第3期；《中国历史时期孔雀的地理分布及其变迁》，文焕然等：《中国历史时期植物与动物变迁研究》，重庆：重庆出版社，2006年。李旭等：《云南楚雄恐龙河保护区绿孔雀春季栖息地选择和空间分布》，《南京林业大学学报（自然科学版）》2016年第3期。王研博、郭风平：《环境史视野下中国孔雀的分布与变迁及原因探讨》，《保山学院学报》2018年第1期。王研博：《历史时期中国孔雀分布变迁及其文化研究》，西安：西北农林科技大学，硕士学位论文，2018年。

⑦ 孙机、阎德发：《长颈鹿和麒麟》，《化石》1984年第2期；付雷：《域外来华的长颈鹿》，《科技日报》，2019年3月15日，第008版；赵秀玲：《永乐时期的瑞应“麒麟”图研究》，武汉：华中师范大学，硕士学位论文，2018年。

⑧ 文焕然、何业恒：《近五千年来豫鄂湘川间的大熊猫》，《西南师范大学学报（自然科学版）》1891年第1期。何业恒：《试论大熊猫的地理分布及其演变》，《历史地理（第十辑）》，上海：上海人民出版社，1992年；《大熊猫的兴衰》，《中国历史地理论丛》1998年第4辑。邓云霞：《历史文献记载中的大熊猫形象》，《保山学院学报》2017年第1期。严亚玲：《大熊猫的“前世与今生”》，《化石》2018年第1期。

扬子鳄[①])变迁历史的研究成果丰富。[②] 尤其是何业恒教授,梳理及研究中国多达165种野生珍稀动物在人类历史时期空间分布的变迁情况,尤其对兽类、鸟类、爬行类、两栖类、鱼类等逐一进行论述。[③] 也有从农业史、经济史的角度研究玉米、马铃薯、烟草、咖啡、金鸡纳、橡胶等物种。这些研究成果,不仅扩大环境历史演化及变迁中人类作为一个物种或种群的历史概念及范畴,实现自然及其历史真正进入历史书写及记录的目标,也见证了李根蟠等学者强调的人类及其他物种回归自然并各自有其生存、发展、变迁历史的客观论断。

当然,一些学者对这个类型的划分,会提出环境史"抢"了历史地理或人文、物种地理的成果及饭碗等说法,但在新学科不断涌现的新时代进行新的学科归属问题讨论的时候,大多依据学术成果所涉及的学科归类进行学科的分类及归属。这就会使同一类成果或同一个结论的成果,可能被分割在不同的学科或学术领域,而相同或类似领域及学科的学术研究及其成果,由于研究路径及视域的不同,结论很有可能完全不同或者相反。因此,早期的历史地理、自然地理的学者,几乎是从历史地理的学科视域出发,但却在不自觉地研究在当今学科归属中属于环境史领域的诸多问题,是较为正常的。

这些成果成为中国环境史早期科研成果中,广泛利用跨学科方法及路径进行的最有质量及内涵的研究,撑起中国早期环境史的半壁江山,证明中国环境史的研究早于西方,一开始就以独特的路径及方式存在,表现出不同于西方环境史对宏观层域及其学科理论的探讨,独辟蹊径研究具有中国人文历史及

---

① 文焕然等:《试论扬子鳄的地理变迁》,《湘潭大学自然科学学报》1981年第1期;裴修碧:《上古时期扬子鳄分布地域考》,《安徽史学》1996年第3期;何业恒:《扬子鳄在黄河中下游的地理分布及其南移的原因》,《历史地理(第十五辑)》,上海:上海人民出版社,1999年;文榕生:《扬子鳄盛衰与环境变迁》,《自然杂志》2000年第1期;陈伟明、郑颖:《历史时期韩江流域鳄鱼灭绝原因新探》,《暨南学报(哲学社会科学版)》2006年第3期。

② 文焕然等:《中国历史时期植物与动物变迁研究》,重庆:重庆出版社,2006年。中国植物学会编,江振儒主编:《中国植物学史》,北京:科学出版社,1994年。何业恒:《中国珍稀兽类的历史变迁》,长沙:湖南科技出版社,1993年;《中国珍稀鸟类的历史变迁》,长沙:湖南科技出版社,1994年;《中国虎与中国熊的历史变迁》,长沙:湖南师范大学出版社,1996年;《中国珍稀爬行类两栖类和鱼类的历史变迁》,长沙:湖南师范大学出版社,1997年;《中国珍稀兽类(Ⅱ)的历史变迁》,长沙:湖南师范大学出版社,1997年。

③ 朱士光:《中国历史动物地理学的奠基之作——评〈中国珍稀动物历史变迁丛书〉》,《中国历史地理论丛》1998年第1辑。

自然环境变迁特色的自然物种变迁历史。

第七,海外学者的中国环境史研究成果。这些学者从整体上研究中国环境变迁史,弥补了迄今为止中国学者在中国环境整体史研究中的不足。其中最具代表性的有马立博(Robert B. Marks)《中国环境史:从史前到现代》(*China:Its Environment and History*)①、《虎、米、丝、泥:帝制晚期华南的环境与经济》(*Tigers,Rice,Silk,and Silt:Environment and Economy in Late Imperial South China*)②,伊懋可(Mark Elvin)《大象的退却:一部中国环境史》(*The Retreat of the Elephants:An Environmental History of China*)③,赵冈《中国历史上生态环境之变迁》④,穆盛博(Micah S. Muscolino)《近代中国的渔业战争和环境变化》(*Fishing Wars and Environmental Change in Late Imperial and Modern China*)⑤、《中国的战争生态学:河南、黄河及其他(1938—1950)》⑥等。这些成果"在研究方法上注重探讨人与自然互动关系",论证"环境史讲述自然在人类生活中的角色与地位"的观点,即伊懋可所说的"透过历史时间研究特定的人类系统与其他自然系统间的界面"。当然,这个领域近年来的另一部著作,是美国环境史学家濮德培(Peter C. Perdue)的新作《万物并作:中西方环境史的起源与展望》⑦。其中,"跨越边界的环境史:近代中国的毛皮、茶叶与渔业"中"环境史是地方的,也是世界的"的观点,极富启

---

① [美]马立博著:《中国环境史:从史前到现代》,关永强、高丽洁译,北京:中国人民大学出版社,2015年。

② [美]马立博著:《虎、米、丝、泥:帝制晚期华南的环境与经济》,王玉茹、关永强译,南京:江苏人民出版社,2011年。

③ [英]伊懋可著:《大象的退却:一部中国环境史》,梅雪芹等译,南京:江苏人民出版社,2014年。

④ 赵冈:《中国历史上生态环境之变迁》,北京:中国环境科学出版社,1996年。

⑤ [美]穆盛博著:《近代中国的渔业战争和环境变化》,胡文亮译,南京:江苏人民出版社,2015年。

⑥ Micah S. Muscolino,*The Ecology of War in China:Henan Province,the Yellow River,and Beyond,1938—1950*,New York:Cambridge University Press,2014.

⑦ [美]濮德培著:《万物并作:中西方环境史的起源与展望》,韩昭庆译,北京:生活·读书·新知三联书店,2018年。

迪性,是“全球环境整体观”[①]及其理论的实践者。

第八,一批冠以“环境史”、“生态史”的研究机构及团队出现,并按所在区域形成兼具整体性和区域性特点的环境史研究成果,由此带动区域性环境史研究团队的成长。2008 年 7 月,南开大学成立中国生态环境史研究中心;2009 年 5 月,云南大学成立西南环境史研究所;2010 年 4 月,北京师范大学成立环境史研究中心;2010 年 9 月,河北师范大学成立中国环境史研究中心;2012 年 1 月,辽宁大学成立生态环境史研究中心;2012 年 5 月,中国人民大学成立生态史研究中心;2014 年 5 月,北京大学成立世界环境史研究中心。与此同时,其他与环境史相关的研究中心相继成立,如 2013 年成立的安徽大学淮河流域环境与经济社会发展研究中心。生态文明研究机构也随着中国持续推进生态文明建设而不断组建,如 2007 年组建的北京大学生态文明研究中心,2008 年 1 月组建的北京林业大学生态文明研究中心,2010 年组建的厦门大学生态文明研究平台。更早的具有跨学科研究特色的机构有 1975 年创建的中国科学院生态环境研究中心,1986 年 5 月创建的陕西师范大学西北历史环境与经济社会发展研究中心等。这些机构的成立,某种程度上成为中国环境史学科向专业化、地域化发展的标志,也是中国环境史进入团队化继承研究及人才培养模式的重要阶段,标志着中国环境史独立学科意识的形成及团队建设与学科建设同步进行的开始,从而使中国环境史研究打上中国当代学科建设及发展的鲜明烙印,当然也导致中国环境史学在建设及发展初期,就缺少融通及国际化的视域,过分局限在“中国”的时空范畴内。

总之,中国环境史自夏商周三代肇始,先秦正式成形,秦汉以后得到儒道思想家的深化及发挥,其中很多思想被统治者吸收转化成为生态管理及保护的具体措施,推动中国古代生态保护、环境思想的发展。唐宋以降,随着儒道思想文化的发展及其在不同时代的变迁,中国的环境思想、环境保护措施、环境管理制度、官方及民间的环境法制等,都得到不同程度的发展及完善,客观上推动了中国环境史的发展。明清时期,随着环境问题的突出,生态保护思想

① 周琼:《中国环境史学科名称及起源再探讨——兼论全球环境整体观视野中的边疆环境史研究》,《思想战线》2017 年第 2 期;《边疆历史印迹:近代化以来云南生态变迁与环境问题初探》,《民族学评论(第四辑)》,昆明:云南人民出版社,2015 年。

觉醒并推动植树护林及环保法规等的发展，日渐丰富着中国环境史的内涵。至19世纪末20世纪初，中国环境史研究发端，各类成果相继出现。各阶段、各地区生态环境发展变迁的史实及其生态思想、环境制度及实施措施等，都在不同时代、不同类型的典籍中留下丰富记载，那些充满生态哲理、闪烁生态智慧的篇章，无疑对目前中国环境史的学术研究、学科建设以及当代环境治理产生积极的影响，也为环境史学未来深入、系统、广泛的研究奠定了坚实基础。这就使得中国环境史的研究及发展潜力极大，也使得中国环境史完备学科体系的建立及发展具备强有力的基础和良好的发展前景。

二、中国环境史研究的困境及其创新

中国环境史被部分学者认为是显学而受到青睐，大量学术成果涌现，很多研究可填补空白，即便出现过被称为“高歌猛进”的火热研究时段（2006—2013），也依然存在很多自身难以克服的困难。自2013年以来，很多环境史研究陷入停滞及循环的僵局，即高质量、开创性的成果减少，程序化、模式化路径的研究增多，大部分论点及路径相同、区域及具体问题不同的成果，呈现出单一性的、看似非重复但实质缺乏创新的特点。一些学者反思，中国环境史研究陷入“衰败论”、“破坏论”的研究桎梏及循环中。[①] 事实上，很多研究成果的观点及结论，一再证明环境破坏论的思维模式在学界流行及固化，这无疑限制了中国环境史学的深化及系统化发展。因此，短暂的停顿及理性反思，对中国环境史学十分必要，是为学科建设能更好、更正确及更顺利地前行。目前关注最多的问题，就是中国环境史学尤其学科建设应该往何处去？

（一）中国环境史研究的困境

当前，中国环境史研究尤其是具体问题的研究，困境重重。无论是研究路径、研究方法，还是宏观性、理论性的研究，都存在不同程度的固化。

---

① 侯甬坚：《“环境破坏论”的生态史评议》，《历史研究》2013年第3期；赵九洲：《衰败论：中国环境史的误判及评价》，《鄱阳湖学刊》2016年第2期。

第一，研究论题及研究路径的模式化、固定化，甚至单一化。目前的大部分研究关注区域性环境变迁、环境制度、环境思想、环境管理等领域，严格地说，区域环境史中极具开创性的研究，基本都细致地梳理区域性环境变迁历史的脉络及变迁后果。但从环境史研究论题的层域看，大部分声称研究不同区域环境史的成果，除区域、地点名称及具体史料有差异以外，研究路径及方法都是沿着这样的模式：明清或者是唐宋以前生态环境相对良好，由于人为的干扰及破坏，各地出现森林覆盖率降低、水土涵养功能退化、水土流失增大等现象，从而得出泥石流、水灾、旱灾、蝗灾等各类环境灾害的相对一致，甚至相同的结论。这就是大家熟知的、显而易见的环境破坏论或是环境衰败论的研究路径。

这虽然可使中国环境史学在丰富的个体化（碎片化）、区域化研究成果的基础上，更便于整合及寻找规律，发现更多趋同性（同质性）的特点，更好地书写及研究中国的整体环境史，但对环境史的具体论题及内容而言，这却使研究的观点、思路及路径渐趋固化，缺少跨学科及交叉学科应有的丰富性及灵动性特点。“‘环境破坏论’观点有其独到之处，即以资源环境为基础，揭示历史上所有开发活动，在不同历史时期的制度管理下，必然存在草创和积累阶段不可避免的各种负面影响，这在历史地理学、环境变迁等领域具有一定的促进学科发展的作用。但是，评价人类历史上开发活动绝不能以此为满足，全面而负责任地评价历史，大力促进学科发展，需要锐意进取的行动，不断超越的思想”①。

第二，研究思维的固化及程式化。目前大部分的环境史研究者，都不自觉地按照主流的“环境史就是研究人与自然环境互动关系的历史”的概念及内涵开展学术研究，把核心点过分集中在“环境”、“生态”等关键词上，仅仅重视“环境”、“生态”、“森林”、“植被”等关键字眼以及与其直接相关的史料，忽视与这些字词有间接关联，甚至看似无关实则相关的史料及内容。从而使中国环境史的研究，呈现出固化及程式化的倾向，缺乏具体性、生动性及灵动性的研究论题及内容，更缺乏多样性的研究路径。

这个阶段的研究，无论是被视为历史自然地理，还是自然史，限于学科专

---

① 侯甬坚：《“环境破坏论”的生态史评议》，《历史研究》2013年第3期。

业的分工,都缺少对自然要素尤其是动植物种类及相关要素的系统、全面研究。特别是在自然物种不断减少、灭绝的时代,在人们呼吁并强调生物多样性、人与自然共生的生态文明时代,自然史尤其是各类生物史的研究,就显得更为珍贵。

第三,大部分研究局限于历史学“史”的专业特点,缺少与现实联系、沟通及对话的空间及核心话题,处处以“史”为窠臼,缺少灵气及现实的味道,显得呆板、死气沉沉,偏离历史学资鉴现实的根本功能,使环境史学失去灵魂。虽然目前很多环境史学者及团队如王利华、梅雪芹、王建革、钞晓鸿、侯甬坚、周琼、李玉尚,[①]分别从不同层面进行生态文明的学术交流活动及具体的调研与研究,但大部分学者依旧认为生态文明是现实的政治任务及口号,与真正意义上的环境史研究有极大的差距,不仅从学术心理的认知上还是实际的研究论题中,都排斥生态文明,把历史学经世致用及服务、资鉴现实的功能束之高阁,割裂历史与现实的联系,使环境史停留在“史”及过往的层域上。

这就导致中国环境史的研究论题,统一地集中在环境变迁、土地利用、森林面积变迁、农业及矿冶业开发对生态环境的影响等传统、固化的层面,没有能力和潜力挖掘更有意义、内涵更丰富的选题及领域。中国环境变迁历史上的官方及民间的环境法制、环境保护及恢复良好的具体案例与理论,各地各时期的环境治理及环境管理,环境灾难应对的机制及措施,环境制裁等鲜活、灵动论题的探讨,就显得相对较少。同时,由于史料记载的模糊性及缺少相关的数据性,学界鲜少关注历史上的水域环境、土壤环境、大气环境及相关问题,不仅使很有说服力的计量、统计、分析等交叉学科的研究方法难以在具体研究中使用,也使历史远离现实,缺少继续深化及发展的生命力及源动力。

第四,支撑中国环境史学的环境史料学(文献学)的发掘及研究还不够深入,成果也缺乏系统性及完整性。虽然目前环境史文献及史料的研究较多,但是系统、专业的成果尚不多见。迄今为止,中国环境史各领域的研究得以顺

① 王利华在南开大学组建生态文明研究院并任副院长,提倡并推广高校生态文明教育联盟;梅雪芹在清华大学开设生态文明讲座及课程,设立公众史学研究中心;王建革在复旦大学与上海多个生态农业基地展开合作及调研活动;钞晓鸿在厦门大学生态文明研究平台开展生态文明活动;周琼在云南大学研究生态文明建设的云南模式,多次进行实地调研。

利、快速地推进，完全得益于正史、档案、起居注、奏章、实录、方志、笔记文集、游记、报刊、公私文书、日记、信札等汉文文献中虽然零散但涵盖环境不同侧面的丰富记载，以及碑刻、民族文献、田野调查、民间文献甚至是少数民族文献、文学史料、图像史料、环境考古及科技考古的资料等新史料的不断发掘与运用。但是，很多散存于中国丰富典籍及民间文献中的环境史史料及文献，以及自然科学研究的史料、数据及结论，迄今尚未得到系统地整理及利用，不仅局限环境史论题的视域及深度，也阻碍环境史学的全面发展。

第五，具体问题及碎片化问题的研究有余，整体性及宏观性的研究不足。换言之，地区环境史的研究成果极为丰富，但中国环境整体史的研究严重不足。迄今为止，中国还没有出版由中国本土学者完成的“中国环境史”专著，成为中国环境史学继续发展及学科构建中最为显著的短板，影响中国环境史初学者及专业研究者对中国环境发展及变迁历史的整体理解及把握。虽然目前很多高校都设立环境史的研究生学位培养点，专门从事环境史方向研究生的教学及学术人才的培养，但至今未有中国本土学者撰写的环境史教材问世。教材及中国环境整体史著作的空白，不仅对环境史初学者及学位点的人才培养，也对环境史专业研究者在研究论题及内容的全面提升与超越，极为不利。

总之，这暴露出中国环境史学先天不足及后天发展中专业研究队伍的欠缺导致后劲不足，反映中国环境史学的人才培养及学科建设看似得到各高校的重视，却尚未真正从根本上，尤其从资金及队伍建设上受到重视及支持。

第六，尚未真正实现跨学科研究，人文社科由于专业的先天欠缺而过分迷信自然科学的一切结论，使研究发生偏差。虽然很多的项目论证及环境史研究论著旨在通过跨学科的研究得出更客观、更全面的结论，但真正能够运用跨学科及交叉学科等研究方法的史学研究数量较少。目前环境史研究中，运用交叉学科研究方法及理论的，多数是自然科学的学者。他们利用数理统计与分析，运用 GIS 技术、粒度、古地磁、碳 14、光释光、沉积、孢粉分析、冰芯、树木年轮、珊瑚化石等自然科学的技术及检测手段，研究区域环境的定位、定时、定性，得出很多宝贵的成果，这些成果对得出环境史客观结论发挥出积极的作用。

然而由于自然科学过分依赖技术，对长时段历史演变规律、历史大背景及具体时代的历史场景不甚明了，常常导致结论的偏差，而部分人文社科学者过分迷信自然科学的检测结论,在使用数据的时候不加审核及考证,胡乱结合及运用,造成思路及历史场域的错乱及偏差,导致研究结论的错位及失真。

第七,环境史学科与历史地理、环境科学、生态学等学科相联系及比较时,其差异性、不可替代性及独特性还不够鲜明及突出,即环境史的学科属性尚未得到彰显。环境史是历史学领域内跨学科及综合性特色最浓郁的分支学科,但在具体研究中,尚未有学者真正辨析及考订其差异性及独特性特点,使环境史学的研究一直处于模糊、不明晰及似是而非的状态,影响中国环境史学特点的彰显。

(二)中国环境史研究的创新与突破

中国环境史学方兴未艾,正需蓬勃发展,存在困境及桎梏是正常的、暂时的,但突破桎梏、摆脱困境,却是必须的。为环境史学深入、系统的发展,不仅应该创新研究层域、研究视域,也需要创新研究路径、研究方法及研究思维的取向、旨趣。

第一,研究层域上的转向及创新,即继续进行中国环境史学的理论研讨及创新性研究外,更应该探讨整体史及环境史宏观层域问题。

中国环境史学尽管已经取得丰富成果,但学科理论、学科设置及规划、研究方法等学科建设的基本问题依旧没有形成体系,“中国环境史学亟须加强理论探讨……中国环境史研究兴起未久,学理建构明显欠缺,面临诸多困惑与挑战”①。环境史学的发展只有短短几十年,学术积累与传统史学领域相比还较为薄弱,大量的学术空白有待填补。由于学科的特殊性,目前学界对基本概念、研究范围、与其他学科的关系及本学科的定位等基本问题的认识,仍然存在争议,很多研究目前尚未形成定论;看似已成定论的问题,实际上依然存在不小的偏差或错误,甚至成为狭隘环境史的代言。

因此,中国环境史学的当务之急,不仅需要加强学科理论基本问题如学科的功能属性、学科范畴、学科研究目标、学科的宗旨、学科的研究手段及范式的探讨,还需要深入讨论及厘定环境史的概念及基础问题的内涵,尤其是厘清基

---

① 王利华:《中国环境史学的发展前景和当前任务》,《人民日报》,2012 年 10 月 11 日,理论版第 23 版。

本的学科思想及学术概念的准确内涵。明确学科的边界及目标，才能奠定良好的学科建设基础。

此外，中国环境史学的研究及学科构建中，最应该实现的旨趣转向，是从微观的、区域环境史研究，转向宏观的、整体环境史研究，避免过于碎片化的研究取向。从整体的、全局的视域把握及研究问题，从整体看局部，才能准确、全面地把握局部的层面、阶段，也才能连贯地审视环境变迁史上不同面向、不同时代的具体状况，才不会割裂历史。因此，应该提倡从整个中国、从全球环境演进及变迁史的视域，进行学术研究及学科构建，如此，学科的属性、定位、界域、子方向及体系划分等问题，才能提上日程，环境史学才能真正具备成为一门独立分支学科的条件及基础；才能具有从整体到局部、从局部到整体的意识及思维、视野及胸怀，使中国环境史学既具广度和宽度，也具高度和深度。“中国生态史的研究意义既不限于历史上的中国，也不限于今日的中国，实事求是，尊重历史，全面评价过去，所获得的生态文明演进历史的最基本认识，方有助于各项工作的展开和推进”①。

第二，环境史学研究视域急需全方位扩大，主要有两方面的内涵：一是在历史学内部，即环境史不能单纯地就环境说环境，而是把研究视域扩大到与环境及其变迁有密切联系、直接或间接的领域；二是跨出史学领域，即从资料来源、研究方法、研究路径上真正实现跨学科、交叉学科的研究，把此前未受关注、与环境史有关联的学科，纳入环境史学研究的视域中。

环境史与历史学内部联系最密切的研究领域是经济史、思想史、人口史（移民史）、水利史、气候史等，但似乎忘记最主要的、中国历史发展最根本的主导因素——政治。作为具有两千多年专制集权统治传统的国家，政治几乎主宰历朝历代的一切，经济、军事、文化、教育、思想意识、生活、宗教，甚至是科学技术。学术研究离开政治，探讨很多问题，事实上就有隔靴搔痒之感。纵观目前的成果，政治史视域的研究寥寥可数，从政治角度把握中国环境史变迁动脉的研究也为数不多。中国环境史研究尤其是中国环境史的变迁，绝离不开政治。否则，中国的环境变迁史就缺少根本动因和灵魂，环境的变迁就成为空洞的历史过程梳理，触及不到环境变迁史的内核。因而，目前中国环境史学的视

① 侯甬坚：《“环境破坏论”的生态史评议》，《历史研究》2013年第3期。

域扩大，首先应重视政治史，把政治史及其主旨、核心内涵，融入不同历史阶段环境变迁的每个环节、具体问题，才能从根本上把握中国环境史学的命脉。

历史学之外，应该继续关注生态学、生物学、植物学、动物学、地理学、资源与环境科学、气候学、灾害学等自然科学，还应该关注此前重视不够的土壤学、医学、气象学、天文学、水文学、地质学、地貌学、生理学、水生生物学、景观学、工程学、化学、物理学等学科，更应该关注与环境史密切相关的文学、艺术、美学、民族学、人类学、社会学、管理学、教育学、新闻传播学、信息管理等人文社会科学的领域。将这些学科的基本知识、理论、科研成果与历史学结合，才能真正把握环境史学的命脉与核心，也才能从专业角度思考及深入研究不同的环境史问题，研究结论才能客观、正确，书写出的环境史才能更贴近真实。“树立专业方向、尽力挖掘史料的同时，自觉熟悉自然界和生态学，并运用生态学思想解读中国生态史，据实得出研究结论”①。

第三，加强、深化环境史学的传统学术研究的同时，更应强调环境史学研究与现实的对话及贯通，凸显环境史学的经世致用功能，牢记学术研究的责任感及使命感，把环境史学服务现实的特性体现在具体问题的研究中。

经院式的环境史研究与社会需求之间在某些层面存在无法避免的脱节，影响环境史的社会认可度及接受度，使中国环境史在某些领域、部门处于真空，对环境史学术话语权的建立造成极大的影响。不仅中国很多地方政府部门，而且与环境史相关的企事业单位，都对环境史不甚了了，更遑论在工作招聘中给予毕业生就业机会，环境史的研究生只能游离在传统学科的就业队伍中，专业优势几乎无法发挥。甚至很多高校的学科设置及学科建构，都未把环境史纳入考虑，位置极为尴尬，不仅影响经费、团队的建设，也影响人才的培养，这是环境史研究队伍无法迅速扩大的原因，也是环境史很多主要问题研究至今无法推进及深入的原因。

具体研究中，彻底摈弃不自觉的“史不与今通”的固化思维模式及研究圉囿，纠正“学术不与政通”的极其狭隘及偏执的固化思维。应该通过深入系统地研究历史环境诸问题，为当前的社会现实提供正确的思想、知识，服务国家及社会，在生态文明建设中发挥历史学当之无愧的资世鉴今的作用。持续不

① 侯甬坚：《“环境破坏论”的生态史评议》，《历史研究》2013年第3期。

断的生态危机及无穷无尽的环境问题，极大威胁人类可持续发展，激发环境史学家的责任感、使命感，成为环境史学兴起的根本动因。“环境史学在文明的困惑与抉择中兴起……并逐渐跻身主流史学的行列……西方环境史研究起步，正值欧美老牌工业国家生态污染灾害频仍、资源危机加剧、环境保护运动风起云涌之际，它是在对资本主义弊病的批判和对工业文明前途的困惑中诞生的”[①]。中国环境史的兴起也是受到现实环境的促动，环境史学的发展及具体研究，应该牢记其社会责任及现实担当使命。“随着环境问题日益突出，公众对生态安全的关注度不断提高……‘建设生态文明’上升为国家发展战略。这一新形势给环境史研究蓬勃兴起提供重要机遇，也赋予历史学者以特殊的时代使命”[②]。

因此，当前环境史学科的发展及具体问题的研究，应当时刻警惕把环境史学与现实密切联系的特点打造、改变成传统史学所特有的在典籍里爬梳、在史料里寻觅的研究模式，刻意把一门富有生命力的历史学分支学科，变成与现实相脱节、以过往研究为特点的僵化思维。担负起环境史学者应有的社会及现实使命，“环境史学者应以高度的学术与社会责任感，强化思想理论探讨，在辩证唯物主义和历史唯物主义指导下，发展正确的环境史观，引导公众全面认识生态环境与人类文明的历史关系，理性看待当代环境、资源危机”[③]。

第四，凸显中国环境史学的学术属性及特点，探讨环境史学的学科界域、学术定位及其与其他学科的关系和区别，明细自身的学科定位及特色，建构起中国环境史学系统、完整而立体的学术框架。

尽管学界大部分学者都认为中国环境史学是20世纪90年代在西方环境史学的推动下兴起的，西方环境史学被引介到中国，确实促进中国环境史研究的兴起，[④]但中国环境史学是中国历史学固有的部分，此前的历史学家未完全

---

① 王利华：《中国环境史学的发展前景和当前任务》，《人民日报》，2012年10月11日，理论版第23版。

② 王利华：《中国环境史学的发展前景和当前任务》，《人民日报》，2012年10月11日，理论版第23版。

③ 王利华：《中国环境史学的发展前景和当前任务》，《人民日报》，2012年10月11日，理论版第23版。

④ 王利华：《中国环境史学的发展前景和当前任务》，《人民日报》，2012年10月11日，理论版第23版。

明确地意识到并使用“环境史”这个名称。“中国环境史研究从思想方法、问题意识、目标指向等方面来说……拥有自身学术基础和社会条件。中华民族对人与自然关系的历史思考 可以上溯两千多年，西汉伟大史学家司马迁以‘究天人之际，通古今之变’为己任，就包含揭示经济、社会与风土环境相互关系的意图。从那以后，历代正史、地方史志及其他著述中都有大量关于地理、方物、风土、气候和特异自然现象的记录，包含许多值得环境史学者利用的历史生态信息和思想元素”①。在西方环境史学被翻译介绍到中国之前，中国环境史学就已经存在，②无论是环境思想还是环境管理的机构与制度，或者是环境保护、环境治理，中国传统的中央王朝政府、各地官府及民间都在不同程度、以不同当时进行实践，更重要的是，“中国历史地理学、农林史、考古学等领域的学者已开展不少相关研究，更为中国环境史学的建构提供丰富的本土学术资源”③。

作为拥有漫长历史、积累丰富史料、极具现实感的历史学分支学科，将其从其他学科的附属或是误解中剥离，形成自己的学术特色，界定明确的学科界域，是完全有可能也是可以实现的学科发展任务。因此，缺乏完整环境史学科体系的架构，是目前中国环境史学研究成果极为缺乏的原因之一，这使很多环境史研究者无法准确把握学科研究的宗旨及主要目标。“着眼长远发展，积极建构概念体系，形成思想主线明确、结构层次分明的学术框架，是一项十分重要、亟待实施的工作”④。

环境史研究涉及诸多面向，既不是单向、线性的，也不是平面、单个领域的。这是一个多层域、多面向的学科，其间的每个问题，涉及的面都是复杂、多向的，都与周围的各要素产生直接、间接的联系，其产生的影响也是立体、多维的。这才是环境的真面目，也是环境史学应该具有的存在形式及价值。

---

① 王利华：《中国环境史学的发展前景和当前任务》，《人民日报》，2012年10月11日，理论版第23版。

② 周琼：《中国环境史学科名称及起源再探讨——兼论全球环境整体观视野中的边疆环境史研究》，《思想战线》2017年第2期。

③ 王利华：《中国环境史学的发展前景和当前任务》，《人民日报》，2012年10月11日，理论版第23版。

④ 王利华：《中国环境史学的发展前景和当前任务》，《人民日报》，2012年10月11日，理论版第23版。

第五,环境史学科话语权、环境史学派及环境史学术体系的构建,是进一步发展中国环境史学、顺利实施学科建设目标及任务的最关键要素。

中国环境史学的研究及丰富成果,为中国环境史学术话语权的建立、中国环境史学科构建及合法性的确立,发挥积极的支撑、促进作用。但是,中国环境史是个刚刚起步的学科,目前的研究虽然取得丰富的成绩,但与其广阔的研究内容相比,依然是微不足道的,导致中国环境史学具体研究存在无法避免的缺陷及不足。因此,构建中国特色的环境史学话语体系,是目前中国环境史学发展及学科构建最为主要的任务。“环境史研究深切关怀地球居民的共同命运,该领域的学者拥有更多超越国家、种族和文化分歧的共同话语,中国学者应积极争取更多的学术话语权……历史学的对象、理念、技术方法和知识体系,都将经历革命性的改变”①。

目前部分研究者及学术机构参与访谈、组织笔谈,环境史专栏及刊载环境史论文的刊物特色逐渐形成;以不同形式在大学、中学开展环境史教学,明确、支持环境史形成特色、展现学术话语。

中国环境史目前的理论研究尤其是学科建设方面,受西方环境史研究理论及研究模式极大影响,“缺乏理论自觉,往往习惯于用西方的概念裁剪中国的社会现实,而不善于以正确的立场和方法用西方社会科学的精华为我服务”②,这种状况往往制约中国本土研究产生创新性思维、创新观点以及独立学术体系。很多学者依旧沿用西方的学术话语体系,“引入西方话语本属正常,但过于巨大的‘话语逆差’现象背后,是中国原创性和本土化学术话语的窘境,以及对西方学术与理论话语的‘顺从’”③,这导致中国环境史学的话语体系缺乏特色及生命力,更极大制约及掣肘其国际学术话语权的建立及推广。

当代任何一门新兴学科的构建及发展过程,都是其学术话语权产生、建构并在发展中相互促进及分化整合或重组的过程。中国环境史学术话语体系的

① 王利华:《中国环境史学的发展前景和当前任务》,《人民日报》,2012 年 10 月 11 日,理论版第 23 版。

② 奂平清:《社会学的理论自觉与学术话语权》,《人民论坛》2010 年第 12 期下,第 199 页。

③ 张志洲:《提升学术话语权与中国的话语体系构建》,《红旗文稿》2012 年第 13 期,第 6 页。

构建虽然艰难,但值得尝试、提倡并推广。一个学科没有自己的学术话语体系,其存在及发展就会收到诸多的质疑及挑战,也得不到其他领域学科的认可,更不可能与它们平等对话及交流,遑论学科的发展及学术体系的构建。因此,中国环境史学术话语权的构建,成为学科建立过程中最为重要的因素。

第六,中国环境史学的研究及学科发展中一个不可回避的转向,是既要看到历史环境变迁中的破坏及灾难面向,也要看到不同历史时期环境保护及修复治理的具体实践及其积极效果;既要注意环境发展史中的偶然性、不确定性,也要注意环境变迁史中的必然性、复杂性。

环境的破坏及衰败,无疑是自然演替的规律及结果,但破坏及衰败过程的快慢、破坏后果的严重程度、破坏范围的大小等,人为因素如制度、科技、经济行为、政治等元素,却在其中产生关键性甚至阶段性的影响。中国环境史研究之所以出现破坏论趋势,环境史的定义、研究对象的模糊及认知的固化,无疑是最重要的原因之一。

环境史研究不应该单纯地梳理环境变迁的史实,虽然这是环境史存在及发展的必要基础,但非环境史研究的唯一模式及解说路径。环境史研究应该更多地探讨环境变迁在不同时期及区域的动因及趋势,探讨变迁的后果及历史上自然修复及人为修复的过程及结果。换言之,不能只看到人类行为造成的破坏及其灾难性后果,也应该看到历史时期人们面对环境灾害时的努力及具体实践,包括思想、制度、技术等层面的措施,以及这些措施带来的良好效果;看到官方的制度及政策,也看到民间的努力及实践;看到个人不同类型的应对,也看到社会群体一致的思考及措施。如此才能客观、唯物、公正地还原并揭示环境史的全貌,避免环境破坏论的思维定势及单一研究范式,也才能书写中国环境史完整、全面、真实的历史发展过程。在此基础上,方能谈论构建中国环境史学的学科理论、研究范式,否则,离开全面向、立体式的思维及研究取向,中国环境史的一切研究及发展,都将是无米之炊、无本之木、无源之水。

环境变迁史的原因、发展趋向及其结果,往往是复杂的,其间既有偶然性要素,也有必然性要素。不同的阶段及区域,偶然性及必然性往往可以相互依存、制约及转化。目前的研究成果,对环境变迁史中的偶然性及必然性,以及环境变迁史的特点、规律、趋势等问题,往往关注不够,导致片面、单一地理解及研究环境史，得出不确定及泛化的研究结论，这是未来环境史学研究中应当重视及克服的。

第七，中国环境史学的另一个必要转向，是培养学者个人的研究旨趣及现实情怀，从根本上提升自身的学术情操及专业感情，既要有人文关怀的思想及意识，也要有自然及生物关怀的境界及视域。

环境史被界定为“人与自然相互关系史的研究”，很多学者一直坚定地认为：“如果没有人，何来环境史？环境史研究还有何意义？”当然，理论上这毫无问题，甚至从某种程度看完全正确。但是，自然环境里的生物，不仅仅是人类，与人类发生关系的，也不仅仅是生物。环境史的研究，确实不能排除人的考量，但若只有人，就难免会不自觉地陷入人类中心主义、环境破坏论的泥淖中，也会不自觉地走向另一个生态中心主义的极端。

研究中避免这种极端倾向，是环境史学者具有的大思维、大境界。面对具体的研究论题时，既装着人类这个生物物种，也装着其他的生物物种，更装着自然界这个至高无上的整体；既关怀人类的命运及未来，也关怀自然的命运及未来。当然，这样做的最终目的是关注环境史学及其学科的命运未来，因为自然界会与人类、与周边的一切发生联系并相互影响、制约，彼此依赖共生。

三、承继与开拓：中国环境史研究路在脚下

中国环境史研究以及学科的建设、发展，成果丰富，成就斐然，具有无穷尽的发展机遇，也面临诸多困境及桎梏；既有创新的思想、视域及路径，也有创新性、挑战性的领域及方法。如何才能有助于中国环境史的研究及学科的构建与可持续发展？

第一，承继以往，开启后来。研究宏观理论、方法及具体问题，需要秉承一个传统而基础的路径，即承前启后的原则及方法。将既有研究作为学术及学科的前期积累及继续探索的基础，在新视域、新路径、新方法的层面上，以全球、全中国的环境整体史立场，开创全新、立体的中国环境史学研究局面。尤其是明确环境史学科的属性及定位、界域与面向，既要避免把环境史变成包含一切问题及领域的大箩筐，也要避免把环境史界定为只是研究自然生态及其

与人相互关系的历史，否认及回避自然环境本身及其各要素的演替及共生、相互制约及影响的历史。坚持辩证唯物主义及历史唯物主义的环境史观，才能构建可持续、立体、客观、全面的具有中国环境史学科特色的框架。

第二，开拓创新，扩大视域，兼容并包，遗世独立。无论是研究的论题及领域，还是研究的理论及方法，抑或是研究的视野及层域，都需要不断地开拓、创新。作为有史以来面向最繁复、立体性最强的历史学分支学科，环境史已有的研究成果，还不及这门学科本应研究论题的二十分之一甚至是百分之一，浩渺无尽的自然界及其变迁历程中，值得探究的领域还有很多。环境史学就像一片片肥沃、辽阔、等待开垦的处女地，值得探究过去、探求未来。但沿用传统历史学已有的研究路径及方法，很多领域及问题，便无法展开有效研究。必须无限制地扩大研究思维、研究视域，对环境史学各层域的论题兼容并包，开展深入、系统的研究，做出具有学科特色的研究成果，彰显环境史学独一无二的研究内容、学科特点，揭示其规律，才能使中国环境史成为遗世而独立、资世而鉴今的历史学分支学科。

第三，宏观与微观兼顾，整体与区域并进，历史与现实互通。中国环境史需要全方位的现实及专业基础知识，宏观及微观层面的研究都必不可少，既探讨其学科理论及体系构建，也深入研究具体的环境问题；既研究区域的整体环境史，也思考整个中国的全局环境史。关注并研究全球不同国家及地区的环境史，既注意区域环境史发展的自然、区位及人文的特殊性，也注意整体环境史变迁中的普遍性；既看到区域及整体的过往环境变迁历史，也看到当代环境变迁的历史；既关注身边的环境变迁与整个区域、国家乃至世界环境变迁史的区别及联系，也看到当下的环境变迁在未来环境史中的位置及作用。从现代环境变迁、环境保护及环境治理的具体状况，思考历史时期环境变迁的不同面向，实现历史环境与当下环境在思考及研究界面上的沟通、对话，把中国环境史学真正推上深入、系统的发展之路。

第四，空谈误学，踏实、负责的实践，才是中国环境史学持续前行的基础。人才的培养及团队的建设，学科特色理论的创建及发展，需要一代代学者持续不断的努力及传承。无论是何种问题及领域的创新，都需要一批批环境史研究者承前启后、不间断且踏实认真的努力及耕耘。少谈空泛、照搬的理论，多从史料出发，多做务实研究，尤其是客观地记录、书写当下的史料，扩大史料的范畴,在准确理解“一切历史都是当代史”的基础上,创建环境史史料学的基础。立足当下、面对未来的环境史学,砥砺前行,方可开拓新征程。因而,中国环境史研究及学科发展之路,就在每位环境史学者的眼中和脚下。

周　琼:云南大学西南环境史研究所教授。

环境史的研究内容和体系建构及相关问题刍议*

滕海键

近年来,环境史研究在中国呈现快速发展的态势。如今,环境史学已经获得了学界和社会的普遍认同。当下之际,思考如何构建环境史研究体系尤为重要。学界已经发表了大量环境史研究成果,如何整合这些成果,按照某种编排原则将其系统化,不但关乎环境史的整体呈现,也关乎环境史教材如何编撰。此外,环境史资料的搜集、辑录和整理也需要找到标准,以确定哪些属于环境史资料,如何归类和整理环境史资料等。环境史研究有四个维度:自然环境对人类的影响;人类社会对自然的利用和改造,以及由此引起的环境变化反过来对人类产生的影响;环境思想史;因环境问题衍生的广义上的社会关系,“制度环境史”也可以归入这一维度。既有环境史研究成果关涉的主题大都可

* 本文原载《贵州社会科学》2019 年第 10 期,此为修改稿。

纳入上述四个维度中。因此,可以根据上述四个维度构建环境史的研究内容体系,[①]据此进一步思考相关问题。

一

美国环境史学家休斯(J. Donald Hughes)指出,环境史家选择的主题可以宽泛地划分为三大类:环境因素对人类历史的影响;人类行为造成的环境变化,这些变化反过来在人类社会变化进程中引起回响并对之产生影响的多种方式;人类的环境思想史及人类的各种态度借以激起环境影响之行为方式。[②]

---

① 环境史究竟应探讨和研究哪些主题和内容,学界已提出了一些意见。梅雪芹《环境史研究叙论》一书讨论了这一问题。参阅梅雪芹:《环境史研究叙论》,北京:中国环境科学出版社,2011 年,第 18～20、120～124 页。包茂红将中国环境史研究的主要内容概括为:中国环境思想文化史、农业环境史、古代城市环境史、自然景观变迁史、疫病史、灾荒史、西部环境史、森林和环境保护史以及环境史资料的整理。参阅包茂红:《环境史学的起源和发展》,北京:北京大学出版社,2012 年,第 162～177 页。台湾"中央研究院"刘翠溶建议就以下课题做更深入的研究:人口与环境、土地利用与环境变迁、水环境的变化、气候变化及其影响、工业发展与环境变迁、疾病与环境、性别和族群与环境、资源利用的态度与决策、人类聚落与建筑环境以及地理信息系统的运用。参阅刘翠溶:《中国环境史研究刍议》,《南开学报(哲学社会科学版)》2006 年第 2 期。王利华提出环境史要研究"生态支持系统的历史"、"生命护卫系统的历史"、"生态认知系统的历史"、"生态—社会组织的历史"。参阅王利华:《浅议中国环境史学建构》,《历史研究》2010 年第 1 期。他提出还可"以人为本"列举出最基本的问题线索:不同时代和地区人们赖以生存的环境资源状况如何,前后发生哪些变化;如何逐步认识环境,形成怎样的知识体系;如何利用环境条件,开发自然资源满足物质需要;如何克服不利环境因素开展各类活动和获得安全保障;如何通过改变生计模式、技术手段以及社会关系、组织和制度适应环境及其变化;如何逐渐将自然事物和环境因素融进自己的精神、情感和审美世界。伊懋可(Mark Elvin)设想环境史研究包括以下方面:一是以技术为中心,从气候、地貌、海洋、植物、动物等各方面的脉络探讨环境变化的形态;二是从宗教、哲学、艺术与科学角度认识自然;三是透过不同的社会焦点观察社会(如官僚体系、封建采邑、部落、村落、家庭、有限公司、集体组织)做出的影响环境的决策以及环境对社会的反馈机制;四是从经济史角度认识中国环境史。参阅王利华:《生态史的事实发掘和事实判断》,《历史研究》2013 年第 3 期。

② [美]J.唐纳德·休斯著:《什么是环境史》,梅雪芹译,北京:北京大学出版社,2008 年,第 3 页。

环境史研究人与自然的互动关系，这已为国内外学界公认。① 既然环境史以人与自然的互动关系为研究对象，那就不但要研究人类社会的发展史，还要研究自然环境的变迁史。这样，环境变迁史就纳入环境史家笔下。不过，环境史研究的环境变迁史不同于自然科学界研究的自然史，而是偏重人类活动作用下，或者说与人类社会发生关系的环境变迁史。环境史中的环境是相对于人类而言，环境是人类生存和繁衍、从事各种物质生产活动的客观条件。

对此学界多有论述。王利华讲道："目前的环境历史考察似乎分属于两个不同的学术阵营和学科范畴：一是自然科学家对环境历史问题的研究，可以视为地球科学中地球史或者自然史的一部分；二是我们通常所说的环境史，乃是历史学的一个新兴领域。"前者研究的问题，时间尺度远大于后者，往往只关注大自然的自行演变，并不重视甚或不考虑人类因素；后者则以人类诞生为起点，以认识环境与人类的相互关系和双向作用为目的，即使具体课题是关于自然生态的历史变迁，也特别强调人类活动的作用以及这些变迁之于人类社会的影响。②

环境史家研究的环境变迁包含的内容十分广泛，地形和地貌、水系和植被、气候与生物等诸多自然要素的变迁，都可纳入考察范围。研究某个地区的

---

① 当然，包括历史地理学在内的一些相关学科也以人与自然环境的关系为研究对象，但是从环境史角度研究人与自然环境的关系具有独特性。钞晓鸿认为环境史是从历史的语境和生活环境考察人与自然之间的互动和历史联系。参阅钞晓鸿：《环境史研究的理论与实践》，《思想战线》2019 年第 4 期。环境史视阈下的人与自然环境的关系，强调人类对自然环境的思考和认识以及社会能动；环境史区别于相关学科的一个主要方面，是考察和研究因环境问题衍生的广义上的社会关系；环境史与相关学科的重要区别是将生态学的分析范式引入历史，在"生态语境中"阐释历史。王利华指出："学科判分不能仅根据它们的研究对象，还应当根据其理论基础。环境史与历史地理学虽在研究对象上存在着很大的重叠，但两者的理论基础显然不同：环境史的理论基础是生态学，因此它又被称为'生态史'；历史地理学的理论基础则是地理学。"参阅王利华：《浅议中国环境史学建构》，《历史研究》2010 年第 1 期。

② 王利华：《作为一种新史学的环境史》，《清华大学学报(哲学社会科学版)》2008 年第 1 期。沃斯特(Donald Worster)提出环境史要研究三个层面的内容：过去的自然环境；人类的生产模式；概念、意识形态和价值观。他指出，环境史聚焦在三组相互作用的变化之上：地球的各种系统(气候、地理、生态)伴随时间的变化，自这些系统中谋求生计的生产模式的变化，以及文化态度的变化及其在艺术、意识形态、科学和政治中的表现。参阅[美]唐纳德·沃斯特著：《环境史研究的三个层面》，侯文蕙译，《世界历史》2011 年第 4 期。

环境史，首先必须弄清楚那个地区的环境变迁史，没有这个前提和基础，研究人与自然环境的互动关系史无从谈起。研究环境变迁史的目的，是为了更好地理解自然本身，以便更客观、更科学、更全面地阐释人与自然的互动关系史。环境史研究人与自然的互动关系，首先需要考察自然环境对人类社会的影响，以探讨自然在人类生活中的地位和作用。

自然环境诸要素中，气候最为活跃，是环境变迁的主要诱发因子。气候变迁包括气温和降水的变化以及由此导致的生态系统的变化，包括温湿度、植被、生物和水系等方面的变化，这些变化对人类的生产和生活产生复杂的影响，尤其是农牧业等生产活动，并且往往引发社会波动。由此，气候变迁与人类社会的关系引起了学界的广泛关注，这便是气候环境史研究的主要内容。近几十年，我国学界掀起了研究史前及历史时期气候变迁的热潮，考古学、历史地理学、生态学、生物学、气候学等学科的学者纷纷从本学科角度，借助现代科技手段及研究成果，探析气候变迁及其对人类历史的多方面影响。这方面的成果很多，不过因学科局限，既往研究中探讨和研究气候变迁的较多，而将气候变迁与人类社会相结合进行研究的成果相对较少。环境史应把气候变迁及其引发的自然生态系统的变化与人类社会的互动作为研究重心，除气候变迁与文化兴衰、气候变迁与文明、气候变迁与农牧业的关系外，[①]拓展更广泛的论题。

灾害史传统上属于社会史研究范围。灾的发生或源于社会因素，或源于自然因素，或源于两者的耦合，但自然因素的比重往往大于社会因素。自然因素有地球圈层的变化和运动，太阳和其他天体的活动等。灾大多是自然环境的变异，因之多被称为自然灾害[②]。这一提法本身就说明这种变异的主要成因及其对人类的危害，包括造成的生命和财产损失等。历史上，中国是个多灾多难的国家，古代史籍对灾害的记录颇多。其中，影响生计的旱、洪、涝、蝗等自然灾害最多，往往引发粮荒，进而导致社会动荡。中国的灾荒史研究在近几十年发展最快，成果也最丰富。但传统灾荒史研究或偏重社会层面，侧重研究

---

① 这方面的成果可举一两例：[美]狄·约翰、王笑然主编：《气候改变历史》，王笑然译，北京：金城出版社，2014 年；崔建新：《气候与文化》，北京：科学出版社，2012 年。

② 灾害可能发生在地球不同圈层，由此可分为天文灾害、气象灾害、生物灾害、水文灾害、地质灾害等。

灾荒发生的社会背景和成因,灾荒史梳理,灾荒的社会经济后果与影响,民间和政府的救灾措施等;或偏重自然方面。将自然与社会因素相结合,以环境史视角和生态学思维开展的研究不足。灾荒史研究中引入环境史范式,能克服灾荒史研究的局限。

疾病和瘟疫作为一种自然力量,其发生往往超出人类的控制并对人类社会造成重大影响,包括在社会心理和经济方面的影响,极为重大。疾病和瘟疫应纳入环境史研究范畴。近些年,疾病和瘟疫史研究在包括中国在内的许多国家十分兴盛,不过有很多研究局限在技术层面。从环境史视角研究疾病和瘟疫史,具有了全新内涵。在这一方面,国外的研究提供了不少可资借鉴的范例,美国环境史家麦克尼尔(William H. McNeill)所著的《瘟疫与人》(*Plagues and Peoples*)一书对瘟疫与人类社会的关系进行了宏阔的考察;另一位美国著名环境史家克罗斯比(Alfred W. Crosby)在《哥伦布大交换——1492 年以后的生物影响和文化冲击》(*The Columbian Exchange: Biological and Cultural Consequences of 1492*)一书中从生物学角度阐释了欧洲人能够征服新大陆的原因。

自然环境的变化会对人类社会造成广泛的复杂影响,这些变化和影响正是环境史要重点研究的,这一层面有大量论题有待发掘和研究。休斯讲道,关于环境对人类历史之影响的研究包括这样一些主题:气候和天气、海平面的变化、疾病、野火、火山活动、洪水、动植物的分布和迁徙,以及其他在起因上通常被视为非人为、至少主要部分不是人力所致的变化。[①] 不过,在 1949 年后的很长一段时间内,对环境变迁的研究更多地在自然科学的范畴内进行,其研究旨趣主要是认识和把握自然环境的变迁及其规律。[②] 因此,环境史学者不但要了解和学习自然科学的研究成果,还要把这些成果与历史相关联;不但要研究环境变迁史,更要研究自然环境变迁对人类社会的多方面影响。

---

① [美]J.唐纳德·休斯著:《什么是环境史》,梅雪芹译,北京:北京大学出版社,2008 年,第 4 页。

② 梅雪芹:《中国环境史研究的过去、现在和未来》,《史学月刊》2009 年第 6 期。

二

另一方面，人类活动，特别是生产和经济活动乃至生活方式会对自然产生影响，在自然界中留下印迹，引起环境变化，这种变化又反作用于人类社会。王利华指出，人类系统与自然系统的互动，首先表现为物质能量的运动和交换。这种运动和交换，主要通过人类的生产和经济活动。人类为了生计、生存和发展而进行的活动被称为"文化的核心"，围绕这个核心，人类与自然发生了关系，并且组织起人类社会。这一层面的主题和内容，是环境史学者首先而且是要重点研究的。休斯指出，根据环境史家撰写的著作的数量看，环境史中居首位的主题，无疑是评价人类活动引起的变化在自然环境中的影响，以及人类社会及其历史反过来所受到的影响。① 环境史要研究生产方式对自然环境的多方面的深刻影响。沃斯特认为，环境史的研究对象之一是生产方式，包括技术、生业及其组织形式，如采集狩猎、捕捞和放牧、灌溉经济和工业资本主义。②

人与自然的互动以生产活动为中介，人类通过生产和经济活动对自然产生影响。从经济形态上看，人类社会经历了几次重大革命：一次是原始农业和牧业的发生，一次是近代的工业化。相对于史前社会的采集和渔猎，农业对自然环境的影响要大得多。许多地区通过放火烧荒、清除森林，获得耕地耕种作物，由此导致了植被破坏和水土流失等环境问题。土地的农业开发不仅导致人与自然关系的变化，而且导致社会组织和思想观念发生变化。传统的农史研究重心，一是技术，二是农业生产关系和生产组织形式，而较少关注农业与土地等自然环境的关系及由此发生的社会关系。当前应明确提出包括农史在

① ［美］J.唐纳德·休斯著：《什么是环境史》，梅雪芹译，北京：北京大学出版社，2008年，第4～5页。

② 转引自王利华：《"生态认知系统"的概念及其环境史学意义——兼议中国环境史上的生态认知方式》，《鄱阳湖学刊》2010年第5期。

内的经济史研究的生态转向问题,国内也开始了这方面的研究尝试。[①] 农业关乎人类第一生计,即便在工业化取得巨大进展的现代,农业依然是人类最重要的经济活动,农业环境史也是最具学术发展空间的研究领域之一。诸如美国南部的烟草和棉花种植及其对环境的影响以及由此引发的各种复杂的社会关系,美国西部干旱区资本主义农牧业的开发,清至民国时期中国东北地区的移民与土地开发(包括蒙地开发等)以及由此衍生的人地关系,都是农业环境史研究的主题。

工业化是近代以来最具革命性的变革,这种变革涉及的范围非常广泛。工业革命首先是一次能源革命,即在能源开发利用上开启了一个新时代,由主要利用薪柴转为主要利用化石能源——煤炭。伴随着工业革命的发展,煤炭成为主要能源,由此导致了近代最严重的环境问题——煤烟和空气污染。后来,围绕空气污染衍生出复杂的社会关系,环保意识觉醒、环保运动和环境政策随之兴起。19 世纪末出现的第二次工业革命高潮,以石油的开发和利用为主要内容,这是人类历史上的又一次能源革命。伴随着内燃机的发明和使用,以内燃机和石油为主要动力的交通运输工具的普及,加之石化工业的发展,石油成为空气污染的主要源头之一,同时也导致了其他各种环境问题。人类开发利用能源的历史以及因此引发的人与环境的关系史被称为“能源史”[②]。能源史研究人类开发利用能源历史中发生的人与自然的关系及因此衍生的社会关系,是重要的环境史研究主题。

工业生产排放的废水、废气、废物,因现代科技的发展及其在生产领域的应用而产生的有毒、有害与危险物质,成为 19 世纪以来,尤其是二战后最严重的环境问题,这些污染对人类社会造成了多方面复杂影响,这些问题及其影响正是当代环境史家较早关注的,也是环境史初兴阶段重要的研究主题。

科技是现代社会生产力的核心内容。近代以来,科学理论的重大突破和技术创新层出不穷,科学技术应用于生产领域,极大地提高了社会生产力,创

---

① 李根蟠:《环境史视野与经济史研究——以农史为中心的思考》,《南开学报(哲学社会科学版)》2006 年第 2 期;王星光:《中国农史与环境史研究》,郑州:大象出版社,2012 年。

② 例如,[美]阿尔弗雷德·克劳士比著:《人类能源史——危机与希望》,王正林、王权译,北京:中国青年出版社,2009 年。

造了史无前例的物质文明，也空前提升了人类的生活水平。但是，科学技术是双刃剑，其在造福人类的同时也存在着种种隐患，包括环境风险。二战后核能的和平利用为人类提供了高效清洁的能源，促进了医疗技术的进步，但核能的利用也存在着核辐射、核污染等高风险。化学杀虫剂在二战后极大地提高了农牧业的产量和产值，大幅度降低了生产成本。然而，化学杀虫剂的普遍使用也导致了严重的化学污染，对土壤、水体、人类健康造成了持久危害和隐患。这些被科学家，尤其是生态学家指出并警示，有关现代科技的环境风险因之成了环境史学者关注的议题。美国生态学家康芒纳(Barry Commoner)在《封闭的循环——自然、人和技术》(*The Closing Cycle*: *Nature*, *Man and Technology*)一书中对现代科学技术的负面影响及其文化根源做了深刻分析，此书也可视为一部环境史著述。随着环境政策包括环境立法的制定与实施，科学技术的政治化趋向日益突出，这些都成了环境史新的研究内容，尤其在美国，这方面的著述大量涌现，从而极大地拓展了环境史的论题。

开发和利用自然资源是人类生产和生活的基础，这种对资源的开发是导致资源短缺及其他生态问题的根源之一，这是以往环境史研究关注较多的主题。在美国学界，森林史和水利史是两个传统研究领域，后来环境史被引入其中并为其提供了新视角。北美原本是森林资源十分丰富的地区，白人大量移民北美之前，印第安人就通过放火烧荒、清空林地而引起生态变化。欧洲人来到北美大陆后，将森林视为能够带来巨大利润的自然资源，肆无忌惮地掠夺式开发，不但导致森林面积在短期内大量减少，而且引发了水土流失等各种生态问题，这在东北部的新英格兰地区非常典型，这种因开发森林而导致的人与环境关系的变化，成为环境史学家关注的重要内容。水利开发的情况大致相同。北美水系多为南北走向，最初修筑运河，后来主要开发利用水资源发电和灌溉等，特别是在西部干旱地区，胡佛水坝颇具代表，这是人类力量改造自然的壮举，但却导致了意想不到的生态后果。二战后美国兴起了以保护生态为主旨的反坝运动，由此引发了错综复杂的利益冲突和社会政治关系，这种历史现象也进入了环境史家的研究视野。①

---

① 美国经历了从建造水坝热到二战后反对建造水坝，反映了保护主义和生态观在美国的兴起和历史影响，发表和出版了许多以反坝斗争为研究内容的环境史著述。

矿产资源开发导致地球表层形态发生变化，同时引起土壤侵蚀和水土污染等各种环境问题，因采矿而发生的人与环境关系的变化以及由此衍生的各种利益冲突和社会关系也是环境史研究的重要内容。在我国，较为典型的是清代至民国时期东北地区的淘金潮，对东北地区的生态环境产生了很大影响。美国远西部的矿业开发及其引发的各种环境和社会问题也较早进入了环境史学家的研究视野。淘金热和金矿开采最具代表性。矿业开发虽然很早就已开始，但大规模开发是伴随着工业革命的发展而展开的，它与工业化和城市化密切关联，矿业实际上是现代工业的衍生产业，可以纳入工业化引致的环境及社会问题中考察。以往对自然资源开发的研究侧重于技术层面及资源开发对环境的影响，今后应拓宽视野，从文化、社会和环境多维角度开展研究，深入探讨因自然资源开发衍生的各种社会关系。

自人类诞生以来，构筑安全、保暖和舒适的栖居之所一直是人类不懈追求的梦想和目标，由此也改变了地表景观，在地球上留下人类的印迹。从史前北方的半地穴式房屋和南方的干栏式建筑，到后来的农业定居村落，再到近代的城镇和都市，都可以纳入聚落考察的范围。聚落涉及人类对栖息地的地理环境的认识与利用。聚落是人类改造自然环境的物化形态。构筑聚落需要石材和木料等，建造城镇和都市需要消耗大量能源和原料，这就对自然资源构成了巨大压力。由此，探究聚落与环境的关系就成为环境史研究的重要内容。

依据人类对自然环境的干预和改造程度，可以将其划分为荒野或原生态的自然、乡村和城市。[①] 研究荒野、乡村和城市的环境史分别被称为“荒野史”、“乡村环境史”和“城市环境史”。“荒野”作为环境史的一个重要范畴源于美国，荒野史是以欧洲现代资本主义文明对北美大陆荒野的开发和征服及由此发生的文明与荒野的关系为研究对象，包括白人对荒野的认知态度的历史变化，以及这种变化的荒野观如何影响美国人对荒野的行为。由于美国城市化的快速发展以及由此引发的严重的城市环境问题，城市化中人与环境的关系日益复杂，城市环境史就成为美国环境史研究的重要内容。美国的城市环境史研究成就斐然，发表了大量成果，其中有很多成果具有世界影响。

有关人类社会对自然环境的作用和影响的主题最为丰富。其他如人工取

---

① 高国荣：《美国环境史学研究》，北京：中国社会科学出版社，2014年，第37页。

火技术的发明和使用对环境的影响，人类的生活方式、风俗习惯与环境的关系。再如人口增长、移民与环境的关系。军事环境史研究历史上的军事活动与环境的互动关系。海洋环境史研究人类开发利用海洋产生的人与自然的关系，人类对海洋的思想认识等。①

以上谈及的都是人类对自然环境的开发利用、对自然的能动，与传统的文明史不同，环境史侧重研究人类活动对自然环境造成的生态影响，尤其是负面影响。但环境史也研究历史上人类如何保护和改造环境。美国传统的保护史重点研究如何通过污染控制和保护以扩大人类对环境的积极影响并限制消极影响，如设立国家公园、野生动物保护区，保护濒危物种和荒野。②

三

不同地区和国家、不同历史时期、不同民族和文化，对自然环境及其与人的关系的认识不尽相同，这是环境思想（文化）史的研究内容。休斯指出："环境史的第三类主题是对人类有关自然环境的思想和观念的研究，包括自然研究、生态科学，以及诸如宗教、哲学、政治意识形态和大众文化等思想体系如何影响人类对待自然的各个方面。"③其《美洲印第安人的生态》（*American Indian Ecology*）一书就是这种研究的尝试，该书对美洲印第安人的环境观进行了历史的考察。沃斯特认为，环境史的研究对象之一是思想观念，包括感知、思想意识和价值观，涉及宗教、神话、哲学、科学等方面。他指出，环境史"必须包括美学与伦理、神话与民俗、文学与景观园林、科学与宗教等方面的研

---

① 在中国，军事环境史和海洋环境史是"后起之秀"，研究薄弱却大有空间。

② 美国环境史兴起于"文化反省"的时代，因此环境史著述带有很强的批判色彩，但随着时代变迁和环境史本身的发展，环境史的研究重心逐渐转向了人与自然之间广阔的互动关系，研究内容和主题越来越丰富，环境史也远非环境"破坏史"、"保护史"所能涵盖。沃斯特讲道："（美国）环境史源自一种道德目的，其自身也负有强烈的政治使命；但是，伴随它的成熟，它又成为一项学术事业。"参阅［美］唐纳德·沃斯特著：《环境史研究的三个层面》，侯文蕙译，《世界历史》2011年第4期。

③ ［美］J.唐纳德·休斯著：《什么是环境史》，梅雪芹译，北京：北京大学出版社，2008年，第6页。

究,必须包括人类心灵努力理解自然意义的所有方面"[①]。他的《自然的经济体系:生态思想史》(*Nature's Economy: A History of Ecological Ideas*)一书追溯了生态思想在美国的发展历史,是这类研究的经典。

王利华提出的"生态认知系统"指的就是这层内涵。他指出,人类对周遭世界各种自然事物和生态现象的感知和认识方式,以及所获得的经验、知识、观念、信仰、意象乃至情感等,就构成人类的生态认知系统。中国传统的生态认知方式大体可归纳为"实用理性认知"、"神话宗教认知"、"道德伦理认知"和"诗性审美认知"。他认为开展对历史上人类生态认知系统的系统考察,意味着环境史研究走向深入,即由物质层面向精神领域推进。环境史研究者面临着新的、也许是更艰巨的任务:不仅要从物质和行为上,而且要深入思想观念、经验知识和精神信仰层面,深刻揭示人与自然之间的历史关系。[②]

人类对自然的行为源于其对自然的认知和态度。许多环境史家认为,就如何对待自然而言,人们的思想和信仰是一种原动力。在白人来到北美大陆的最初阶段,他们将莽莽荒野视为文明的障碍,从而开足马力征服荒野。到了19世纪,随着边疆的收缩和荒野的消失,荒野在美国人心目中转而成为需要珍爱和保护的对象,荒野在此时被视为民族自豪感和美利坚民族文化的源泉,由此兴起了保护荒野的自然保护主义和运动。20世纪60年代,在生态学普及的背景下,美国国会通过了世界历史上第一部《荒野法》,将荒野纳入法律保护,并建立了国家荒野保护体系。纳什(Roderick Fraser Nash)于1967年出版的《荒野与美国思想》(*Wilderness and American Mind*)就是一部考察美国人荒野思想和荒野观的名著,该书是研究美国环境思想史的典范。

20世纪70年代以后,伴随着现代环保运动和环境史的兴起和发展,西方学界从更为广阔的视阈探讨生态危机的历史文化根源,从而促进了环境思想文化史研究内容的拓展和深化。传统的人类中心主义、资本主义文化、近代西方的机械论自然观、片面的以经济增长为主旨的发展观、进步文明史观等,都成了反思和批判的对象。有人甚至将生态危机的根源追溯到基督教。怀特

---

① 转引自王利华:《"生态认知系统"的概念及其环境史学意义——兼议中国环境史上的生态认知方式》,《鄱阳湖学刊》2010年第5期。

② 王利华:《"生态认知系统"的概念及其环境史学意义——兼议中国环境史上的生态认知方式》,《鄱阳湖学刊》2010年第5期。

(Lynn White, Jr.)在《生态危机的历史根源》(The Historical Roots of Our Ecologic Crisis)一文中明确提出基督教应对现代生态危机负责,在他看来,基督教不仅在人与自然之间建立了一种二元论,而且认为人为了自己的目的剥削自然是上帝的旨意,认为基督教是世界上人类中心色彩最浓厚的宗教。

在反思和批判西方近代思想文化的同时,部分美国环境史家将目光投向了印第安人的环境理论和东方的生态智慧,试图从中寻找摆脱生态危机的途径。这种研究虽然带有很强的功利性,但在客观上推动了对一些民族和地区的环境思想文化史的研究。于是有关印第安人的民俗和文化,尤其是环境伦理的研究成果在美国不断问世。同样在生态危机的背景下,中国学界加强了对中国古代环境思想史的研究,不但进一步探讨诸如"天人合一"和"三才理论"这样的较为抽象的传统话题,而且出现了许多微观研究,包括研究道家、儒家等蕴含的环境思想和环境伦理,以及不同时代、不同社会阶层的环境思想。

虽然不同国家不同地区、不同时代和不同文化乃至不同社会群体的自然观有很大区别,但人类社会作为整体,其自然观的发展演变有其共性。人类社会大体上经历了古代的有机论自然观,近代西方的机械论自然观和现代的系统论自然观。但这只是宏观上的发展脉络,具体的历史要复杂得多。

以往的环境史研究偏重前文所述的第二类主题,而对环境思想(文化)史的关注显得不足。人与动物的根本区别,不仅在于人能制造工具,还在于人有语言和思维能力。人类诞生以来,感知、认识和思考周遭世界一直是最重要的心理和精神活动,并影响着人对自然的行为方式,留下了大量的历史记忆和记录,整理和研究这些记忆和记录,是环境史学者的重要使命。

四

除以上谈及的三个层面外,环境史研究的主题和重要内容之一,是因环境问题衍生的广义上的社会关系,包括政治关系、社会关系及文化关系等,即环境史研究的社会—人文取向,这是环境史区别于相关领域的重要方面。

从美国学界的研究情况看,主要包括环境政治史和环境社会史等。环境政治史研究因各种环境问题衍生的政治关系史,特别是围绕环境政策和环保立法的制定和实施而衍生的政治关系史。休斯指出，环境史研究的一个重要方面，“是揭示人类社会不同利益集团之间围绕自然环境而展开的较量”①。美国环境政治史的研究内容十分宽泛，既涉及与环境问题相关的组织、管理和制度等，也包括各行为体及其围绕环境政策、环境权利和环境目标等在公共政治领域展开的权力较量和利益博弈、发生的矛盾和斗争。

美国资深环境史家海斯(Samuel P. Hays)被尊为环境政治史研究的先驱，他撰写了很多颇具影响的环境政治史著作，考察了20世纪尤其是二战后美国环境政治史的兴起和发展。另一位著名环境政治学家罗森鲍姆(Walter A. Rosenbaum)的代表作《环境政治与政策》(*Environmental Politics and Policy*)则以政治学视角考察环境问题，该书是将环境问题与政治学结合的尝试。此书系统地考察了美国的环境政治与政策，将几乎所有环境政治议题都纳入研究视野。该书被一些学者视为全面了解美国环境政治与政策的佳作，罗森鲍姆本人也因此被誉为该领域的先驱。

美国有许多著名环境史学家均把环境政治史纳入环境史研究范围。麦克尼尔(John R. McNeill)认为环境史包括物质、思想和文化、政治三个维度，环境政治史把法律和国家政策视为它与自然世界的关联。斯坦伯格(Ted Steinberg)认为环境史研究应当包括四个方面，第四个层面就是公众对有关环境问题的辩论、立法、政治规定，以及“旧保护史”中大量文献的思考。克罗农(William Cronon)认为环境史包括三个研究范围，其中第三是对环境政治与政策的研究。可以用“制度环境史”来概括这一方面的研究。

环境社会史研究因各种环境问题而衍生的狭义上的社会关系史，具体到美国，主要包括族裔、族群与环境，性别与环境等。20世纪80年代初，美国兴起了以争取环境权利公平分配的社会运动——环境公正运动，这股运动的主要推动力量来自有色人种、女性、社会底层和弱势群体，他们认为美国存在着有意的环境不公正现象，甚至提出了“环境种族主义”的概念，要求政府采取措施解决这种现象。这一历史现象为环境史家所关注，并与美国历史上的种族主义和民权运动相联系，形成了极富特色的环境社会史研究。

---

① [美]J.唐纳德·休斯著:《什么是环境史》，梅雪芹译，北京：北京大学出版社，2008年，“译者序”第8页。

还有一些环境史家从性别角度入手研究环境史，提出了“生态女性主义”这一范畴。生态女性主义是环境主义运动与女性主义运动结合的产物。生态女性主义认为统治自然和统治女性都是男性中心和霸权的结果，因此生态女性主义的目标就是从历史、语言、宗教、政治、经济和社会等方面对父权制及与此相关的理性、二元论、进步发展观等进行全方位的颠覆，进而达到人与自然、男性与女性的和谐共生。环境史家研究历史上的女性与自然的关系、科学革命造成的人与自然的分离。美国环境史学家麦茜特（Carolyn Merchant）在《性别与环境史》（Gender and Environmental History）一文中将两者在理论上进行了整合。[①] 生态女性主义成为美国环境史颇具特色的研究主题。

美国学界对因环境问题衍生的社会关系史的研究，就考察时段看主要集中于近现代，尤其是二战以后，这是美国环境史研究的一大特点。中国的环境史研究主要聚焦于古代，近现代环境史研究则非常薄弱；研究主题多关注气候变迁、农业与环境、灾荒史等，对因环境衍生的社会关系的研究不足。

五

上文以环境史研究的四个维度为脉络，梳理了中国尤其是美国学界以往研究涉及的主题和内容。编撰环境史，可考虑以上述四个维度为主轴，构建研究框架和体系。由此，从几个相关方面进一步提出一些粗浅的认识。

环境史虽然关涉很多学科，但其学科归属还是历史。书写环境史还须以时间为线索，追溯和考察人类与自然环境的互动关系史。时间是编撰和书写环境史的第一维度，环境史叙事依然要以时间为纵轴。环境史研究人类与自然关系的历时性变化，这便涉及环境史的历史分期问题。与以往文明史不同，环境史以人类与自然环境互动关系的历时性变化和特点为依据划分历史阶段，既不能单纯以物质文明进步和社会经济形态演变为标尺，也不能单纯以环境变迁为唯一依据，而应结合社会与自然，综合考虑两者的互动，对特定时空

① 参阅包茂红：《环境史学的起源和发展》，北京：北京大学出版社，2012 年，第 3～40 页。

范围内的环境史进行阶段划分。环境史书写和编排的原则不是传统意义上的文明、发展和进步,而是人类与自然的关系。① 宏观上,人类与自然环境的关系大体经历了三个阶段:第一阶段是工业革命发生前的漫长时代,这一时期人与自然的关系虽然在局部地区时而紧张,但远非工业化时代突出;第二个阶段是工业革命发生后,该时期人与自然的关系高度紧张,除因过度开发而导致自然资源加速耗竭外,空气和水体污染等环境问题日渐加重;第三阶段为二战后,伴随着高科技革命的迅速发展和经济总量的急剧膨胀,环境问题集中爆发,形成一种生态危机。有关环境史的分期,迄今学界讨论很少。对环境史进行历史分期的目的之一,是找出人与自然关系演变的阶段性特征,有重要的学术价值。

从空间维度看,以往研究既有宏大的世界环境史叙述,也有中观层面的地区环境史和国别环境史著述,还有微观层面的区域环境史研究。不同空间尺度下的环境史研究各有其学术价值。区域环境史研究当是主流趋势,当下应加强区域环境史研究,包括微观空间尺度下具体问题的研究。宏观研究以微观实证研究为基础,没有充分的微观研究,宏观建构无从谈起。再者,环境史研究人与自然的关系,世界各地自然环境千差万别,不同国家和地区的社会经济及文化差异甚大,建构宏大空间尺度的环境史难度可想而知。环境史研究的空间界域不同于传统历史,当以自然而非政区为边界,选择那些独具特色的生态区域为研究范围,考察特定环境下人与自然的历时性互动关系。当然,对于边疆和民族地区,须审慎处理环境史中的自然界域与边疆和民族问题的关系。目前许多环境史"是严格地在单个国家政治的框架内进行研究的"②。这有很大的局限,环境史研究应该尝试超越传统的民族、国家和疆域的藩篱,以自然为边界讲述和书写人与自然的关系史,这对传统的边疆史是一种挑战。

从内容看,前述环境史研究的四个维度并非单线运行,事实上这几个维度不仅并行,而且密切交织。自然环境作用于人类的同时,人类也通过各种活动反作用于自然,被作用的自然又反馈给人类,人类对自然及人与自然的思想和

---

① 休斯提出要以环境史的核心概念"生态过程"作为世界史的编排原则。

② [美]唐纳德·沃斯特著:《环境史研究的三个层面》,侯文蕙译,《世界历史》2011年第4期。

认识也相伴其间，历时地对人类之于自然的行为发生着影响，这一过程中同时衍生了大量错综复杂的社会关系，包括特定社会创制的相关政策、立法等制度。梅雪芹指出，人们通过自然物的中介会形成一种社会关系。环境史的研究对象是以人的实践为纽带而建立的人—自然—社会三维因素交织的立体结构，因而具有自身的内在逻辑和认识特征。① “物质层面的环境变化的历史，同时就是精神层面的人类意识的历史，也是政治经济层面的人类社会的历史”。环境变迁史、人类思想史和人类社会的历史是决不可能相互分隔的。② 王利华在对生态认知系统分类后讲道，诸种方式及其结果之间的界线并不总是那么清晰明确并且判然有别，相反却是常常模糊不清、彼此纠结。他指出，在具体的环境史问题研究中，“过分地拘泥和执着于某种分类可能导致结论的错误和观点的偏颇，对此我们需要保持警惕”。③

环境史研究需要生态思维，必须综合人与自然的互动关系及人类与自然系统各自内部众多要素，立体地考察，注意系统内在的复杂性、有机性、关联性。王利华强调，环境史就是把生态分析方法引入历史研究过程，用生态学的话语体系解说人类历史，④他建议引入“人类生态系统”一词，作为环境史的核心概念。基于这一概念，可将环境史界定为以人类活动为主导，由人类及其生存环境中的众多事物（因素）共同塑造的历史。环境史研究将人类与自然环境视为相互依存的动态整体，运用现代生态学的思想理论并借鉴多学科的技术方法，着重考察一定时空条件下人类生态系统产生、成长和演变的过程，揭示人类与其所处的自然环境之间相互作用、彼此反馈和协同演化的历史关系和动力机制。⑤ 李根蟠曾说，环境史以现代生态学为理论基础和分析工具，由此

---

① 梅雪芹：《从环境的历史到环境史——关于环境史研究的一种认识》，《学术研究》2006 年第 9 期。

② 梅雪芹：《环境史思维习惯：中国近代环境史跨学科研究的起点》，《中国社会科学报》，2010 年 9 月 9 日，第 11 版，第 2 页。

③ 王利华：《“生态认知系统”的概念及其环境史学意义——兼议中国环境史上的生态认知方式》，《鄱阳湖学刊》2010 年第 5 期。

④ 王利华：《浅议中国环境史学建构》，《历史研究》2010 年第 1 期。

⑤ 王利华：《作为一种新史学的环境史》，《清华大学学报（哲学社会科学版）》2008 年第 1 期。

形成了把世界看成是“人—社会—自然”的复合生态系统的新世界观。[①]

基于以上考查，可以尝试做如下概括：环境史以生态思维，或可以说在“生态语境”下，考察和研究人类生态系统的结构和功能、内在有机联系及协同演化的历史，以探求人类生态系统发展演变的特征和规律。环境史“是一种把所有层面和力量都加以综合的方法”[②]。环境史把包括人与自然在内的众多角色、要素视为共同体，进行综合考察，以构建完整的历史图景——“整体史”、“总体史”，这既是一种历史观也是环境史研究的最终目标。以“立体思维代替线性思维，在强调过去、现在、未来三者之间连续性的同时，认识到历史的运动决不是直线推进，而是迂回曲折有时甚至是严重倒退的”[③]。从事环境史研究需要掌握生态学理论以及这门学科本身的发展史，了解其作为环境史分析工具的价值及其在历史研究中的局限所在，这是非常重要的。历史研究的很多传统主题，只有以生态思维进行考察和研究，才可视为环境史。环境史涉及的主题和内容虽十分宽泛，但研究不能无所不包，须确立核心与主线。有关环境史学科体系和学科架构的理论探讨已有很多，但理论探讨最终还是要落实到具体研究中。本文的目的并非罗列环境史研究内容之清单，而是思考如何从技术和操作层面构建环境史研究体系，以及如何编撰环境史这类问题。

从20世纪90年代算起，环境史在中国已有30年的发展历史了。环境史学研究在不断深化，包括对环境史理论和旨趣的探讨。环境史研究体系的建构需要史学理论的指引。王利华指出，环境史研究须尊重自然的历史价值，承认并且以实证考察自然在人类历史中的作用；重新定位人类的角色，考察其既受制于自然又改变自然的历史过程；超越简单因果律和机械决定论，揭示人与自然之间复杂的生态关系。他提出了“生命中心主义”立场和“生命共同体”观念等重要概念范畴，认为“生命关怀应当成为环境史学的精神内核”。应围绕

① 李根蟠：《环境史视野与经济史研究——以农史为中心的思考》，《南开学报(哲学社会科学版)》2006年第2期。

② [美]唐纳德·沃斯特著：《环境史研究的三个层面》，侯文蕙译，《世界历史》2011年第4期。

③ 梅雪芹：《从环境的历史到环境史——关于环境史研究的一种认识》，《学术研究》2006年第9期。

生存、发展的研究维度和叙事主线研究环境史。[①] 这些精辟和深刻的思考与论述，对于如何构建环境史研究体系具有重要的指导价值。

环境史书写中应将人置于怎样的地位，这是一个不容回避的问题。环境史终究是历史，人依然是环境史叙事中的主角，尽管环境史将许多传统史学没有关注或没有重点关注的环境要素(如动植物)纳入考察范围。虽然其他生物与人类共同创造了历史，但这不等于环境史以撰写生物史为最终目的。将自然环境纳入历史考察和叙述范围，是因为自然环境与人类存在关联、发生了关系，将环境纳入历史叙述是为了更好地阐释和理解人类史。环境史叙事中的主角还是人，环境因其与人发生了关系而被纳入历史叙述。[②] 就价值观而言，环境史叙事还应坚持现代人类中心主义，要扬弃的是传统的人类中心主义。环境史强调人类之外诸多要素在历史中的地位，不等于摈弃以人为中心的历史叙述模式。休斯指出："地质学和古生物学关注的是人类进化之前地球这颗行星的年表的那一大段，但环境史只有在这些主题影响到人类事务之时，才将它们纳入自己叙述的部分。这意味着环境史不可避免地具有一种以人类为中心的态度。"[③]虽然环境史叙述以人为中心，但在意识上要将人和环境纳入生态系统中考察，而不能将人从自然中剥离出来，或置于自然之上。

环境史为历史研究提供了宏阔的视野和多维视角。环境史并非"环境"的历史。与政治史、经济史、文化史等不同，环境史不是专门史。然而环境史与传统历史研究的所有领域——政治史、经济史、军事史、社会史、文化史等均有关联，从环境史角度考察，传统的政治史、经济史、军事史、社会史等，都会有不同或全新的解释。环境史深深地影响了历史学的其他学科，使它们纷纷开拓一些以往不被重视的课题。环境史与政治史、社会史、思想史、军事史等结合，衍生出环境政治史、环境社会史、环境思想史、军事环境史等众多分支领域。

---

① 王利华：《探寻吾土吾民的生命足迹——浅谈中国环境史的"问题"和"主义"》，《历史教学》2015 年第 12 期。

② 王利华认为："既具有生物属性、又具有社会和文化属性的人的生命活动是观察研究的重点。撇开人类生命活动来讨论环境的历史是没有意义的。"参阅王利华：《浅议中国环境史学建构》，《历史研究》2010 年第 1 期。

③ [美]J.唐纳德·休斯著：《什么是环境史》，梅雪芹译，北京：北京大学出版社，2008 年，第 4 页。

环境史不但将自然纳入历史叙述，还要与传统历史的所有方面相联系，尤其须建构新的历史观——生态史观①，这对环境史的理论创新提出了更高要求。因此，环境史研究体系的建构将是一项复杂艰巨的任务，任重道远。

滕海键：辽宁大学经济学院教授。

① 王利华《中国生态史学的思想框架和研究理路》一文对"生态史学"、"社会生态史"、"生态社会史"概念和相关理论有过系统论述。参阅王利华：《中国生态史学的思想框架和研究理路》，《南开学报（哲学社会科学版）》2006 年第 2 期。人类历史观大致经历了三个阶段：在前现代是循环史观；在现代是进步和现代化或发展史观；20 世纪 70 年代后正在形成生态学与发展相结合的可持续发展史观。参阅包茂宏：《环境史：历史、理论和方法》，《史学理论研究》2000 年第 4 期。

环境史研究:理论与实践*

钞晓鸿

环境史研究历史上人与自然的互动,其渊源可追溯至数百万年前人猿揖别之际。而作为一门学科、率先在欧美兴起的环境史,[①]至今还不到半个世纪的时间;其中美国环境史早先见诸中国大陆的学术期刊,仅仅是二三十年前的事情。[②] 有人说,"环境史是人类历史中既最古老又最崭新的领域之一"[③]。说其古老,是因人类出现之后人与自然的互动就出现了,这一历史过程堪称古老;说其崭新,是因相关的学术研究并不久远,而环境史作为一门学科还是新生事物。[④] 这样,历史见证的不再只是个人生死的故事,而是关于社会与物种,及其与周遭环境的关系。[⑤] 总体来说,目前环境史研究尚处于成长与发育阶段,但其时限的纵深性与连贯性、内容的广泛性与包容性特别突出,发展潜力巨大,研究意义重大、前景广阔。

近二十年来,环境史在中国发展迅速,汉译作品陆续出版,本土论著逐渐增多,论坛会议相继举办,研究机构次第成立,书刊栏目创办、学会组织建设、学科课题规划也在有序推进。在这一形势与现状之下,如何提升研究的层次与水平,进一步推动中国环境史学的发展,是摆在学人尤其是中国学者面前的

---

* 本文原载《思想战线》2019 年第 4 期,此为底稿。

① Douglas Cazaux Sackman, ed., *A Companion to American Environmental History*, Chichester & Malden: Wiley-Blackwell, 2010, pp. xiii-xvi.

② 侯文蕙:《美国环境史观的演变》,《美国研究》1987 年第 3 期。

③ Carolyn Merchant, *The Columbia Guide to American Environmental History*, New York: Columbia University Press, 2002, p. xiii.

④ 学界也有个别人认为环境史尚未形成学科。T. C. Smout, *Exploring Environmental History: Selected Essays*, Edinburgh: Edinburgh University Press, 2009, p.2.

⑤ 刘翠溶:《中国环境史研究刍议》,《南开学报(哲学社会科学版)》2006 年第 2 期。

重要议题。学习国外的长处、经验以及学术积累，是推进中国环境史研究的有效途径，但中国环境史学要取得长足发展，屹立于全球环境史之林，恐怕不能仅仅在前人身后模仿徘徊，学习、借鉴之外，更需要积极进取、开拓创新，树立学术自信，把握学术话语，发挥本国所长，拿出过硬的研究成果，努力开创环境史研究的新局面，积极探索中国环境史的发展之路。

一

在学科与理论层面，环境史的学术渊源、学科属性是需要思考的问题。中国的环境史研究，是实践先行，理论随后。虽然这一现象或为学人所诟病，但冷静思考，实为正常现象。没有一定的积累，没有具体研究支撑，所谓的理论恐有空中楼阁之讥。其实即使在美国，关于环境史学的学理性阐释，成果也非常有限，[①]在中国就更有限。不过虽然没有率先提出环境史学科，但较早时期中国学人已经进行了相关的学术探索，至晚在20世纪20年代，中国已经出现与现代环境史旨趣相近的学术论文，[②]后来在地理环境特别是历史地理学的研究讨论与学科建设中，也涉及历史上人与自然的关系，只是如何把握这种关系存在争议，并带有那个时期的学术印迹。[③] 历史地理学、气候学、农史、水利、社会经济史等学科的相关研究，实际是环境史在本土成长的“文化之根”。显然，上述相关研究，有些属于历史学科，有些则在历史学科规划之外。在西方，关于此类研究与历史学的关系，学界同样存在不同观点：环境史曾经“一直未被认为是历史”，有专家认为环境史只是“看待历史的一种全新的视角”，而非“分支领域”；[④]另一些研究者则坚称，“环境史现在是历史研究在其自己权

① 高国荣：《什么是环境史?》，《郑州大学学报（哲学社会科学版）》2005年第1期。

② 竺藕舫：《直隶地理的环境与水灾》，王勤堉记录，《科学》1927年第12期。

③ 侯仁之：《“中国沿革地理”课程商榷》，《新建设》1950年第11期；吴泽：《地理环境与社会发展》，上海：棠棣出版社，1951年，第1页。

④ 高国荣：《美国著名环境史学家唐纳德·沃斯特教授访谈录》，《世界历史》2008年第5期。

利内的一个重要领域”，而且是“新的历史领域”。① 不过，中外学者早先将西方环境史引入中国或中国研究，是从历史学科引进的，认为其为历史学的分支或领域。②

若将环境史作为史学的分支或领域来看待，那么在学理上，③环境史的理论贡献，体现在其对历史学理论的深化与更新。

在历史观方面：社会历史发展既存在既定的社会历史条件，又处在相应的自然环境之中。社会与自然有别，但亦存在内嵌与互动。文化现象、社会发展与人类所处的自然环境及其演变，并不能截然分开，而是相互联系、密不可分。历史不再只是人类与人类社会的历史，同时也是人与自然对话、相处、共存的历史。历史也不再只是人类的自我诉说，而且增加了自然的议题与内容，自然进入历史。这并不意味着我们在历史研究中抛弃原有的社会、文化分析，将自然史作为研究的核心，正如美国环境史家克罗农所说，“我们的任务远非试图逃出历史、进入自然，而是要将自然本身纳入人类历史的长河之中”④。自然进入历史，并非将自然生硬地塞入历史，而是活灵活现地融入历史之中，即自然融入历史。历史研究的不仅只是文化创造，还有自然与文化之间的互动关系。自然环境从原来的一般作为社会发展的背景或条件，变成历史剧中的正式上演内容；从区别于社会的他者，变为历史剧中不可缺少的角色。在既定的自然条件下，人与自然的关系，既存在着人类对于自然资源的利用，又存在着自然环境对于人类生产生活的制约；既存在着当时人们对自然的获取与消耗，也存在着自然对当时甚至后世人们的反馈与惩罚。在历史发展的舞台上，社

---

① David A. Johnson，“Environmental History，Retrospect and Prospect，” *Pacific Historical Review*，Vol.70，No.1(Feb. 2001)，pp.55-57；Richard White，“American Environmental History：The Development of a New Historical Field，” *Pacific Historical Review*，Vol.54，No.3(Aug. 1985)，pp.297-335.

② Mark Elvin，“The Environmental History of China：An Agenda of Ideas，”*Asian Studies Review*，Vol.14，No.2(1990)，pp.39-53；高岱：《当代美国环境史研究综述》，《世界史研究动态》1990 年第 8 期；曾华璧：《论环境史研究的源起、意义与迷思：以美国的论著为例之探讨》，《台大历史学报》第 23 期，1999 年。

③ 学界曾主要从西方环境史积累方面探讨了对于历史研究对象、认识、方法的意义。参梅雪芹：《关于环境史研究意义的思考》，《学术研究》2007 年第 8 期。

④ William Cronon，“The Use of Environmental History，” *Environmental History Review*，Vol.17，No.3(Fall 1993)，p.11.

会环境和传统,与当时的自然环境与生态,共同构成影响历史发展的基本要素。与以往的历史研究相比,环境史在研究对象之中,增加了环境、生态这些内容;又在历史动力分析之中,增加了自然这一因素,并且恰如其分地分析自然环境在当时社会经济中的地位与作用,不可与"环境决定论"相提并论。环境史家不应落入环境决定论或是衰败论这一窠臼,而是结合自然环境与文化、经济、政治以及社会联系来回溯评估人类与自然的关系。① 这里还需指出,唯物史观并不排斥生态史观。生产力的发展,社会经济能否持续发展,是与环境的优劣、生态的稳定性联系在一起的。唯物史观的整体史要求,也与环境史的整体性相一致。阶级分析、社会分层也可用于环境史中的生态正义研究。

可见,环境史相应地增加了历史的内容与表现形式,拓展了研究的议题与方向,增加了视角与要素分析,将会促进人们社会历史观的更新、历史研究的深化。

在历史认识论方面:历史认识的对象因环境史而发生变化,历史不仅包括历史上的人及人类社会,而且包括当时人们所处的自然环境,以及人与自然环境之间的互动。这一判断与认知并不会改变历史的认识主体,历史认识的主体仍然、也只能是人,但人对历史的解释、对人类自身的认识却发生变化。人具有主观性、能动性,在创造历史、利用自然资源过程中具有目的性,在认识历史过程中具有选择性。历史认识的客体既包括社会过程,又包括自然环境,是自然与社会的统一体,而且人类在认识历史的过程中还深化了对于自身的认识——人既是社会属性的人,也是自然界、生态系统的一部分;人类从以前所认为的独立于自然到环境史视域中的向自然回归。人具有生物性、利己性,又能发明创造、传承文化,理性与道义兼而有之,人们的理念、兴趣、知识、能力、价值评判影响到其对人与自然互动过程及其后果的认识、判断与选择。当社会事实不足以全面解释人类及其社会的历史之时,自然便成为解释历史发展变化的又一重要因素。另外,环境史还加深了人类利用、干预自然过程及其是非得失的认识,从而深化并拓展了对于历史发展评价、历史发展前途的认识。历史的发展,不再单纯以社会经济作为尺度,社会经济发展所带来的环境变

---

① Barbara Leibhardt,"Interpretation and Causal Analysis:Theories in Environmental History," *Environmental Review*, Vol.12, No.1(Spr. 1988), pp.23-36.

化——特别是引发的环境问题,也需要考虑在内,生态文明与环境状况成为衡量整体发展质量的重要指标。人类的发展不只着眼于经济增长、社会进步以及当时当地人的福祉,而且还要考虑到环境的承载力、后代及相关地区人们的发展与祸福。在历史的前途方面,环境史的研究不仅回头看、向下看,不仅关注人类的历史与当时当地的环境,而且向前看、向外看,警惕今后及相应地区的环境变化特别是环境恶化,心系人类的福祉与未来。

所以说,环境史不仅丰富、拓展了以往的历史认识领域,完善、深化了历史解释,而且在历史发展的评判与前途之中,增加了环境与生态方面的考量。

在历史方法论方面:社会历史过程已经发生,不可能以实验的方法来再现。但是,环境史中自然环境及其变化的许多方面,却可以实验的方法来检验、还原与说明,比如盐湖沉积与气候变化,树木年轮与气温,孢粉分析与植被,DNA 与物种鉴别,如此等等。而且当代的某些实验可以反映历史上相应的人与自然的互动,比如降水量与农作物生长相关,灌溉与某些作物的产量之间存在函数关系,从而促进农业增产;当然灌溉不当特别是北方地区的大水漫灌、只灌不排,将会引起土壤盐渍化等问题,反而造成农业减产。自然科学特别是生态学理念与方法,可以而且应该应用于环境史研究,因此有的环境史家将生态学作为研究人类历史的方法与手段,甚至作为界定环境史的一个重要方面。[①] 历史不再仅由哲学社会科学的方法而加以说明,自然科学也成为环境史的研究方法与解释手段。历史研究不再强调人文、社会科学与自然科学、工程技术、医学方法之区别,而是就问题谈方法,采用最佳的研究手段,重视各种方法材料的应用、融通与相互借鉴。历史研究不再以艺术抑或科学为分野,环境史在总体上体现了艺术与科学的结合,其中既有文献资料、思想感受,又有实地考察、实验分析。当然这种实验只是就具体事项尤其是自然环境的某个方面而言,并非等同于完全通过当代的实验来还原人类社会的历史过程。需要说明的是,环境史除了历史学的既有方法之外,还将社会科学、自然科学等方法结合起来,做到相得益彰、相辅相成,目的是提升研究的水平与层次,为对应的研究问题服务,而不是为了方法而方法。某些方法例如数理统计,适合

---

① 美国环境史家休斯(J. Donald Hughes)就是一例,参梅雪芹:《什么是环境史?——对唐纳德·休斯的环境史理论的探讨》,《史学史研究》2008 年第 4 期。

于哪些研究与问题,需要仔细鉴别、审慎考虑,而非万能钥匙、任何问题都能以统计数据来说明。在社会历史研究中,民族、国家、核心区曾是重要的分析工具,环境史研究当然也据以进行分析,但是跨越民族、国家,对于边疆的研究常常成为环境史更有利的分析工具,进而与自然环境相结合,进行全局性甚至全球分析。环境史的研究使得历史学家的眼光更加向下,从关注政治、英雄人物,到关注社会、劳动大众;从关注人与社会,到关注人与自然。

因此,在以往历史研究的视角之中,环境史增加了自然这一维度,而且更加重视整体性与以前薄弱方面的分析,眼光更加向下。历史研究在以往思辨性、分析性的基础上,因环境史而部分地具有了实验性、科学性。

不过,与一般的史学理论相比,①环境史的相关理论问题仍是众说纷纭,或悬而未决,当前这些基本问题可简单地归纳为:

怎样界定环境史?其性质如何?基本构成与分类是什么?是否包括自然环境?如果包括,包括什么样的自然环境及其变迁?环境史与相关学科(特别是历史地理学、环境社会学)之间存在怎样的区别与联系?人与自然互动的基本路径和内在联系是什么?如何看待历史上人类及其在生态系统中的地位与功用?如何看待和评估自然在人类历史发展中的地位与作用?

什么是自然?在人类的环境中是否存在纯粹的自然?抑或说纯粹的自然只不过是人类建构的产物?什么是环境史中的环境?它与自然存在怎样的关系?历史上的环境,是愈古愈好、愈近愈坏吗?历史上的生态系统,是有序的还是混沌的?怎样看待人类中心主义与生态中心主义?

如何考察过去的环境及生态?怎样研究历史上人与自然之间的关系?环境史的基本分析工具、核心概念是什么?分析的理念、视野如何?生态学是环境史的理论基础抑或只是方法工具?还是二者兼有?人们能彻底摆脱人类中心主义吗?如何研究人们的自然观、生态观?是需要进行“社会分层”分析还是要进行“整体”分析,是否存在更好的分析思路与方法?

解决上述基本问题,一方面,需要大量的环境史研究实践,从而丰富环境史理论。一些具体的门类与专题研究已经形成了环境史的专业理论,学者们

① 历史学理论的简明论述,参庞卓恒:《历史学的本体论、认识论、方法论》,《历史研究》1988 年第 1 期。

提出了各种学说，例如所谓的生态女性主义、环境史研究的文化转向、环境正义分析，这些既是环境史专题研究的理论学说，又是方法论，还体现了各自对于人与自然关系的认识。目前一个突出问题是，现在的环境史理论包括一些核心概念，基本是以西方的研究与文化传统作为基础，这些从西方经验而来的理论与概括，在移植到中国时，能否与中国环境史的具体过程相适应，还是值得思考与鉴别的问题，中国的环境史研究不能成为某些理论的试验田或注脚。另一方面，对于理论问题也不必刻意回避，我们也需要关注环境史的理论建设，至少指出问题的关键、提出解决思路。

例如怎样界定环境史，虽然在——研究历史上人与自然之间的互动——这一方面无甚分歧、获得广泛认同，①但各位学者的具体表述，则众说纷纭，见仁见智，“对于不同的人，环境史代表着不同的事物”②，“但要明确环境史的定义，尚需更长的时间”③。面对这种情况，一些环境史著作包括著名的环境史工具书，采取了回避或模糊的处理方式。例如《哥伦比亚美国环境史指南》一书，对于美国环境史的机构、概念、法律、人物分别列有条目，并按首个字母顺序排列，检索查阅方便，但恰恰缺失“环境史”(Environmental History)这一条目。④ 后来出版的《美国环境史手册》，也没有给环境史下定义，而只是以文学性语言，解释环境史是各种自然与人类社会、生活的混合，总是具有研究与想象的魅力，是事实与故事的混合。⑤

当然关于环境史，西方学者在其论著中每有提及，国内学者亦有借以作为环境史的定义。不过笔者以为，对于这些西方学者甚至同一学者在不同地方所说的环境史，需要结合相应的语境来加以分析，而不能见到其说环境史，就以为是对环境史的定义。例如著名环境史家沃斯特撰文曾说，环境史是关于自然在人类生活中的作用与地位(the role and place of nature in human

---

① https://www.eh-resources.org/what-is-environmental-history.

② J. R. McNeill and Erin Stewart Mauldin, eds., *A Companion to Global Environmental History*, Hoboken & Chichester: Wiley-Blackwell, 2012, p.xvi.

③ 侯文蕙：《环境史和环境史研究的生态学意识》，《世界历史》2004年第3期。

④ Carolyn Merchant, *The Columbia Guide to American Environmental History*, New York: Columbia University Press, 2002, pp.191-248.

⑤ Douglas Cazaux Sackman, ed., *A Companion to American Environmental History*, Chichester & Malden: Wiley-Blackwell, 2010, pp.xix-xx.

life)。该说曾被广泛引用,不过通读细辨之,其实这只是解释说明或强调重点,即以往的历史只是关注政治与民族国家,[①]这里强调自然即非人类世界(nonhuman world)的重要性,而非针对环境史的定义。[②] 因此引用某些学者的观点时需要特别注意,这也从侧面反映了通读文本、历史语境的重要性。

那么,界定环境史的可行思路是什么呢?法国著名史学家布洛克(Marc Bloch)曾说:"一门科学的本质不仅仅在于它的对象。不过它的边界可以通过其方法的独特性来确定。"[③]笔者以为,若欲给环境史下定义,在中国的现有情况(包括学术、文化传统)之下,有两个基本点最值得考虑:一是明确环境史的研究对象;二是甄别环境史与现有相关学科(比如历史地理学)的区别所在。前者说明环境史是什么?后者说明环境史并非重复设置已有学科,或者只是换汤不换药而已。

人与自然、人类社会与自然环境、人与地理环境的关系,是许多学科的研究内容,并非环境史所独有,那么环境史在其中的特殊性到底在哪里呢?这里又面临着其他学科的定义这一难题,因为某些学科也没有统一的定义,所以这里只好选取具有广泛影响力和认同性的定义或解释。若是研究人地关系的地域系统称作地理学,[④]从地域(或空间)方面来研究历史上人与地理环境之间的关系称作历史地理学。[⑤] 那么,环境史就是从历史的语境和生活环境来考察人与自然之间的互动和历史联系,其中自然与历史互为理解条件。简言之,环境史就是从环境与历史语境来考察人与自然之间的历史联系。

---

① Donald Worster, "Appendix: Doing Environmental History," in Donald Worster, ed., *The Ends of the Earth: Perspectives on Modern Environmental History*, Cambridge: Cambridge University Press, 1988, pp.289-307.

② Donald Worster, "Transformations of the Earth: Toward an Agroecological Perspective in History," *The Journal of American History*, Vol.76, Iss.4, (Mar. 1990), pp.1087-1106.

③ [法]马克·布洛克著:《历史学家的技艺》,黄艳红译,北京:中国人民大学出版社,2011年,第61页。

④ 吴传钧:《论地理学的研究核心——人地关系地域系统》,《经济地理》1991年第3期。

⑤ 侯仁之:《历史地理学刍议》,《北京大学学报(自然科学版)》1962年第1期;侯仁之:《再论历史地理学的理论与实践》,《北京大学学报》1992年历史地理学专刊;朱士光:《遵循"人地关系"理念,深入开展生态环境史研究》,《历史研究》2010年第1期。

从“历史的语境和生活环境”来考察研究，一方面便于将其与根据字面意思的简单叙说、任意联系区别开来，正如认识单词并不意味着可以理解句子、认识繁体字并不意味着就能读懂历史一样；而是通盘研读、理清脉络、抓住本质。另一方面，在研究人与自然的互动过程中，人与社会是以往史学研究的即有内容，现在环境史拓展到自然环境及其变迁；而生活环境既包括当时人们的社会环境，又包括自然环境，同时还防止了环境的泛化与不着边际。“历史联系”是历史上的、以时间过程为介质的、直接针对历史的，它表明环境史并非强调人与自然之间的地域或空间关系，也没有将主要的时间尺度放在当代、研究当代社会。尽管环境史是跨学科的，与多个学科存在交叉，也涉及人与自然之间的地域、空间关系并且可以延伸到当代社会，而且在研究的实践中是基于问题而不囿于学科或方法，并不排斥地域、空间以及当代环境问题。传统史学方法与优良传统不能丢弃，现在需要借鉴其他学科的方法尤其是自然科学如生态学等方面的理论和理念。

二

虽然人们认同历史上人类与环境存在关系，但不是所有人都同意，人类与自然过程对于描述这一关系最有意义。[①] 因此，落实与实践更为关键。在研究实践与具体操作层面，基于中国的环境史研究现状，如何推动环境史研究取得长足进步，提升研究的层次与水平，开拓中国的环境史研究之路，对于中国学人而言责无旁贷。这方面涉及的问题当然很多，但有轻重缓急之分，笔者以为，当前以下四个方面的改进与转变可能值得考虑。

(一)从呼唤环境史重要，到以研究成果来体现其重要

随着近四十年来中国经济的飞速发展，对于资源的消耗与日俱增，资源匮乏、环境污染等问题相当突出。表面看来，这些问题的主要成因有所不同：其

---

① Barbara Leibhardt,“Interpretation and Causal Analysis:Theories in Environmental History,” *Environmental Review*,Vol.12,No.1(Spr. 1988),pp.23-36.

中有些属于观念与认识问题，例如什么是污染，这一问题存在逐渐认识过程，20世纪70年代，人们主要关注水污染和工业“三废”（废水、废气、废渣），①后来噪声污染、光污染等才成为人们关注的污染对象。② 另一些属于技术问题，比如清洁能源的开发与利用，就存在着成本核算与技术瓶颈。当然，即使是技术问题，也需要以相关的环境认知为前提，例如寻求清洁能源的基本原因就是认识到原有能源污染严重、得不偿失。因此从本质上来说，认识问题是基础，是解决问题的基本前提。只有认识到问题，才有可能着手解决问题，只有取得社会的广泛共识，才能得到舆论支持、道德约束。认识来源于社会实践，历史研究正是对于人类历史上社会实践的探索与总结。环境史研究在探索环境演变、环境问题的由来以及发掘前人保护思想、方法等方面可以提供有益的借鉴，在总结历史上的失误与教训方面可以提供反面教材，诸此对于加强当代的环境保护不无裨益。不过，正如人与自然的互动是多学科关注与研究的内容一样，环境史也不能包治百病，这也不是环境史的旨趣所在。环境史本身关注的主要是演变过程、历史问题、观念认识等，换言之，环境史家往往并非直接面对当代问题与现代科技，其现实关怀也主要体现在学术研究向现实社会的自然延伸；尽管关注环境问题、加强环境保护、提高环保意识、弘扬生态文明，是包括环境史学者在内的有识之士的责任与义务。

环境史将社会现象与自然现象相结合，研究人与自然的互动，利用了社会科学、自然科学等领域的研究方法与材料，体现了研究领域的拓展、方法的更新以及研究材料的极大扩充。然而，历史研究的议题包罗万象，方法多种多样，至今仍有较少涉及的内容与领域，未必事事都要将社会现象与自然现象相结合。人与自然的互动、生态学的理念与方法，也并非环境史的独有论题与方法，其他学科也在探讨与应用。材料是为研究服务的，尽管史料是基础、是根本，但是历史研究并不等同于收集史料、拓展史料。那么，在学术上，最能体现环境史重要性、必要性的到底是什么呢？笔者以为，是利用这一思路、方法与材料，全面回溯演变过程与内在脉络，从而以扎实的研究成果纠正学术观点，

① 《全国“三废”综合利用展览已在杭州展出》，《科技简报》1972年第7期；《跃马扬鞭战三废保护环境为人民》，《环境保护》1974年第1期。

② 应朝：《噪音污染的公害》，《世界知识》1980年第23期；冀杨：《要警惕光污染》，《劳动保护》1991年第7期。

扩展并深化历史认识。正如学者所说,“取百科之道术,求故实之新知”[1]。

例如学者以犀牛为切入点,就丰富深化了秦汉史、人与自然关系的研究。除了否定当时蜀地无犀牛之说外,还进行了犀牛与社会、经济、文化之间的互动研究。犀牛制品进入秦汉社会经济生活的多个领域,以犀牛皮作为犀甲、犀盾,犀牛角作为装饰用于兵器、宫廷、衣饰、玺印,甚至还应用于祭祀,《汉书·郊祀志下》记载王莽夺权后,“兴神仙事,以方士苏乐言,起八风台于宫中。……又种五梁禾于殿中,各顺色置其方面,先煮鹤髓、毒冒、犀玉二十余物渍种,计粟斛成一金,言此黄帝谷仙之术也”,具有服务于神秘主义礼俗的作用。汉代以犀为装饰,助长了浮夸奢靡之风,《后汉书·王符传》批评京师贵戚:“犀象珠玉,虎魄玳瑁,石山隐饰,金银错镂,穷极丽靡,转相夸咤。”由于有利可图,所以对于犀牛等进行诱杀,《史记·范雎蔡泽列传》:“且夫翠、鹄、犀、象,其处势非不远死也,而所以死者,惑于饵也。”当然也有作为宣扬武威、娱乐的捕杀行为,诸此势必造成犀牛的减少。当然犀牛减少、栖息范围缩小还有其他原因。犀牛栖息于温暖湿润的森林、草地以及河湖沼泽环境,“耕种农业的发展和农田的垦辟,必然导致适宜其生存活动的范围缩小”,加之两汉之际气候由暖转寒,所以也就出现了犀分布地域的逐渐南移。[2] 上述考察分析,不仅拓展了秦汉史研究领域,揭示了野生犀牛分布变化与秦汉社会经济变迁之间的紧密联系,而且突出地反映了环境史对于深化史学研究的重要性。

只是呼吁环境史重要在外界看来也许苍白无力,没有一个学科认为自己不重要。因此,需要从呼唤环境史重要,到以研究实践来体现其重要,环境史才会从环境史学界的自我认同,发展到学术界的广泛认可,才会从环境史学者的积极呼吁,转变为学术界的自觉行动。

(二)从人与自然的冲突史,回归到人与自然的关系史

曾几何时,人们将自然作为征服的对象,并且歌颂人类战天斗地的精神,狼虫虎豹被视为人类的天敌、消灭的对象,毁林开荒、向沙漠进军也成为模范

---

① 王利华:《浅议中国环境史学建构》,《历史研究》2010年第1期。

② 王子今:《秦汉时期生态环境研究》,北京:北京大学出版社,2007年,第149～168页。

与典型。然而随着植被破坏、水土流失、资源短缺、污染严重、生态退化、环境恶化,严酷的现实促使人们反思此前的观念与行为,随着环境、生态知识的普及与推广,环境保护的落实与加强,一股潜意识在人们的思想中流淌:与此前的自然征服者身份恰好相反,人类似乎被当作环境恶化的始作俑者,俨然成为生态退化的万恶之源,这程度不同地表现在某些中国的环境史论著之中。西方也存在此类现象,诚如欧洲专家所说:“以人类为中心的历史经常视人类和环境为相互对立。人类被视为积极和能动的因素,而后者则为消极和缓慢变化的实体。”①克罗农也指出:“自然被假定为稳定的、平衡的、自我平衡的、自我修复的、纯净的和良性的,而现代人类则相反,被假定为环境的不稳定、不平衡、打破平衡的、自我创伤的、混浊的和恶毒的。”②

一些论著的基本逻辑是,以前某地的环境是自然的、美好的,后来由于人类进入,以及人口数量的增长、密度的增大,导致环境恶化,反过来又给人们的生产生活造成负面影响,甚至制约了社会经济的进步与转型。在此逻辑之下,有些论著选取相关的时期与地域,考察人口变化、人类的介入、环境恶化的表现形式及影响,间或总结所谓的经验教训。综观这些成果,套路相同、思路相仿、观点相似,只是研究的具体时段与地域有所区别罢了。而且如果将时段前后延伸,可以发现这些成果与观点的牴牾之处:即环境是前好后坏,愈前愈好、愈后愈坏。例如研究清代的学者,往往认定明代环境尚好,到了清代恶化了;研究明代的学者,却认为元代环境尚好,明代就已恶化了。我们并不否认其中的客观性,这样的变化及逻辑在某些地区确实存在,但是近乎千篇一律的话,就不免让人厌倦,而且心生怀疑了。人类的生存环境既要具体分析,又要长时段观察,还要有广阔的视野。远古时代并非人寿年丰的田园诗话,不同时代会面对不同的环境、生态问题。而且生态讲究的是系统性、稳定性与多样性,滩涂、湿地未必适宜人类居住,但物种丰富、功能强大,是保护环境的稳压器。沙漠地区不适宜人类居住,对于人类来说当然是环境恶劣,但是不能说没有生

① Timo Myllyntaus,“Environment in Explaining History:Restoring Humans as Part of Nature,” in Timo Myllyntaus and Mikko Saikku,eds.,*Encountering the Past in Nature*:*Essays in Environmental History*,Athens:Ohio University Press,2001,pp.94-140.

② William Cronon,“The Uses of Environmental History,” *Environmental History Review*,Vol.17,No.3(Aut. 1993),pp.1-22.

态，或是生态不稳定，从全球范围来看，沙漠也是地球生态多样性的表现形式与存在基础，是全球生态系统不可缺少的一环。

就生态系统而言，其中的生物既存在竞争、也存在共生。就人居环境而言，也存在着大量经过改造而更适合人类居住的环境。在传统中国各个地域，环境未必越来越坏，亦未必有人即坏。荒野也许是理想的短期旅游胜地，但未必是现代人类长久居住之所。人既是环境的破坏者，又是建设与保护者；人是生态系统的一部分，既是生产者，又是消费者与分解者。人与自然之间既有矛盾冲突，亦可和谐相处，二者结合才是人与自然关系的全过程，不可偏废。诚然，与历史学的现有其他学科相比，环境史更具有批判与反思精神，更具有警世与经世作用。历史上的无序垦殖与现代化大生产的巨大吞噬，加上人类近乎贪得无厌的物质追求，当代社会资源匮乏、环境恶化日益凸显，不仅影响到未来的可持续发展，甚至影响到当下人们的日常生活。反思人类行为，防微杜渐，对环境破坏行为、图谋保持高度警惕是可以理解的。尽管如此，批判之根本目的仍然是服务于建设，在反思教训的同时也需要总结经验；目的和手段同等重要，功利性不能以损伤学术性为代价。

早在先秦时期，中华先民在实践中就体会到自身与自然的关系，与自然界进行着物质与能量交换，在精神方面总结出形形色色的天人关系，且一直延伸到明清时期，其中之一便是"天人合一"[①]思想。这一思想至今仍是国人引以为自豪的传统文化精髓，也是引导当代人们与自然和谐相处的合理内核与思想源泉之一。在民间，不乏适应自然环境、敬畏自然的思想与认识。而在实践层面，人类的智慧也衍生出活生生的人与自然和谐相处的生动画卷，在各地形成与自然环境紧密结合的生活与生产方式。在中国历史的长河中，也呈现出人类改造的宜居环境，关中平原的泾、洛之间原本是泽卤之地，经郑国渠的淤灌与先民的耕耘从而变为良田沃土，《史记·河渠书》："用注填阏之水，溉泽卤之地四万余顷，收皆亩一钟。于是关中为沃野，无凶年，秦以富强，卒并诸侯，因命曰郑国渠。"有谁能谴责历史上对于这片泽卤之地的开发呢？南方的人工

---

① 传统时期"天人合一"思想比较复杂，"天人相互协调"只是其中之一。参张岱年：《中国哲学中"天人合一"思想的剖析》，《北京大学学报(哲学社会科学版)》1985年第1期。

生态系统“桑基鱼塘”也是人类适应自然、改造自然的成功典型,[①]至今人们还为其在市场化冲击下日渐衰落而扼腕叹息。[②]

环境史既然研究人与自然的互动,就不应以环境是否出现问题为指归,因为人与自然的冲突只是人与自然关系的一个方面。因此,环境史不仅需要研究人与自然之间的矛盾冲突,还要研究历史上二者之间的磨合、和谐相处。追求人与自然的和谐是人类的不懈追求,唯有这样,才会给人类带来希望。因此,鉴于中国的环境史研究现状,对照环境史的研究内容与学术旨趣,就需要从人与自然的冲突史,回归到人与自然的关系史。

(三)从呼吁跨学科研究,到落实跨学科实践

虽然在学科规划方面,新设学科必须标明自己与已有学科的区别所在,方能显示设立该学科的必要性。但是在实践方面,各个学科都力图借鉴、融合其他学科。从本质来说,现代学术已进入“后学科时代”,很多研究都是以问题而非学科为导向,任何一个学科都解决不了所有问题,重大问题的解决每每需要多学科的分工与协作。目前,跨学科的呼声不绝于耳,各个学科、专业似乎都在强调跨学科,但什么是跨学科,怎样落实跨学科,却较少讨论,这在人文与社会科学界表现得比较突出,于是尽管跨学科呼声不断,但跨学科的实践却姗姗来迟,跨学科的成果相形见绌。

中国学界目前所称的跨学科,事实上称作“跨门类”才更为合适、更切合本意。莫说当今的一级学科之下众多的二级学科,就一级学科而言,中国历史与世界历史均是一级学科,从中国史到世界史难道可以称作跨学科吗?若说历史学分为三个一级学科(中国史、世界史、考古学)是新规定(国务院学位委员会和教育部《学位授予和人才培养学科目录 2011 年》),在此之前原本就是一个学科。[③] 那么,在以前就存在的两个一级学科中,从理论经济学跨到应用经

---

① 民国《顺德县志》卷 4,《建置志三》,民国十八年(1929 年)刊本,第 12 页 b~15 页 b;区湛泉:《珠江三角洲“桑基、鱼塘”的由来》,《广东蚕丝通讯》1981 年第 3 期。

② 冯启新:《珠江三角洲桑基鱼塘沉浮录》,《水产科技》2005 年第 1 期。

③ 中国学位与研究生教育发展年度报告课题组全国学位与研究生教育数据中心编:《中国学位与研究生教育发展年度报告 2012》,北京:中国人民大学出版社,2013 年,第 238 页。

济学能算作跨学科吗？显然这些都不是真正的跨学科。在当今中国，真正接近于跨学科本意的其实应该是跨门类、而且是跨向更远的门类。就人文学科而言，不仅是跨界文、史、哲，在本质上更是需要向社科、理工、农医方面的跨越与融合。

科学与认识的发展，使得技能培养越来越专业化，学科越分越细，这是不可阻挡的基本趋势。但是，人们认识问题、解决问题却越来越需要多学科的知识与技能。学科越分越细，但研究越来越需要合作与学科融合。从团队而言，需要各学科分工合作，发挥各自所长，统筹协作，发现问题并解决问题。从个人而言，当代高等教育基本归口为专业教育，所以个人需要有意识地加强跨专业、学科、门类等方面的学习与训练。

环境史在现有学科体系中，横跨了人文、社会科学、自然科学以及工程与医学，从研究的实际需求而言更需要跨学科，或者说跨门类是环境史研究的天然需求。环境史家休斯说，"环境史在本质上是跨学科的学科"①，他的教育背景与环境史研究就体现了跨学科。在美国，当年的《环境史评论》期刊，还刊登了社会学家邓拉普的环境社会学课程提纲，②展现了美国环境史发展历程中的开放精神与学科兼容。那么怎样才算落实跨学科呢？笔者以为，一个基本标准是，在研究实践中做到二个以上门类的融通，更重要的是，要切实解决研究问题，而非为了方法而方法、形式上的跨学科。融通不同学科门类的基本条件是术语一致、学术系统兼容，也就是规范使用对方的基本概念与范畴，然后借鉴利用对方的材料、方法以及研究成果，当然若是能够直接进行其他学科的研究则更好。就历史学者研究环境史而言，研究者发挥史学所长，在这一基础上，然后根据研究需要，借鉴利用其他学科特别是生态学、环境学、生物学、水利学、地质学的理念、理论、方法、材料以及成果，或是直接进行此类学科的某些研究，来解决传统历史方法不能解决或不易解决的问题，研究历史上的环境、生态，揭示人与自然的关系，在丰富、深化、推动历史研究的同时，又反过来深化甚至反思其他学科的研究。实际上其他学科也需要史学知识与方法，也

① J. Donald Hughes, "Global Dimensions of Environmental History," *Pacific Historical Review*, Vol.70, No.1(Feb. 2001), pp.91-101.

② Riley E. Dunlap, "Environmental Sociology," *Environmental History Review*, Vol.16, No.1, Special Curriculum Issue(Spr. 1992), pp.55-63.

需要从历史研究中汲取营养。例如,蝗虫暴发是否具有周期性?乍看之下是一个生物学问题,但实际上,研究这一问题需要时间跨度与历史追溯,方能进行考察与验证,所以既是生物学问题,也是历史研究问题。①

国外环境史的发展过程中,学科包容、倡导跨学科功不可没。1976年美国的《环境评论》创刊时,其扉页标明"跨学科期刊"(an interdisciplinary journal),除主编之外,还分设人文、社会科学以及自然科学三个副主编。从期刊自身的介绍来看,突出跨学科,"《环境评论》是一份结合人文学科和环境科学的期刊,重点放在以历史的和跨学科的方法对待人类和自然的关系"。② 1990年《环境评论》更名为《环境史评论》,仍然鼓励学科之间的对话,跨学科依然是其强调对象。③ 1993年该刊写道:"《环境史评论》是一份国际季刊,致力于探究人类与自然界相互作用的历史,鼓励人文学者和科学家广泛的对话,追寻多种途径的历史理解——人们理解、改变他们所栖居的环境或被其改变。"④知名过刊存储机构对该刊即如今的《环境史》(*Environmental History*)的解释是:"《环境史》是学者、科学家和那些对于这一令人激动的新领域发展感兴趣的从业者的重要国际期刊。发表描绘历史上人类与自然界相互作用的国际论文,包括历史、地理、人类学、自然科学以及其他学科的见解。"⑤回顾该期刊的历史,可以发现跨学科这一宗旨贯穿始终,无论是作者与文章,都体现了跨学科这一显著特点。

中国环境史学的开创者伊懋可曾经指出,没有历史学的分支如环境史这样的势不可挡和令人敬畏,"一张巨大的知识网方能胜任其工作,其核心可能是对技术的掌握"⑥。因此,需要从呼吁跨学科研究,到落实跨学科实践,这对于环境史等研究者来说,任重而道远。

---

① 马世骏:《东亚飞蝗(Locusta migratoria manilensis Meyen)在中国的发生动态》,《昆虫学报》1958年第1期。

② "Front Matter," *Environmental Review*, Vol.1, No.1, 1976.

③ "Front Matter," *Environmental History Review*, Vol.14, No.1/2, 1989 Conference Papers, Part Two(Spr.-Sum. 1990).

④ "Front Matter," *Environmental History Review*, Vol.17, No.2(Sum. 1993).

⑤ http://www.jstor.org/stable/i382276.

⑥ Mark Elvin, "The Environmental History of China: An Agenda of Ideas," *Asian Studies Review*, Vol.14, No.2(1990), pp.39-53.

(四)从向国外学习到发挥本土的学术优势与自主性

尽管在环境史学科进入国门之前,部分中国学者已经展开相关研究,但总体而言,我们的环境史研究起步晚、积累少,而国外特别是欧美的环境史研究与学科建设则先行一步,已经积累了丰富的成果与成功经验。这需要我们以开放的态度,虚心学习,而不能故步自封,保守自大;但另一方面我们也不能妄自菲薄,认为环境史的各个方面欧美都胜人一筹。尽管欧美在学科建设、学术体系、问题意识、观点方法等方面具有先发优势或特点,但对于中国的历史感悟、史料的发掘、史实追溯等方面时或有其不足,在环境史学界,国外对于中国的经验性研究就存在蜻蜓点水、以偏概全之嫌,例如国外所谓的《世界环境史》专著,中国部分就十分简略,只是在《古代社会生态观及影响》中以"西安:中国古代环境问题"作为标题,仅仅围绕西安而展开,主要是以先秦诸子特别是孟子学说来代表古代中国的状况。[①] 另外,尽管他们十分重视学术史,但囿于条件,对于中国学术动态的掌握是有限的,甚至作为资深学者也有失手之时。"中国与环境史相关的领域的学术著作数量非常多,增长也很快,一个外国学者不可能知道和阅读全部"。冀朝鼎的名著(*Key Economic Areas in Chinese History*)1936 年在英国出版后,至 1981 年已经出版了中译本并多次翻印,[②] 但国外的环境史专家十余年后仍认为一直没有中译本:"此书 1936 年用英文出版。尽管可能是错的,但我还是认为现在仍没有中文版。"[③]另外,不仅在中国,即使在欧洲,国外的话语移植也遇到问题,例如芬兰学者指出:"在美国人的言语中,荒野被定义为不受人类影响的纯粹和原始的自然。尽管芬兰语中描绘林地有许多表达,但在传统芬兰人的思想中,没有等同于'荒野'的术

---

① [美]J.唐纳德·休斯著:《世界环境史:人类在地球生命中的角色转变》,赵长凤等译,北京:电子工业出版社,2014 年,第 75~80 页。

② 冀朝鼎著:《中国历史上的基本经济区与水利事业的发展》,朱诗鳌译,北京:中国社会科学出版社,1981 年。

③ 包茂宏:《中国环境史研究:伊懋可教授访谈》,《中国历史地理论丛》2004 年第 1 辑。

语。”[1]这说明除了共同问题与话语之外,各地需要结合本地的历史与实际,以相应的专题与话语来进行区域的环境史研究。

中国人与自然的互动源远流长,仅其中的文字史料即汗牛充栋,门类丰富,需要大量阅读、细致辨别,才能利用。[2] 中国先民在长期的生产与生活实践中,在认识与利用自然方面积累了大量经验,其中的生态农业、人与自然和谐相处等方面在世界环保史上也具有重要地位。中国认识与利用自然所形成的科学与文化,也为世界所公认,李约瑟博士就此还主编了多卷本的《中国科学技术史》[3]。中国生态与环境的多样性,也为环境史研究提供了广阔舞台。精于考证、史料翔实、论说细致也是中国学术的显著特点与优势,没有对史料的全面掌握、准确解读,在基本史实方面犯有原则错误,即使以此建立什么宏大理论,也根基不稳。通常情况下,在中国,一名中国史的教授,甚至是古代史的教授,往往只精通某(几)个朝代或某一方向的历史,而鲜少发表其他时期或方向的史学论文,更何况一般的外国学者,要做到全面发掘与深刻解读中国史料实非易事,遑论相应的深入研究了。

因此,中国学者面对环境史特别是中国环境史这一宏大课题与丰富资源,大可不必妄自菲薄,不应将中国的环境史经验研究作为某些理论的注脚,至少应从中国的实际出发来反思某些理论,来建立涵盖中国道路、历史过程的环境史理论体系。正如方家所说,这就需要将国际化与本土化相结合,[4]区域研究并不妨碍其全球史意识,在学习国外研究积累的基础上,继承并弘扬中国的学术传统,树立学术自信,充分发挥本土的学术优势与自主性,建立相应的学术体系、话语体系以及环境史学科体系,铸就中国的环境史学派,为全球生态史的发展乃至整个人类的生态文明与社会福祉,贡献自身的智慧与力量。

简言之,环境史借鉴生态学等理念与方法,从历史的语境和生活环境来考察人与自然之间的互动和历史联系,其中自然与历史互为理解条件。环境史

---

① Timo Myllyntaus and Mikko Saikku,“Environmental History: A New Discipline with Long Traditions,” in Timo Myllyntaus and Mikko Saikku, eds., *Encountering the Past in Nature: Essays in Environmental History*, Athens: Ohio University Press, 2001, p.9.

② 钞晓鸿:《文献与环境史研究》,《历史研究》2010 年第 1 期。

③ 该书英文书名直译为《中国的科学与文化》(*Science & Civilisation in China*)。

④ 包茂宏:《环境史:历史、理论和方法》,《史学理论研究》2000 年第 4 期。

对于历史学变革的意义突出地表现在：显著地拓展了历史的内容与表现形式；完善、深化了历史解释，在历史发展的评判之中增加了生态考量；历史研究在以往思辨性、分析性的基础上，因环境史而部分地具有了实验性、科学性。为推动环境史研究取得长足进步，开拓中国的环境史研究之路，当前以下四个方面可能值得考虑：从呼唤环境史重要，到以研究成果来体现其重要；从人与自然的冲突史，回归到人与自然的关系史；从呼吁跨学科研究，到落实跨学科实践；从向国外学习到发挥本土的学术优势与自主性。

钞晓鸿：厦门大学特聘教授、历史系教授。

附录

"历史上环境与社会经济的互动"学术研讨会暨中国环境科学学会环境史专业委员会首届年会综述

盛 承　郭 丛

2018年11月20—22日，由厦门大学历史系主办的"历史上环境与社会经济的互动"学术研讨会暨中国环境科学学会环境史专业委员会首届年会在厦门召开。来自海内外的80余名学者参加此次会议，提交论文70余篇，现将会议主要内容概述如下。

会议共有10位学者作了主题报告。中国人民大学沃斯特(Donald Worster)教授探讨宗教在历史环境变化中的作用，认为强调宗教作用是文化决定论的表现，夸大了思想的力量和文本的重要性，而人口、气候、自然资源等物质力量本身的因素同样重要。台湾东华大学王鸿濬教授考察台湾太鲁阁大山地区在日本殖民后期的开发历程，认为太平洋战争爆发以后，台湾进入"国家"利益至上的战时体制，南邦林业株式会社便以"军需会社"的名义大规模开采太鲁阁大山地区的森林资源，进而引起了严重的生态环境问题。中国人民大学夏明方教授探讨中国特色环境史理论话语体系的构建问题，认为应该充分重视马克思主义传统。中国社会科学院徐再荣研究员探讨气候变化与全球气候治理问题，认为气候变化问题经历了从科学探讨到政治博弈的过程，南北分歧是全球气候治理的核心问题，而发达国家特别是欧美之间的妥协和合作是确保气候治理成功的关键因素。南开大学付成双教授从文化史与环境观念史的角度阐释"处女地假说"，认为它是一种文化观念，具有浓厚的基督教使命观和种族偏见，并且变成了殖民者驱逐印第安人、侵占其土地的舆论工具；然而随着现代环境主义的兴起，它又成为印第安人争取权利的工具。中山大学谢湜教授比较分析了15—17世纪莱茵河三角洲、长江三角洲开发中的技术选择和人地关系，认为多重面相的人地关系反映了自然资源化和水利财政化的机制趋向。陕西师范大学卜风贤教授探讨古农书中的灾害书写，认为古农书对灾害的记叙构成一套独特的农业减灾技术系统，对灾害史与农业史的深入研究颇具史料价值。复旦大学韩昭庆教授译介濮德培(Peter C. Perdue)的新著《万物并作：中西方环境史的起源及展望》，认为该书所推介的环境史写作思路和方法具有很强的借鉴意义，可视为环境史研究的指南。上海交通大学李玉尚教授梳理云南鼠疫流行病学和防疫制度的变迁，认为从长时段来看，气候因素而非社会因素才是影响清代以来云南鼠疫流行的关键。云南大学周琼教授探讨中国环境史的分期问题，认为需要综合考虑自然因素与人为因素的影响力，提出应该遵循的六项具体原则。

主题报告之外，会议设立三个分会场，共进行了58场小组报告。概言之，与会学者主要围绕环境史理论与方法，自然环境变化与社会，环境政策与环境认知，城市环境与卫生医疗，水资源环境与区域社会，资源、生态与社会文化等议题展开热烈讨论和深入交流。

此次会议也展现了近年来中国环境史研究的最新动态和取向。首先，重视理论与方法的创新，学者们试图构建中国话语体系的环境史理论，强调本土化与国际化的融合。其次，以实证探究为主，将环境史研究落实到具体问题之上，选题视角新颖，涉及领域广泛，研究广度、深度均有所拓展。再次，注重跨学科研究，与会学者学科背景多样，既有来自史学领域，也包括自然科学、哲学、政治学等领域，不同学科间的对话对学术界了解国内环境史研究的前沿与动态大有裨益。围绕历史上环境与社会经济的互动，不仅强化了环境史这一主题，而且也体现了厦门大学经济史学科的学术传统和发展走向。

另外，在首任主任委员、南开大学王利华教授的主持之下，会议选举产生了环境史专业委员会，共由21名委员组成。其中，厦门大学钞晓鸿教授当选为主任委员，清华大学梅雪芹教授、南开大学付成双教授、云南大学周琼教授、中山大学谢湜教授当选为副主任委员，付成双教授兼任秘书长。这表明中国环境史研究的学术组织日益健全，环境史学科在中国方兴未艾。(原载《中国历史地理论丛》2019年第2辑封二)